普通高等教育动画类专业"十三五"规划教材

Maya 2018三维动画设计与制作（第二版）

Maya 2018 3D Animation Design and Production

刘晓宇 潘登 编著

清華大学出版社
北 京

内容简介

三维动画设计与制作是动画专业学生的必修课，是学习动画制作技术的核心课程。

本书以Maya 2018软件作为制作工具，将动画运动规律与软件操作相结合，侧重于知识的实用性，重点突出Maya角色动画制作的讲解。本书以案例为主，结合了大量的商业实战经验，采用理论结合实战的方式，循序渐进地讲解了Maya软件的动画制作技术。

本书共分6章，内容包括三维动画概述、三维动画界面介绍、运动规律在三维动画中的实现方法、角色动画在三维动画中的实现方法、卡通风格在三维动画中的实现方法、三维动画的创作与制作流程。

本书不仅适用于全国高等院校动画、游戏等相关专业的教师和学生，还适用于从事动漫游戏制作、影视制作以及专业入学考试的人员。

图书在版编目(CIP)数据

Maya 2018三维动画设计与制作 / 刘晓宇，潘登 编著. —2版. —北京：清华大学出版社，2018（2025.1重印）

(普通高等教育动画类专业“十三五”规划教材)

ISBN 978-7-302-50009-4

I. ①M… II. ①刘… ②潘… III. ①三维动画软件—高等学校—教材 IV. ①TP391.414

中国版本图书馆CIP数据核字(2018)第076404号

责任编辑：李 磊 焦昭君
装帧设计：王 晨
责任校对：孔祥峰
责任印制：刘海龙

出版发行：清华大学出版社
网 址：https://www.tup.com.cn，https://www.wqxuetang.com
地 址：北京清华大学学研大厦A座 邮 编：100084
社 总 机：010-83470000 邮 购：010-62786544
投稿与读者服务：010-62776969，c-service@tup.tsinghua.edu.cn
质 量 反 馈：010-62772015，zhiliang@tup.tsinghua.edu.cn
印 装 者：三河市铭诚印务有限公司
经 销：全国新华书店
开 本：185mm×250mm 印 张：12.25 字 数：261千字
(附小册子1本)
版 次：2013年6月第1版 2018年6月第2版 印 次：2025年1月第12次印刷
定 价：59.80元

产品编号：078366-01

普通高等教育动画类专业“十三五”规划教材

专家委员会

丛书序

动画专业作为一个复合性、实践性、交叉性很强的专业，教材的质量在很大程度上影响着教学的质量。动画专业的教材建设是一项具体常规性的工作，是一个动态和持续的过程。配合“十三五”期间动画专业卓越人才培养计划的方案，结合实际优化课程体系、强化实践教学环节、实施动画人才培养模式创新，在深入调查研究的基础上根据学科创新、机制创新和教学模式创新的思维，在本套教材的编写过程中我们建立了极具针对性与系统性的学术体系。

动画艺术独特的表达方式正逐渐占领主流艺术表达的主体位置，成为艺术创作的重要组成部分，对艺术教育的发展起着举足轻重的作用。目前随着动画技术发展的日新月异，对动画教育提出了挑战，在面临教材内容的滞后、传统动画教学方式与社会上计算机培训机构思维方式趋同的情况下，如何打破这种教学理念上的瓶颈，建立真正的与美术院校动画人才培养目标相契合的动画教学模式，是我们所面临的新课题。在这种情况下，迫切需要进行能够适应动画专业发展自主教材的编写工作，以便引导和帮助学生提升实际分析问题解决问题的能力以及综合运用各模块的能力，高水平动画教材的出现无疑对增强学生的专业素养起到了非常重要的作用。目前全国出版的供高等院校动画专业使用的动画基础书籍比较少，大部分都是没有院校背景的业余培训部门出版的纯粹软件讲解类图书，内容单一，导致教材带有很强的重命令的直接使用而不重命令与创作的逻辑关系的特点，缺乏与高等院校动画专业的联系与转换以及工具模块的针对性和理论上的系统性。针对这些情况我们将通过教材的编写力争解决这些问题。在深入实践的基础上进行各种层面有利于提升教材质量的资源整合，初步集成了动画专业优秀的教学资源、核心动画创作教程、最新计算机动画技术、实验动画观念、动画原创作品等，形成多层次、多功能、交互式的教、学、研资源服务体系，发展成为辅助教学的最有力手段。同时在视频教材的管理上针对动画制作软件发展速度快的特点保持及时更新和扩展，进一步增强了教材的针对性，突出创新性和实验性特点，加强了创意、实验与技术的整合协调，培养学生的创新能力、实践能力和应用能力。在专业教材建设中，根据人才培养目标和实际需要，不断改进教材内容和课程体系，实现人才培养的知识、能力和素质结构的落实，构建综合型、实践型、实验型、应用型教材体系。加强实践性教学环节规范化建设，形成完善的实践性课程教学体系和实践性课程教学模式，通过教材的编写促进实际教学中的核心课程建设。

依照动画创作特性分成前中后期三个部分，按系统性观点实现教材之间的衔接关系，规范了整个教材编写的实施过程。整体思路明确，强调团队合作，分阶段按模块进行，在内容上注重在审美、观念、文化、心理和情感表达的同时能够把握文脉，关注精神，找到学生学习的兴趣点，帮助学生维持创作的激情，厘清进行动画创作的目的，通过动画系列教材的学习需要首先明白为什么要创作，才能使学生清楚创作什么，进而思考选择什么手段进行动画创作。提高理解力，去除创作中的盲目性、表面化，能够引发学生对作品意义的讨论和分析，加深学生对动画艺术创作的理解，为学生提供动画的创作方式和经验，开阔学生的视野和思维，为学生的创作提供多元思路，使学生明确创作意图，选择恰当的表达方式，创作出好的动画作品。通过这样一个关键过程使学生形成健康的心理、开朗的心胸、宽阔的视野、良好的知识架构、优良的创作技能。采用多种方式，引导学生在创作手法上实现手段的多样，实验性的探索，视觉语言纵深以及跨领域思考的提升，学生对动画创作问题关注度敏锐度的加强。在原有的基础上提

高辅导质量，进一步提高学生的创新实践能力和水平，强化学生的创新意识，结合动画艺术专业的教学特点，分步骤分层次对教学环节的各个部分有针对性地进行了合理规划和安排。在动画各项基础内容的编写过程中，在对之前教学效果分析的基础上，进一步整合资源，调整了模块，扩充了内容，分析了以往教学过程的问题，加大了教材中学生创作练习的力度，同时引入先进的创作理念，积极与一流动画创作团队进行交流与合作，通过有针对性的项目练习引导教学实践。积极探索动画教学新思路，面对动画艺术专业新的发展和挑战，与专家学者展开动画基础课程的研讨，重点讨论研究动画教学过程中的专业建设创新与实践。进一步突出动画专业的创新性和实验性特点，加强创意课程、实验课程与技术类课程的整合协调，培养学生的创新能力、实践能力和应用能力，进行了教材的改革与实验，目的使学生在熟悉具体的动画创作流程的基础上能够体验到在具体的动画制作中如何把控作品的风格节奏、成片质量等问题，从而切实提高学生实际分析问题与解决问题的能力。

在新媒体的语境下，我们更要与时俱进或者说在某种程度上高校动画的科研需要起到带动产业发展的作用，需要创新精神。本套教材的编写从创作实践经验出发，通过对产业的深入分析以及对动画业内动态发展趋势的研究，旨在推动动画表现形式的扩展，以此带动动画教学观念方面的创新，将成果应用到实际教学中，实现观念、技术与世界接轨，起到为学生打开全新的视野、开拓思维方式的作用，达到一种观念上的突破和创新，我们要实现中国现代动画人跨入当今世界先进的动画创作行列的目标，那么教育与科技必先行，因此希望通过这种研究方式，为中国动画的创作能够起到积极的推动作用。就目前教材呈现的观念和技术形态而言，解决的意义一方面在于把最新的理念和技术应用到动画的创作中去，扩宽思路，为动画艺术的表现方式提供更多的空间，开拓一块崭新的领域，同时打破思维定式，提倡原创精神，起到引领示范作用，能够服务于动画的创作与专业的长足发展。另一方面根据本专业“十三五”规划的目标和要求，教材的内容对于卓越人才培养计划，本科教学质量与教学改革以及创新团队培养计划目标的完成都有积极的推动作用。

余春娜

天津美术学院动画艺术系

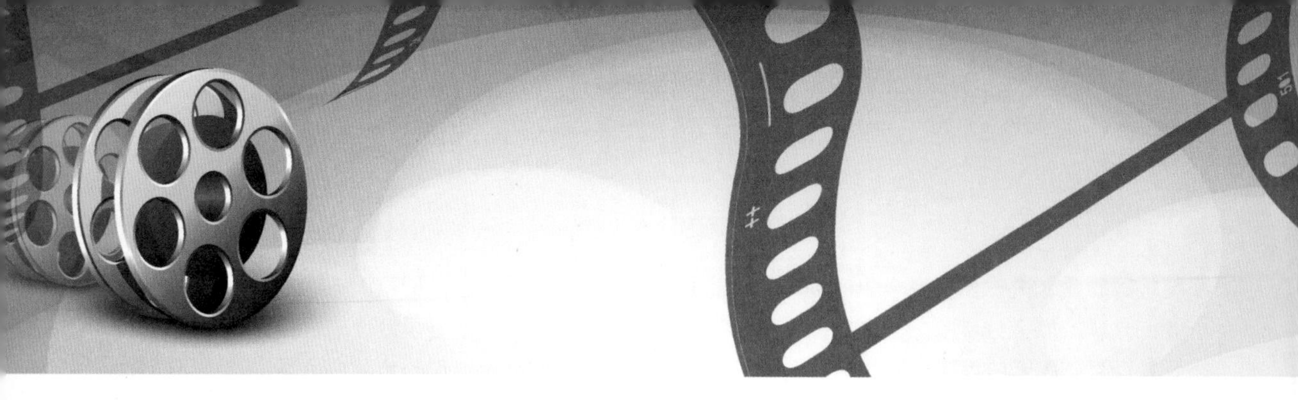

前言

Maya是Autodesk公司出品的优秀三维动画制作软件，其提供了完美而高效的3D建模、动画、特效和渲染功能，操作灵活，制作效率极高，渲染真实感极强，主要应用于动画片制作、电影制作、电视栏目包装、电视广告、游戏动画制作等领域，被设计师、广告主、影视制片人、游戏开发者、视觉艺术设计专家、网站开发人员所推崇。

三维动画设计与制作是动画专业学生的必修课，是学习动画制作技术的核心课程。本书的特点是以基础动作案例为主讲解Maya动画的调试方法，通过对动画案例的学习逐渐掌握Maya软件的操作方法。摆脱了以往以软件操作为主，忽略动画运动规律本身的学习惯性。本书将动画运动规律与软件操作相结合，侧重于知识的实用性，重点突出Maya角色动画的制作讲解。本书的案例详细讲解了关键的操作，并提供了许多参考数值，同时也注意启发学生的创造力，让学生有所掌握，而非片面了解。通过由浅入深地对书中每个具体动画案例的学习，使得学生可以分阶段、分层次地掌握Maya动画的制作技术。

本书共分6章，详细讲述了使用Maya 2018制作三维动画的方法。每个章节都有各自的侧重点，具体内容如下。

第1章主要对三维动画的特点、应用领域、发展历史和制作流程进行讲解，使读者确立学习方向，了解动画制作的重要性。

第2章主要对Maya 2018软件界面进行介绍，以便以后更加快捷地进行操作。

第3章主要讲解角色动画的基础动作，根据运动规律将其分为缓冲弹性运动、曲线运动和随带运动3个方向。

第4章主要讲解人和四足动物走路和跑的动画制作方法，其中着重讲解一种现在企业常用的制作技巧，可以快速做出长时间的走路和跑步动画。

第5章主要讲解三维动画中被称为“黄金十一条”法则的动画运动规律和动画制作方法。

第6章主要讲解企业常用的Layout的制作方法，以及实战动画的制作方式。

本书以实战案例为主，将运动规律与软件结合，希望能给广大读者一定的帮助。同时，本书参考了许多动画前辈的资料，以及运用了一些企业的案例，在此向这些老师表示感谢，向动画前辈致敬。

本书由刘晓宇、潘登编写，在成书的过程中，李兴、高思、王宁、杨宝容、张乐鉴、马胜、白洁、张茫茫、赵晨、赵更生、陈薇、贾银龙、高建秀、程伟华、孟树生、邵彦林、邢艳玲等人也参与了本书的编写工作。由于作者编写水平有限，书中难免有疏漏和不足之处，恳请广大读者批评、指正。

本书提供了案例效果文件、源文件、PPT课件和考试题库答案等立体化教学资源，扫一扫左侧的二维码，推送到自己的邮箱后下载获取。

编　者

第1章 三维动画概述

第2章 三维动画界面介绍

第3章 运动规律在三维动画中的实现方法

第4章 角色动画在三维动画中的实现方法

第5章 卡通风格在三维动画中的实现方法

第6章 三维动画的创作与制作流程

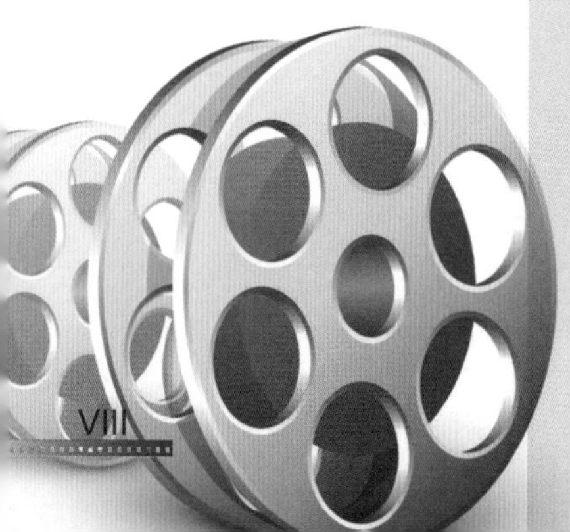

第1章 三维动画概述

- 三维动画
- 三维动画发展史
- 三维动画的制作流程

1.1 三维动画

三维动画也叫3D动画，3D是Three Dimensions的简称，即三维数字化。三维动画也有人称之为CG动画，其实两者在概念上略有区别。CG即为Computer Graphics(计算机图形学)的英文缩写。随着以计算机作为主要视觉设计工具和生产工具的相关产业的逐渐形成，国际上习惯将利用计算机技术进行视觉设计和生产的领域通称为CG。

1.1.1 3D动画技术的特点

1. 降低制作成本

降低制作成本，即将实拍成本过高的镜头利用3D动画技术实现。例如美剧《冰与火之歌》中，男演员与狼在森林中的对手戏，就可以在摄影棚中使用绿幕进行拍摄，然后利用3D技术进行处理，如图1-1所示。

2. 历史重现

已经无法重现的镜头可以通过3D动画技术实现。例如冯小刚导演的电影《唐山大地震》，唐山大地震的过程已经无法重现进行实拍，当然我们也不希望这种灾难重现，于是要在电影里表现这个令国人动容的灾难过程，只有通过3D技术来实现，如图1-2所示。

图1-1　3D技术处理实拍效果

图1-2　电影《唐山大地震》中的画面

3. 制约因素少

3D动画的制作过程不受气候因素的影响。实拍的话，很多时候要受天气、温度、阳光等因素的限制，而采用3D制作则不存在这方面的问题。例如灾难电影《后天》中有大量的暴风雪镜头，而这些镜头是不可能等真正暴风雪出现的，只能依靠3D制作，如图1-3所示。

4. 修改方便

可及时修改，更容易对质量进行把关。例如迪士尼的动画电影《疯狂动物城》，在导演的严格要求下，制作人员经过了无数次的修改，甚至是多位配角的细节动作也要经过数次的修改，最终有了我们所看到的高质量的成片。图1-4所示为电影《疯狂动物城》中的画面。

图1-3　电影《后天》中的画面

图1-4　电影《疯狂动物城》中的画面

5. 制作周期长

制作周期较长，难度较高。3D动画的技术含量非常高，其制作的复杂程度、模拟的真实度以及制作成本都在不断提高。3D技术的博大精深，使得即使拥有多年制作经验、功底扎实深厚的制作人员也不大可能精通所有方面。三维动画制作是一项技术与艺术相互融合的工作，一方面在技术上要实现创意需求；另一方面，还要在色调、构图、镜头衔接、叙事节奏等方面进行艺术创作。卡梅隆的代表作，十年磨一剑的《阿凡达》就是一个典型的例子，如图1-5所示。

6. 技术含量高

对制作人员的技术水平有一定的要求。制作人员如果没有过硬的功底，很难利用3D技术在作品中达到预期的效果。例如电影《变形金刚5》，除了好看的剧情之外，也表现出了高超的制作技术水平，票房创新高也在情理之中。图1-6所示为电影《变形金刚5》中的画面。

图1-5　电影《阿凡达》中的画面

图1-6　电影《变形金刚5》中的画面

1.1.2　3D动画技术的应用领域

随着3D动画技术的不断成熟和快速发展，其所能涉及的领域不断扩大，从动画到影视，再到建筑等，包罗万象，已俨然成为一门支柱型的技术。

1. 影视动画领域

利用3D动画软件可制作各种道具模型、角色模型、场景模型，动画调节以及特效制作，加强了视觉效果，在一定程度上相对于实拍降低了成本。图1-7所示为电影《超能陆战队》中的画面。

2. 广告动画领域

动画技术深刻地影响着广告的创意和制作，动画广告已经成为广告中一种常见的类型。我们看到的广告，有的是纯动画制作的，也有一些是动画与真人相结合的。利用3D动画技术制作广告，可以极大地丰富广告人的创意，让思维天马行空。在实拍中无法表现的场景，都可以用动画来实现。图1-8所示为m&m' s巧克力豆的广告剧照。

图1-7　电影《超能陆战队》中的画面

图1-8　利用3D动画技术制作的m&m' s巧克力豆广告

3. 片头动画领域

片头动画包括电影片头、电视剧片头、宣传片片头、游戏片头和电视栏目片头。例如美剧《冰与火之歌》的片头就是利用3D动画技术制作而成的，如图1-9所示。

4. 建筑、规划动画领域

3D动画技术在建筑、规划领域起到了至关重要的作用，得到了非常广泛的应用，例如楼盘展示、室内设计、桥梁展示、城市形象展示、园区规划、场馆建设等。图1-10所示为3D室内设计效果图。

图1-9　电影《冰与火之歌》的片头

图1-10　3D室内设计效果图

1.2 三维动画发展史

1.2.1 起步阶段

1986—1997年是三维动画的起步阶段。1986年，皮克斯公司正式成立。皮克斯是三维动画技术的先驱者，公司前身是皮克斯动画工作室，它曾是工业光魔旗下的一个电脑图像工作室。该工作室的主要任务是解决电影制作中一些实拍无法完成或很难完成的三维镜头和特殊效果。工业光魔为皮克斯工作室投入人力和物力去研发三维成像技术和动画技术，以满足日益提高的电影特效技术的要求。

1986年2月3日，工业光魔旗下的电脑图像工作室被史蒂夫 · 乔布斯以1000万美元收购，正式成为独立的公司——皮克斯。此时的皮克斯在当时的三维动画技术界的霸主地位已无人可撼动了。

1986年，刚刚加盟皮克斯公司的约翰 · 拉塞特执导了皮克斯公司历史上的第一部动画短片《顽皮跳跳灯》，如图1-11所示。1987年，皮克斯公司凭借此片获得奥斯卡最佳动画短片提名，并且获得旧金山国际电影节电脑影像类影片第一评审团奖——金门奖，皮克斯公司从此声名鹊起。

皮克斯归根结底是一家制作公司，其内部没有一套完善的营销体系和发行策略。在面临的财政危机等压力下，1991年5月，皮克斯与动画巨匠迪士尼成为合作伙伴，并与迪士尼签订了制作计算机动画长片的协议，由迪士尼负责发行。

1995—1997年是三维动画的初步发展时期。1995年11月22日，由迪士尼资助皮克斯制作的历史上第一部全计算机制作的三维动画长片《玩具总动员》在美国上映了，这部跨时代的动画电影制作周期长达4年，成本过亿。皮克斯令人惊叹的计算机动画制作技术在《玩具总动员》中发挥得淋漓尽致。该片在美国本土票房收入高达1.92亿美元，成为1995年美国票房冠军，在全球也创造了3.6亿美元的票房纪录。图1-12所示为《玩具总动员》剧照。

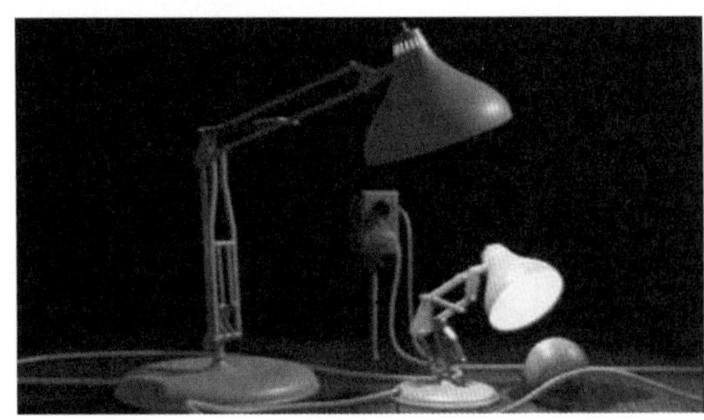

图1-11 《顽皮跳跳灯》中的画面

图1-12 《玩具总动员》中的画面

由于《玩具总动员》在票房和口碑上都取得了巨大的成功，约翰·拉塞特决定制作《玩具总动员》第二部，并于1999年11月24日在北美首映(其3D版于2009年10月2日在美国上映)，很快收获了全球各地的高票房，美国票房收入为2.45亿美元，成为1999年票房最高的动画片，全球票房收入为4.83亿美元，赢得影迷和影评人的一致推崇。如今，《玩具总动员》系列已经出了三部。第三部于2010年6月18日上映，这部3D立体动画除了追求画面的逼真和细腻之外，依然保持了前两部的风格，且票房收入一路飘红，以1.10亿美元缔造了皮克斯动画片最高首周末票房纪录，全球总票房收入10亿美元，票房总排名全球第八。《玩具总动员3》还获得了第83届奥斯卡最佳动画长片奖以及金球奖。

1.2.2 发展阶段

1998—2003年是三维动画迅猛发展的时期。这期间，三维动画从皮克斯“一个人的游戏”，演变成了皮克斯和梦工厂“两个人的对决”。皮克斯推出一部《怪物公司》，梦工厂就有《怪物史莱克》；皮克斯拍《海底总动员》，梦工厂就发动《鲨鱼黑帮》来闹场。

从1998年开始，梦工厂便不甘心任皮克斯与迪士尼两强联手在动画界呼风唤雨，于是梦工厂联合了PDI工作室发行了一部全三维动画片《蚁哥正传》，与皮克斯同档期上映的《虫虫特工队》同为昆虫题材，挑战意图已不言自明。

然而，尽管《蚁哥正传》在制作上如此精良，此片仍未能动摇皮克斯在三维动画上的霸主地位，票房收入输给了同期皮克斯的《虫虫特工队》。但是，这并未改变梦工厂的决心，所以才有了后来闻名遐迩的《怪物史莱克》系列、《马达加斯加》系列以及《功夫熊猫》系列等。

2001年11月2日，皮克斯制作公司继《玩具总动员》系列和《虫虫特工队》之后推出了第四部计算机动画长片——《怪物公司》。《怪物公司》上映后，票房收入在9天之内一路飙升，成为影史上最快破亿的动画片，并且获得了2001年奥斯卡最佳动画片奖。

《怪物公司》取得了相当傲人的成绩，梦工厂也不甘示弱，推出了令梦工厂从此扬眉吐气的作品《怪物史莱克》，如图1-13所示。这是梦工厂第一部荣获奥斯卡最佳动画长片的作品。

2010年5月21日，梦工厂推出了备受瞩目的《怪物史莱克4》，如图1-14所示。作为《怪物史莱克》系列的终结，本片采用了3D技术制作，自在北美上映以来便蝉联票房冠军。更加有趣且险象环生的剧情和震撼的3D效果，加上前三部的票房和口碑积淀，票房一路走高也在情理之中。

图1-13　《怪物史莱克》海报

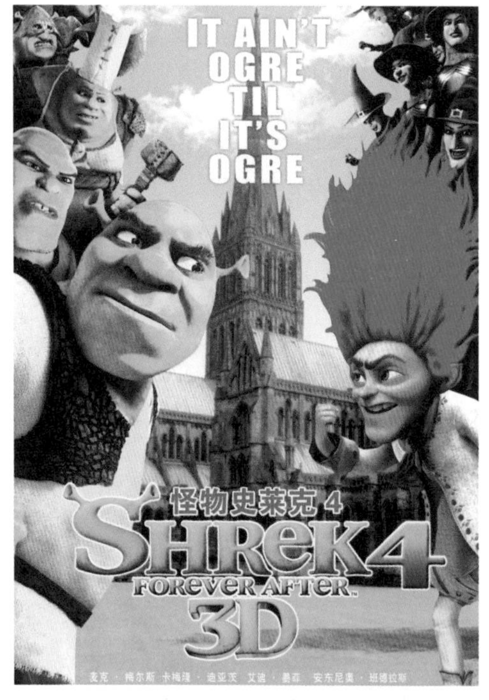

图1-14　《怪物史莱克4》海报

下面让我们看一下刷新《怪物史莱克》票房纪录的动画长片《海底总动员》，如图1-15所示。以皮克斯的制作实力，加上迪士尼强大的商业运作能力，《海底总动员》顺理成章地成为最受瞩目的年度超级热门动画片。

图1-15　《海底总动员》画面

皮克斯和梦工厂这对老冤家针锋相对各出奇招，它们出品的动画长片也总是同步迈进，先有同题材的《虫虫特工队》和《蚁哥正传》正面交锋，后有以怪物为主角的《怪物公司》和《怪物史莱克》。而梦工厂从《怪物史莱克》开始就找到了窍门，既然皮克斯的动画形象可爱讨巧，就给它来一个讽刺时事、颠覆、丑化，换换胃口，这招反其道而行确实吸引了不少粉丝。

自《玩具总动员》开创电脑动画之先河后，凭CGI(Computer Generated Images)技术而迅速走红的3D动画片在几年间就将传统二维动画挤兑得几乎没有还手之力。皮克斯凭《玩具总动员》系列和《怪物公司》，梦工厂凭《蚁哥正传》和《怪物史莱克》系列确立了两大动画巨头在计算机三维动画领域的领先地位，赚得盆满钵满。面对利润如此丰厚的一块蛋糕，其他觊觎者也跃跃欲试。

1.2.3 繁荣阶段

从2004年开始，三维动画影片步入了全盛时期，不再是皮克斯与梦工厂的“两虎相争”，而是演变成了“群雄逐鹿”：华纳兄弟电影公司推出圣诞题材的《极地快车》和蚂蚁题材的三维动画影片《别惹蚂蚁》；在2002年成功推出《冰河世纪》的20世纪福克斯公司携手在三维动画领域与皮克斯、梦工厂的PDI齐名的蓝天工作室，为人们带来了《冰河世纪2》；索尼和其索尼图像工作室也制作了《最终幻想》；中国也推出了首部三维动画影片《魔比斯环》等。此外，皮克斯推出自己的第一部独立影片《料理鼠王》，而迪士尼也推出第一部独立制作的三维动画影片《四眼天鸡》。至于梦工厂，则制作了《怪物史莱克3》，而且该系列在不断推出新的作品。

1. 华纳公司

2004年11月10日，华纳公司推出了耗资1.65亿美元打造的《极地特快》，这是一部完全由计算机CGI动画技术创造出来的神作。被称为“技术狂人”的导演泽米吉斯在片中使用了最先进的表演捕捉技术。表演捕捉技术比起传统的动作捕捉技术更为先进，可在拍摄过程中以三维特效的形式将多名演员的面部表情及肢体行为准确而真实地复制出来，并提供全方位的拍摄信息。与动作捕捉大体地再现演员的整体动作相比，表演捕捉更加注重细节，精雕细琢。这种拍摄技术能够准确、真实地将演员的所有细小动作和复杂表情重现，使虚拟角色形神兼备。

由于本片是第一部全部使用数字捕捉技术的动画电影，于2006年被载入《吉尼斯世界纪录大全》。《极地特快》的诞生，无疑具有里程碑式的意义。

2007年，一直致力于动态仿真技术研究的华纳兄弟影片公司又推出了另一部三维数字影片《贝奥武夫》。《贝奥武夫》的制作成功标志着数字捕捉技术又上升到一个新的高度，如图1-16所示。本片在技术上的成就令人惊叹，但在剧情上则褒贬不一，争议颇多。

图1-16 《贝奥武夫》海报

2. 蓝天工作室

2000年，企盼在三维计算机动画领域占有一席之地的20世纪福克斯公司与蓝天工作室签下了一部3D动画电影的合同，一做就是3年。这部电影就是后来大名鼎鼎、令蓝天工作室声名大噪的《冰河世纪》，如图1-17所示。

耗时3年，耗资6000万美元的《冰河世纪》改变了当时三维动画的现状，不仅打破了迪士尼、皮克斯和梦工厂三足鼎立的局面，使福克斯成为名列第三位最具实力的三维动画制作商，且为福克斯公司在全球范围内取得3.75亿美元票房收入的骄人战绩，蓝天工作室也从此声名鹊起。

2002年《冰河世纪》的全球票房收入是3.75亿美元，2006年《冰河世纪2：消融》的全球票房收入已达到6.554亿美元，而2009年上映的首部3D续集《冰河世纪3：恐龙的黎明》的全球票房收入更是攀升到了8.848亿美元。由于《冰河世纪》系列强大的票房号召力和不俗的口碑，20世纪福克斯公司于2016年推出了《冰河世纪5：星际碰撞》，让我们喜爱的那些动物们又开始了新一轮的疯狂冒险，如图1-18所示。

图1-17　《冰河世纪》海报

图1-18　《冰河世纪5：星际碰撞》剧照

3. 迪士尼公司

众所周知，迪士尼公司曾是传统动画的产业巨头，从1928年推出第一部有声动画片、由米老鼠主演的《汽船威利号》开始，就一直引领着动画技术的变革。

随着计算机三维技术在动画制作领域的强力渗透，迪士尼传统的二维手绘动画已经越来越缺乏市场竞争力，因此流失了大量的观众，加上皮克斯、梦工厂、蓝天工作室等3D动画制作团体的崛起，更多能带给观众视觉冲击和全方位娱乐体验的全新三维动画的诞生，更令迪士尼措手不及，传统动画影片的票房收入一路下滑。

当然，迪士尼绝不会甘拜下风，开始竭尽全力地追赶潮流，并且独立制作了计算机三维动画长片《四眼天鸡》，但是这部《四眼天鸡》无论是在剧情设计还是在三维技术上，与皮克斯、梦工厂、蓝天工作室还是有一定的差距，迪士尼却并未就此止步。

从2010年11月24日上映的《长发公主》中可以看出，迪士尼的三维动画水平已经有了令人惊喜的进步。该片最大的亮点无疑是那匹疾恶如仇的白马，表情之生动，动作之有趣，在观影过程中令人数次捧腹。整部影片秉承了迪士尼一贯的风格，浪漫而梦幻，获得了影评人及影迷很高的评价。该片获得BFCA最佳动画片和最佳歌曲提名、第54届格莱美奖最佳影视歌曲奖，且全球票房收入高达5.75亿美元，其中北美地区的票房收入达2亿美元，欧洲及其他地区的票房收入达3.75亿美元。

2007年，迪士尼与皮克斯两大动画巨头再度联手打造出经典三维动画影片《料理鼠王》，如图1-19所示。

图1-19 《料理鼠王》中的画面

影片是围绕着一只名叫雷米的小老鼠展开的，他为了梦想摒弃了以垃圾为生的天性，追求厨房里的烹饪生活。当雷米终于有机会能够走进五星级饭店的后厨时，麻烦也随之而来，好在他及时得到了小学徒林奎尼的帮助，这一对看起来最不可靠的搭档，却成就了一个厨房神话。

4. 梦工厂

2008年，梦工厂花费5年的时间制作的《功夫熊猫》完成了。一只在面馆长大的熊猫，武盲一个，却着迷于“盖世五侠”的传奇故事，梦想着自己有朝一日也能成为武林高手，但是他又笨又胖，丝毫没有“大侠”的风范。但就是这样一个大块头儿却练就了一身好功夫，保卫了和平谷，成为人人敬仰的“神龙大侠”。图1-20所示为《功夫熊猫》的海报。

2011年5月26日，由梦工厂制作、派拉蒙影业出品发行的《功夫熊猫2》在北美上映了，深受观众喜爱的憨态可掬的阿宝又回来了，如图1-21所示。本片制作成了3D电影，由首部参与特效制作的女导演詹妮弗·余·尼尔森执导。令人惊喜的是在这部3D电影中，我们看到了阿宝的童年，一只贪吃又可爱到了极点的熊猫宝宝。无数在影院看完此片的人都说恨不得将片中的熊猫宝宝抱回家。为了制作这只熊猫宝宝，动画制作人们特意来到中国的动物园，观察大熊猫的生活习性，可谓做足了功课。

图1-20　《功夫熊猫》海报

图1-21　《功夫熊猫2》海报

最后，让我们来看下皮克斯首部以女性为主角的三维动画长片《勇敢者传说》，如图1-22所示。这部动画片于2012年6月上映，首映周末票房收入便以6673万美元的成绩登上了北美周末票房榜冠军宝座。《勇敢者传说》不仅取代《长发公主》(4877万美元)成为以女性为主角的动画片中票房收入最高的电影，同时也帮皮克斯创下了自1995年《玩具总动员》起至今13部电影，首映周末票房都能荣登北美周末票房榜的纪录。虽然票房收入在北美的形势一片大好，但这部电影的制作费却高达1.85亿美元，其在海外的票房收入只能说差强人意。这部影片的票房收入已经及格了，但是口碑却褒贬不一。有人为故事的励志、爱与勇气所感动，且皮克斯式的幽默风格依旧。也有人认为本片更像是一部迪士尼的传统动画，作为一部动画片是及格的，但作为皮克斯的动画片是令人失望的，丢掉了皮克斯原有的精髓。至于本片质量到底如何？各位看过之后自会有答案。

图1-22　《勇敢者传说》海报

如今，各个国家包括中国在内的各大影视制作公司都在极力发展自己的三维数字技术，努力制作高水平的三维数字影片。随着数字影片的发展，三维数字技术也必将会更加迅速地发展和完善。

1.3 三维动画的制作流程

1. 剧本

要制作一部动画片，首先要准备的是剧本。剧本的作用是利用文字来表现画面。剧本分为原创和改编两种。原创是编剧根据自己和策划公司的构思和想法编写出来的故事，如蓝天工作室的《冰河世纪》；改编是根据已有的故事在其情节上做更改或扩展，如国产动画片《大闹天宫》就是改编自我国四大名著之一的《西游记》中的章节。该片在我国的动画史上有着特殊的地位，且已完成了3D版本的制作，如图1-23所示。

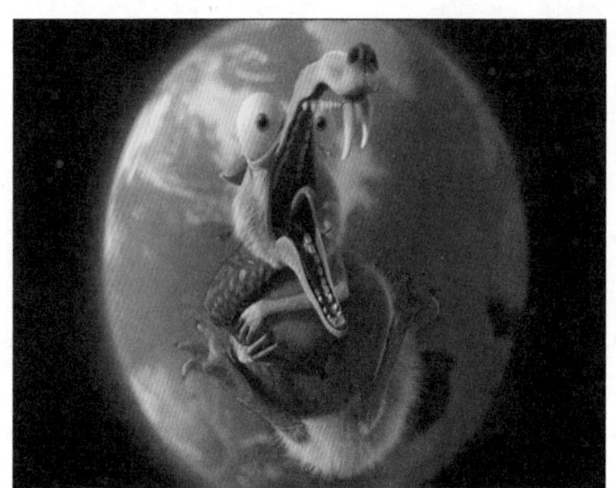

图1-23 原创动画《冰河世纪》和改编动画《大闹天宫》剧照

2. 脚本

动画脚本是要以旁观者的身份详细叙述角色的性格、动作、情感、心理活动等，如图1-24所示。

3. 角色和场景设定

剧本和脚本制作完成后，原画师根据脚本中提供的人物性格来绘制角色和场景，将文案和导演的指令落实。好的角色和场景在动画片中的作用至关重要，是给观众留下的第一印象，如图1-25所示。

4. 分镜头

分镜头就是用图像来表现脚本。分镜头不需要画得有多细致，只要能让后续的制作人员看明白是什么意思即可，分镜头通过审核之后，再由原画师根据分镜头的内容细致地画出画面。分镜头是一道非常重要的工序，直接贯彻了导演对镜头运用的理解，决定了动画作品整体的美感。下面将提供一组节选自迪士尼于1996年上映的动画电影《钟楼驼侠》中的部分分镜头故事板，以学习和研究动画大师们镜头运用的精妙之处，如图1-26所示。

42	因为，泰昌人知道，只有相互拥抱，才能振翅飞翔。只有开放、合作，才能在规模化发展中，逐鹿市场，追寻明天的太阳！	鸽子飞翔	15
43	每一天，遍布于世界20多个国家的成千上万个泰昌体验中心员工都是这样度过，	地图显示，各体验中心点的位置	10
44	在朝阳中用微笑迎来一位位对健康渴求的人们，	体验中心，销售人员微笑迎接体验者	6
45	在晚霞里，用汗水送走一张张满意的笑脸……，	体验中心，销售人员微笑握手送走体验者	6
46	每一位泰昌人都相信，只要献出自己真诚的爱心，一次课程、一场体验、一个微笑、一场手拉手，就能让世界每一个角落都拥有泰昌的“绿色健康 ”，	循环画面	25
47	泰昌人凭着对事业的执着、忠诚和努力，用自己的智慧和汗水不断书写了泰昌的光荣与梦想！	员工脸部、眼部、手部、特写	15
48	（同期声）**泰昌，历经了十年合作创新的历程，将更加成熟！泰昌将继续努力，为百姓造福！为人类健康加油！**	董事长讲话	10
49	（同期声）**执着让我们——更专业**	总经理讲话	5
50	（同期声）**追求让我们——更安全**	技术人员讲话	5

图1-24　百度广告脚本

图1-25　角色和场景设定

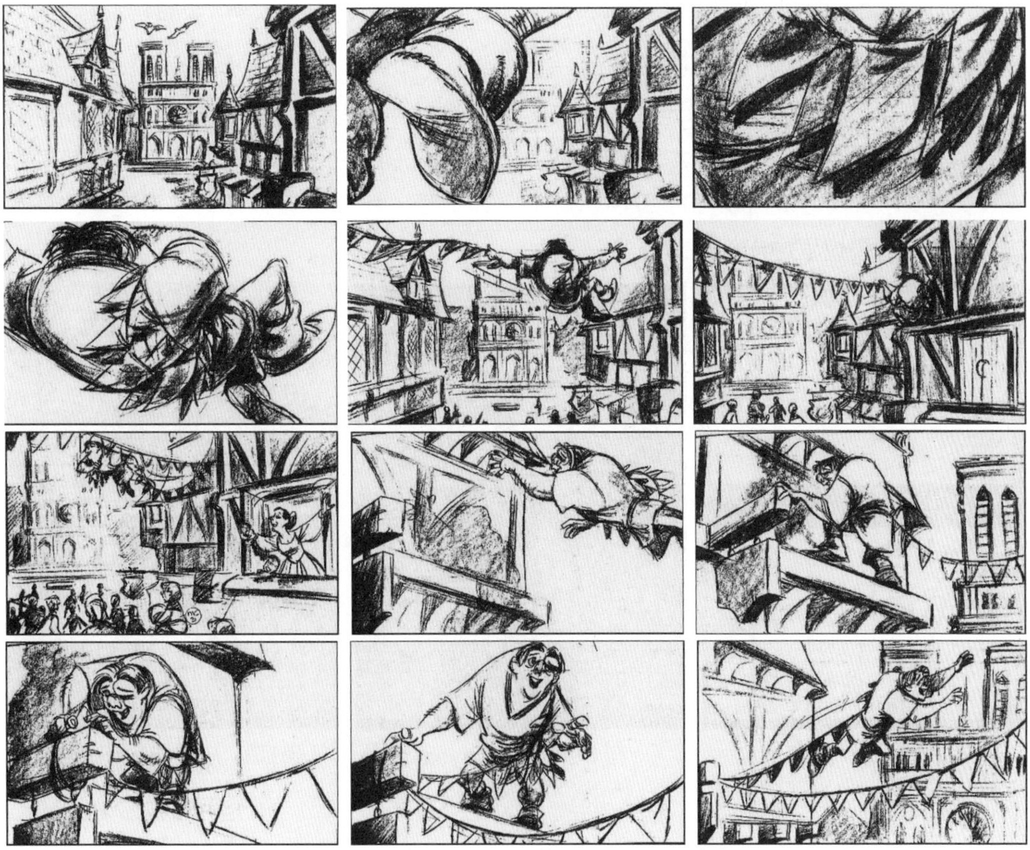

图1-26　《钟楼驼侠》部分分镜头故事板

图1-26 《钟楼驼侠》部分分镜头故事板(续)

5. 2D Layout

2D Layout是以一个二维的动态形式将动画片的分镜头故事板展现出来，以此来表现动画的风格和整体感觉，给导演和后续环节的制作人员提供参照，并做出及时的修改，如图1-27所示。

6. 3D Layout

2D Layout审查通过之后，将2D Layout交给3D Layout的制作人员。然后3D Layout的制作人员再添加一些简单的动作，以三维的形式展示分镜头故事板，使人能够更直观、更全面地观看动画，而整部动画作品的节奏和角色走位也是在3D Layout中确定的，以便为后面的制作环节提供准确的信息，使后续的制作更有效率，如图1-28所示。

7. 角色建模和场景建模

模型制作人员根据角色设定和场景设定用三维软件将角色和场景制作成三维模型，如图1-29所示。在建模过程中，建模师要考虑诸如比例、布线等一系列问题，一旦工作出现失误，会给后面的绑定和调动画等环节带来麻烦，所以建模师要有非常过硬的基本功，能处理建模过程中出现的问题。

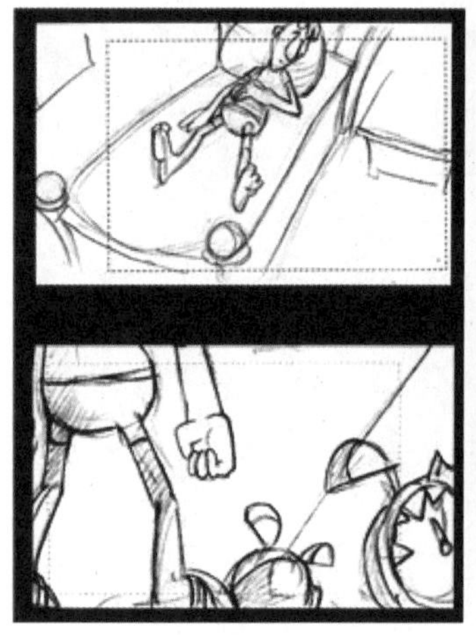

图1-27 2D Layout

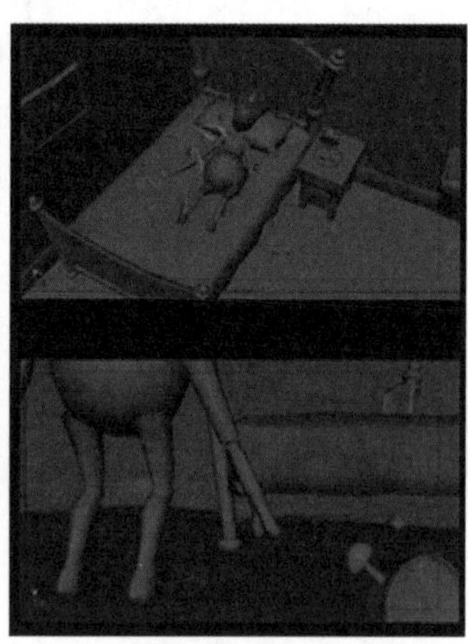

图1-28 3D Layout

图1-29 角色和场景建模

8. 角色材质和场景材质

建模师完成三维模型的制作后，就要开始给模型赋材质了。赋材质时要注意将模型的UV展开，通过UV来找准模型对应的位置，有利于贴图的绘制。确定色调之后去制作角色和场景的表面质感和纹理贴图，如图1-30所示。

图1-30　角色和场景材质

9. 骨骼绑定

给模型赋予材质后，在调节动画之前需要给模型绑定骨骼，这样模型才能在动画师的手中活起来，如图1-31所示。

图1-31　角色绑定

10. 调动画

调动画的质量直接影响作品的好坏，不同的情节和不同的角色性格需要不同的动作来表现，而动作还分为主要动作和次要动作，缺一不可，如图1-32所示。好的动画师要透彻地研究运动规律，并且要有很强的观察和模仿能力。

图1-32　角色动作

11. 灯光渲染

动画调完后，要为场景打上灯光，然后分层渲染出来，一般是生成带有Alpha通道的序列帧图片，以方便后期制作人员进行合成，如图1-33所示。

12. 后期合成

后期合成就是将渲染出来的分层序列帧图片合成在一起，并做校色、模糊等处理，根据要求添加一些特效。此步骤是做最后的整合和修饰，以完整展现作品的视觉效果，如图1-34所示。

图1-33　灯光渲染效果图

图1-34　后期合成效果图

13. 配音、配乐及音效

在配音、配乐及制作音效这个步骤中，每个公司的做法是不一样的，有的公司是在画面完成后拿去给配音人员按照画面配音，有的公司是在完成分镜头故事板之后就进行配音。好的配乐可以烘托气氛，而音效是表现情节必不可少的元素，如图1-35所示。

图1-35　配音及音频编辑

14. 包装发行

在中国一部作品在公开发行销售前要首先通过国家相关部门的审批，审批通过后才能进行一系列的宣传，由发行公司进行包装发行。

第2章 三维动画界面介绍

- 基础界面
- 动画界面
- 曲线编辑器

2.1 基础界面

单击任务栏上的开始按钮，选择“所有程序”>Autodesk > Autodesk Maya 2018> Autodesk Maya 2018命令，如图2-1所示。或双击桌面上的M图标，打开Maya。

启动Maya后，进入工作主界面，该界面由菜单栏、工具架、状态行、工具盒、通道盒、播放控制区、视图区等组成，如图2-2所示。

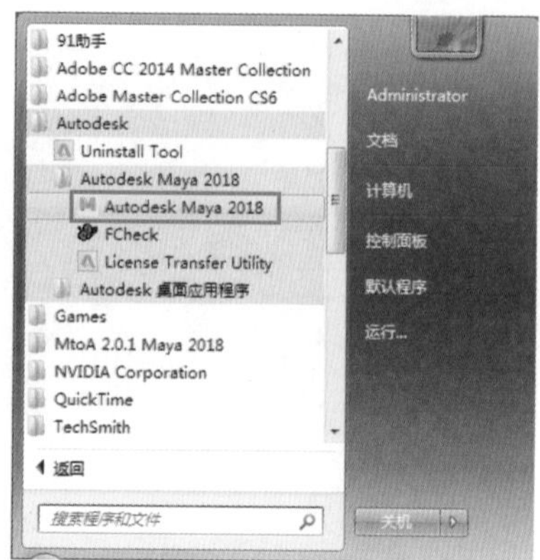

图2-1　菜单启动Maya

图2-2　工作主界面

2.1.1 菜单栏

1. 标题栏

标题栏位于Maya界面的最上方，包含了版本号、文件存放路径、文件名等信息，如图2-3所示。

Autodesk Maya 2018: C:\Program Files\Autodesk\Maya2018\bin\maya.mb

图2-3　标题栏

2. 菜单栏

菜单栏分别包括File(文件)、Edit(编辑)、Create(创建)、Select(选择)、Modify(修改)、Display(显示)、Windows(窗口)、Cache(缓存)、Arnold(阿诺德)和Help(帮助)等，如图2-4所示。同时，这10个为公共菜单，即在不同模块下都将存在的菜单。

图2-4　菜单栏

File(文件)：用于管理文件，常用的子菜单命令包括新建场景、打开场景、保存场景、场景另存为、导入、导出全部、查看图像、查看序列、项目窗口和设置项目等，如图2-5所示。

Edit(编辑)：用于编辑对象，常用的子菜单命令包括撤销、重做、最近命令列表、剪切、复制、粘贴、关键帧、删除、特殊复制、分组和父子关系等，如图2-6所示。

Create(创建)：用于创建几何体、摄像机、灯光、文本等物体，常用的子菜单命令包括NURBS基本体、多边形基本体、体积基本体、灯光、摄像机、曲线工具、文本、定位器等，如图2-7所示。

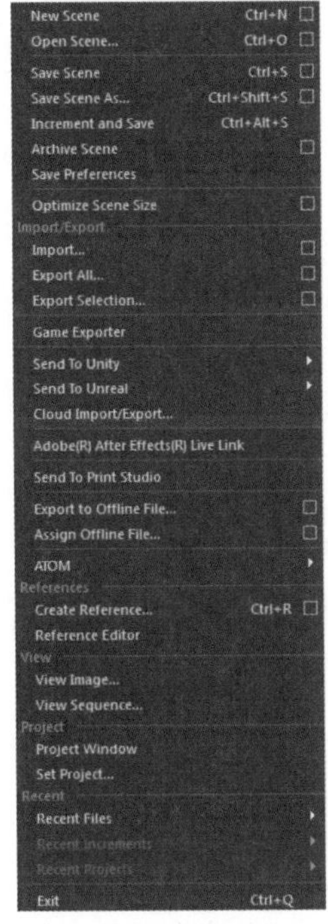

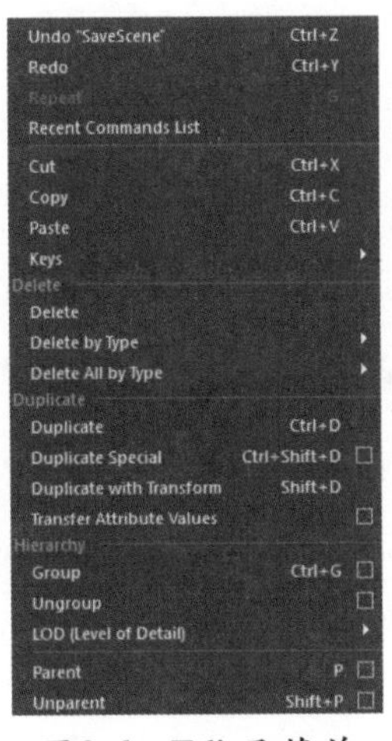

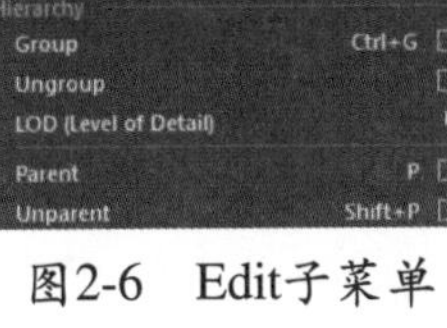

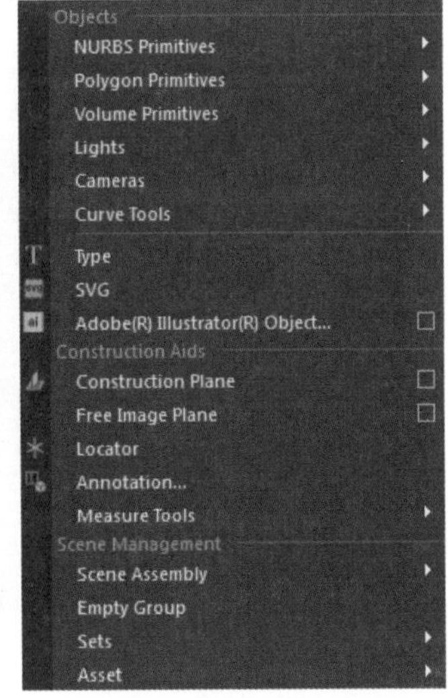

图2-5　File子菜单　　图2-6　Edit子菜单　　图2-7　Create子菜单

Select(选择)：用于选择对象，常用的子菜单命令包括全部、层次、反转、收缩、类似、组件、所有CV、CV选择边界和曲面边界等，如图2-8所示。

Modify(修改)：用于修改对象，常用的子菜单命令包括变换工具、重置变换、捕捉对齐对象、对齐工具、添加属性、编辑属性、删除属性、激活和绘制属性工具等，如图2-9所示。

Display(显示)：用于显示相关命令，常用的子菜单命令包括栅格、显示、隐藏、对象显示、变换显示、多边形、NURBS、细分曲面、动画和渲染等，如图2-10所示。

Windows(窗口)：用于打开窗口和编辑器，常用的子菜单命令包括常规编辑器、建模编辑器、动画编辑器、渲染编辑器、关系编辑器、UI元素、大纲视图、节点编辑器、播放预览和最小化应用程序等，如图2-11所示。

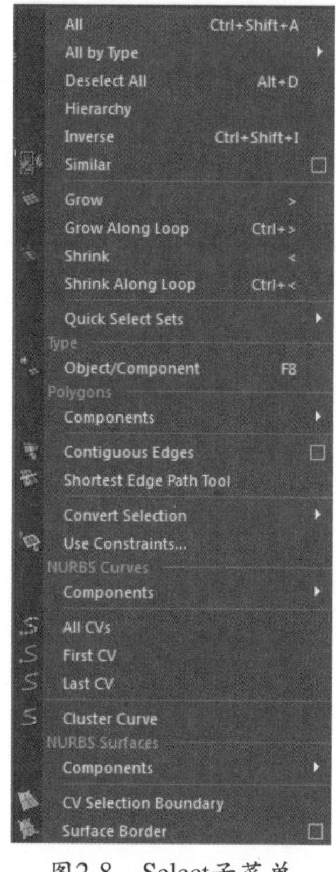

图2-8 Select子菜单

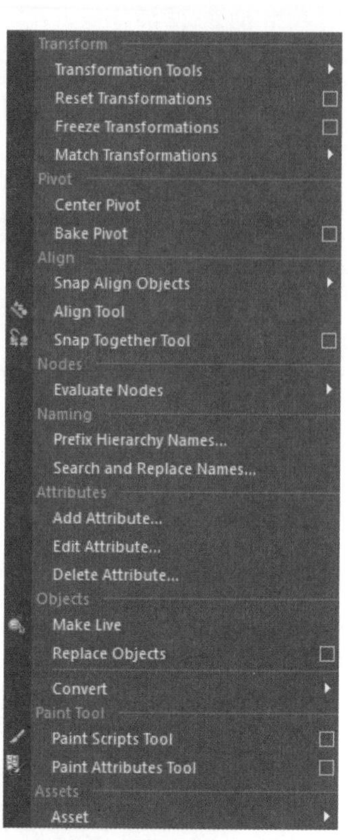

图2-9 Modify子菜单

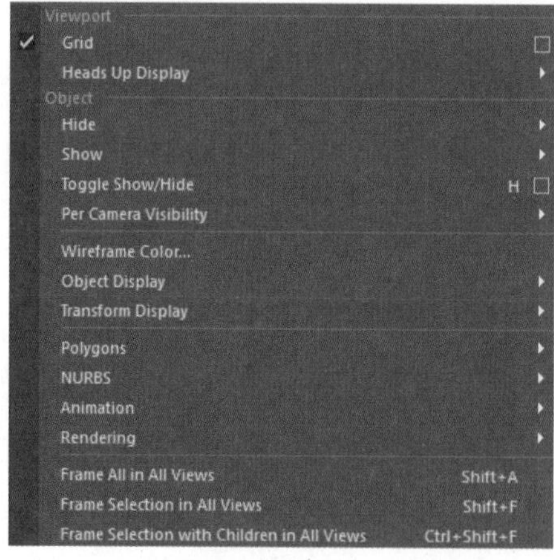

图2-10 Display子菜单

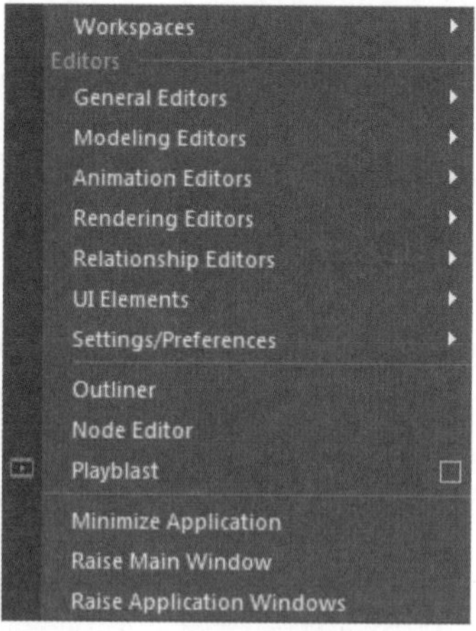

图2-11 Windows子菜单

Cache(缓存)：用于编辑缓存，常用的子菜单命令包括Alembic缓存、BIF缓存、几何缓存和GPU缓存等，如图2-12所示。

Arnold(阿诺德)：用于编辑Arnold渲染器，常用的子菜单命令包括渲染、Arnold渲染视窗和灯光等，如图2-13所示。

Help(帮助)：用于查找Maya提供的帮助信息，常用的子菜单命令包括Maya帮助、教学影片、教程、新特性、MEL命令参考、节点和属性参考等，如图2-14所示。

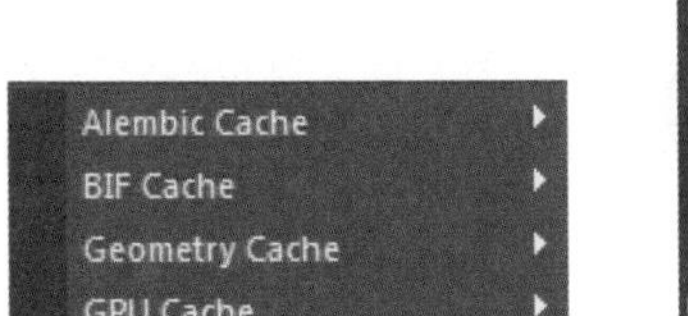

图2-12　Cache子菜单

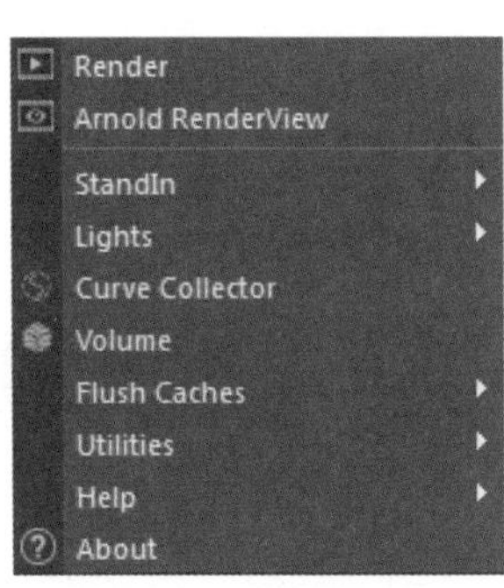

图2-13　Arnold子菜单

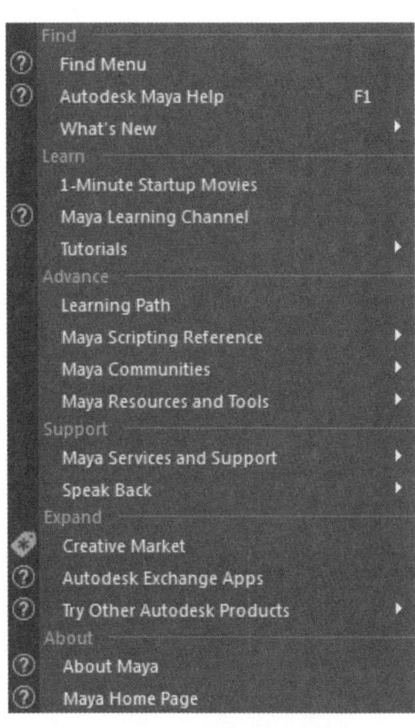

图2-14　Help子菜单

2.1.2　状态行

1. 模块选择区

模块选择区位于Maya状态行左侧，有个下拉列表，用于切换Maya的各个功能模块，其中包括Modeling(建模)模块、Rigging(装备)模块、Animation(动画)模块、FX模块、Rendering(渲染)模块和Customize(自定义)模块，如图2-15所示。

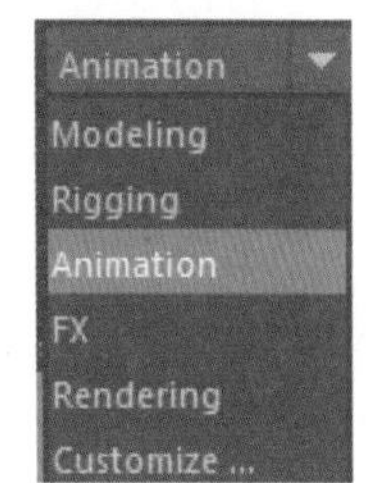

图2-15　模块选择区

2. 文件区

文件区包含了新建场景、打开场景、保存当前场景、撤销和重做5个快捷按钮，如图2-16所示。

图2-16　文件区

3. 设置选择方式

Maya软件提供了3个选择方式按钮，由左到右排列，分别是Select by hierarchy

and combinations(按层次和组合选择)、Select by object type(按对象类型选择)和Select by component type(按组件类型选择)，如图2-17所示。

4. 选择方式元素

选择了不同的选择方式时，后面的选择元素也会随之发生相应的变化。

当选择Select by hierarchy and combinations(按层次和组合选择)时，后面的选择方式元素如图2-18所示。

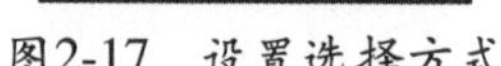

图2-17　设置选择方式

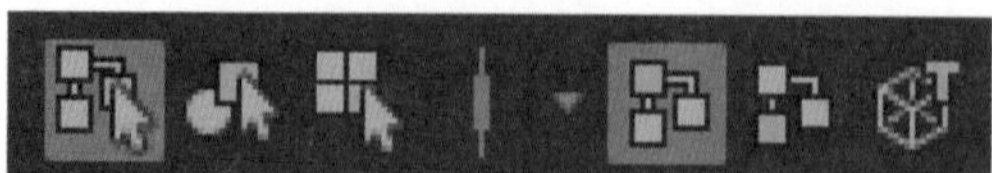

图2-18　按层次和组合选择的选择方式元素

当选择Select by object type(按对象类型选择)时，后面的选择方式元素如图2-19所示。

当选择Select by component type(按组件类型选择)时，后面的选择方式元素如图2-20所示。

图2-19　按对象类型选择的选择方式元素

图2-20　按组件类型选择的选择方式元素

5. 捕捉区

捕捉区提供了各种捕捉功能快捷按钮，包括Snap to grids(捕捉到栅格)、Snap to curves(捕捉到曲线)、Snap to points(捕捉到点)、Snap to Projected center(捕捉到投影中心)、Snap to view planes(捕捉到视图平面)和Make the selected object live (激活选定对象)，如图2-21所示。

6. 渲染区

渲染区提供了4个常用于渲染的快捷按钮，包括Open Render View(打开渲染视图)、Render the current frame(渲染当前帧)、IPR render the current frame(IPR渲染当前帧)、Display Render Settings window(显示渲染设置)、Display Hypershade Window(显示Hypershade窗口)、Launch render setup window(启动渲染设置窗口)、Open the light editor(打开灯光编辑器)和Toggle pausing viewport 2 display update(切换暂停Viewport2显示更新)，如图2-22所示。

图2-21　捕捉区

图2-22　渲染区

7. 控制面板显示区

控制面板显示区位于Maya界面的右上方，包括Show/hide Modeling Toolkit(显

示/隐藏建模工具包)、Toggle the character controls(切换角色控制)、Show/hide the Attribute Editor(显示/隐藏属性编辑器)、Show/hide the Tool Settings(显示/隐藏工具设置)和Show / Hide the Channel Box(显示/隐藏通道盒)5个快捷按钮，如图2-23所示。

图2-23　控制面板显示区

2.1.3 工具架

工具架包括14个命令标签，每个命令标签的下方都有其对应的图标，如图2-24所示。

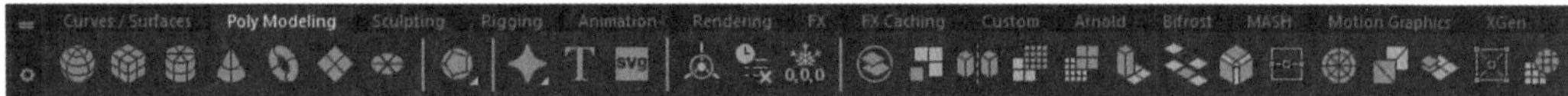

图2-24　工具架

下面介绍对工具架的基本操作。

1. 隐藏/显示工具架

单击工具架左侧的显示按钮，即可显示对应的命令工具，并将工具按钮切换到相对应的模式，如图2-25所示。

2. 新建工具架

单击工具架左侧的修改按钮，执行New Shelf(新建工具架)命令，如图2-26所示。在弹出的对话框中为新建的工具架标签命名，单击OK按钮即可，如图2-27所示。

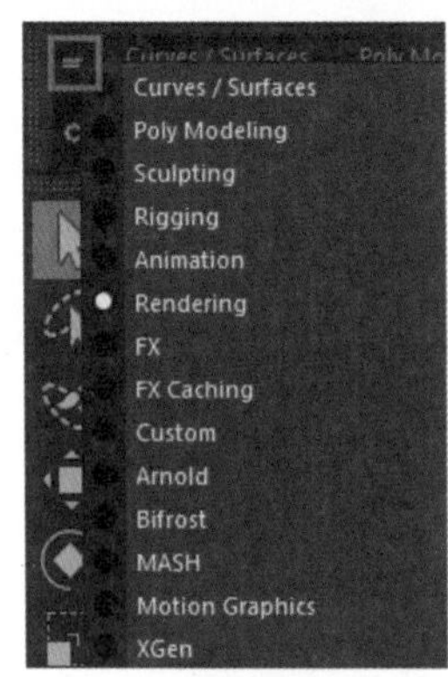

图2-25　隐藏/显示工具架

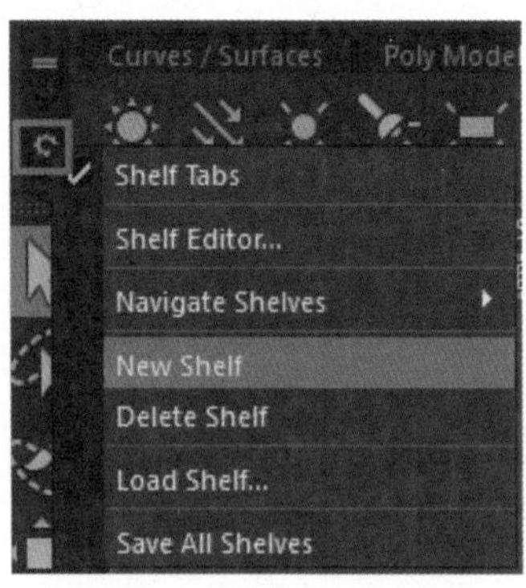

图2-26　新建工具架命令

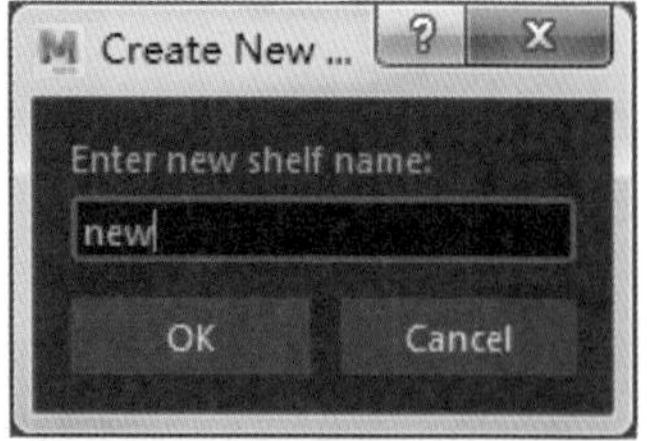

图2-27　新建工具架对话框

3. 删除工具架

单击工具架左侧的修改按钮，执行Delete Shelf(删除工具架)命令，如图2-28所示。在弹出的问询对话框中单击OK按钮即可删除该工具架标签，如图2-29所示。

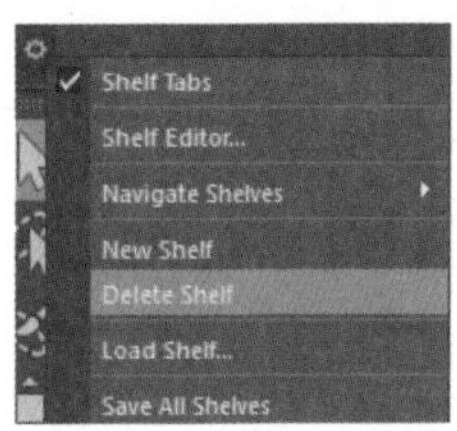

图2-28　删除工具架

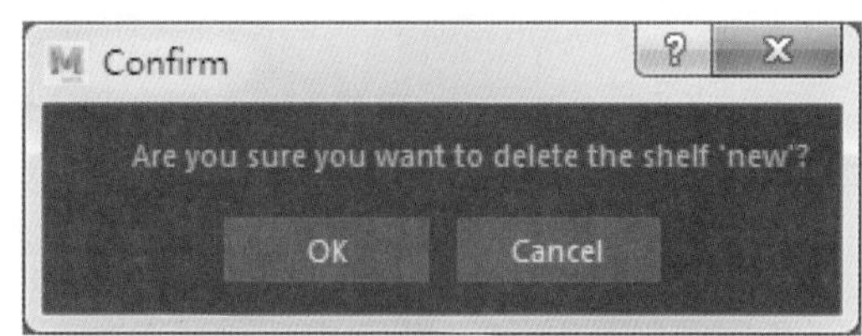

图2-29　删除工具架对话框

2.1.4　工具盒

工具盒位于Maya界面的左侧，提供了6个使用频率较高的工具图标，以便于操作，如图2-30所示。6个工具图标包括Select Tool(选择工具)、Lasso Tool(套索工具)、Paint Selection Tool(绘制选择工具)、Move Tool(移动工具)、Rotate Tool(旋转工具)和Scale Tool(缩放工具)。

图2-30　工具盒

2.1.5　工作区和视图面板

1. 工作区

在Maya界面中，位于中心面积最大的区域就是工作区，如图2-31所示。视图面板包括视图菜单栏和视图快捷按钮。

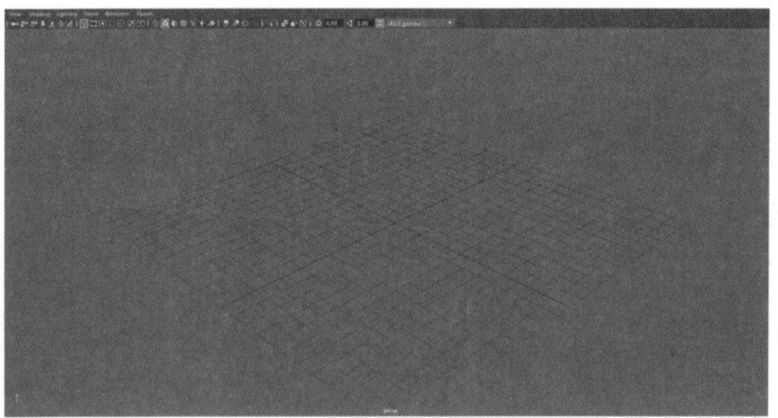

图2-31　工作区/视图面板

2. 视图菜单栏

在视图菜单栏中，View(视图)用于控制视图和设置摄像机；Shading(着色)用于控制物体的显示方式；Lighting(照明)用于控制照明方式；Show(显示)用于控制物体的显

示；Renderer(渲染器)用于控制硬件渲染；Panels(面板)用于操作视图面板本身，如图2-32所示。视图快捷按钮是一些对视图常用操作命令的快捷按钮，如图2-33所示。

View　Shading　Lighting　Show　Renderer　Panels

图2-32　视图菜单栏

0.00　1.00　sRGB gamma

图2-33　视图快捷按钮

3. 通道盒

通道盒位于Maya界面的右侧，用于设置项目的属性参数，提供了4个标签，包括Channels(通道)、Edit(编辑)、Object(对象)和Show(显示)，如图2-34所示。

4. 层编辑器

层编辑器位于Maya界面的右下方，用于设置物体的选择与显示、分层渲染以及混合和控制动画，提供了2个选项，包括Display(显示)和Anim(动画)，如图2-35所示。

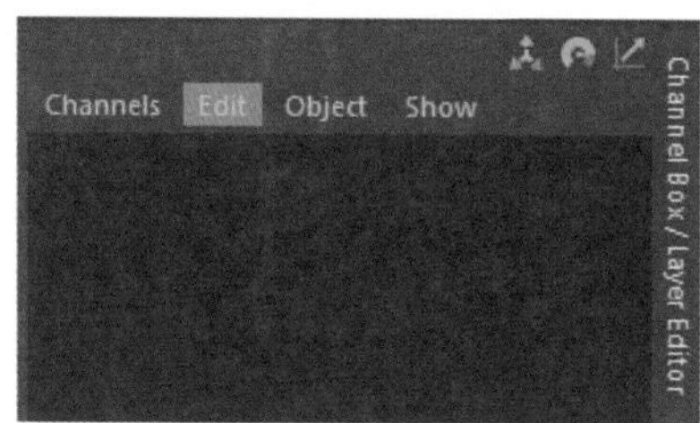

图2-34　通道盒

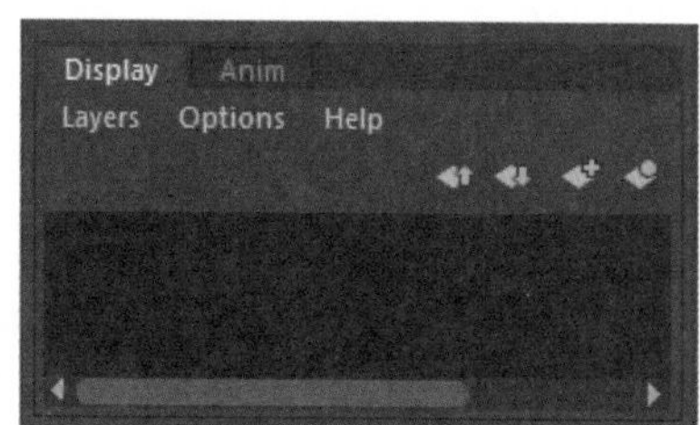

图2-35　层编辑器

2.2　动画界面

2.2.1　动画控制

Maya提供了快速访问时间和关键帧设置的工具，包括Time Slider(时间滑块)、Range Slider(范围滑块)和Playback Controls(播放控制器)。我们可以从动画控制区域快速地访问和编辑动画参数，如图2-36所示。

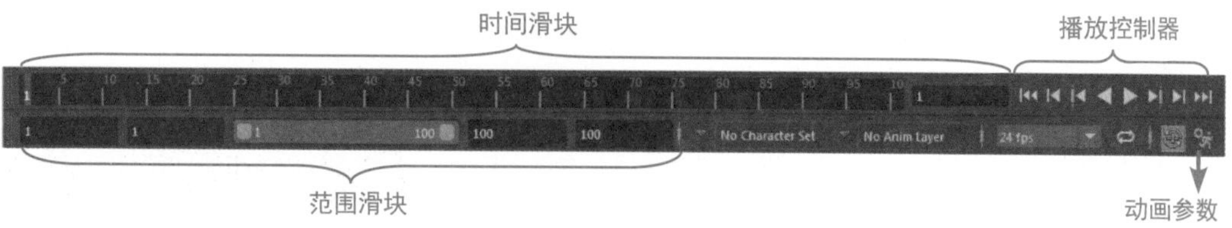

图2-36　动画时间控制器

1. 时间滑块

Time Slider(时间滑块)可以控制播放范围、关键帧(红色线条显示)和播放范围内的Breakdowns(受控制帧)，如图2-37所示。

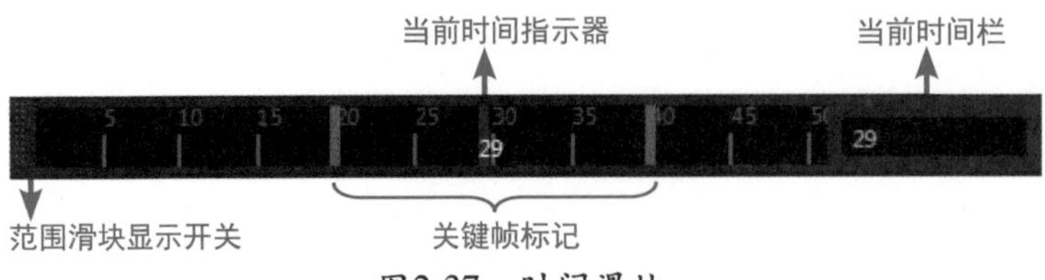

图2-37　时间滑块

如果我们想改变当前时间，可以在Time Slider的任意位置上单击，场景会跳到动画的该时间处。或者按住键盘上的K键，然后在任意视图中按住鼠标左键水平拖曳，场景会随着鼠标的拖曳而更新。

要想在时间滑块上移动或者缩放某段动画的范围，就按住Shift键，在时间滑块上单击并水平拖曳出一个红色的范围。选择的时间范围以红色显示，开始帧和结束帧在选择区域的两端以白色数字显示。单击并水平拖曳选择区域两端的黄色箭头，可缩放选择区域。单击并水平拖曳选择区域中间的双黄色箭头，可移动选择区域，如图2-38所示。

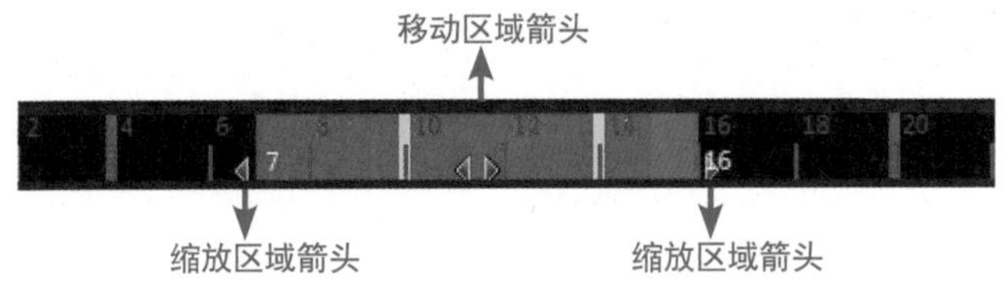

图2-38　时间范围

2. 范围滑块

Range Slider(范围滑块)用来控制单击播放按钮时所播放的范围。拖曳范围滑块条，改变播放范围。拖曳范围滑块条两端的方框，可缩放播放范围。双击范围滑块条，播放范围会设置成播放开始时间栏和播放结束时间栏中数值的范围，再次双击，可回到先前的播放范围，如图2-39所示。

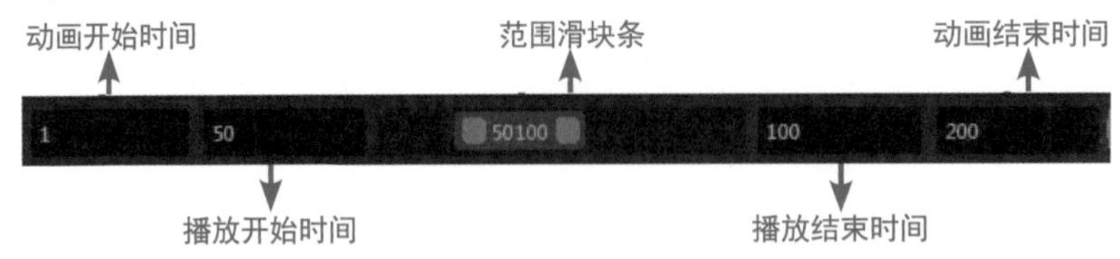

图2-39　时间范围

3. 播放控制器

时间滑块区的右侧是动画播放按钮，如图2-40所示。

图2-40　播放控制器

■：转至起始帧。

■：后退一帧。

■：后退到前一关键帧。

■：向后播放。按Esc键则停止播放。

■：向前播放。按Esc键则停止播放。

■：前进到下一关键帧。

■：前进一帧。

■：转至最后一帧。

4. 动画控制菜单

如果在时间滑块的任意位置上单击鼠标右键，一个快捷菜单会显示出来。此菜单中的命令主要用于操作当前选择对象的关键帧，如图2-41所示。

5. 其他控制

在界面的右下方还有许多其他的控制，如图2-42所示。

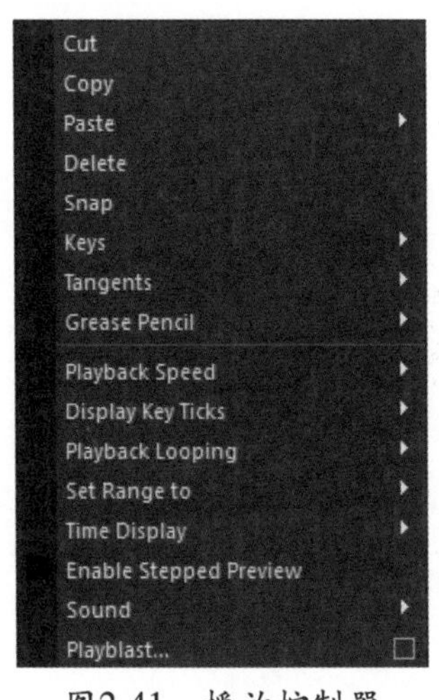

图2-41　播放控制器

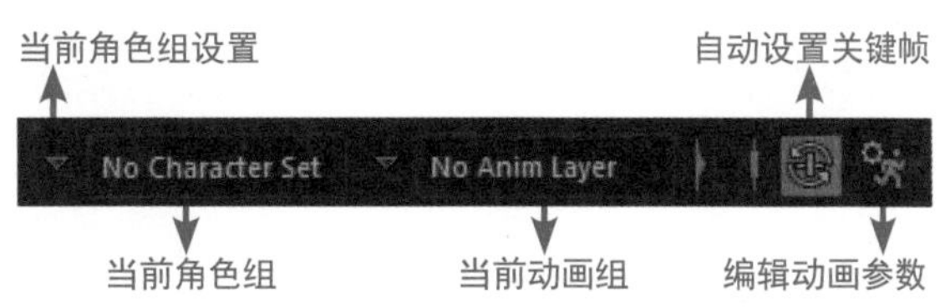

图2-42　其他控制器

当前角色组设置：选择动画对象的角色组，以便进行动画编辑。选择的角色组名在当前角色组中显示名称。

自动设置关键帧：Auto Key按钮■控制着Maya自动设置关键帧功能。

编辑动画参数：单击Animation Preferences(动画参数)按钮，打开动画参数窗口，用于设置动画参数(关键帧、声音、播放、时间单位等)。

2.2.2　声音

我们经常要根据声音的节奏调节动画，这就需要声音与动画关键帧同步。

我们将音频文件导入Maya后，时间滑块上就会显示声音的波形了，如图2-43所示。而Maya只支持AIFF和WAV格式的音频文件。

把音频文件导入场景中的方法有3种。

(1) 选择File>Import命令，导入声音文件。

(2) 选中一个音频文件，然后按下鼠标左键拖动音频文件到Maya的任意一个视图中。

(3) 选中一个音频文件，然后按下鼠标左键拖动音频文件到时间滑块上。

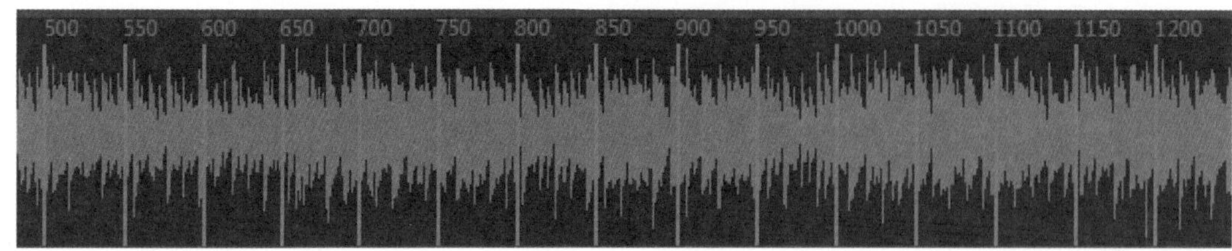

图2-43　声音波形

2.2.3　动画播放预览

Playblast (播放预览)功能通过对视图的每一帧进行“拍屏”，然后生成视频文件，并通过系统默认的播放器播放出来，这样我们就能迅速地预览动画了，同时我们也可以通过多种格式保存当前的视频文件。在时间滑块上，用鼠标右键单击，弹出动画控制菜单，选择Playblast ❐，如图2-44所示。

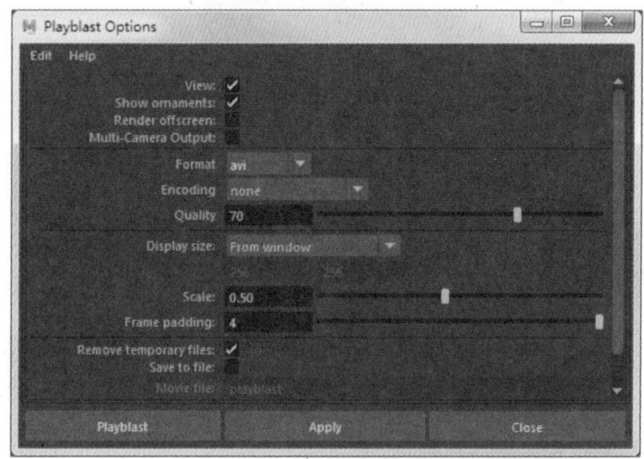

图2-44　动画播放预览

2.3　曲线编辑器

曲线编辑器是用户在三维软件中修改动画曲线形状和选择时间的主要工具。用户可以通过改变动画曲线的形状，调节其动画运动方式。曲线编辑器里横向上的数值表示时间帧，纵向上的数值表示属性的数值，如图2-45所示。所以，曲线编辑器中曲线的斜率就是物体运动的速度，曲线斜率越大物体速度越快；反之，曲线斜率越小速度越慢。曲线斜率为零，也就是曲线呈水平状，表示物体静止。曲线斜率的变化由小到大，则表示

物体在做加速运动；反之，曲线斜率的变化由大到小，则表示物体在做减速运动。物体曲线斜率无变化，则表示物体在做匀速运动，如图2-46所示。

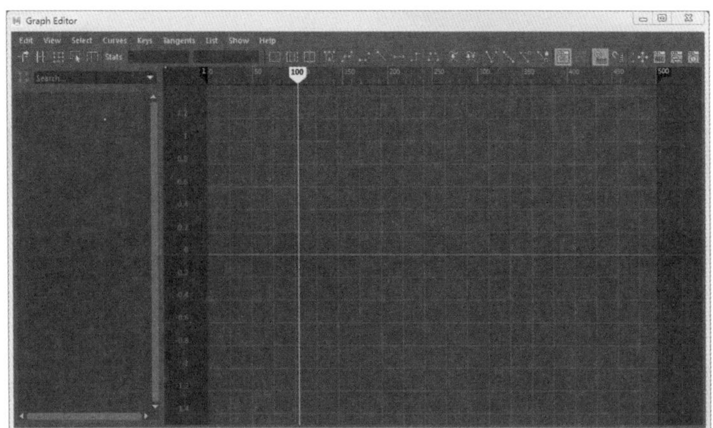

图2-45　曲线编辑器

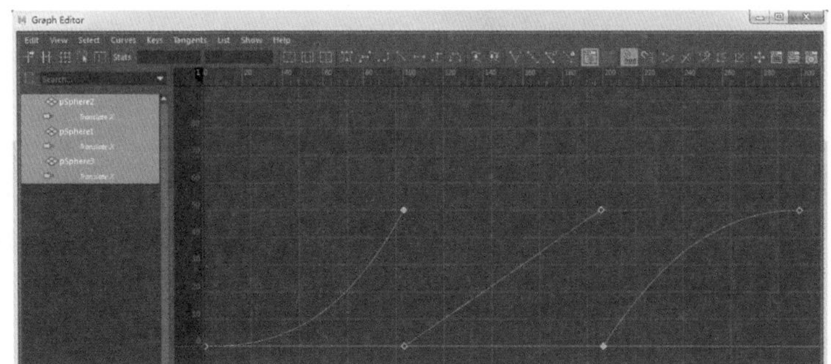

图2-46　动画曲线

在Maya菜单栏中，执行Windows(窗口)>Animation Editors(动画编辑器)>Graph Editor(曲线编辑器)命令，如图2-47所示，弹出曲线编辑器窗口，如图2-48所示。

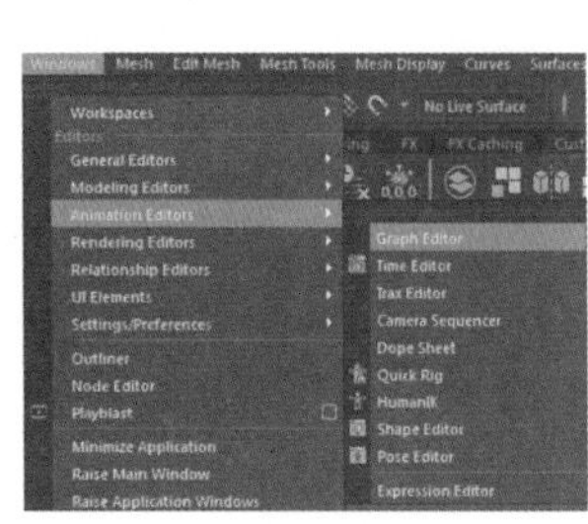

图2-47　启动曲线编辑器

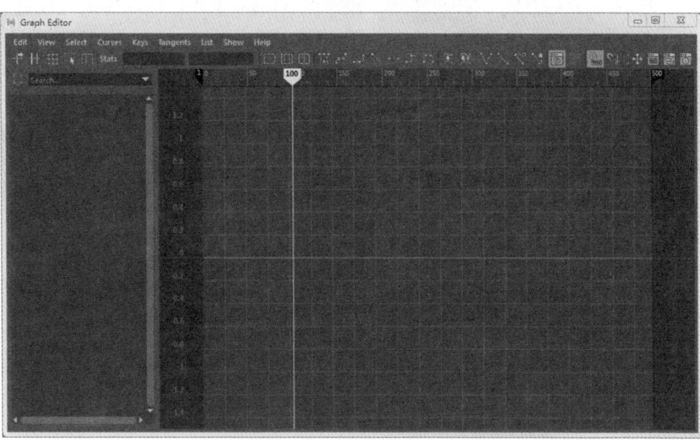

图2-48　曲线编辑器

下面对该窗口工具栏中的主要命令进行讲解，如图2-49所示。

图2-49　工具栏

Move Nearest Picked Key Tool(移动最近拾取的关键帧工具)：选择多个关键帧时，单击此按钮则只能移动距离鼠标最近的关键帧。

Insert Keys Tool(插入关键帧工具)：单击该按钮可在动画曲线上插入新的关键帧。

关键帧位置：用于查看和修改关键帧的位置。

Fit selection in all panels(在所有面板中适配当前选择)：该按钮用于显示所有帧。

Frame playback range(框显播放范围)：该按钮用于显示帧的播放范围。

Center the view about the current time(使视图围绕当前时间居中)：该按钮用于将当前时间设为中心。

Auto Tangents(自动切线)：该工具可以自动计算相邻的两个关键帧之间曲线的过渡效果。

Spline Tangents(样条线切线)：该工具可以使相邻的两个关键帧之间的曲线产生光滑的过渡效果，使关键帧两边曲线的曲率进行光滑连接，如图2-50所示。

Clamped Tangents(夹具切线)：该工具可以使动画曲线既有样条线的特点又有直线的特征，如图2-51所示。

Linear Tangents(线性切线)：该工具可以使相邻的两个关键帧之间的曲线变为直线，并影响到后面的曲线连接，如图2-52所示。

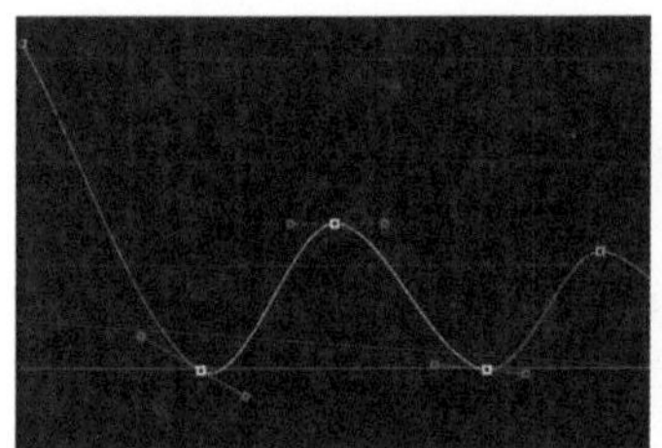

图2-50　样条线切线

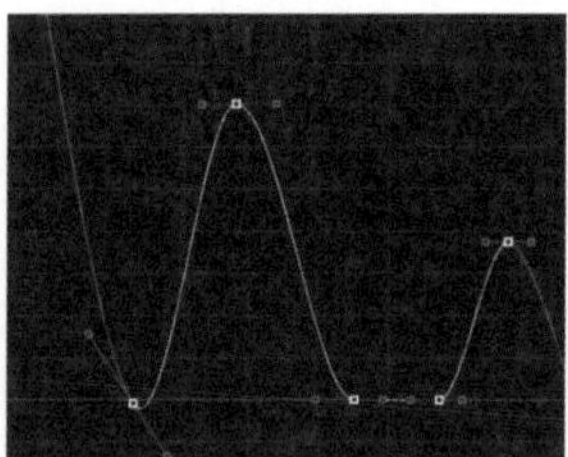

图2-51　夹具切线

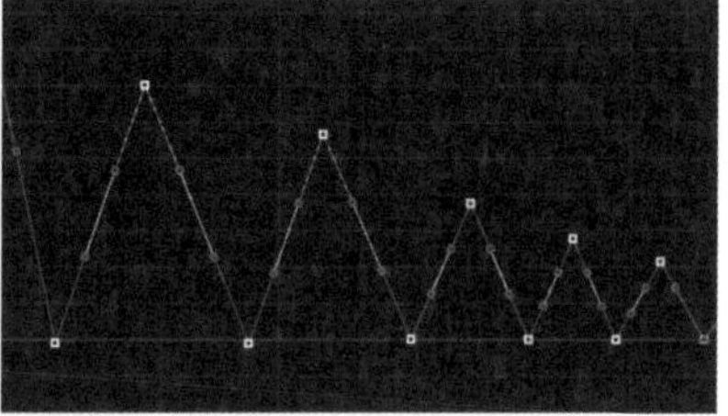

图2-52　线性切线

Flat Tangents(平坦切线)：该工具可以将选择关键帧点的控制手柄全部旋转到水平角度，如图2-53所示。

Step Tangents(阶梯切线)：该工具可以将任意形状的曲线强行转换成阶梯状曲线，如图2-54所示。

Plateau Tangents(点平化切线)：该工具用于将所选控制点所在的曲线段转换为切线状态，如图2-55所示。

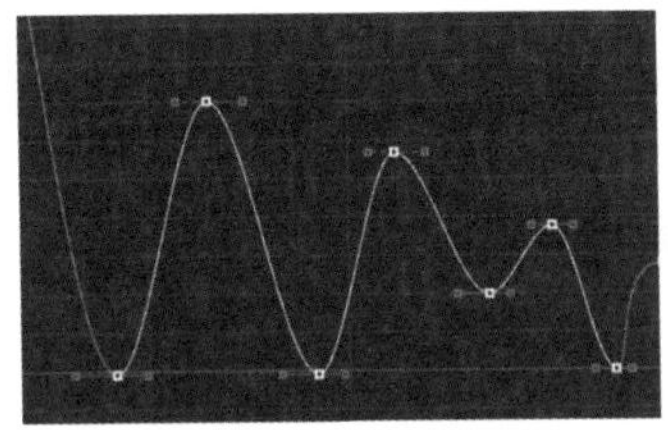
图2-53　平坦切线

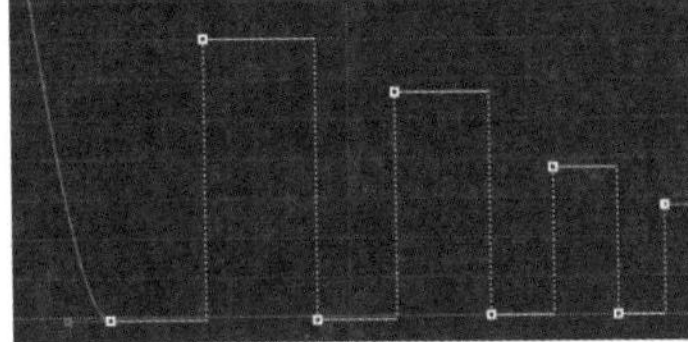
图2-54　阶梯切线

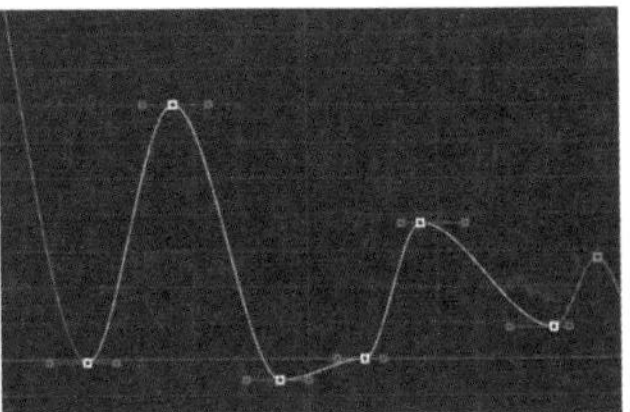
图2-55　点平化切线

Break Tangents(断开切线)：该工具可以将关键帧点上的两个控制手柄强行打断，打断之后两边的控制手柄不再相互关联，用户可以对控制手柄单独操作，从而自由调节关键帧两边的曲柄，以达到自己想要的曲线形状，如图2-56所示。

Unify Tangents(统一切线)：该工具可以将关键帧上打断的控制手柄再次连接成一个相关联的手柄，如图2-57所示。

Free Tangents Weight(释放切线权重)：默认状态下，关键帧控制手柄的权重是锁定的，关键帧手柄不可以被拉长，单击此按钮后，可释放权重，调节曲线长度，如图2-58所示。

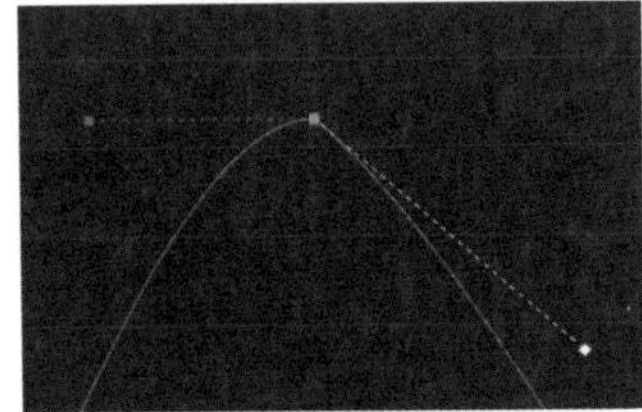
图2-56　断开切线

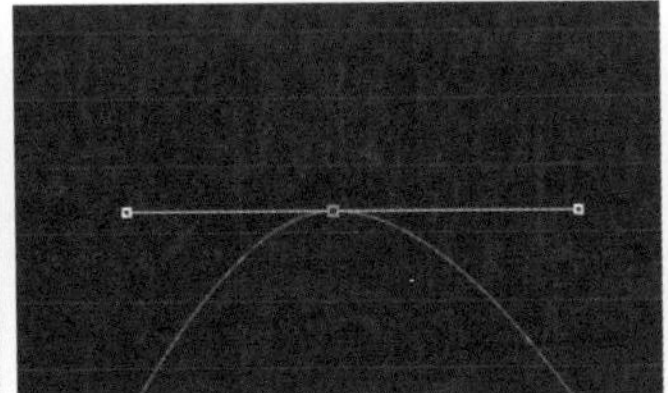
图2-57　统一切线

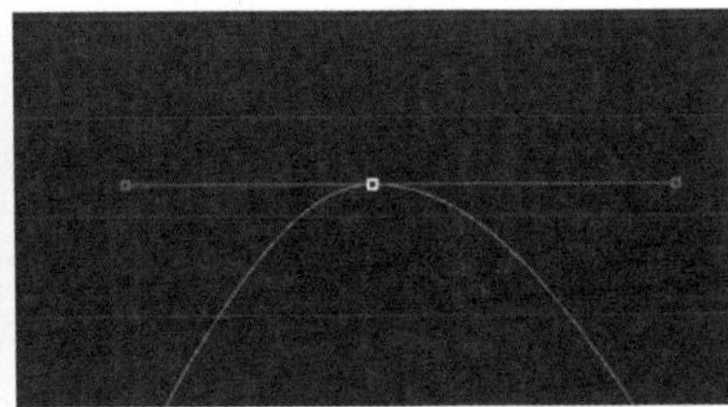
图2-58　释放切线权重

Lock Tangent Weight(锁定切线权重)：该工具将释放后的关键帧手柄的权重重新锁定，如图2-59所示。

Time Snap(时间捕捉)：将关键帧捕捉到最近的整数时间帧上。

Value Snap(数值捕捉)：将关键帧捕捉到最近的整数值上。

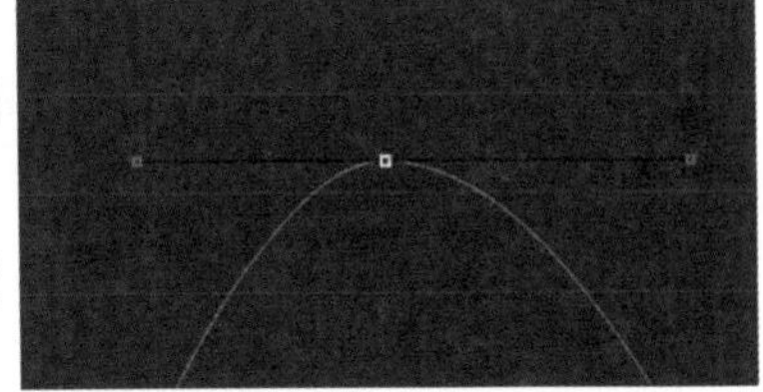
图2-59　锁定切线权重

案例分析：不同速度的小球比较

在这个案例中，通过调整3个不同颜色的小球的动画曲线，从而改变它们在运动中的速度，如图2-60所示。上端的蓝色小球是加速运动，动画曲线为加速曲线。中间的黄色小球是匀速运动，动画曲线为匀速曲线。底端的红色小球是减速运动，动画曲线为减速曲线。由于动画曲线不同，小球在相同时间内的运动效果也不一样，如图2-61所示。

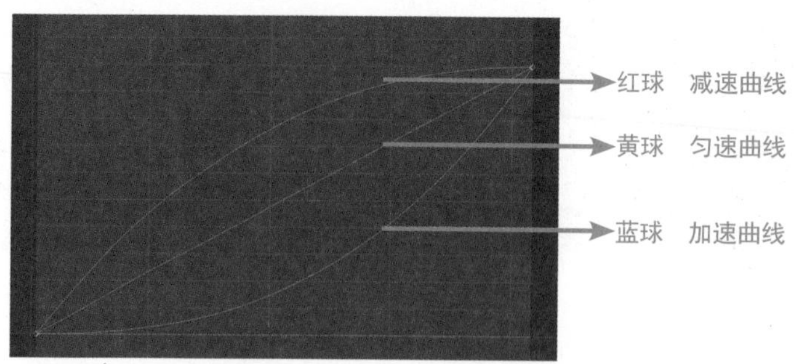

图2-60　3个小球的动画曲线

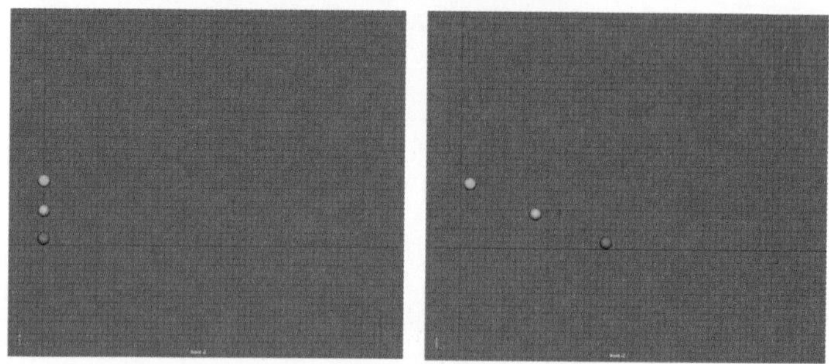

第1帧　　第25帧

第50帧

第75帧

第100帧

图2-61　不同速度的小球动画

第3章 运动规律在三维动画中的实现方法

- 缓冲、弹性运动
- 曲线运动
- 随带运动

3.1 缓冲、弹性运动

缓冲和弹性都是物体本身所具有的特性，同时也是动画表现的重要方式。在本章中，我们将通过对一系列案例的学习，来加深对缓冲和弹性运动的理解。

缓冲就是物体在高速运动状态下突然停止时，物体减慢和减弱变化的过程。在动画制作时，一般表现物体的节奏感，形成快慢对比，增加物体的变现性。缓冲的表现由于受到外力作用的不同，分为主动缓冲和被动缓冲。主动缓冲的主体是物体本身。物体自身主动停止高速运动时，受到原先作用力的影响，继续运动，运动的速度和力量都在逐渐地减弱。例如：投掷运动、跳跃运动和挥手动作。被动缓冲的主体是外力，物体自身是客体，是受到外力强制停止而产生的缓冲运动。又例如：角色用手接着高速运动的小球时，手继续小球方向的运动。缓冲运动是很细微的运动，大多表现于一些细微的动作，例如表情运动。人在遇到开心的事情，会开怀大笑。但微笑过后，嘴角的笑容会慢慢的恢复到自然状态，这便也是缓冲运动。

弹性就是一个运动的物体碰到另一物体而产生向回反弹运动的性质。在自然界中除了具有弹性的物质以外，其他物体的反弹性都比较小。但是，在动画的表现中，我们常常把物体的弹性加以夸张，以达到更好的画面效果。根据情节的需要，我们可以假定一些物体具有较强的弹性，强调运动效果。除了碰撞产生的弹性以外，物体自身也可以产生弹性，增加其动作的活跃性。例如，每当角色产生一个明显的跳跃性表情变化的时候，身体和面部表情都会弹一下。

3.1.1 小球的运动

不同材质的球弹跳的节奏也不同，被弹到高处的小球由于受到了地心引力的作用，会逐步减弱向上弹的力，最终成为地心引力的奴隶，转变为向下的加速运动。当向下撞到地面时，小球遇到了坚硬的阻碍物，重力瞬时转化为向上弹跳的运动，这样，小球周而复始，不停地做重力和向上弹跳的运动，直到由于摩擦力的原因消耗了能量而停止运动。如果我们不考虑摩擦力的原因，小球的弹跳运动将是一直无限地持续下去的。

不同质量的物体，其运动状态也是不同的。我们分别以铁球、乒乓球和气球为例，来理解一下它们各自的运动特点。铁球弹跳的次数少，而乒乓球由于重量的关系，弹跳的次数和高度会比铁球多很多。气球的运动速度则是最缓慢的，而且会一直向上升。

为了实现这一运动，我们必须把小球调节成加速坠地，撞击地面后迅速成为向上减速的运动。当弹跳到最高点时，向上的运动趋于零，然后转化为向下的加速运动。当球弹跳时，撞击地面会受到挤压，而在弹起时，又会由于碰撞和惯性而拉伸，并且当球挤压和拉伸后，小球由于物理特性，会恢复原状。要达到这个生动的效果，我们用

Squash(挤压)变形器，建立小球的变形动画。在真实世界中，橡皮球的变形效果是很轻微，并不太明显，但为了在动画的世界中再现生动的挤压和拉伸，我们可以适当地加大小球变形的程度，夸张小球的变形效果，如图3-1所示。

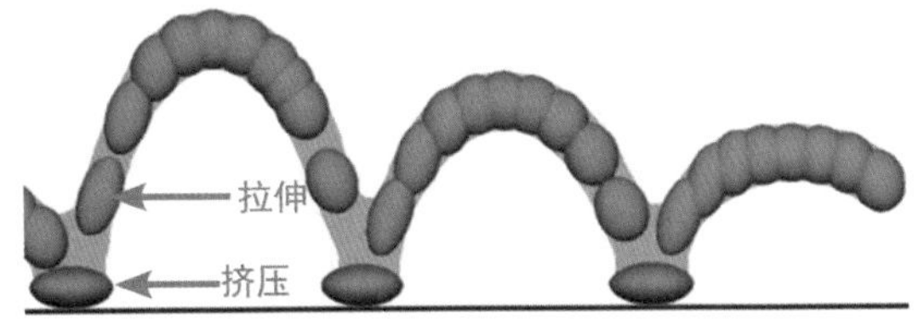

图3-1　小球运动效果

动画案例1：弹性小球

1. 设置动画参数

01 打开Maya 2018软件，在模块选择区中，选择动画模块，如图3-2所示。

02 执行Windows(窗口)>Settings/Preferences(设置)>Preferences(设置)命令，弹出设置面板，如图3-3所示。

03 单击设置面板左侧的Setting(设置)命令，设置Time(时间)为[24fps]，如图3-4所示。

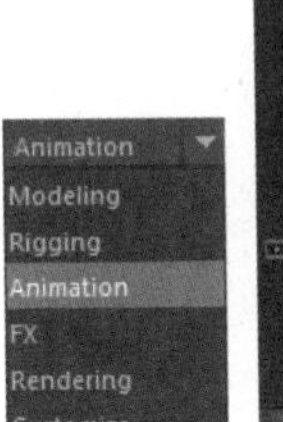

图3-2　动画模块　　图3-3　选择命令

04 单击Time SLider(时间滑块)命令，设置Framerate(帧频)属性为[24fps]，如图3-5所示。

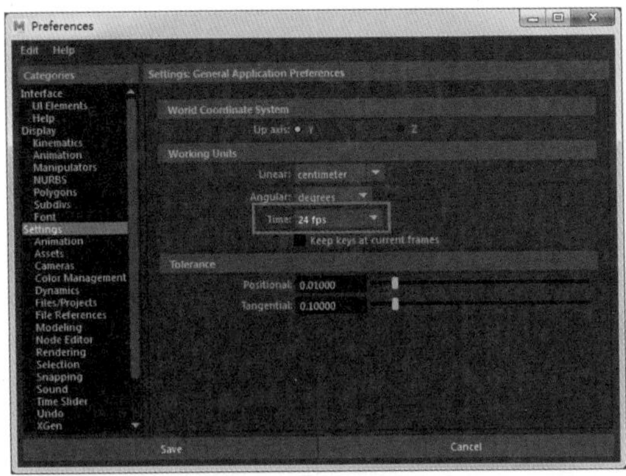

图3-4　时间设置

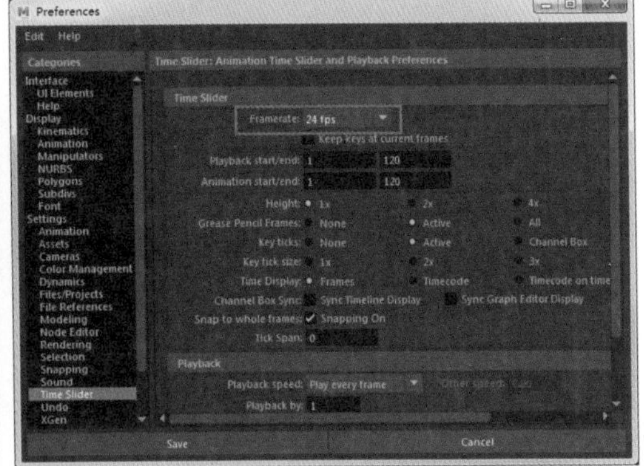

图3-5　设置播放速度

电影制式为24帧/秒。电视制式通常分为PAL制和NTSC制两种。我国常用的是PAL制，每秒25帧。

05 创建小球，然后单击小球，在右侧的属性栏中选择Rotate Y(Y轴旋转)、Rotate Z(Z轴旋转)、Scale X(X轴缩放)、Scale Y(Y轴缩放)、Scale Z(Z轴缩放)和Visibility(可见性)属性，如图3-6所示。

06 在选中的属性上单击右键，选择快捷菜单中的Lock and Hide Selected (选择锁定并隐藏)命令，将所选择的属性锁定并隐藏起来，如图3-7所示。

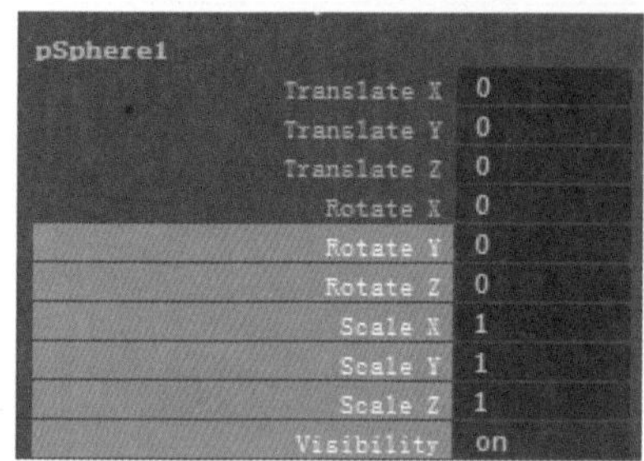

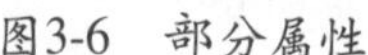
图3-6 部分属性

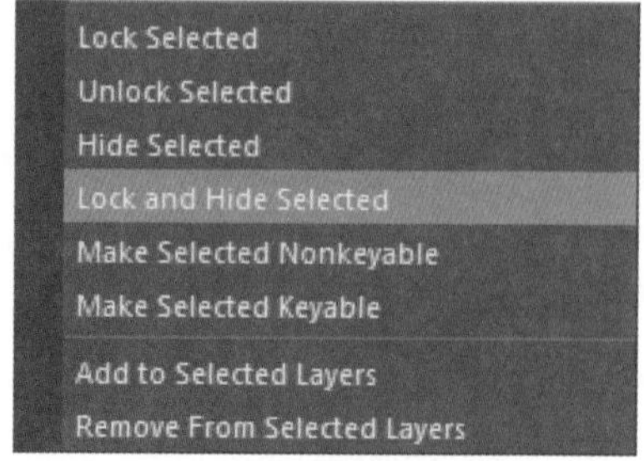

图3-7 将所选择的属性锁定并隐藏

07 设置时间栏长度为1~120帧，如图3-8所示。

图3-8 设置时间栏

08 在工具架上，创建曲线编辑器快捷按钮。执行Windows(窗口)> Animation Editors(动画编辑器)>Graph Editor(曲线编辑器)命令，如图3-9所示。按住Shift键和Ctrl键，同时单击Graph Editor(曲线编辑器)命令。此时工具架上就会创建出Graph Editor(曲线编辑器)命令按钮了，如图3-10所示。

09 打开自动关键帧按钮。单击界面右下角的自动关键帧按钮，如图3-11所示。

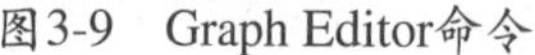
图3-9 Graph Editor命令

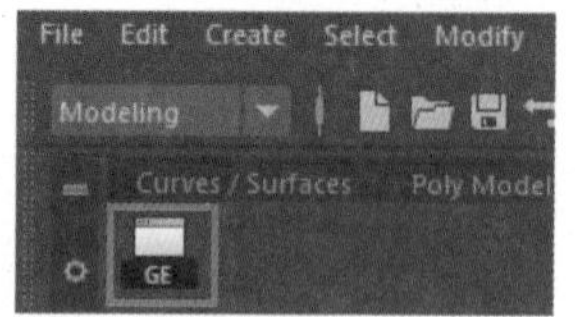

图3-10 Graph Editor命令按钮

图3-11 自动关键帧按钮

2. 位移关键帧设置

01 在第1帧上，创建小球，并将小球Translate Y (Y轴位移)数值调为15，Translate Z (Z轴位移)数值调为0，如图3-12所示。

02 选中小球，执行Animation (动画)> Set Key (设置关键帧)命令，设置关键帧后，时间栏上会产生红色细线作为标记，如图3-13所示。

03 在第94帧上，将小球Translate Y (Y轴位移)数值调为1，Translate Z (Z轴位移)数值调为-30，如图3-14所示。

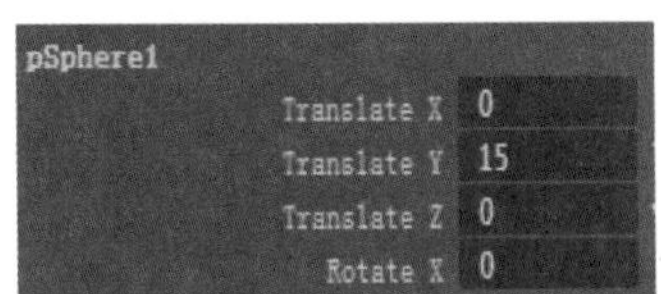

图3-12 第1帧数值

图3-13 时间栏上的关键帧标记

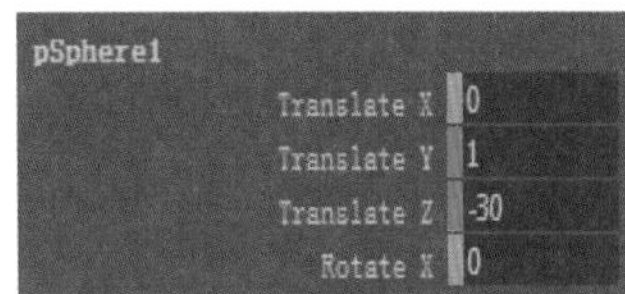

图3-14 第94帧数值

注意

键盘上的S键，是设置关键帧的快捷键。设置关键帧后，关键属性数值框底色会变成红色。

04 调节曲线，使小球进行减速运动。选中小球，打开Graph Editor(曲线编辑器)，单击左侧Translate Z(Z轴位移)属性，显示Z轴位移曲线，如图3-15所示。

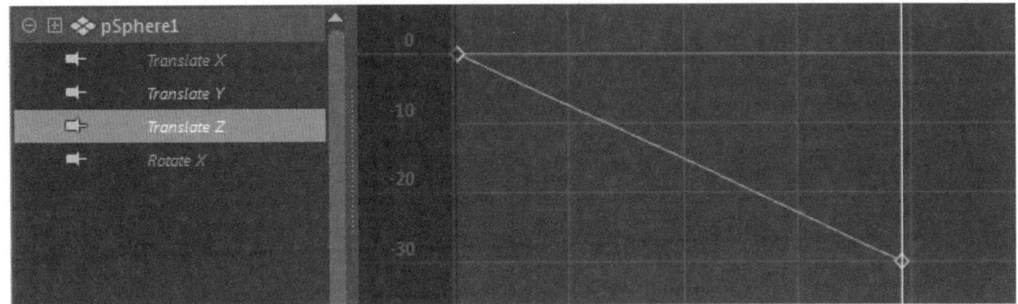

图3-15 Z轴位移曲线

05 选择Translate Z(Z轴位移)曲线上的关键帧点，单击 Flat tangents(水平切线)手柄，如图3-16所示。这样小球就在Z轴横向位移上进行减速运动了，直至完全停止。

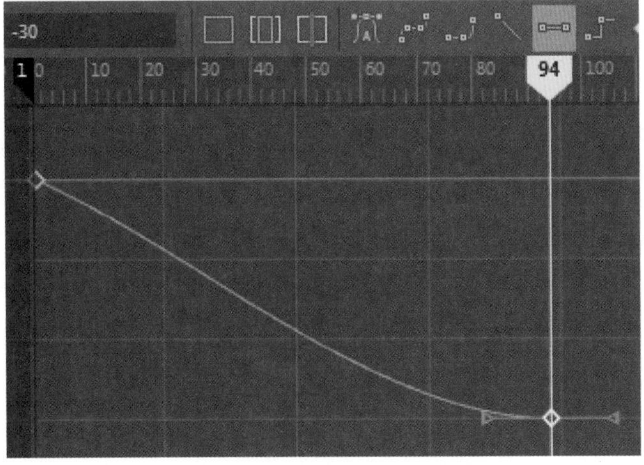

图3-16 Z轴位移减速曲线

06 依次调整小球Translate Y(Y轴位移)高度。在第9帧上，小球Translate Y(Y轴位移)数值为0。在第15帧上，小球Translate Y(Y轴位移)数值为7。在第22帧上，小球Translate Y(Y轴位移)数值为0。在第27帧上，小球Translate Y(Y轴位移)数值为5.6。在第33帧上，小球Translate Y(Y轴位移)数值为0。在第37帧上，小球Translate Y(Y轴位移)数值为3.7。在第41帧上，小球Translate Y(Y轴位移)数值为0。后面依次调整Translate Y(Y轴位移)属性数值，使其整体运动成为减速运动。

07 复制Translate Y(Y轴位移)曲线。选中第22帧到第41帧的动画曲线，然后在Graph Editor(曲线编辑器)中执行Edit(编辑)>Copy(复制)命令，如图3-17和3-18所示。然后按住键盘上的K键，移动当前时间线，将其移动到第41帧，然后在Graph Editor(曲线编辑器)中执行Edit(编辑)>Paste(粘贴)命令。

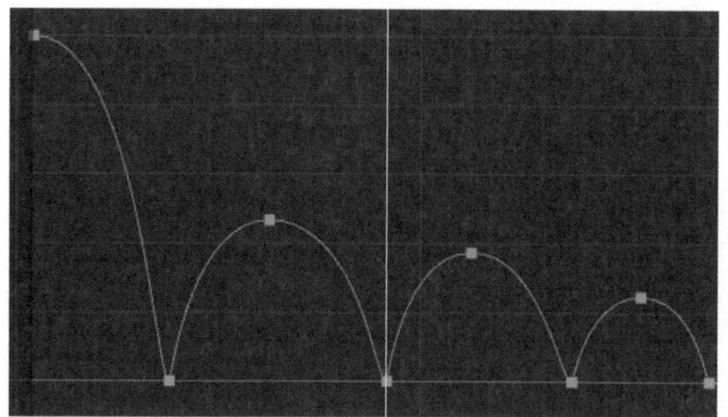

图3-17　选择曲线

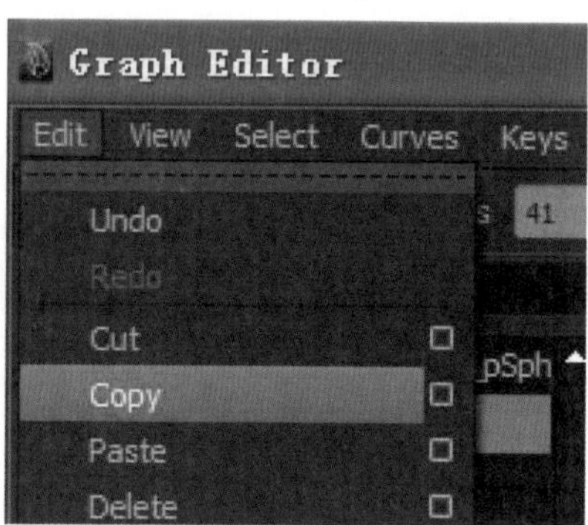

图3-18　Copy(复制)命令

注意

在曲线编辑器中，Copy(复制)和Paste(粘贴)的快捷键分别是Ctrl+C键和Ctrl+V键。

在曲线编辑器中，所复制的是曲线的图形，所粘贴的曲线在当前时间线后插入式粘贴。

在曲线编辑器中，按住键盘上的K键，可以移动当前时间线。

08 粘贴曲线后，调整曲线形状，以达到制作效果。根据物体运动原理，小球弹跳后的最高点的连线应当是减速度曲线，如图3-19所示。

09 小球从空中落下，是加速运动，所以，小球Y轴位移曲线在小球落地前，应呈现加速度曲线。小球落地后，受到地面反弹向上跳起，此时为减速度运动，所以小球Y轴位移曲线为减速度曲线。

10 选中Translate Y(Y轴位移)曲线，单击Flat tangents(水平切线)手柄，然后单击Free tangent weight(释放手柄权重)，再单击Move Nearest Picked Key Tool(移动关键帧点)，最后调整曲线手柄，使曲线为加减速度曲线，如图3-20至3-22所示。

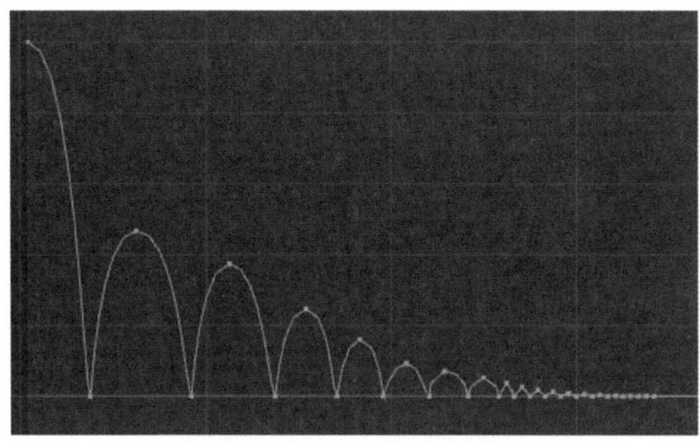

图3-19　Y轴位移弹跳曲线

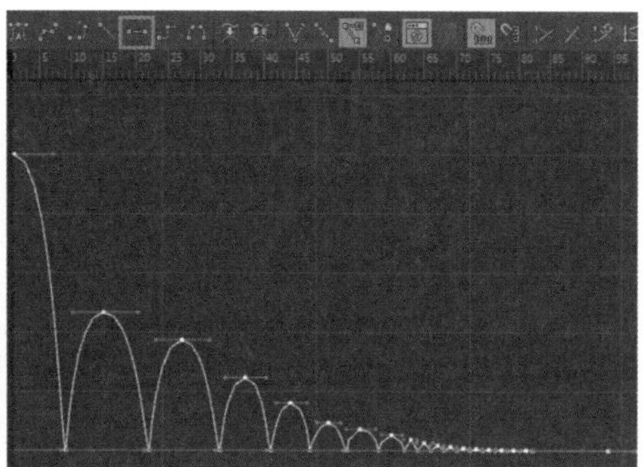

图3-20　水平切线手柄

图3-21　移动关键帧点

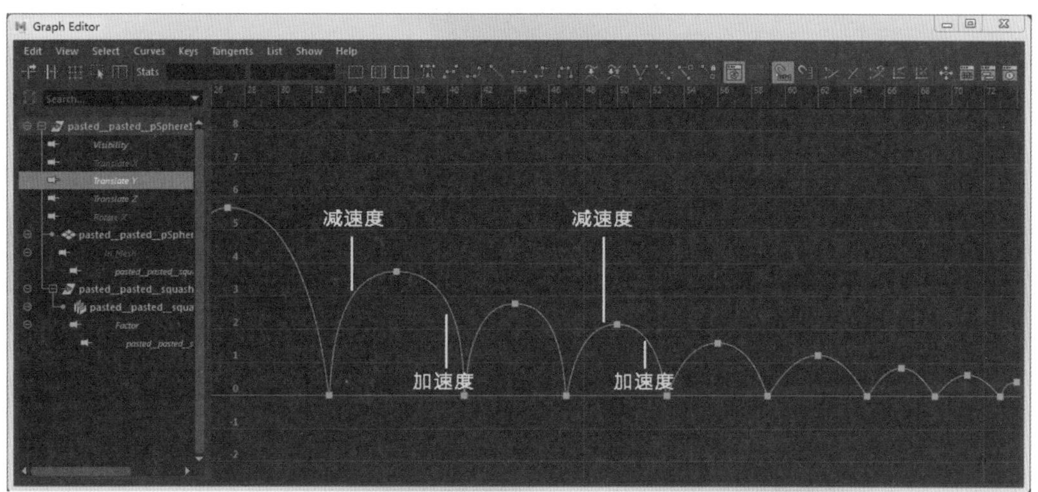

图3-22　Y轴加减速度曲线

注意

在曲线编辑器中，按住Shift键调整曲柄，曲柄会沿水平方向移动。
在曲线编辑器中，按住Shift+Alt+鼠标右键，横向拖动鼠标，可以横向缩放视图。
在曲线编辑器中，按住Shift+Alt+鼠标右键，纵向拖动鼠标，可以纵向缩放视图。

3. 小球旋转设置

分别在第1帧和第122帧上，将小球Rotate X(X轴旋转)数值调为0和-400，并调整曲柄，使曲线变成减速曲线，如图3-23所示。

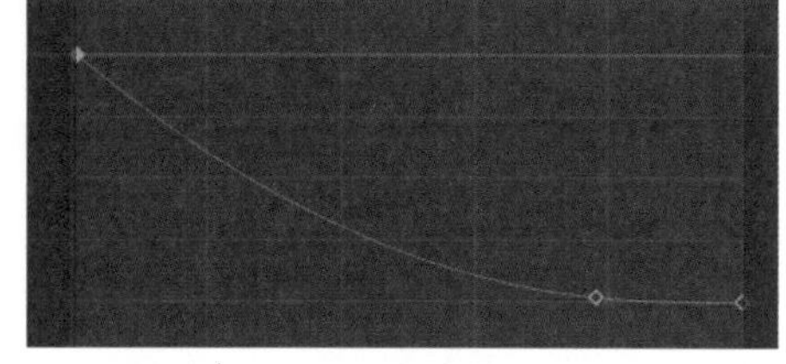

图3-23　X轴旋转减速度曲线

4. 撞墙设置

01 当小球在运动的过程中碰撞到物体，球的位移和旋转都会发生变化。位移和旋转都会和之前的运动方向完全相反，而且是瞬间发生变化的。否则，它的重量感和方向感就会出错，会出现打滑和穿插物体的情况。小球在撞击墙体之前的旋转方向会沿着原来的方向，旋转方向不会发生改变，如图3-24所示。但小球在撞击墙体之后的旋转方向会改变，变成与原来相反的方向，如图3-25所示。

图3-24　小球在撞击墙体之前的旋转方向　　图3-25　小球在撞击墙体之后的旋转方向

02 在第50帧上，将小球的移动和旋转属性设置上关键帧，然后调整曲线形状，使其产生方向上的改变。图3-26所示为Translate Z(Z轴位移)曲线，图3-27所示为Rotate X(X轴旋转)曲线。

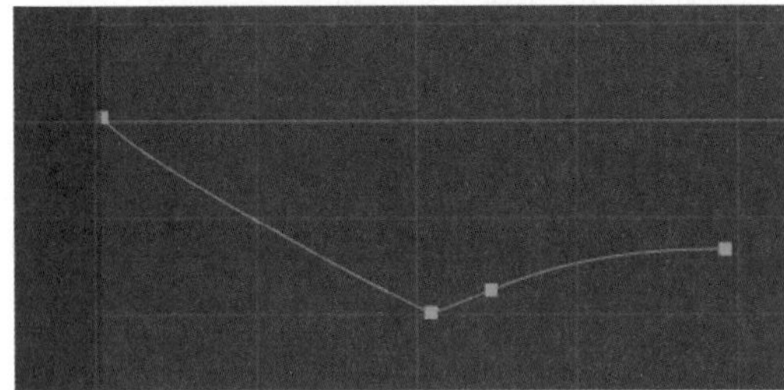

图3-26　Translate Z(Z轴位移)曲线

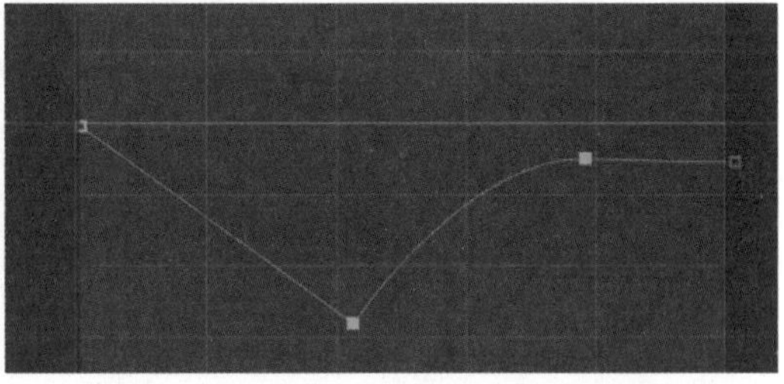

图3-27　Rotate X(X轴旋转)曲线

5. 弹性设置

01 正是因为有了拉伸和挤压，才会使小球产生弹性。小球弹跳的过程就是一个拉伸和挤压相互转化的过程，如图3-28所示。

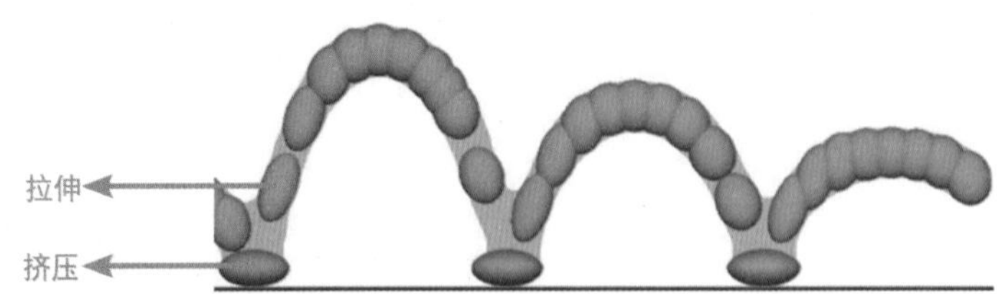

图3-28　拉伸和挤压的过程

02 小球落地前会产生拉伸，如图3-29所示。小球在落地时，受到地面所给阻力，会产生挤压现象，如图3-30所示。小球受到地面给的弹力，弹起时迅速拉伸，如图3-31所示。小球在弹跳最高点时会恢复其正常的形状，如图3-32所示。

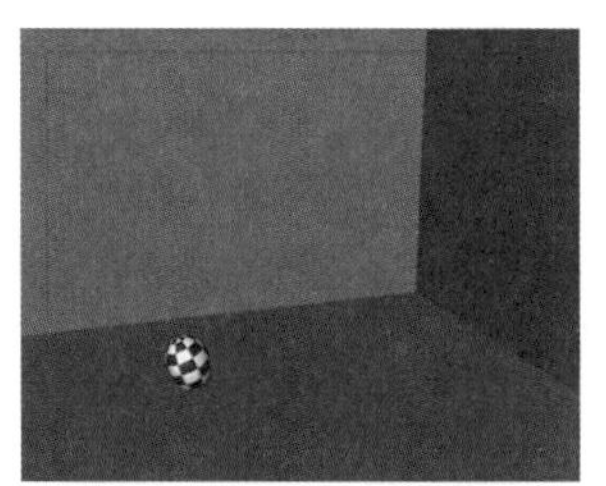

图3-29　小球在落地前的拉伸

图3-30　小球在落地产生的挤压

图3-31　小球在弹跳时的拉伸

图3-32　小球在弹跳最高点时恢复正常形状

03 要使小球产生形变，需要给小球添加变形器。在第1帧时，选中小球，然后执行Create(创建)> Nonlinear(非线性变形)> Squash(挤压变形器)命令，如图3-33所示。

04 将变形器与小球建立父子关系。先选中挤压变形器，然后按住Shift键加选小球，再执行Edit(编辑)> Parent(父子关系)命令，如图3-34所示。

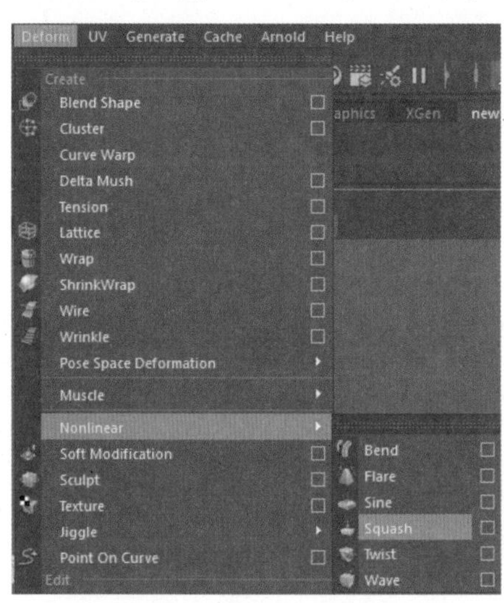

图3-33　Squash(挤压变形)命令

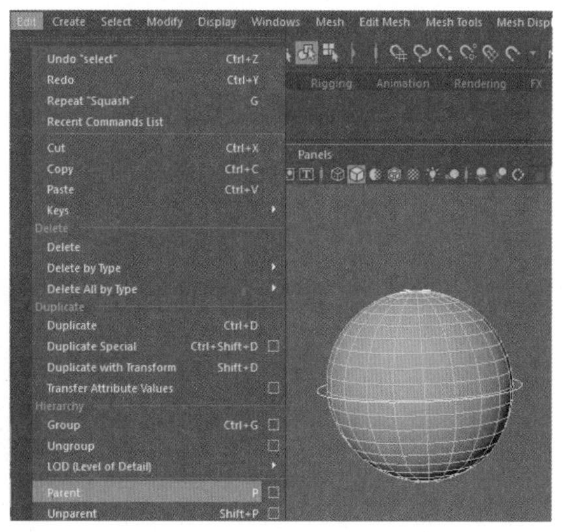

图3-34　Parent(父子关系)命令

05 在第8帧时，将小球Squash(挤压变形)属性中Factor(系数)数值调为0.141，并设置上关键帧，如图3-35所示。在第9帧时，将Factor(系数)数值调为-0.088，如图3-36所示。在第10帧时，将Factor(系数)数值调为0.107，如图3-37所示。在第15帧时，将Factor(系数)数值调为0，如图3-38所示。

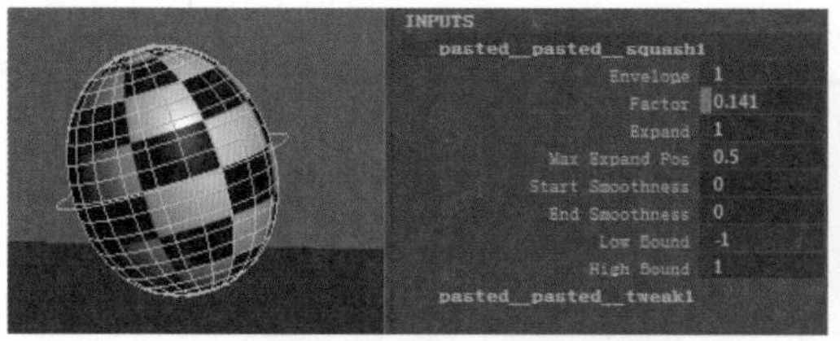

图3-35　第8帧Factor(系数)

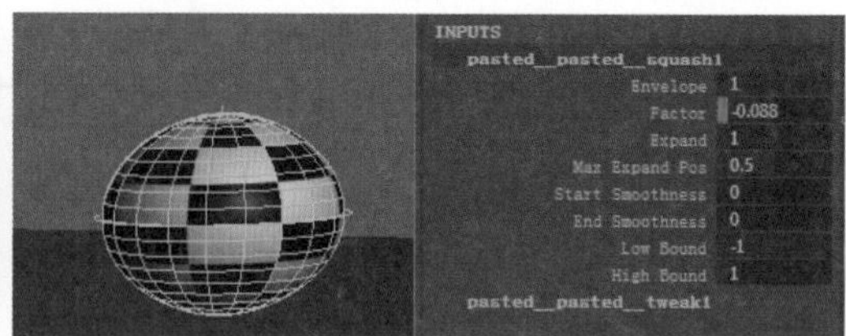

图3-36　第9帧Factor(系数)

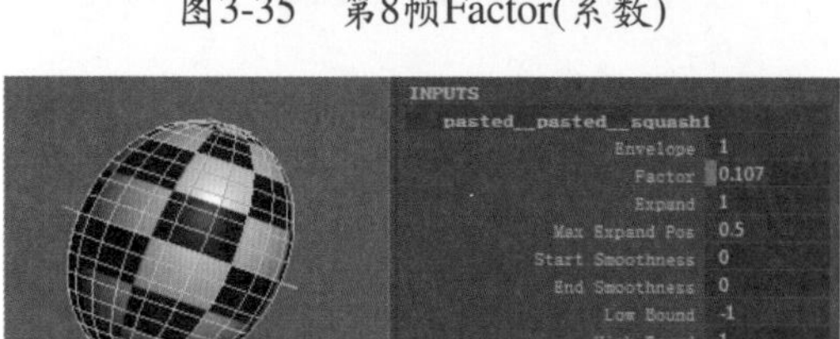

图3-37　第10帧Factor(系数)

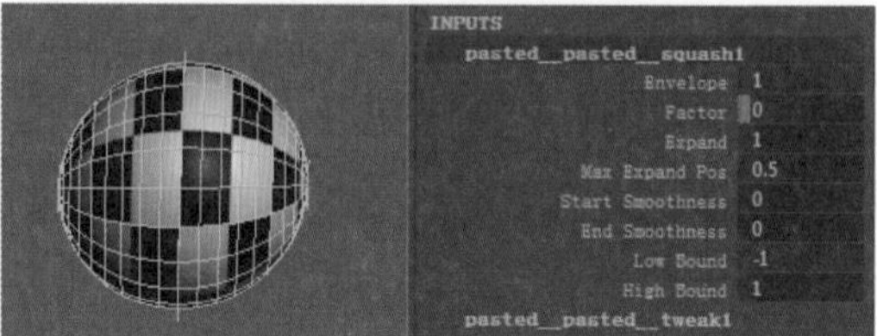

图3-38　第15帧Factor(系数)

06 分别在第21、22、23和27帧时，将Factor(系数)数值分别调为0.05、-0.02、0.0355和0。并在曲线编辑器中调整曲线，使其整体成为衰减运动，如图3-39所示。

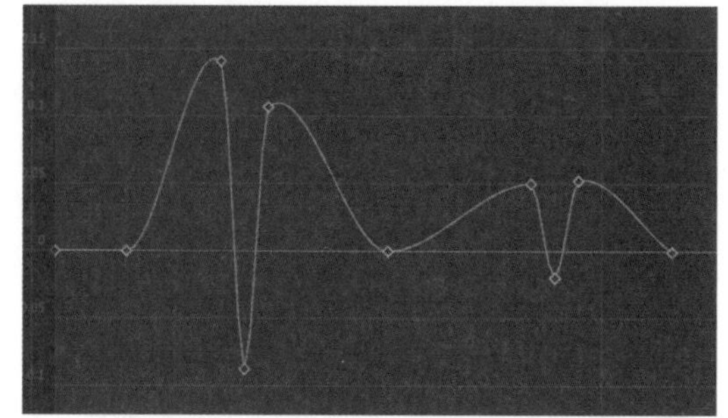

图3-39　Factor曲线

动画案例2：铁球

1. 设置动画参数

01 在第1帧时，创建小球并设置上动作关键帧，使其产生位移动画。然后在曲线编辑器中调整曲线，使其形成加速运动，如图3-40所示。

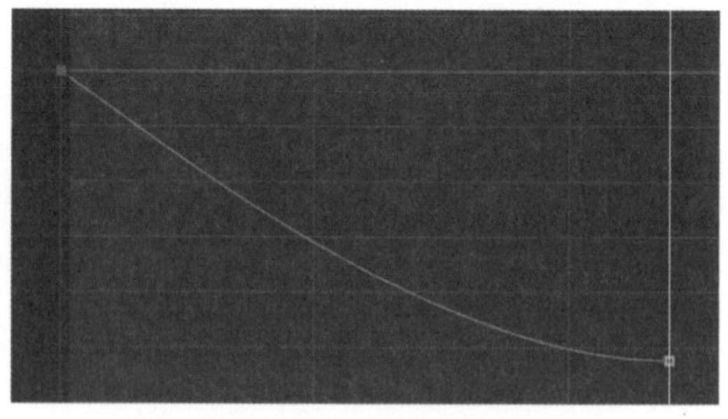

图3-40　减速曲线

02 依次调整小球Translate Y(Y轴位移)高度，使其产生弹跳动画。但是铁球质感坚硬且很沉重，所以基本没有变形动画，弹跳的高度也很微小，并且高度衰减的速度也很快，需要在曲线编辑器中调整高度曲线，如图3-41所示。

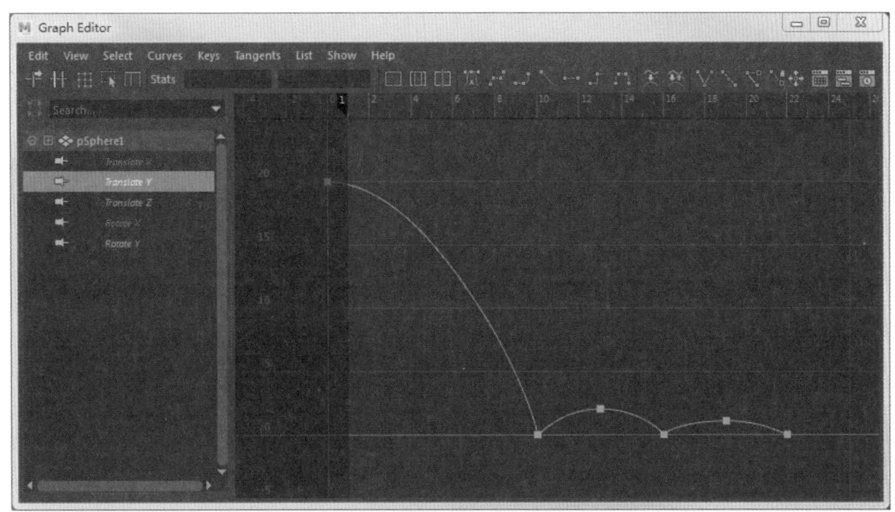

图3-41 Y轴高度动画曲线

2. 设置小球旋转

将小球Rotate X(X轴旋转)属性的动画曲线调节成为减速曲线，并要与位移相匹配，如图3-42所示。

图3-42 X轴旋转减速度曲线

3. 设置撞击

01 在第35帧时，小球撞到方块，并继续向前运动，直到第60帧撞击到墙，产生反弹动作，然后减速直到静止，如图3-43和3-44所示。

02 方块质量很小，被铁球撞击后会被弹开，但其整体运动还是一个减速运动。调节时需要注意避免方块与球体的穿帮，方块的摩擦力较大，所以会迅速停止，如图3-45所示。

图3-43 第35帧动作

图3-44 第60帧动作

4. 调整曲线

在第60帧上，将小球的移动和旋转属性设置上关键帧，然后调整曲线形状，使其产生方向上的改变。在动作结束前形成减速曲线，如图3-46所示。

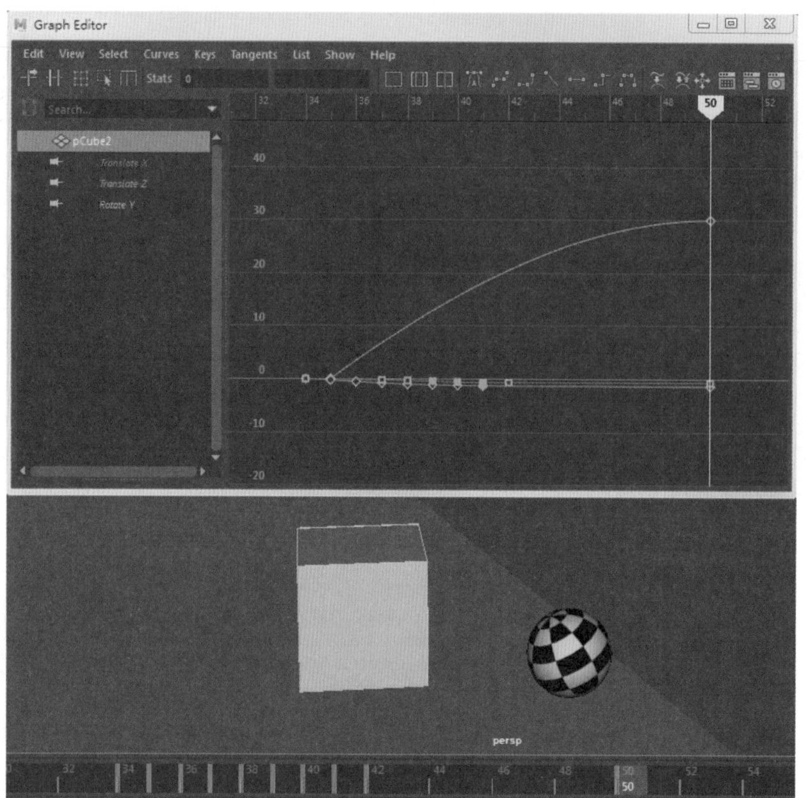

图3-45　方块的运动

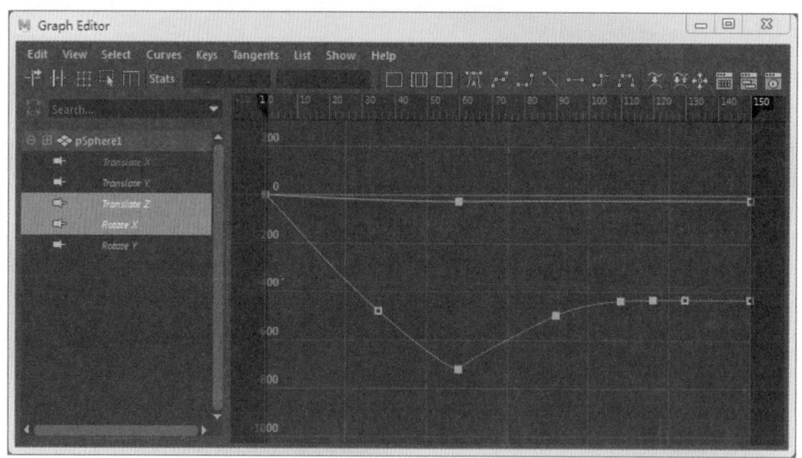

图3-46　小球曲线编辑器

动画案例3：气球

1. 设置动画参数

在第1帧时，创建小球并设置上动作关键帧，使其产生上升位移动画。依次调整小球Translate Y(Y轴位移)高度，使其产生弹跳动画。气球质感柔软，质量较轻，所以会有多次弹跳，并且整体为上升运动。因此我们需要结合图像，在曲线编辑器中，调整Translate Y(Y轴位移)高度动画曲线，如图3-47所示。

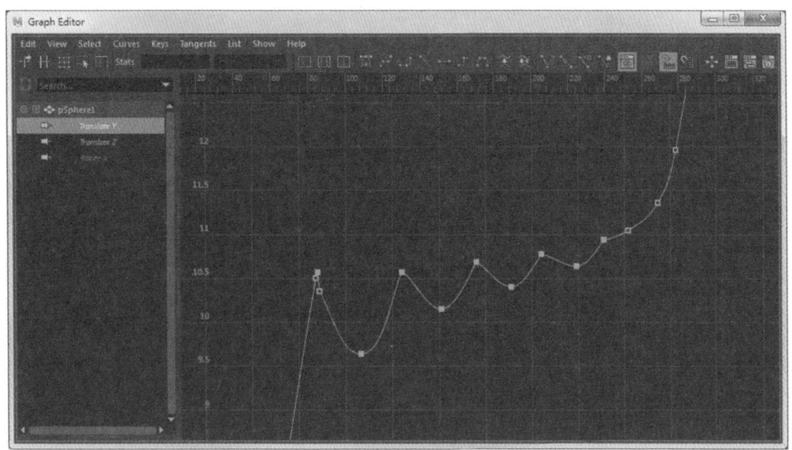

图3-47　Y轴高度动画曲线

2. 设置小球旋转

与先前所有小球动画不一样的是氢气球运动的过程在弹跳时是衰减的，但是上升的趋势是加速运动，所以需要调整小球Rotate X(X轴旋转)属性的动画曲线，使其与位移相匹配，并整体为加速运动，如图3-48所示。

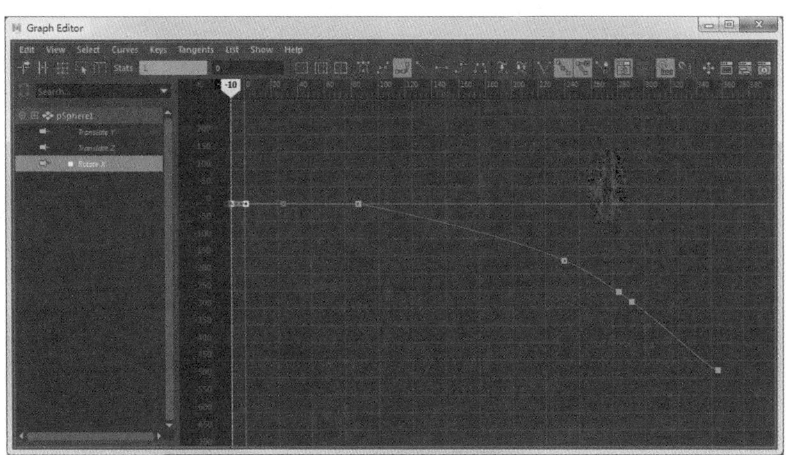

图3-48　X轴旋转曲线

3. 设置弹跳

01 在第84帧时，小球撞到方块，此时为接触帧，如图3-49所示。

02 在第85帧时，由于所表现小球为气球，所以此时会发生挤压变形，如图3-50所示。

03 在第86帧时，由于弹力的作用，小球会产生一点拉伸，然后恢复，如图3-51所示。

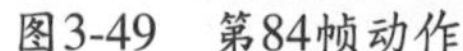

图3-49　第84帧动作

图3-50　第85帧动作

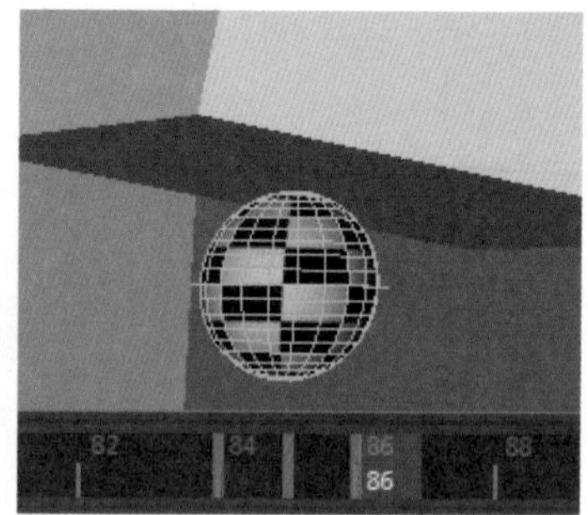

图3-51　第86帧动作

注意

在此案例中，小球表现的质感是气球，因此小球的动作速度缓慢，有一些弹性，但较小。

3.1.2　跳跃动作

从本质上来说，跳跃动作实际就是更加复杂的弹性小球运动，其根本原理与小球运动原理相同。因此，跳跃动作的时间和空间状态都可以参考小球弹性运动规律，如图3-52所示。

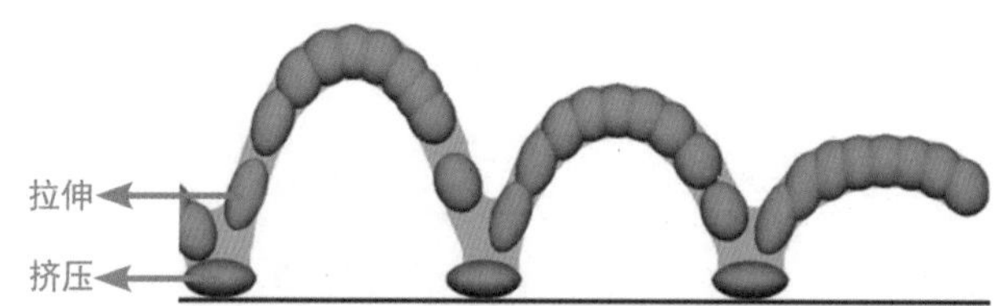

图3-52　小球弹跳运动规律

动作一般分为预备、实施和缓冲3个阶段，而跳跃动作则可以分为预备、腾空和落地3个阶段。在预备阶段角色下蹲积蓄力量，角色在起跳瞬间产生拉伸运动，然后腾空到最高点收缩身体，最后落地后产生缓冲，然后恢复常态，如图3-53所示。

图3-53　角色跳跃运动

跳跃动作的时间掌握可以参考小球弹跳的运动规律，一般人滞空的时间为0.5~1秒钟，再加上预备和落地缓冲所消耗的时间，所以，一般跳跃动作的时间大约为2~3秒钟。

但是，不同的角色或环境状态，都可能会使动作时间产生较大的差别。例如，高大的胖人和瘦小的矮人，在跳跃时所消耗的时间会不同。为了体现胖人的重量以及动作的力量感，所以动作的时间会比较长。而瘦小的矮人动作灵活，所需要的时间比较短。因此，我们所学的动作案例，只是一个相对普遍性的概念，在今后的制作过程中，我们要根据不同的情况灵活运用。

动画案例4：跳跃动作

1. 设置初始关键帧

01 此动画案例长度为100帧。

02 在第1帧时，将角色调整为自然站立状态。动作要领是双脚自然分开，脚尖略有向外劈开。双手微收，胳膊自然弯曲，身体略有呈C字形的弯曲。四肢左右两侧的数值设置不可相同，如图3-54所示。

2. 第10帧关键动作

01 在第10帧时，腰部重心向前，身体弯曲幅度加大，手臂上举。此时为预备动作中，身体为向上拉伸的最大值，如图3-55所示。腰部控制器Translate(位移)数值为(0,0.247,0.642)，Rotate X(X轴旋转)为-0.94，如图3-56所示。胸部控制器Rotate X(X轴旋转)为-6.303，如图3-57所示。

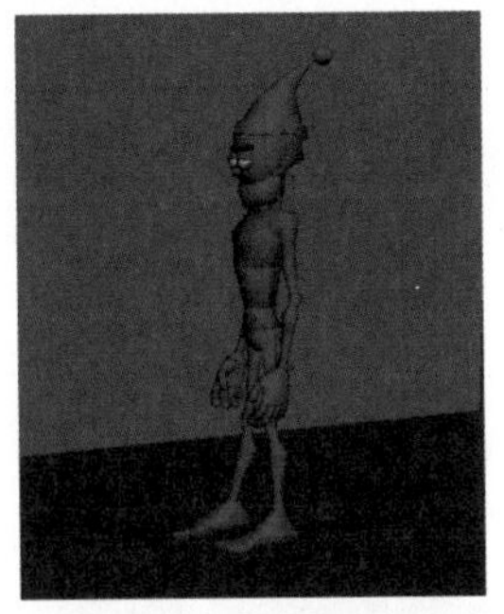

图3-54　第1帧动作

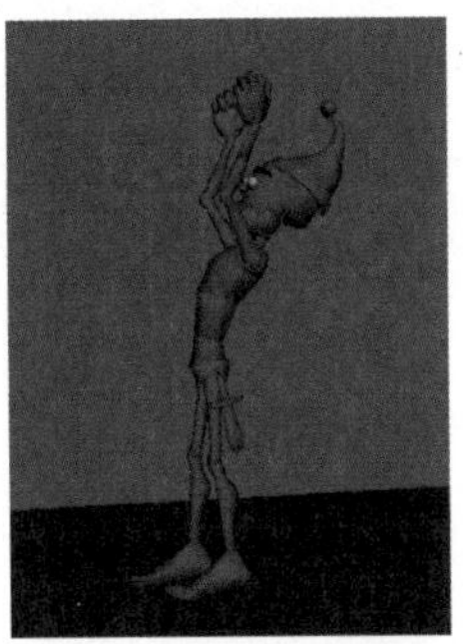

图3-55　第10帧动作

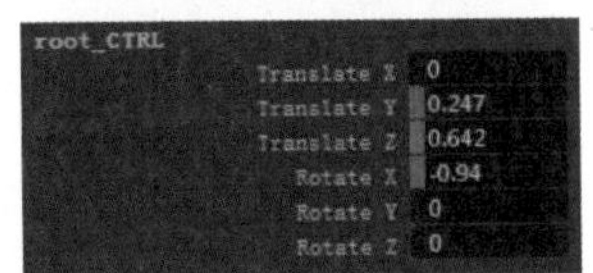

图3-56　第10帧腰部控制器属性

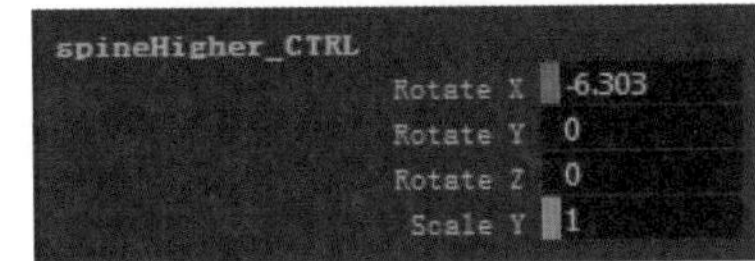

图3-57　第10帧胸部控制器属性

02 在第10帧时，角色左右脚Lift Heel(提起脚踝)数值分别为6.925和7.625，如图3-58所示。角色左右臂的Rotate(旋转)数值分别为(-102.147,-48.719,175.19)和(-107.146,-47.719,178.947)，如图3-59所示。

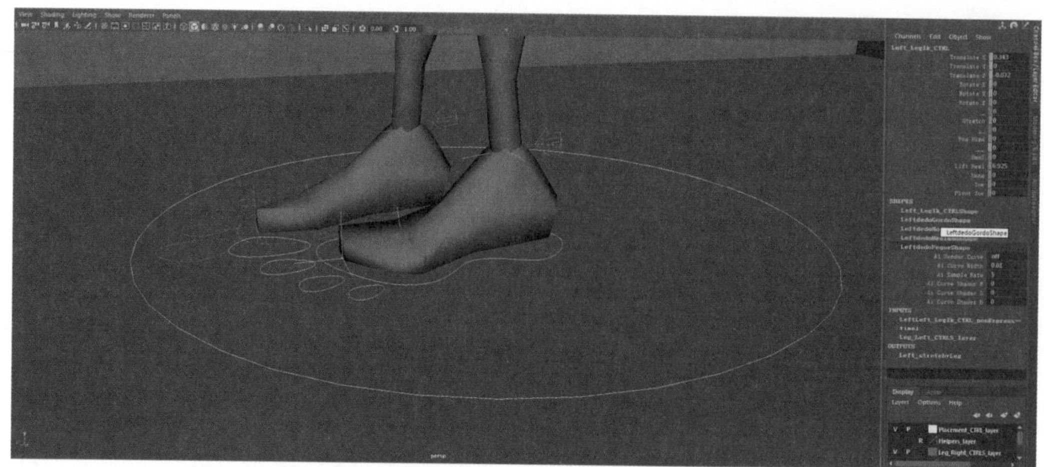

图3-58　第10帧Lift Heel(提起脚踝)

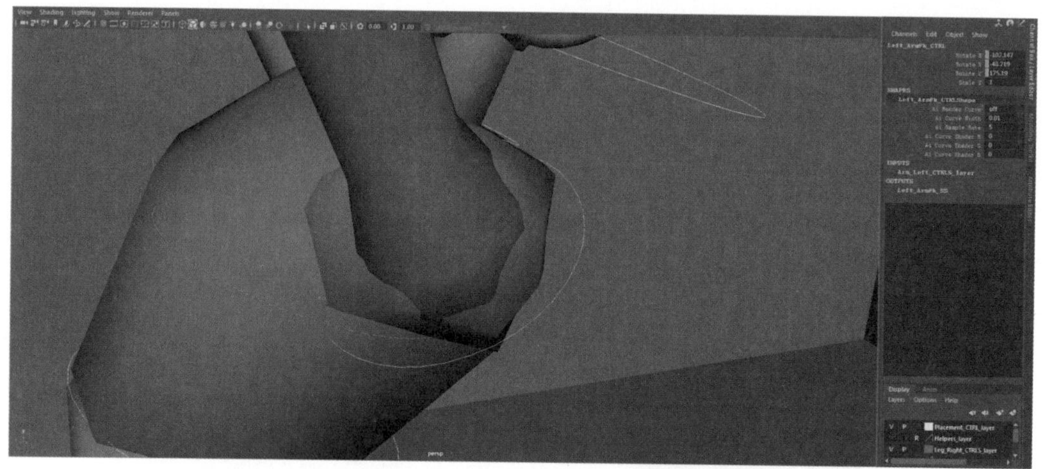

图3-59　第10帧手臂Rotate(旋转)

3. 第27帧关键动作

01 第27帧是角色跳跃前向下压缩最为强烈的一帧，这是非常重要的准备动作。此时，相当于一种压缩动作，角色向下蹲的幅度越大，将来跳起来的越高。此时，角色手臂向后摆幅最大，重心最低。

02 在第27帧时，腰部控制器Translate(位移)数值为(0,-7.233,-1.107)，Rotate X(X轴旋转)为13.615，如图3-60所示。胸部控制器Rotate X(X轴旋转)为31.13，如图3-61所示。

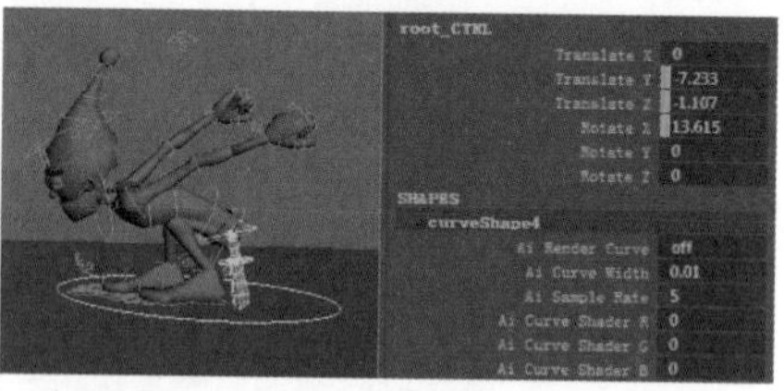

图3-60　第27帧腰部控制器属性

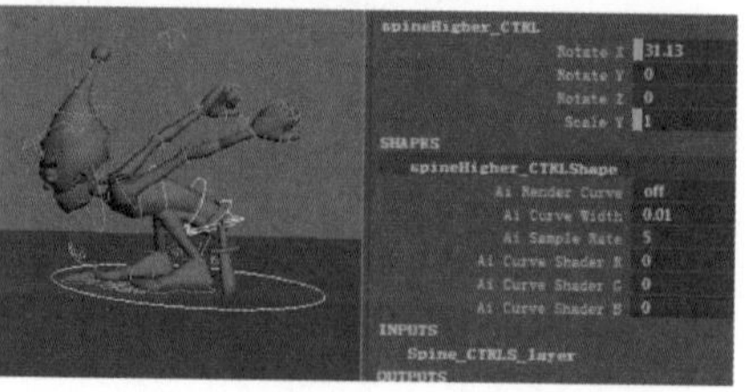

图3-61　第27帧胸部控制器属性

03 在第27帧时，角色左右臂的Rotate(旋转)数值分别为(67.764,14.347,-28.672)和(59.196,13.766,-40.381)，如图3-62所示。将角色左右脚踩在地面上，Lift Heel(提起脚踝)数值都为0。

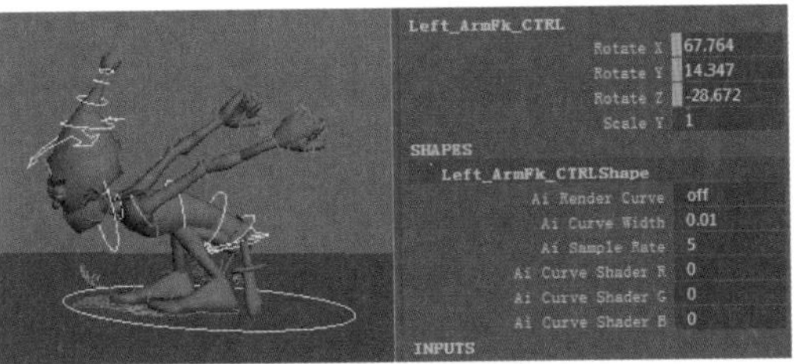

图3-62 第27帧手臂Rotate(旋转)

4. 第33帧关键动作

01 在第33帧时，为角色起跳离地前的最后一帧，身体绷直，拉伸到最大。第33帧时，腰部控制器Translate(位移)数值为(0,-0.831,5.629)，Rotate X(X轴旋转)为-6.552，如图3-63所示。胸部控制器Rotate X(X轴旋转)为10.114，如图3-64所示。

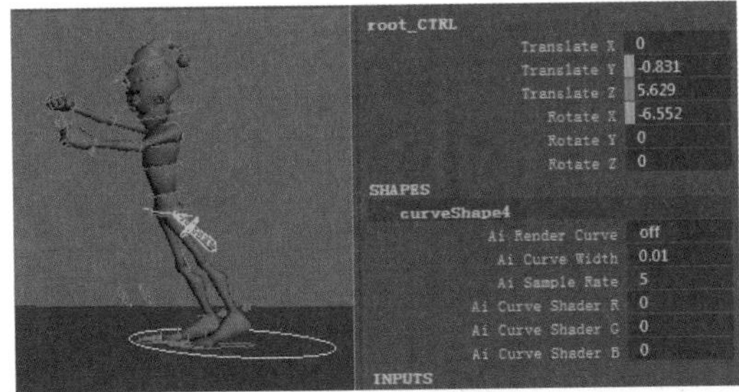

图3-63 第33帧动作

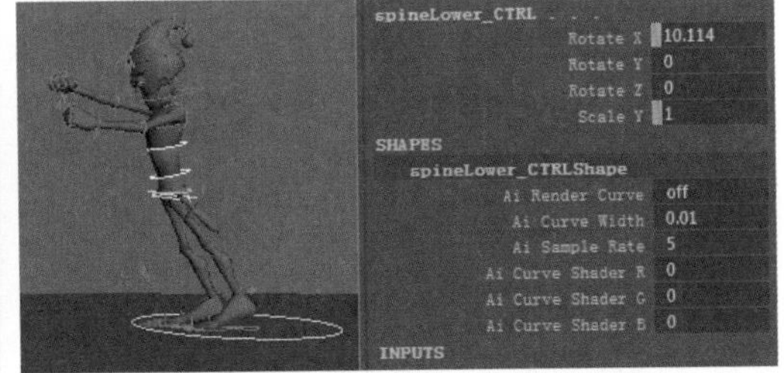

图3-64 第33帧胸部控制器属性

02 在第33帧时，角色左右脚Lift Heel(提起脚踝)数值分别为21.55和8.55，如图3-65所示。角色左右臂的Rotate(旋转)数值分别为(-10.539,-31.085,58.031)和(-25.119,-15.39,81.891)，如图3-66所示。

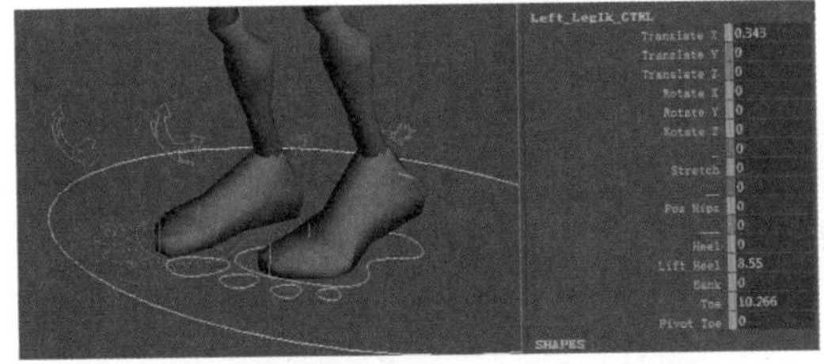

图3-65 第33帧Lift Heel(提起脚踝)

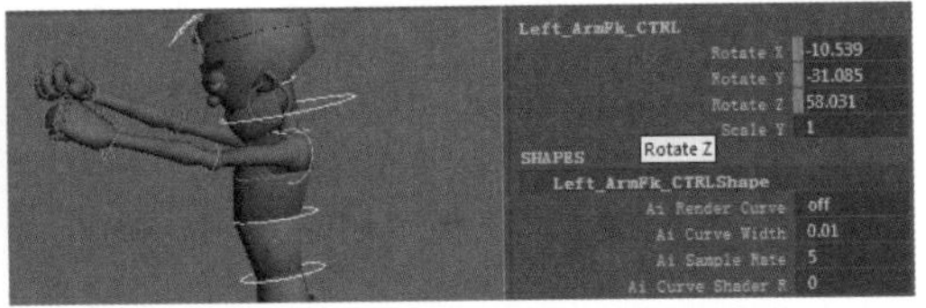

图3-66 第33帧手臂Rotate(旋转)

5. 第37帧关键动作

01 第37帧是角色的腾空动作，身体呈一个大C字，弧度最大，手臂向后摆。

02 第37帧时，腰部控制器Translate(位移)数值为(0,3.473,19.115)，Rotate X(X轴旋转)为-18.624，如图3-67所示。胸部控制器Rotate X(X轴旋转)为-7.156，如图3-68所示。

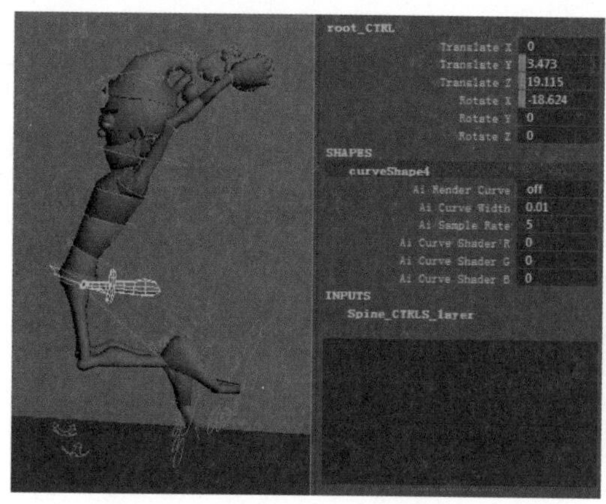

图3-67　第37帧腰部控制器属性

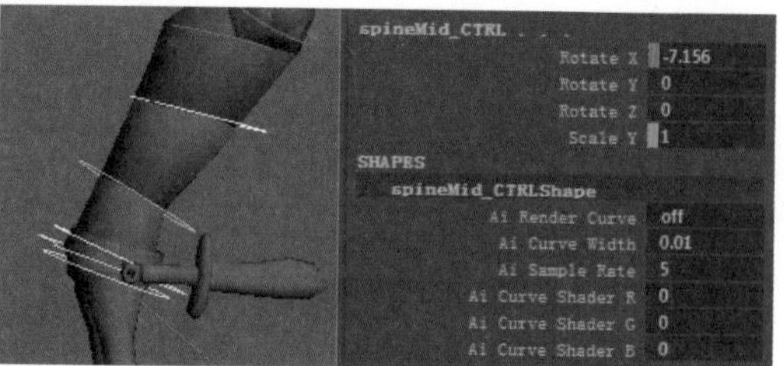

图3-68　第37帧胸部控制器属性

03 在第37帧时，角色左右脚Lift Heel(提起脚踝)数值分别为5.789和10.831，如图3-69所示。角色左右臂的Rotate(旋转)数值分别为(-109.968,5.198,158.496)和(-109.961,-0.608,160.18)，如图3-70所示。

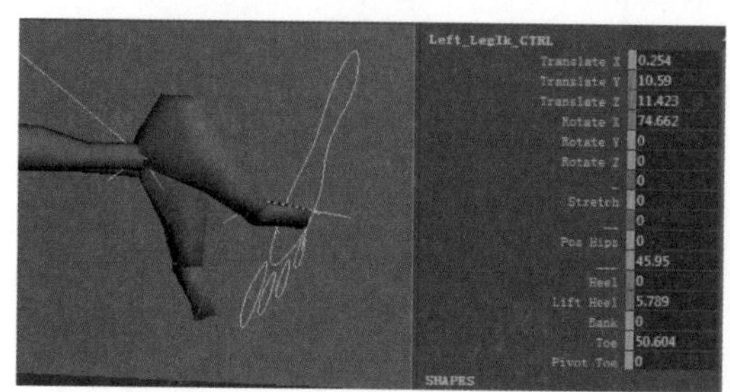

图3-69　第37帧Lift Heel(提起脚踝)

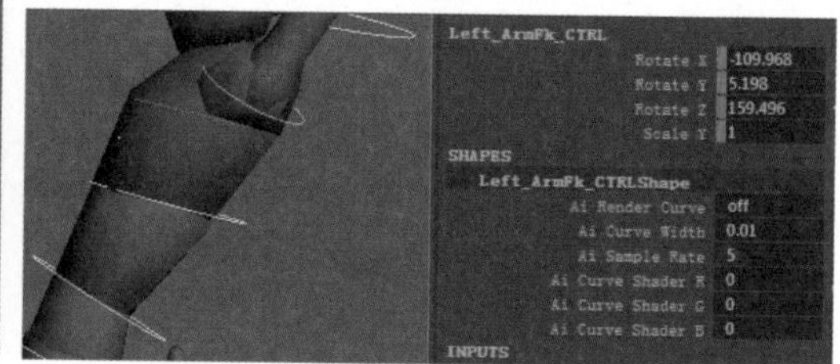

图3-70　第37帧手臂Rotate(旋转)

6. 第43帧关键动作

01 第43帧是角色腾空动作中身体最为压缩的关键动作，四肢都要向前探，身体向前用力。

02 第43帧时，腰部控制器Translate(位移)数值为(0,7.313,31.279)，Rotate X(X轴旋转)为1.129，如图3-71所示。胸部控制器Rotate X(X轴旋转)为23.618，如图3-72所示。

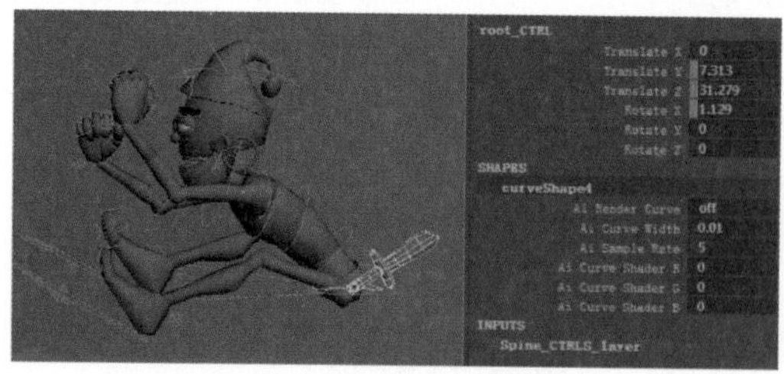

图3-71　第43帧腰部控制器属性

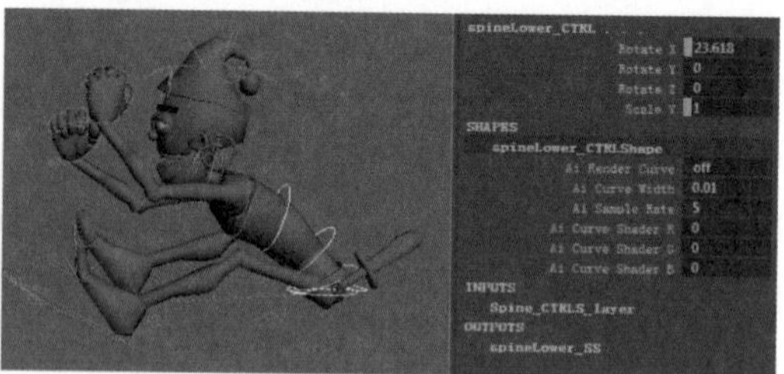

图3-72　第43帧胸部控制器属性

03 在第43帧时，角色左右脚Lift Heel(提起脚踝)数值为0，如图3-73所示。角色左右臂的Rotate(旋转)数值分别为(-99.188,-16.198,168.636)和(-94.474,-32.357,162.095)，如图3-74所示。

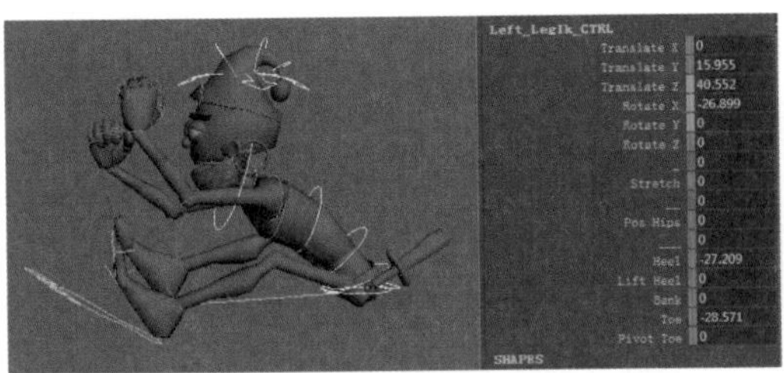

图3-73　第43帧Lift Heel(提起脚踝)

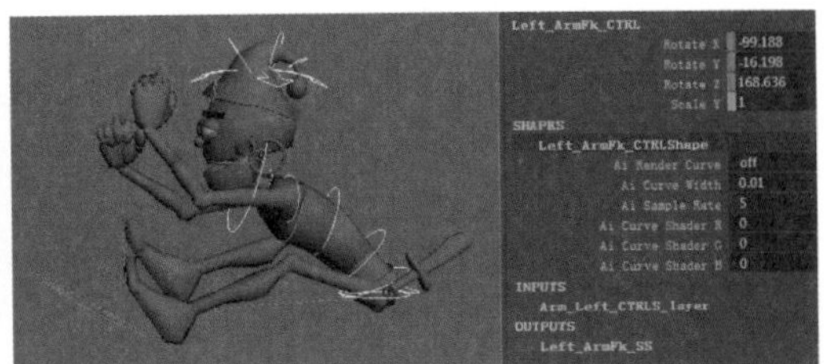

图3-74　第43帧手臂Rotate(旋转)

7. 第49帧关键动作

01 第49帧是角色从空中落到地面的第一帧，身体和四肢都处于伸展状态，脚的部分先着地。

02 在第49帧时，腰部控制器Translate(位移)数值为(0,-0.452,54.89)，Rotate X(X轴旋转)为-14.924，如图3-75所示。胸部控制器Rotate X(X轴旋转)为-1.04，如图3-76所示。

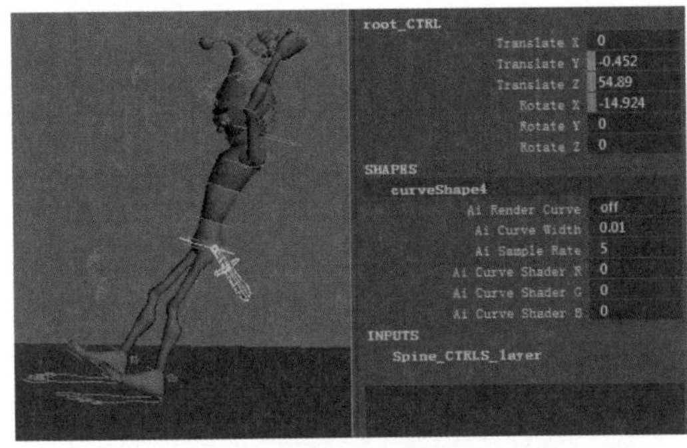

图3-75　第49帧腰部控制器属性

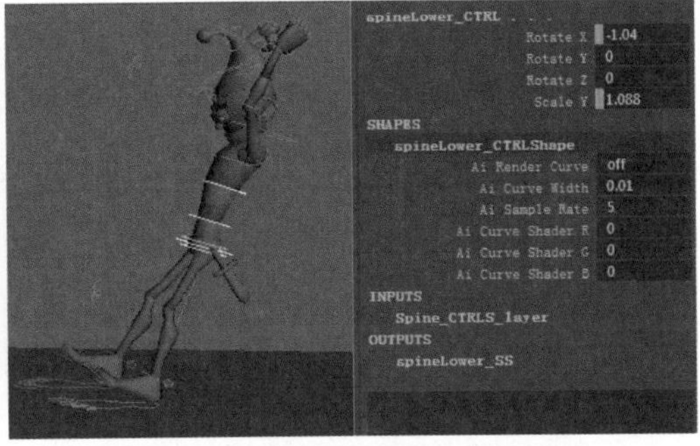

图3-76　第49帧胸部控制器属性

03 在第49帧时，角色左右脚Heel(脚踝)数值为-23.092和-28.582，如图3-77所示。角色左右臂的Rotate(旋转)数值分别为(-105.453,-40.668,160.291)和(-105.71,-39.751,160.693)，如图3-78所示。

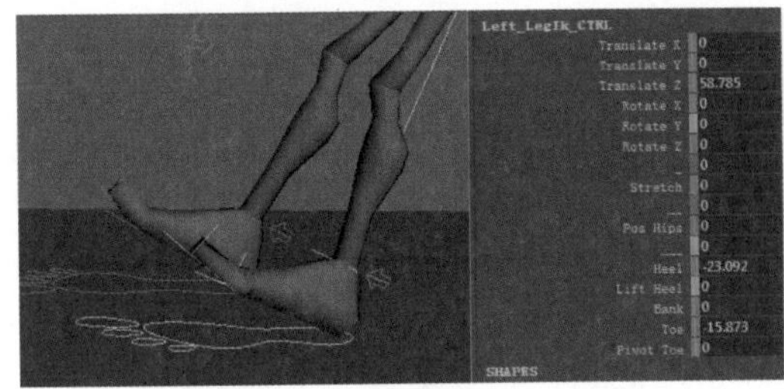

图3-77　第49帧Heel(脚踝)

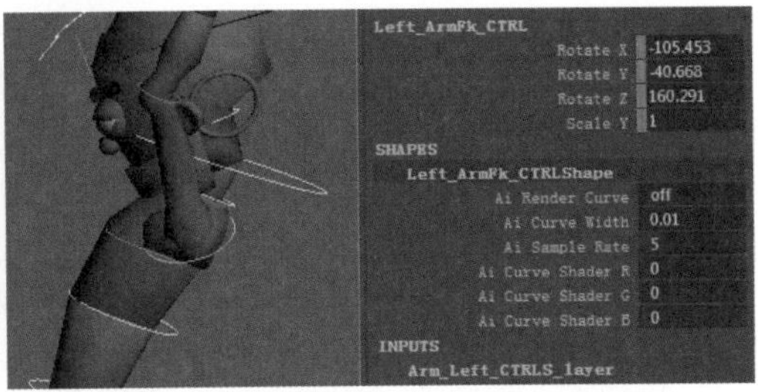

图3-78　第49帧手臂Rotate(旋转)

8. 第55帧关键动作

01 第55帧是角色落地后的缓冲关键帧，角色落地后身体要进行一定压缩。当角色从空中落到地面时，一直受到重力的影响，整个身体继续保持先前继续下落的状态，但在落到地上时脚已经着地了，不可能再继续向下，而上半身还要保持先前下落的惯性，继续向下，这样就形成了一定的缓冲。

02 在第55帧时，腰部控制器Translate(位移)数值为(0,-5.407,56.993)，Rotate X(X轴旋转)为-2.551，如图3-79所示。胸部控制器Rotate X(X轴旋转)为31.166，如图3-80所示。

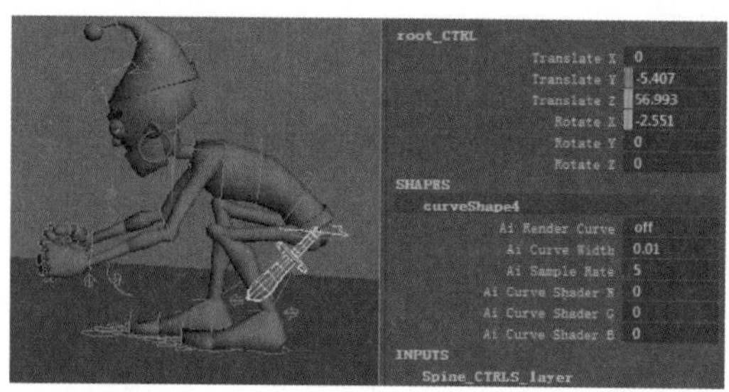

图3-79　第55帧腰部控制器属性

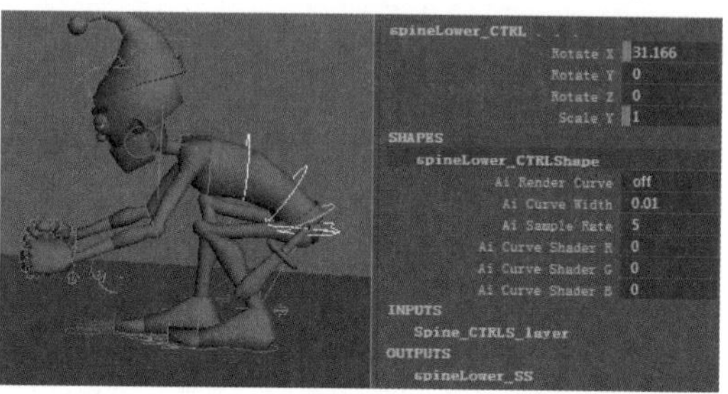

图3-80　第55帧胸部控制器属性

03 在第55帧时，将角色左右脚Lift Heel(提起脚踝)数值调为0，如图3-81所示。角色左右臂的Rotate(旋转)数值分别为(-81.489,-65.068,143.306)和(-82.357,-61.276,145.529)，如图3-82所示。

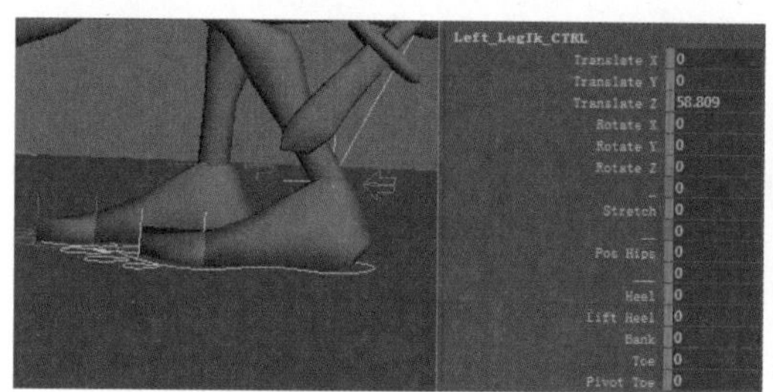

图3-81　第55帧Lift Heel(提起脚踝)

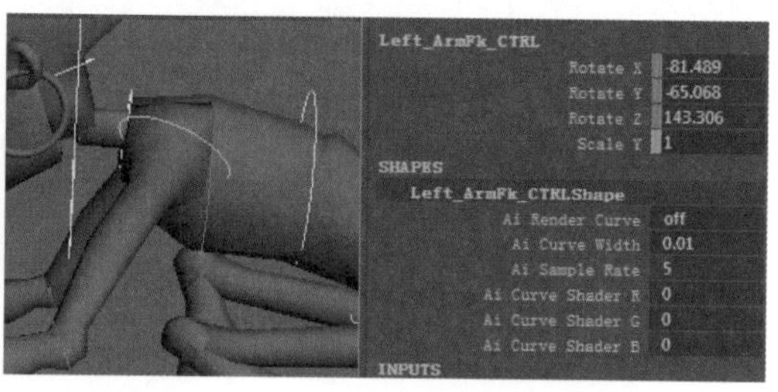

图3-82　第55帧手臂Rotate(旋转)

9. 第90帧关键动作

第90帧是此案例的最后一帧，也是角色恢复自然站立状态的一帧。此时，角色站立的状态可与动作的初始状态一致，这样便可以形成循环动作，如图3-83和3-84所示。

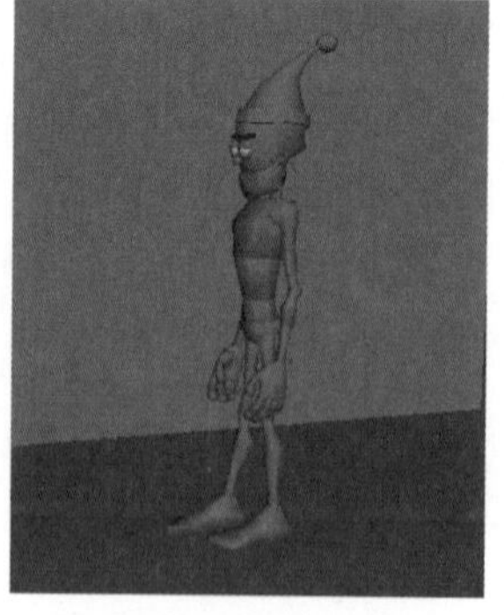

图3-83　第1帧动作姿势

图3-84　最后一帧动作姿势

10. 整体调整

01 在制作完动作关键帧后还需要调整细节动作，加强动作的合理性，避免穿帮动作的产生，使其整体流畅完整。

02 调整关键帧的动画曲线，使其动作更加流畅。例如，角色腰部的Translate Y(Y轴位移)的动画曲线，如图3-85所示。

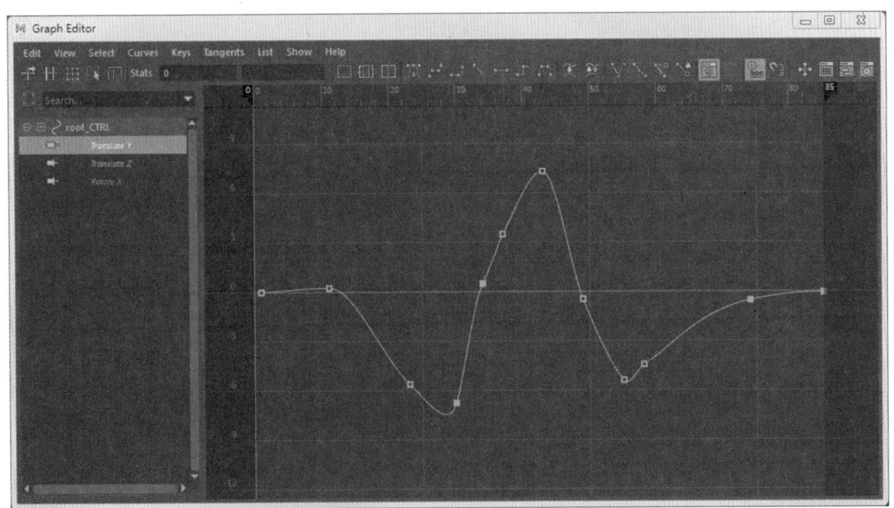

图3-85 Translate Y(Y轴位移)动画曲线

3.1.3 摔倒动作

角色的重心在腰部，而角色从高空落下后，首先着地的就是角色的腰部。跟小球的弹跳一样，身体落地后就会弹起，然后慢慢缓冲。弹起力道同时由腰部重心向身体两端传递，慢慢散去。角色在运动的过程中，手和脚的变化也不是同时的，时间都要错开，避免同步显现的产生，如图3-86所示。摔倒的样式多种多样，不同质量的物体摔倒在不同材质的物体上都会有不同的反应。在此案例中，我们以一个类似橡胶人摔到地上为例，来理解弹性、缓冲特性在摔倒动作中的体现。

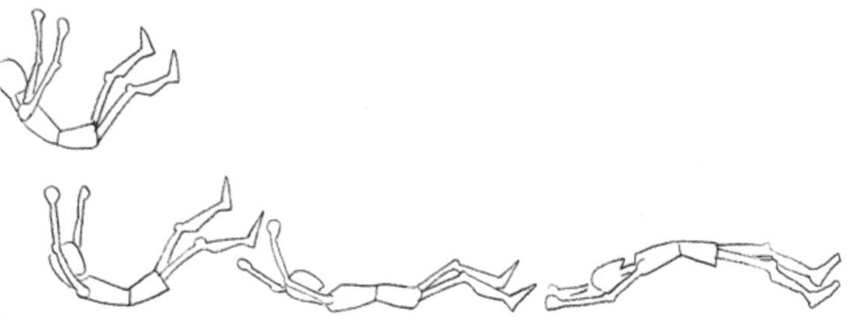

图3-86 摔倒动作

动画案例5：摔倒动作

1. 设置初始关键帧

01 此动画案例长度为30帧。

02 在第1帧时，将角色调整为自然的平躺状态。

2. 第3帧关键动作

01 在第3帧时，角色从高处摔下，腰部是角色的重心。角色在下落过程中，重心带动身体的其他部分，落下时重心会先着地，整个身体会呈V字形。

02 在第3帧时，腰部控制器Translate(位移)数值为(0.223,-0.41,0.313)，Rotate(旋转)数值为(-4.08,0.712,5.598)，如图3-87所示。

03 在第3帧时，胸部控制器Rotate X(X轴旋转)为40。

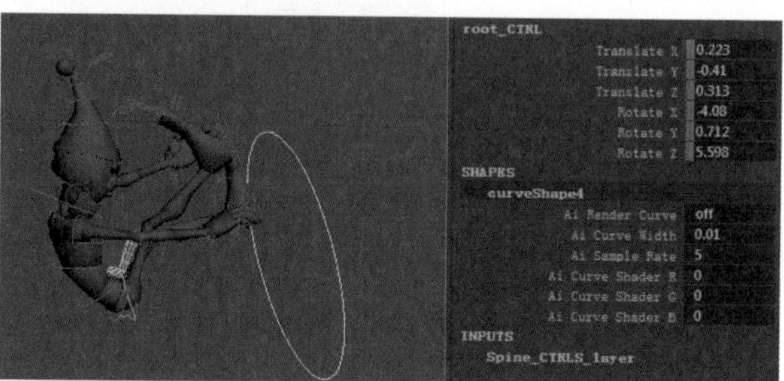

图3-87　第3帧关键动作

3. 第6帧关键动作

01 第6帧是角色落地时的动作。腰部先着地，身体其他部分继续向下落，此时为角色落地后与地面接触的关键帧。重心受到地球引力着地的同时，也接受了地面给他的反弹力，为后面整个身体的弹起做了充分的准备。

02 在第6帧时，腰部控制器Translate(位移)数值为(0.223,-0.41,0.313)，Rotate(旋转)数值为(-18.832,0.712,5.598)，如图3-88所示。

03 在第6帧时，胸部控制器Rotate X(X轴旋转)为28。

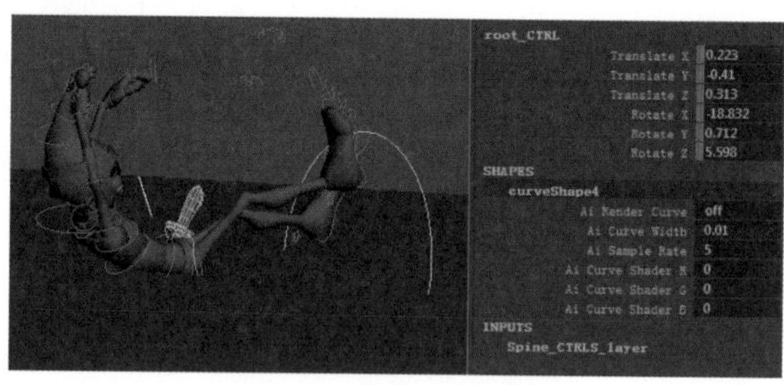

图3-88　第6帧关键动作

4. 第10帧关键动作

01 第10帧是角色落地后弹起的关键帧。角色落地时，受到地面反弹力的影响，重心先弹起，而身体的其他部位继续刚才的下落动作。由于受重心的带动，从角色腰部依次向身体两边展开，使身体的各个部位有顺序地着地，然后反弹。

02 在第10帧时，腰部控制器Translate(位移)数值为(0.642,-0.255,7.93)，Rotate(旋转)数值为(4.751,14.505,7.531)，如图3-89所示。

03 在第10帧时，胸部控制器Rotate X(X轴旋转)为-1。

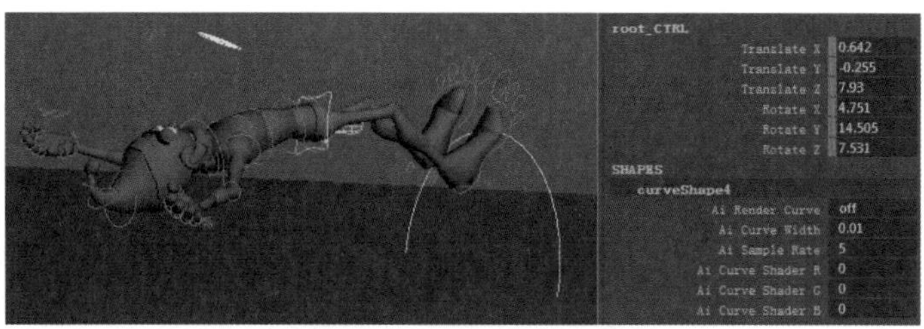

图3-89 第10帧关键动作

5. 第15帧关键动作

01 第15帧是角色再次落地的关键帧，重心带动身体其他部分依次落下。

02 在第15帧时，腰部控制器Translate(位移)数值为(0.203,-0.416,0.099)，Rotate(旋转)数值为(4.751,14.505,7.531)，如图3-90所示。

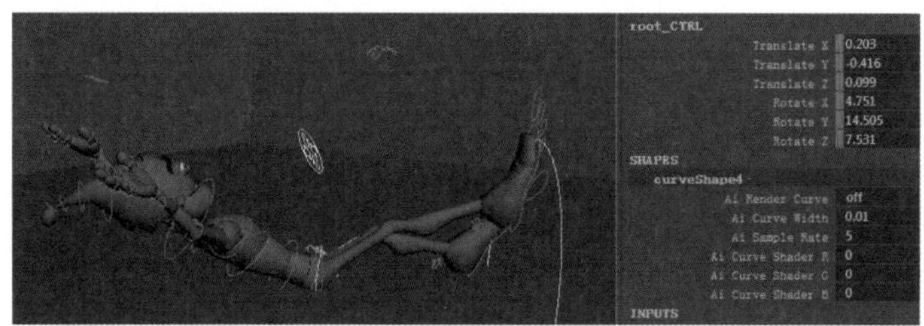

图3-90 第15帧关键动作

03 在第15帧时，胸部控制器Rotate X(X轴旋转)为15。

6. 第18帧关键动作

01 第18帧是角色再次弹起后的关键帧，弹起高度已经比较低了，身体的其他部分依次展开。

02 在第18帧时，腰部控制器Translate(位移)数值为(0.231,-0.414,1.892)，Rotate(旋转)数值为(4.751,14.505,7.531)，如图3-91所示。

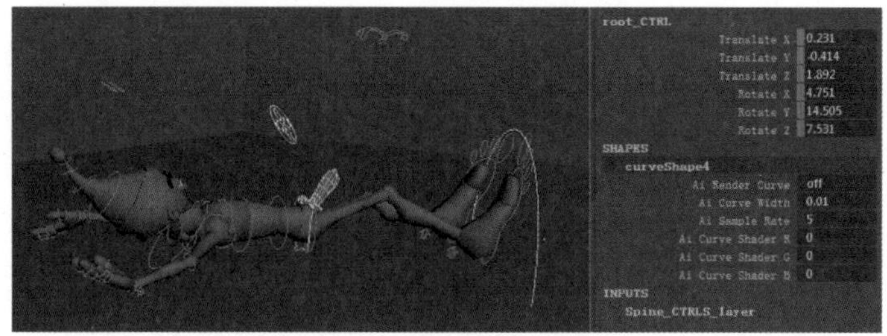

图3-91 第18帧关键动作

03 在第18帧时，胸部控制器Rotate X(X轴旋转)为1。

7. 第23帧关键动作

01 第23帧是角色第三次落地，也是角色自然平躺的关键帧。身体的各个部分逐渐伸展开，变成舒服的自然状态。

02 在第23帧时，腰部控制器Translate(位移)数值为(0.203,-0.416,0.098)，Rotate(旋转)数值为(4.751,14.505,7.531)，如图3-92所示。

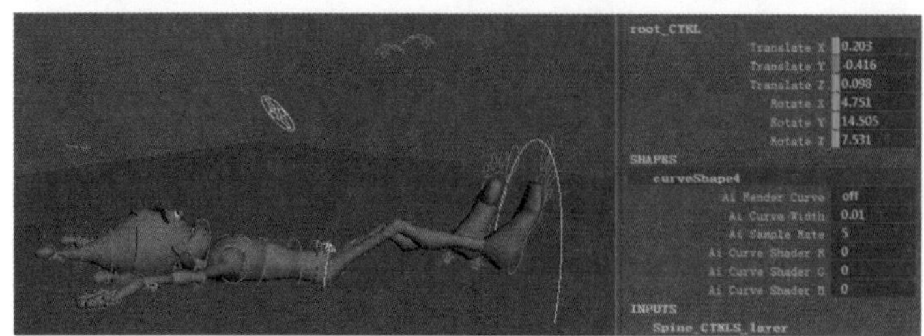

图3-92　第23帧关键动作

03 在第23帧时，胸部控制器Rotate X(X轴旋转)为6。

8. 整体调整

01 第28帧是动作的最后一帧。角色自然平躺，身体舒展，帽子和佩刀等饰物逐渐停止运动，如图3-93所示。

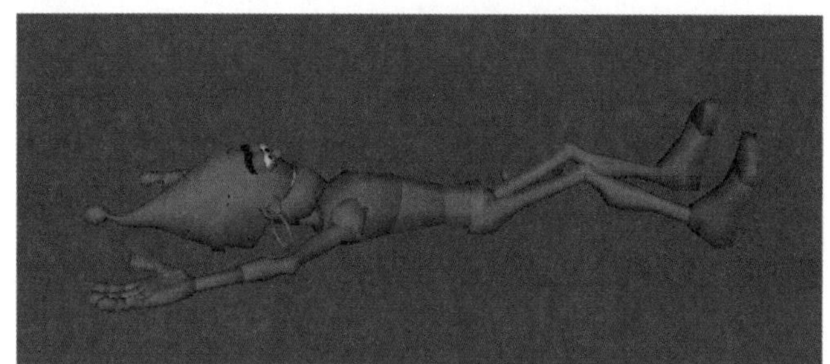

图3-93　第28帧关键动作

02 添加细节关键帧，调整动画曲线。例如，角色腰部的Translate (位移)的动画曲线，如图3-94所示。

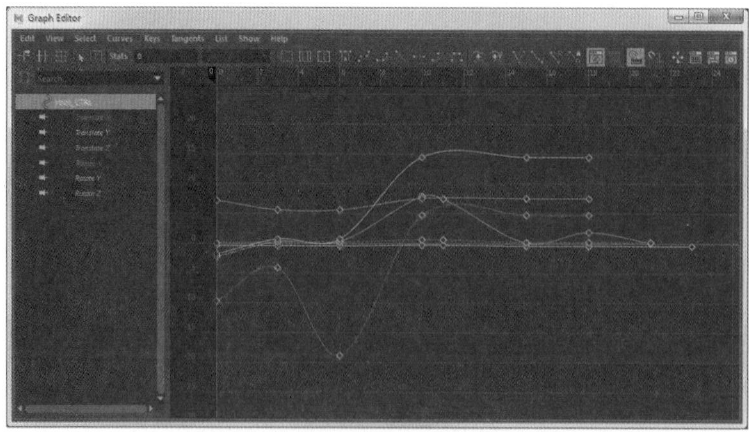

图3-94　Translate (位移)动画曲线

3.2 曲线运动

曲线运动是相对于直线运动而言的一种运动规律。曲线运动是曲线形的、柔和的、圆滑的、优美和和谐的运动。在动画制作中，常常用到的弧形、波形和S形运动都是曲线运动。凡是表现柔软、细腻、轻盈和富有弹性物体质感的运动，都是采用曲线运动的规律方式。

由于作用力的传导，使物体呈现曲线或弧线的运动，都是曲线运动。许多无生命的物体自身是不会产生作用力的，通过外力使其产生运动。为了使运动方式更加柔美、流畅，通常采用曲线运动方式。对于有生命的物体来说，自身运动也会遵循曲线运动规律，并且加以夸张，使动画更加具有表演性，如图3-95所示。

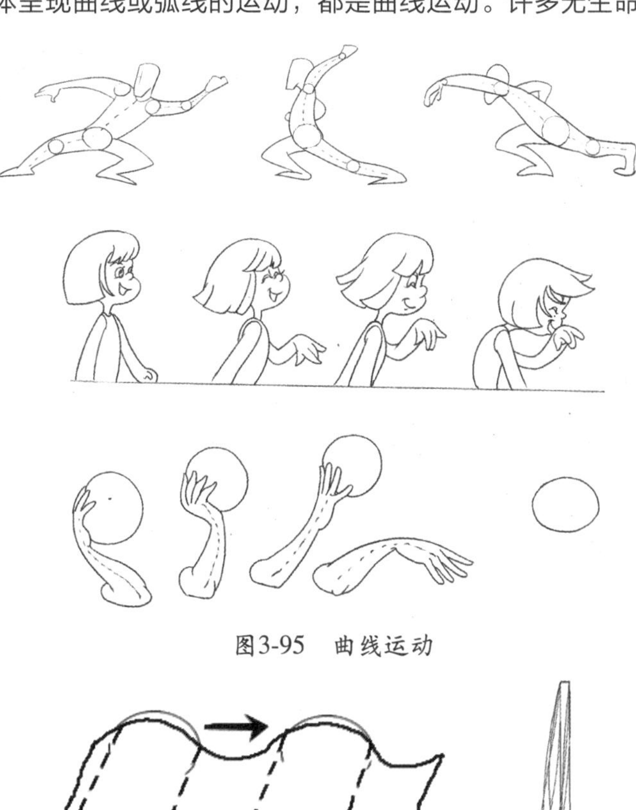

图3-95　曲线运动

曲线运动是动画里最常用的运动规律了，它是增加角色动作美观的重要手段，尤其美式动画更加强调一切物体的柔软性。曲线运动其实就是研究力的传导过程。曲线运动大体可以分为两类，被动性曲线运动和主动性曲线运动。被动性曲线运动是在一个外力作用下一个物体所呈现的形似曲线的运动。例如，小树被风吹的摇摆；被风吹动的旗子，如图3-96所示。

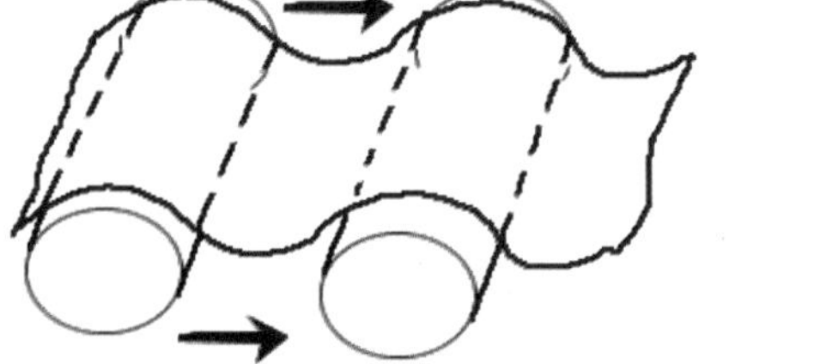

图3-96　被动性曲线运动

主动性曲线运动是角色自发用力后，自身或随带部分呈现曲线的运动。与被动性曲线运动而言，只是这个影响力换成了自身，但力的传导过程依旧是从发力点做波浪形运动，力的大小决定了传播的速度和幅度。力的传导是有先后顺序的，它们都会表现出不同程度的动。随着一个力的传播，形成有先后次序的动，呈现出这些效果，角色表演起来就有一种柔软的曲线美。例如，投篮运动、胳膊的甩动等，如图3-97所示。

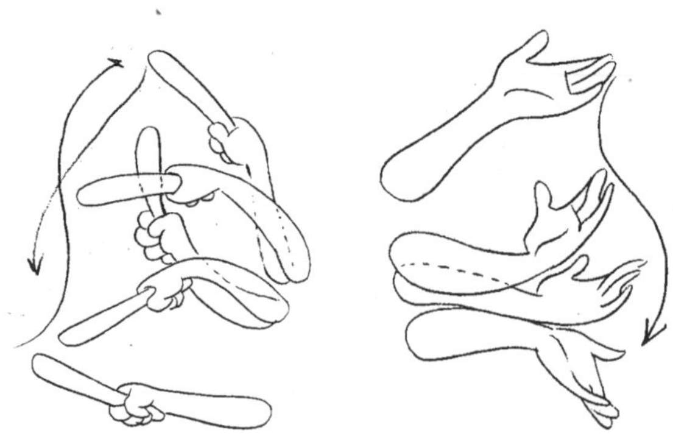

图3-97 被动性曲线运动

3.2.1 尾巴摆动动作

在动画制作中，尾巴的摆动是多种多样的，夸张的摆动、平缓的摆动等不胜枚举。但不管如何运动，它最基本的运动规律还是符合最普遍的曲线运动。尾巴的摆动是一个大幅度的且完美的连贯摆动。其实尾巴大多数情况下不会有这样剧烈和完美的摆动的，但这是摆动曲线运动最典型的案例，每一个弯度都是最充分的，非常具有代表性。尾巴的摆动符合力的传导过程，都是由根部向尾巴末梢甩动，所摆动的路径也是遵循着8字运动曲线的运动规律，如图3-98所示。

图3-98 尾巴的摆动

动画案例6：尾巴的摆动

1. 设置初始循环关键帧

01 此动画案例长度为46帧。第1帧和第46帧尾巴所摆出的动作完全相同，形成循环动画。

02 尾巴案例已经绑定了8个控制器，从下向上分别是nurbsCircle1、nurbsCircle2、nurbsCircle3、nurbsCircle4、nurbsCircle5、nurbsCircle6、nurbsCircle7和nurbsCircle8，如图3-99所示。

03 在第1帧时，设置尾巴的初始动作。尾巴上控制线圈nurbsCircle1到nurbsCircle8的Rotate X(X轴旋转)数值分别为-46.191、-29.288、-6.698、-6.698、-6.698、0、0、0，如图3-100所示。

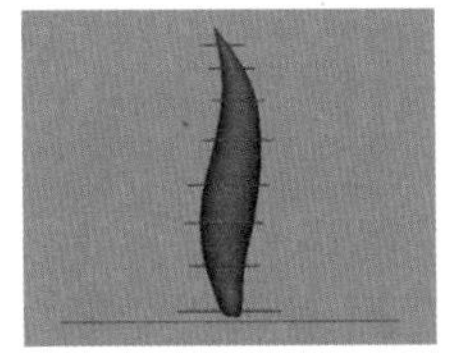

图3-99 尾巴的线圈

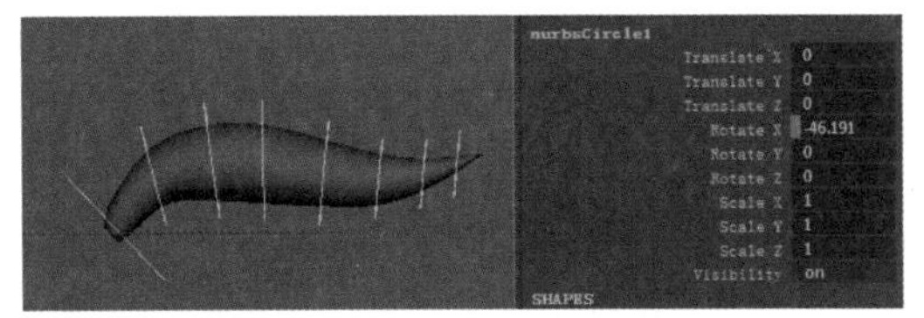

图3-100 第1帧关键动作

04 将当前时间线从第1帧移动到第46帧，选中全部线圈，给Rotate X(X轴旋转)属性设置上关键帧，使得尾巴的摆动形成循环，如图3-101和图3-102所示。

图3-101 时间栏

2. 第8帧关键动作

在第8帧时，设置尾巴的第2个关键动作。尾巴上控制线圈nurbsCircle1到nurbsCircle8的Rotate X(X轴旋转)数值分别为-18.395、-41.298、-18.708、-25.932、-30.906、2.229、14.967、14.967，如图3-103所示。

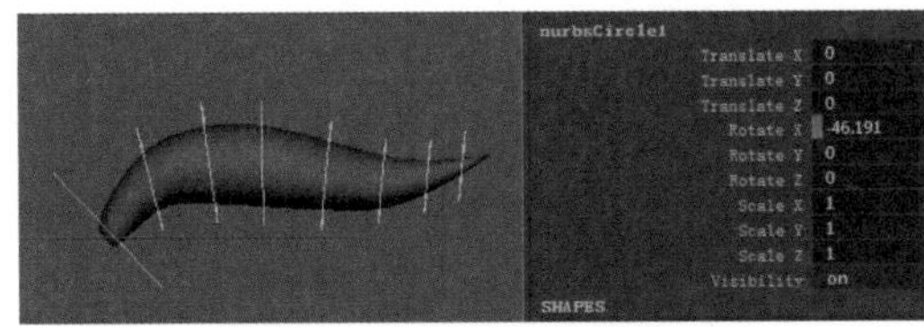

图3-102 第46帧关键动作

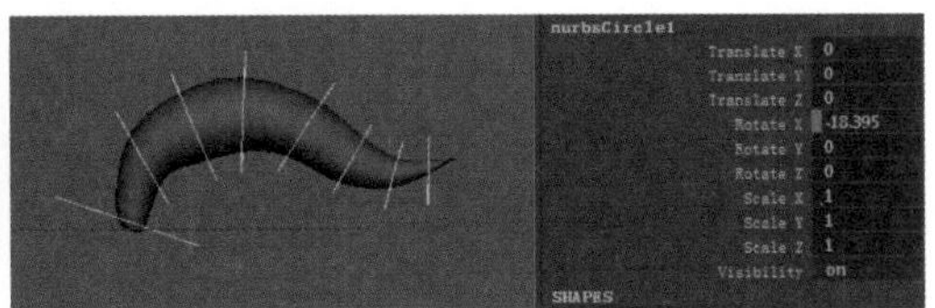

图3-103 第8帧关键动作

3. 第12帧关键动作

在第12帧时，设置尾巴的第3个关键动作。尾巴上控制线圈nurbsCircle1到nurbsCircle8的Rotate X(X轴旋转)数值分别为5.184、0.471、-23.762、-34.963、-55.88、-30.526、-25.506、-10.949，如图3-104所示。

4. 第19帧关键动作

在第19帧时，设置尾巴的第4个关键动作。尾巴上控制线圈nurbsCircle1到nurbsCircle8的Rotate X(X轴旋转)数值分别为43.461、43.406、12.014、-28.384、-38.037、-44.592、-36.997、-32.102，如图3-105所示。

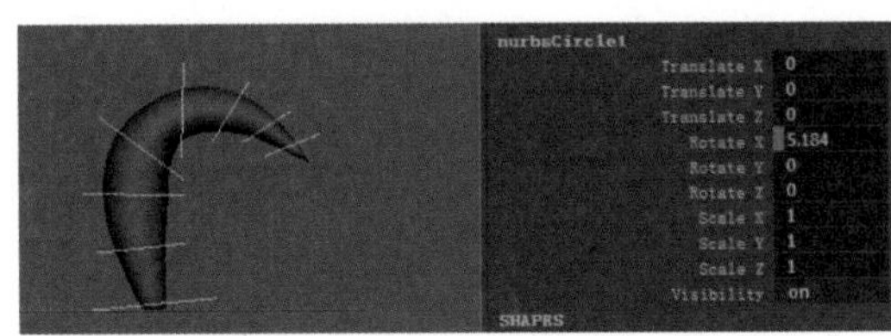

图3-104 第12帧关键动作

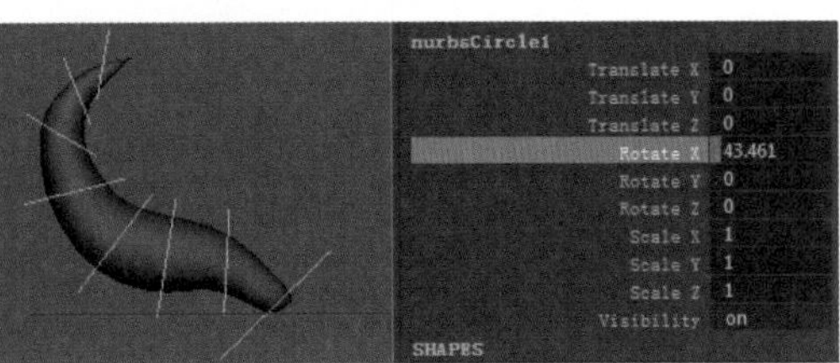

图3-105 第19帧关键动作

5. 第22帧关键动作

在第22帧时，设置尾巴的第5个关键动作。尾巴上控制线圈nurbsCircle1到nurbsCircle8的Rotate X(X轴旋转)数值分别为46.142、36.329、8.879、10.936、-27.047、-43.732、-34.796、-34.796，如图3-106所示。

6. 第27帧关键动作

在第27帧时，设置尾巴的第6个关键动作。尾巴上控制线圈nurbsCircle1到nurbsCircle8的Rotate X(X轴旋转)数值分别为-3.016、48.69、46.117、41.191、-5.514、-19.138、-9.333、-14.726，如图3-107所示。

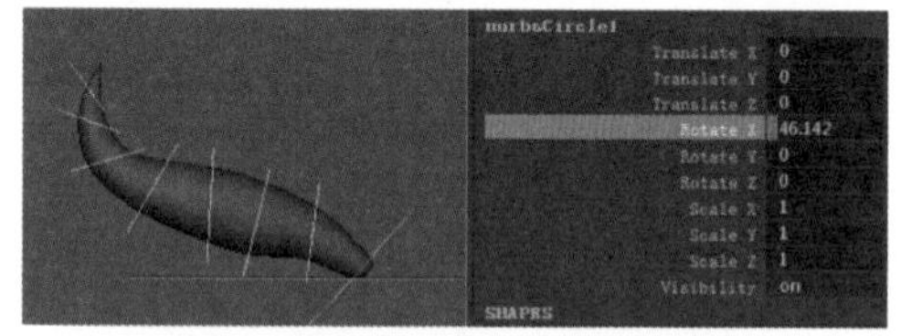

图3-106　第22帧关键动作

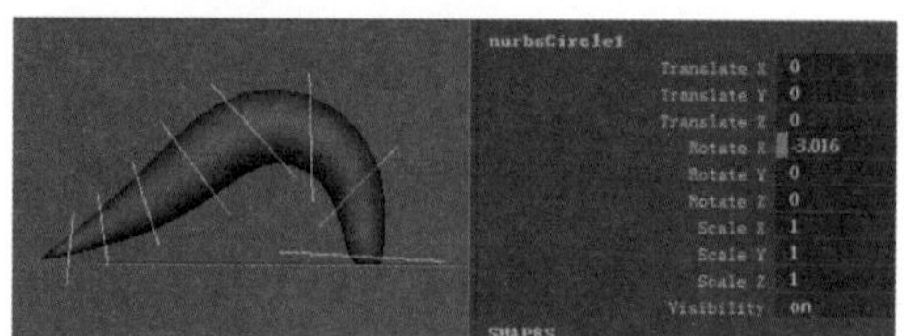

图3-107　第27帧关键动作

7. 第33帧关键动作

在第33帧时，设置尾巴的第7个关键动作。尾巴上控制线圈nurbsCircle1到nurbsCircle8的Rotate X(X轴旋转)数值分别为-41.981、29.829、47.857、39.646、17.245、20.516、1.5、29.708，如图3-108所示。

8. 第37帧关键动作

在第37帧时，设置尾巴的第8个关键动作。尾巴上控制线圈nurbsCircle1到nurbsCircle8的Rotate X(X轴旋转)数值分别为-53.956、10.462、40.097、31.099、36.556、24.5、-9.563、10.762，如图3-109所示。

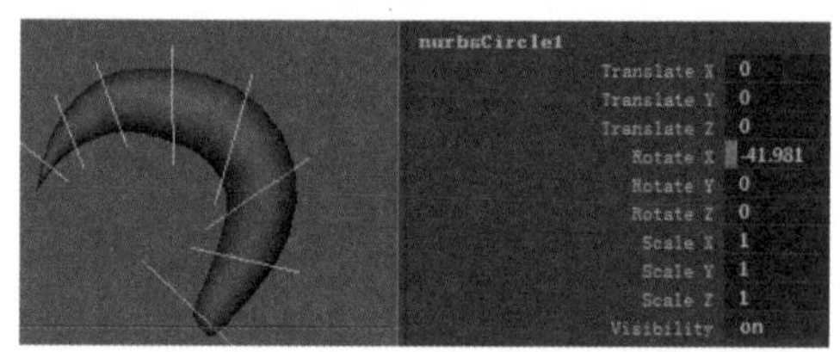

图3-108　第33帧关键动作

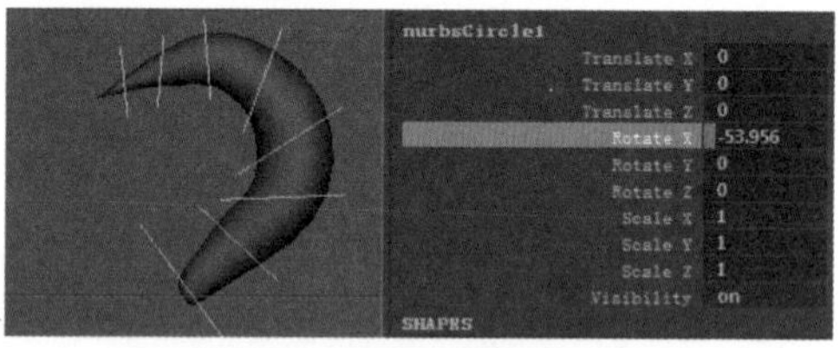

图3-109　第37帧关键动作

9. 第41帧关键动作

在第41帧时，设置尾巴的第9个关键动作。尾巴上控制线圈nurbsCircle1到nurbsCircle8的Rotate X(X轴旋转)数值分别为-57.605、-10.531、20.138、28.421、20.992、16.972、11.142、19.298，如图3-110所示。

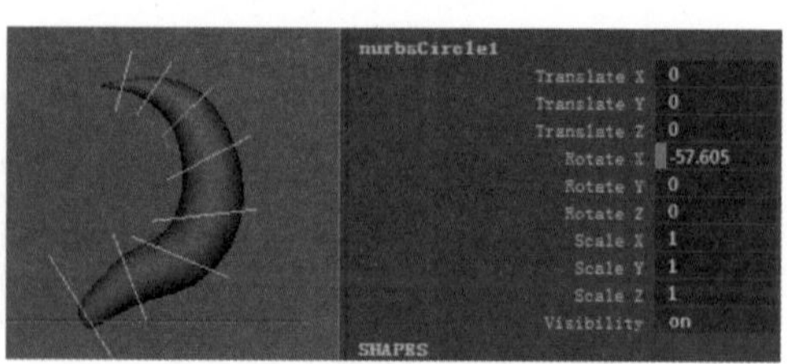

图3-110　第41帧关键动作

10. 调整整体动画曲线

添加细节关键帧，调整动画曲线。例如，在角色上控制线圈nurbsCircle1的动画曲线，如图3-111所示。

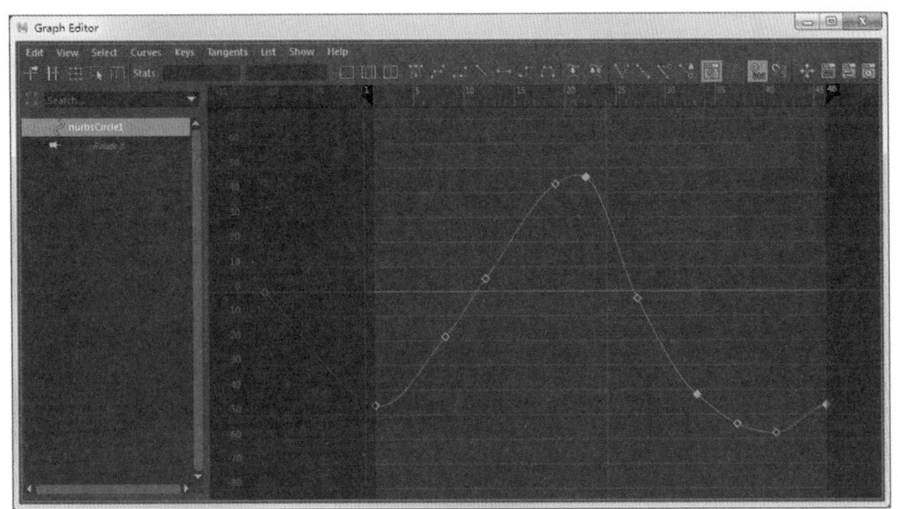

图3-111　nurbsCircle1动画曲线

3.2.2　鸟类飞行动作

鸟类的飞行是利用了空气的作用力。鸟类翅膀在向下扇动的时候，翅膀微微地向上弯曲。由于空气作用力的影响，向下扇动时整个身体向上提升一下。向上提翅膀时，从正面看两个翅膀呈M状，然后展开，再做循环。大鸟的飞行动作最具有典型性，动作最为丰富，而且表现很优美，如图3-112所示。小鸟与大鸟飞行动作的主要区别在于翅膀扇动的频率，鸟类的体积越小，翅膀的扇动频率越快。

图3-112　大雁飞行动作

动画案例7：大雁飞行动作

1. 设置初始循环关键帧

01 此动画案例长度为37帧。第1帧和第37帧大雁所摆出的动作完全相同，形成了循环动画。

02 此案例中翅膀是左右对称的，因此，只将左侧翅膀的部分属性列出，右侧的数值参考左侧的属性。此案例主要调节身体的起伏和翅膀的属性，通过a_RootCurve(根部线圈)、a_FKShoulderCurve(肩部线圈)、a_FKElbowCurve(肘部线圈)、a_FKWristCurve(腕部线圈)和a_FingerCurve(指尖线圈)5个线圈来控制，如图3-113所示。

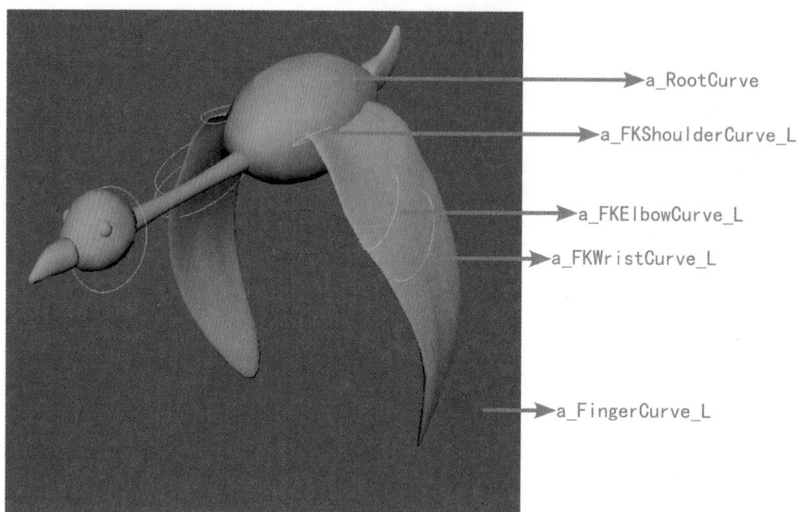

图3-113　大雁的控制线圈

03 在第1帧时，设置大雁的初始动作。大雁的a_RootCurve(根部线圈)的Translate(位移)数值为(0.56, 0.77,0)，如图3-114所示。

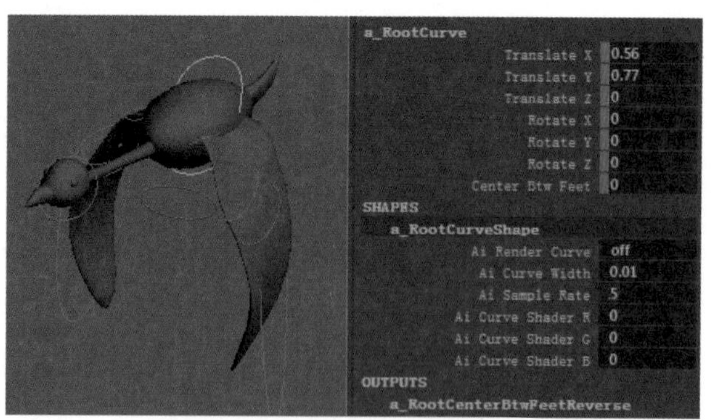

图3-114　第1帧关键动作

04 a_FKShoulderCurve_L的Rotate(旋转)数值为(-13.54,-66.354,14.355)。

05 a_FKElbowCurve_L的Rotate Z(Z轴旋转)数值为3.803。

06 a_FKWristCurve_L的Rotate(旋转)数值为(0.89,-10.213,1.234)。

07 a_FingerCurve_L的Finger Curl数值为1.151，如图3-115所示。

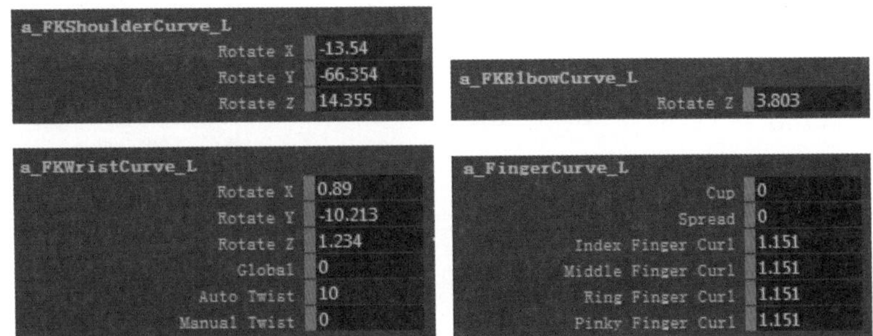

图3-115 第1帧部分线圈属性

2. 第13帧关键动作

01 在第13帧时，设置大雁的第2个关键动作。大雁的a_RootCurve(根部线圈)的Translate(位移)数值为(-0.04, 0.821,0)，如图3-116所示。

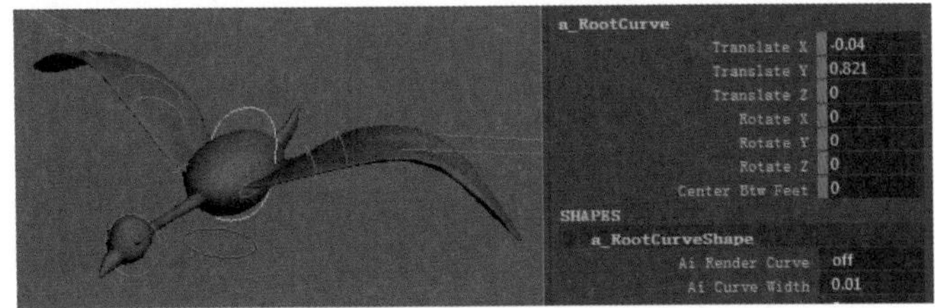

图3-116 第13帧关键动作

02 a_FKShoulderCurve_L的Rotate(旋转)数值为(-3.291,13.926,-4.332)。

03 a_FKElbowCurve_L的Rotate Z(Z轴旋转)数值为-1.283。

04 a_FKWristCurve_L的Rotate(旋转)数值为(-3.067,-3.765,0.305)。

05 a_FingerCurve_L的Finger Curl数值为2.636，如图3-117所示。

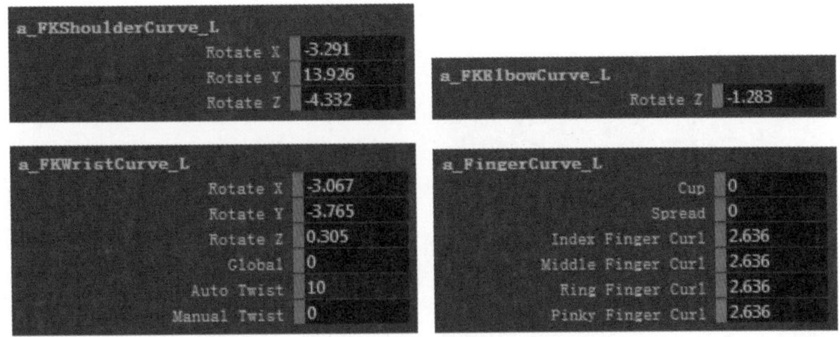

图3-117 第13帧部分线圈属性

3. 第22帧关键动作

01 在第22帧时，设置大雁的第3个关键动作。大雁的a_RootCurve(根部线圈）的Translate（位移）数值为(0.27,0.82,0)，如图3-118所示。

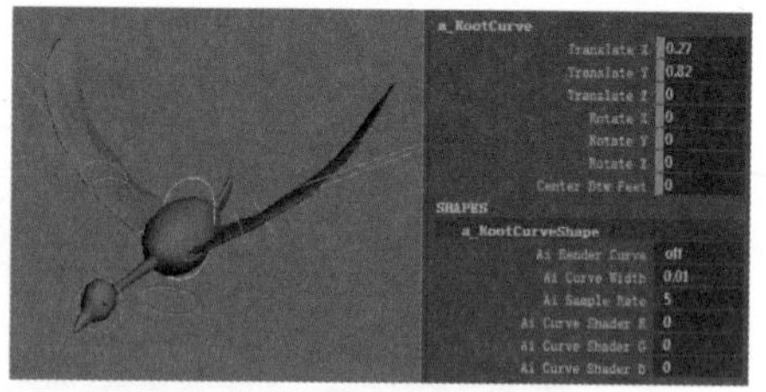
图3-118　第22帧关键动作

02 a_FKShoulderCurve_L的Rotate(旋转)数值为(-2.464, 21.069, -9.682)。

03 a_FKElbowCurve_L的Rotate Z(Z轴旋转)数值为3.803。

04 a_FKWristCurve_L的Rotate(旋转)数值为(9.921,10.416,-2.373)。

05 a_FingerCurve_L的Finger Curl数值为-2.349，如图3-119所示。

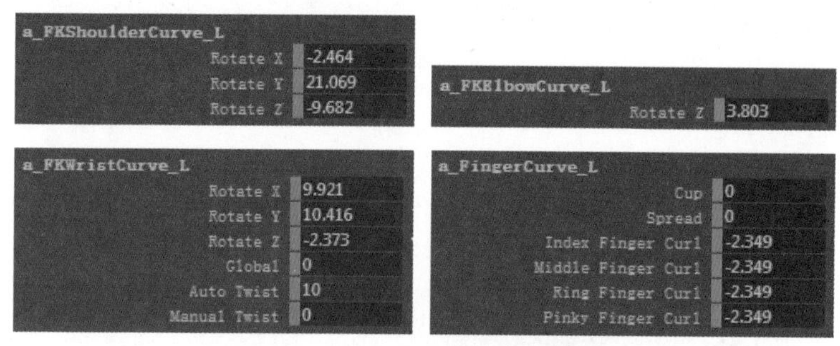

图3-119　第22帧部分线圈属性

4. 第29帧关键动作

01 在第29帧时，设置大雁的第4个关键动作。大雁的a_RootCurve(根部线圈)的Translate(位移)数值为(-0.187, 0.77,0)，如图3-120所示。

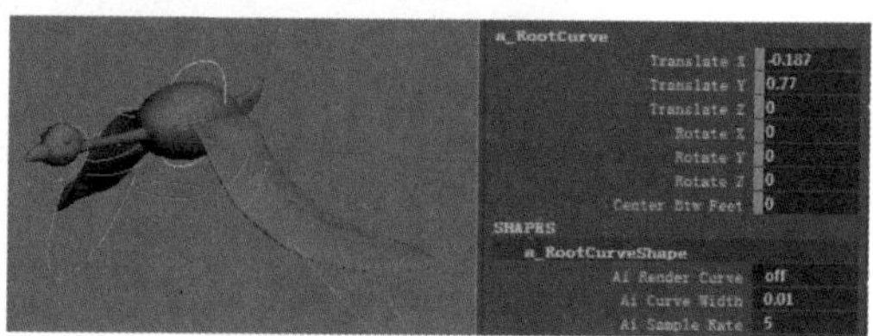
图3-120　第29帧关键动作

02 a_FKShoulderCurve_L的Rotate(旋转)数值为(-18.623,-58.722,18.784)。

03 a_FKElbowCurve_L的Rotate Z(Z轴旋转)数值为-1.283。

04 a_FKWristCurve_L的Rotate(旋转)数值为(3.015, 15.9，-0.896)。

05 a_FingerCurve_L的Finger Curl数值为-2.464，如图3-121所示。

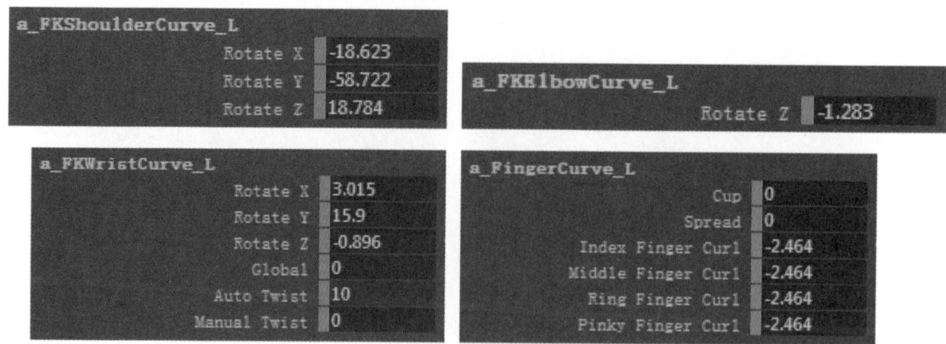

图3-121　第22帧部分线圈属性

5. 整体调整

01 整体来看，大雁翅膀向下扇，身体向上移动；翅膀向上提升，身体向下移动，所以身体会形成上下起伏的循环状态。然后再添加细节关键帧，调整动画曲线，如图3-122所示。

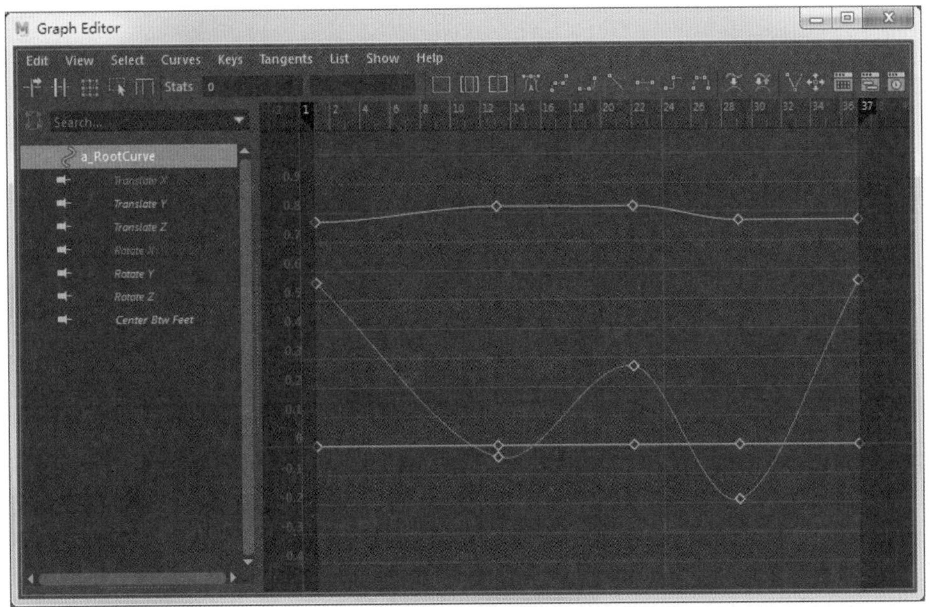

图3-122　a_RootCurve(根部线圈)的动画曲线

02 制作完大雁飞翔的循环动画后，选择大雁整体最主要的控制器，然后设置上位移关键帧，使大雁产生向前移动飞翔的动作。选择大雁的a_Group(组线圈)，然后在动画的第1帧和最后一帧设置Translate Z(Z轴位移)数值分别为0和18.37，如图3-123所示。

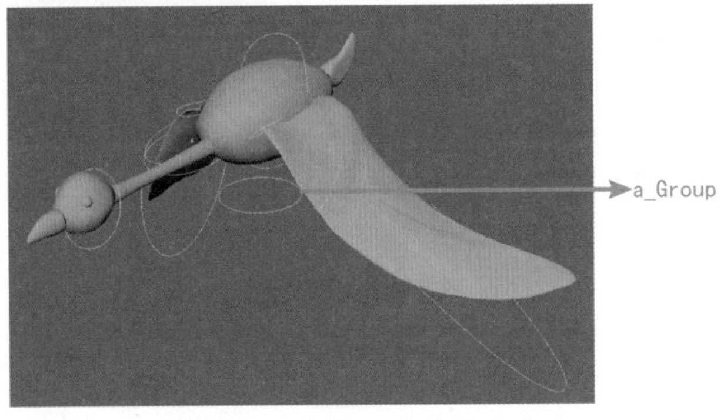

图3-123　大雁移动的位移动画

3.2.3　捶打动作

捶打动作也是曲线运动，整体动作过程可以分为初始动作、预备动作、实施动作和缓冲动作4个部分。角色的身体弯曲、手臂的摆动都是细腻、优美的曲线运动。角色的手握住锤柄，然后角色在做捶打运动时，锤头在空中的摆动就是曲线运动。捶打运动的关键在于表现捶打瞬间的力度和速度，属于强有力的爆发性运动。动作从腰部发力，由下至上，通过身体的扭动和重心的变化逐渐将作用力传递到锤头上，如图3-124所示。

图3-124　捶打动作

动画案例8：捶打动作

1. 设置初始关键帧

01 此动画案例长度为70帧。第1帧和第70帧角色所摆出的动作完全相同，形成循环动画。

02 在第1帧时，将锤头与双手建立父子关系，使右手变成锤头的子级，锤头变成左手的子级，这样就可以通过控制右手，从而影响锤头和右手的运动了。

03 先选择角色的Right_ArmIk_CTRL(右手控制线圈)，再按住Shift键加选polySurface5锤头，然后执行Windows(窗口)> Edit(编辑)> Parent(父子关系)命令，建立父子关系。再选择polySurface5锤头，按住Shift键加选Left_ArmIk_CTRL(左手控制线圈)，然后执行Windows(窗口)> Edit(编辑)> Parent(父子关系)命令，建立父子关系，如图3-125所示。

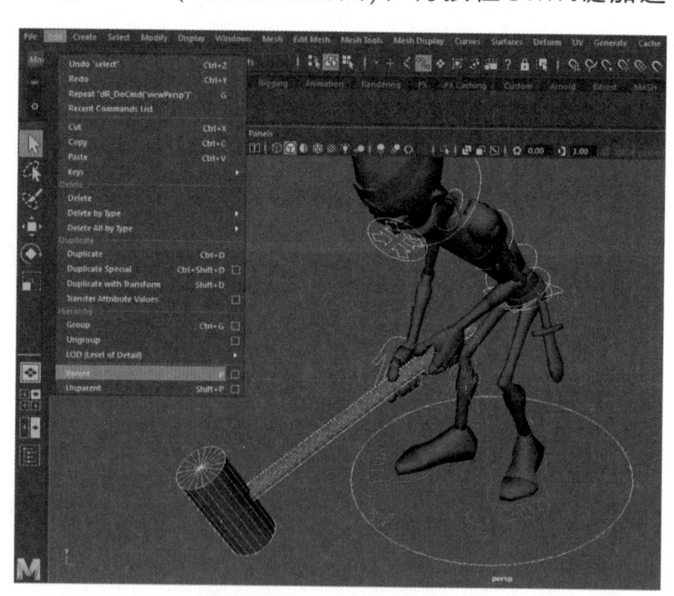

图3-125　建立父子关系

> **注意**
>
> 建立父子关系，应当先选择子物体，然后再加选父物体。
> 键盘上的P键是设置父子关系的快捷键。

04 在第1帧时，将角色调整为手握锤头、身体自然弯曲的状态。动作要领是双脚自然分开，一前一后，脚尖略有向外劈开，形成外八字。身体向下弯曲，双腿也要弯曲，为向后蓄力做准备。角色root_CTRL(腰部控制器)的Translate(位移)数值为(-0.699, -1.372,-2.295)，Rotate(旋转)数值为(8.829,-1.68,0.386)，如图3-126所示。

05 角色胸部控制器spineHigher_CTRL、spineMid_CTRL和spineLower_CTRL的Rotate X(X轴旋转)为15，如图3-127所示。

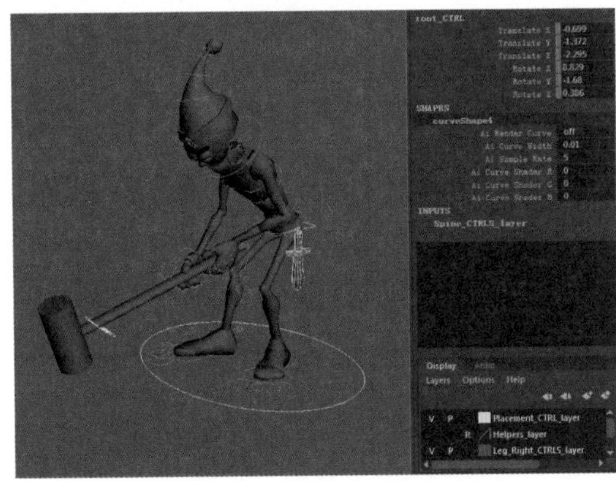

图3-126　第1帧关键动作

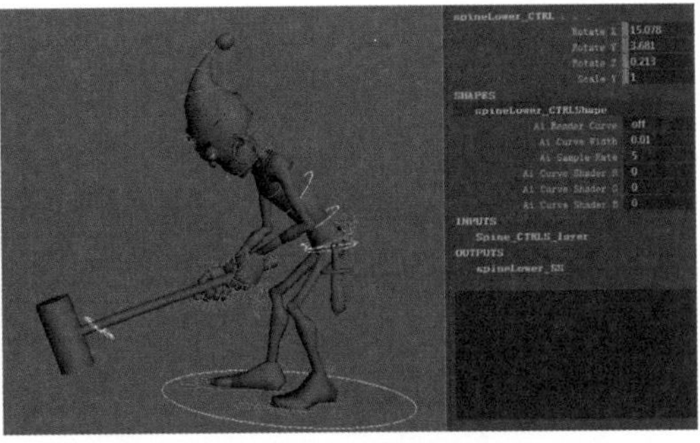

图3-127　第1帧胸部控制器属性

06 角色Left_ArmIk_CTRL(左手控制器)的Translate(位移)数值为(0.085,9.191, 1.845)，Rotate(旋转)数值为(-32.996,-78.587,167.055)，如图3-128所示。

2. 第14帧关键动作

01 在第14帧时，角色身体向后，重心放低，身体最为弯曲，整体处于蓄势待发的状态。角色root_CTRL(腰部控制器)的Translate(位移)数值为(-2.33,-1.372,-4.001)，Rotate(旋转)数值为(10.954,12.416,2.606)，如图3-129所示。

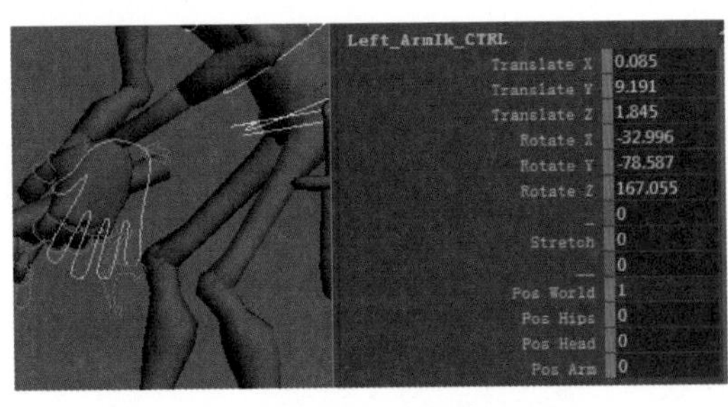

图3-128　第1帧左手控制器属性

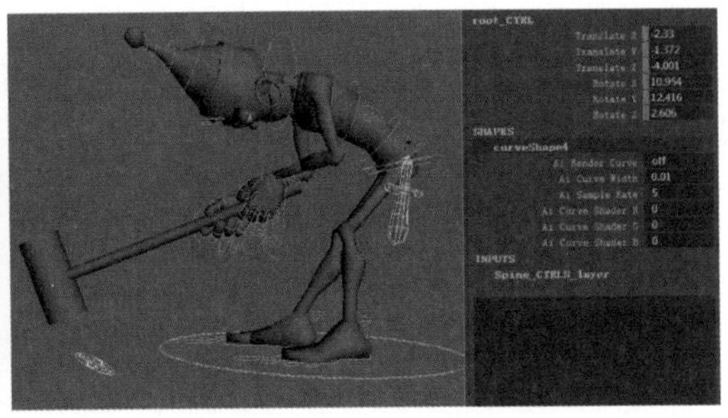

图3-129　第14帧关键动作

02 角色胸部控制器spineHigher_CTRL、spineMid_CTRL和spineLower_CTRL的Rotate X(X轴旋转)为21.154，如图3-130所示。

03 角色Left_ArmIk_CTRL(左手控制器)的Translate(位移)数值为(0.085,9.191,1.709)，

Rotate(旋转)数值为(-32.996,-78.587,167.055)，如图3-131所示。

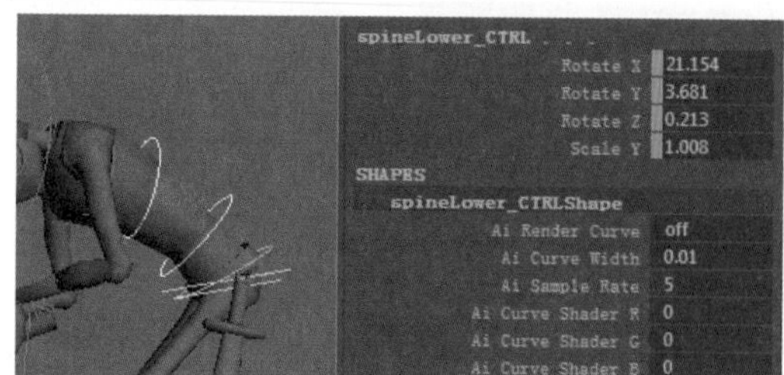

图3-130　第14帧胸部控制器属性

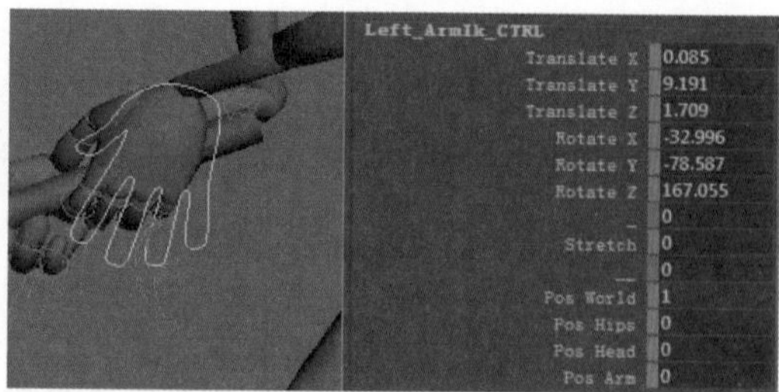

图3-131　第14帧左手控制器属性

3. 第20帧关键动作

01 在第20帧时，角色重心最低，身体压缩，积攒力量。角色root_CTRL(腰部控制器)的Translate(位移)数值为(-2.109,-2.739,-1.52)，Rotate(旋转)数值为(-7.481,12.416,2.606)，如图3-132所示。

02 该帧是角色身体压缩最为强烈的一帧。角色胸部控制器spineHigher_CTRL、spineMid_CTRL和spineLower_CTRL的Rotate X(X轴旋转)为0.442，Scale Y(Y轴缩放)为0.854，如图3-133所示。

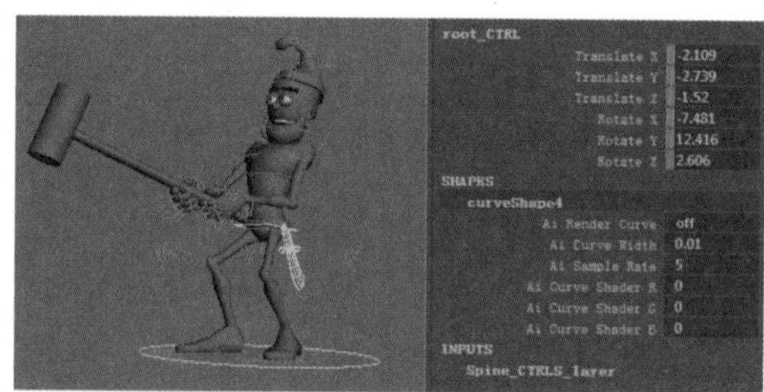

图3-132　第20帧关键动作

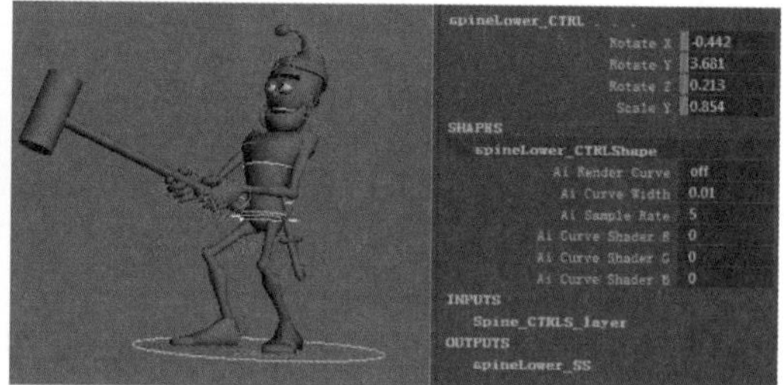

图3-133　第20帧胸部控制器属性

03 角色Left_ArmIk_CTRL(左手控制器)的Translate(位移)数值为(0.324,10.315,1.602)，Rotate(旋转)数值为(-123.267,-81.698,122.272)，如图3-134所示。

4. 第38帧关键动作

01 在第38帧时，角色重心提高，身体拉长，力量由下至上，身体呈C字形。角色root_CTRL(腰部控制器)的Translate(位移)数值为(-0.113,-0.538,1.613)，Rotate(旋转)数值为(-14.932,11.079,-0.406)，如图3-135所示。

02 该帧是角色身体拉伸最为强烈的一帧。角色胸部控制器spineHigher_CTRL、spineMid_CTRL和spineLower_CTRL的Rotate X(X轴旋转)为6.475，Scale Y(Y轴缩放)为1.208，如图3-136所示。

03 角色Left_ArmIk_CTRL(左手控制器)的Translate(位移)数值为(2.866,20.786,

1.663)，Rotate(旋转)数值为(-178.815,-83.407,190.936)，如图3-137所示。

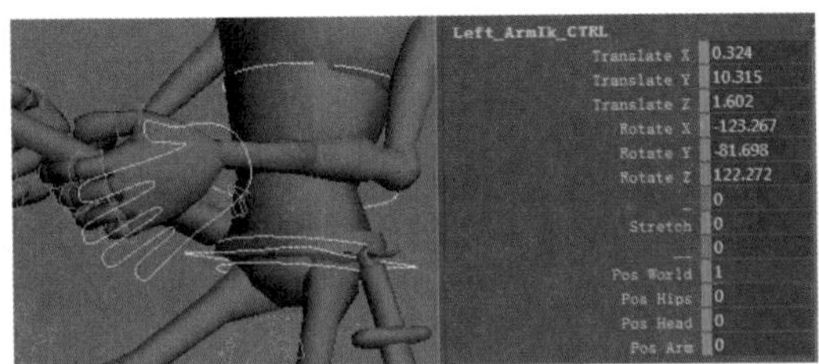

图3-134　第20帧左手控制器属性

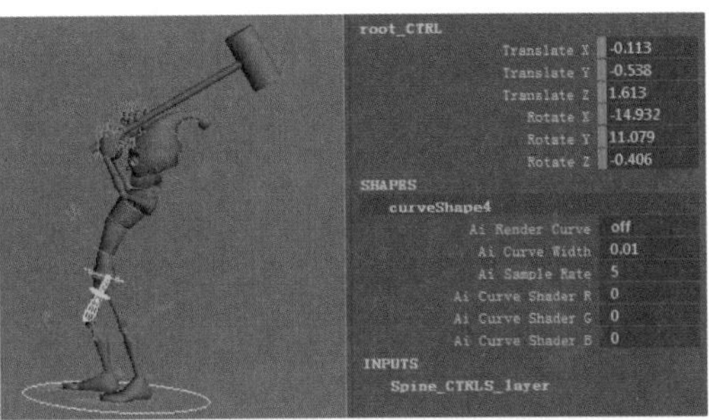

图3-135　第38帧关键动作

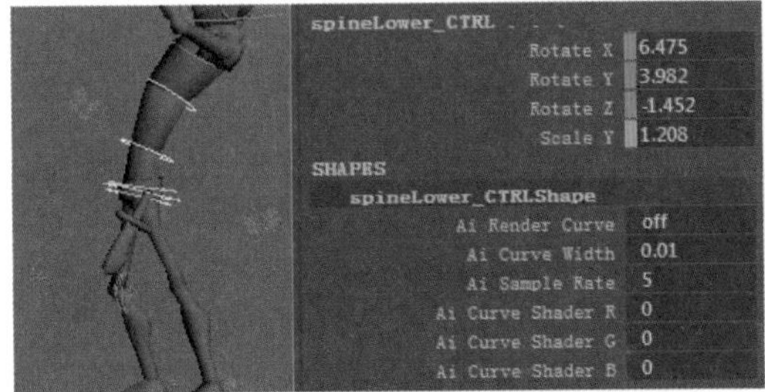

图3-136　第38帧胸部控制器属性

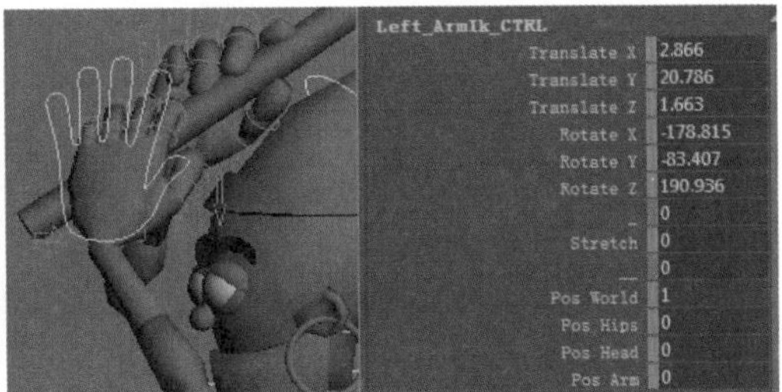

图3-137　第38帧左手控制器属性

5. 第46帧关键动作

01 在第46帧时，角色重心向前，手臂向后，锤头向后用力。角色root_CTRL(腰部控制器)的Translate(位移)数值为(0.466,-1.023,1.914)，Rotate(旋转)数值为(-17.297,11.945,-0.278)，如图3-138所示。

02 角色胸部控制器spineHigher_CTRL、spineMid_CTRL和spineLower_CTRL的Rotate X(X轴旋转)为17.086，Scale Y(Y轴缩放)为1.424，如图3-139所示。

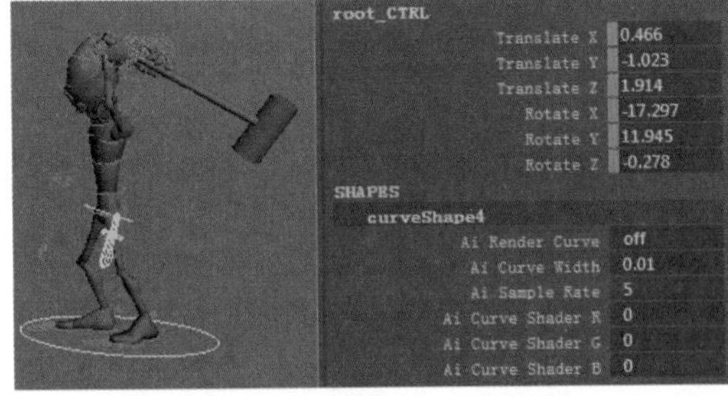

图3-138　第46帧关键动作

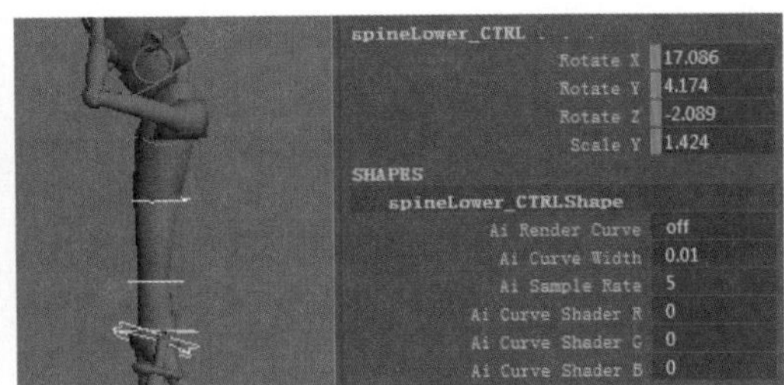

图3-139　第46帧胸部控制器属性

03 角色Left_ArmIk_CTRL(左手控制器)的Translate(位移)数值为(4.154,22.628,3.413)，Rotate(旋转)数值为(-176.325,-80.484,235.098)，如图3-140所示。

6. 第55帧关键动作

01 在第55帧时，角色重心迅速压低向后，手臂迅速向前甩去，手腕迅速甩动，锤头撞击地面。角色root_CTRL(腰部控制器)的Translate(位移)数值为(-0.216,-2.377,-1.791)，Rotate(旋转)数值为(18.053,2.805,-4.019)，如图3-141所示。

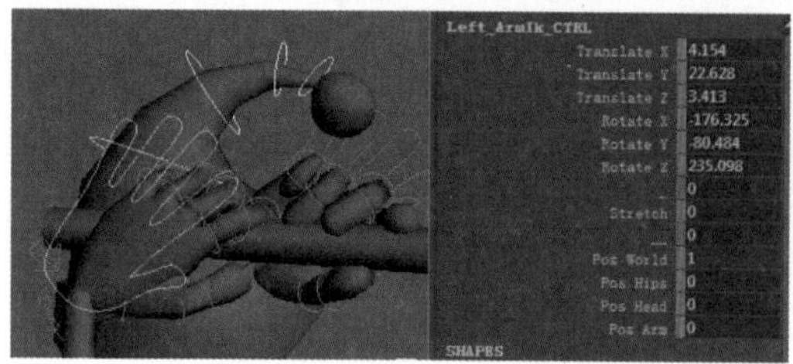

图3-140　第46帧左手控制器属性

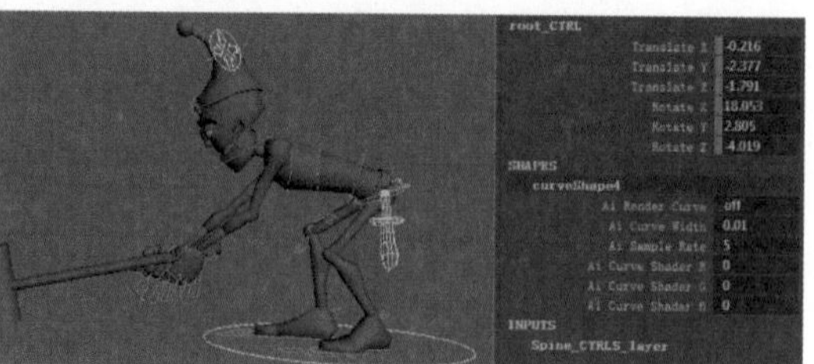

图3-141　第55帧关键动作

02 角色胸部控制器spineHigher_CTRL、spineMid_CTRL和spineLower_CTRL的Rotate X(X轴旋转)为39.418，Scale Y(Y轴缩放)为0.968，如图3-142所示。

03 角色Left_ArmIk_CTRL(左手控制器)的Translate(位移)数值为(-0.138,5.216,8.113)，Rotate(旋转)数值为(-91.088,-80.619,117.142)，如图3-143所示。

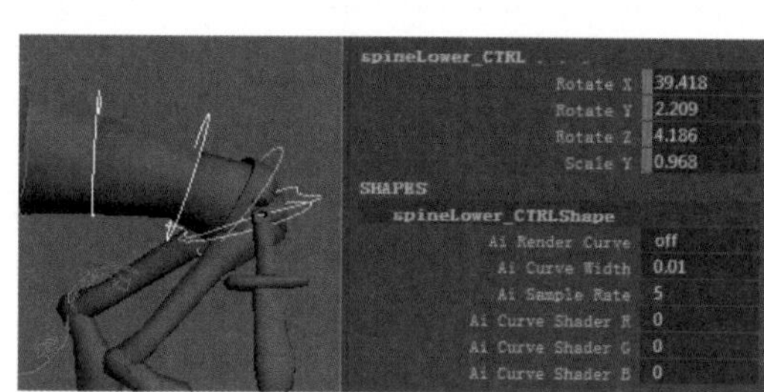

图3-142　第55帧胸部控制器属性

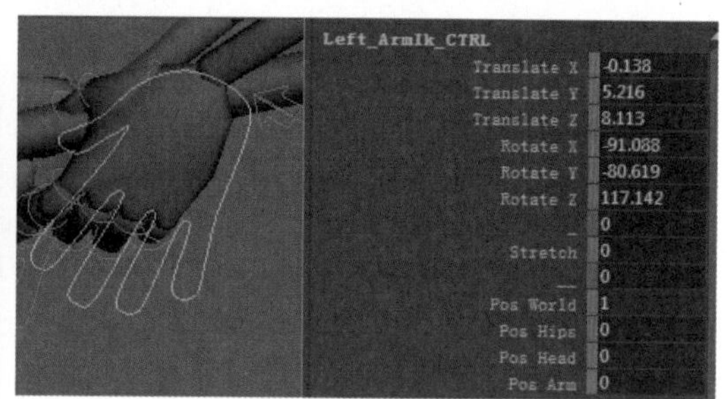

图3-143　第55帧左手控制器属性

7. 第70帧关键动作

01 第70帧是此案例的最后一帧，也是角色恢复自然弯腰状态的一帧。此时，角色弯腰的状态可与动作的初始状态一致，这样便可以形成捶打的循环动作，如图3-144所示。

02 在第1帧上，将角色全部控制器的关键帧选中，然后在时间栏中的关键帧上单击右键，选择Copy(复制)命令，将当前时间线移动到最后一帧上单击右键，选择Paste(粘贴)命令，如图3-145所示。

图3-144　最后一帧动作姿势

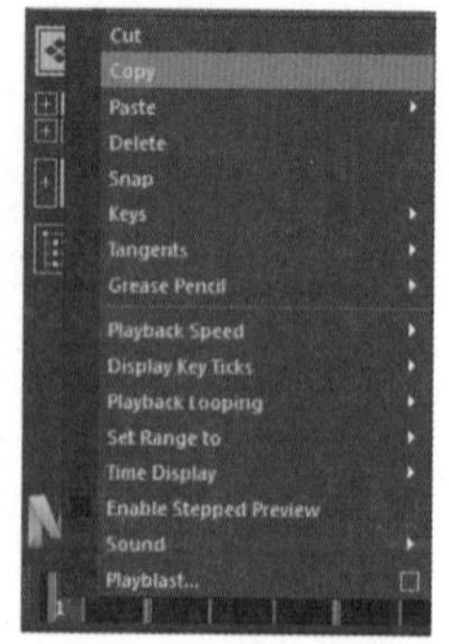

图3-145　复制关键帧

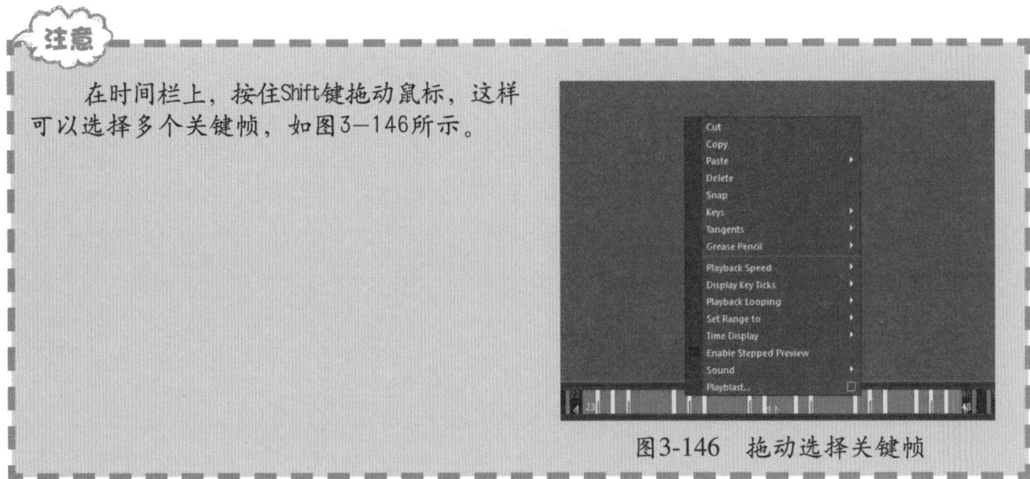

在时间栏上，按住Shift键拖动鼠标，这样可以选择多个关键帧，如图3-146所示。

图3-146　拖动选择关键帧

8. 整体调整

01 在制作完动作关键帧后还需要调整细节动作，加强动作的合理性，避免穿帮动作的产生，使其整体流畅完整。

02 调整关键帧的动画曲线，使其动作更加流畅。例如，角色身体的spineMid_CTRL的动画曲线，如图3-147所示。

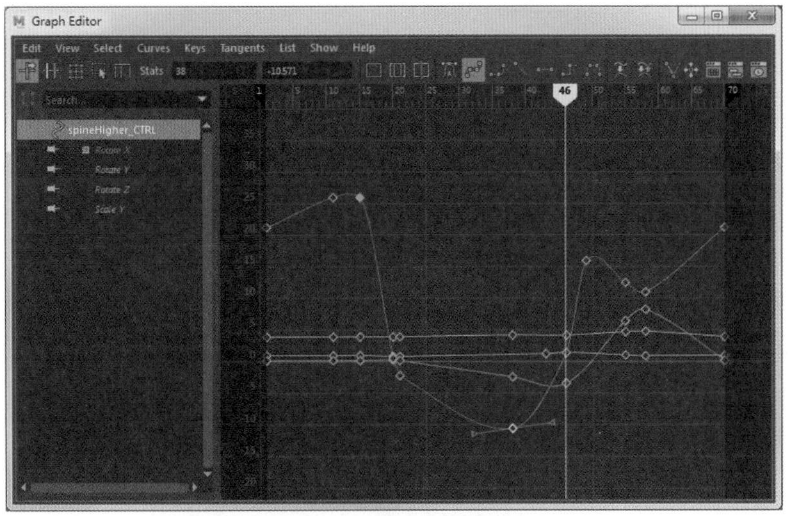

图3-147　spineMid_CTRL的动画曲线

3.3 随带运动

随带运动就是在一个发力点或受力点的带动下，和它有关系的或连接的部分受到牵引而依次运动的情况。和曲线运动一样也是力的传导过程，但随带运动没有特别明显的曲线，一般是一切动作结束时的缓冲。

在动画片的表演中这种运动是很微小的，在西方的动画影片里的表现是很细腻的，尤其是三维动画片，因为它是全方位模拟现实的，提供了细腻的表演舞台。在表演中，随带运动的出现，可以增强动作的真实感，是修饰性动作，表现了动作的运动效果。随带运动是具有力的传导过程的运动，物体本身的一部分停止以后，其他部分的依次停止，在时间上有一定的延迟性，如图3-148所示。

图3-148　捶打动作

3.3.1 叹气动作

叹气动作是个半身动作，力道是从下至上的传导，最后又由头部甩出，将力道释放出来。当角色在开始运动后，身体会先向后运动，头部运动会在身体之后，是身体带动头部的运动，这是典型的随带运动。如果角色身上佩戴有其他的饰物，也要跟随着做随带运动。

动画案例9：叹气动作

1. 设置初始关键帧

01 此动画案例长度为55帧。因为没有角色会连续叹气，所以此案例不是循环动画。

02 在第1帧时，将角色调整为自然坐着的状态。此案例主要调节角色身体腰部、胸部和头部的起伏，通过lazy_as_NeckCurve（脖子线圈）、lazy_as_FKBackBCurve（背部曲线B）、lazy_as_FKBackACurve（背部曲线A）和lazy_torso（躯干线圈）4个线圈来控制，如图3-149所示。

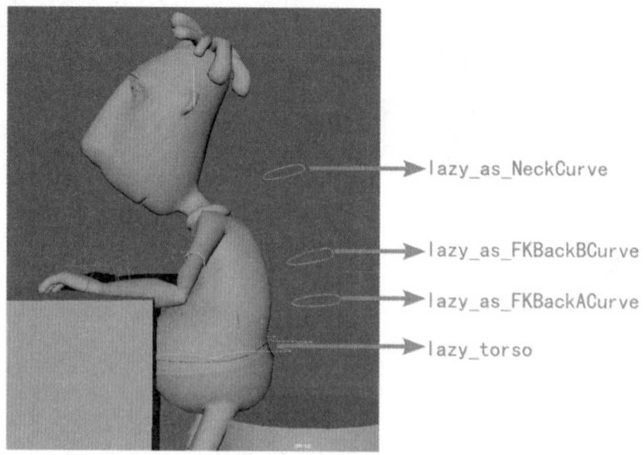

图3-149　捶打动作

03 在第1帧时，设置角色的初始动作。角色的lazy_as_NeckCurve(脖子线圈)的Rotate Z(Z轴旋转)数值为-3.475，如图3-150所示。

04 lazy_as_FKBackACurve和lazy_as_FKBackBCurve的Rotate Z(Z轴旋转)数值为4.978。

05 lazy_torso的Rotate X(X轴旋转)数值为1.73。

2. 第16帧关键动作

01 在第16帧时，设置角色的第2个关键动作，身体开始向后弯曲，力道向上移动。角色的lazy_as_NeckCurve(脖子线圈)的Rotate Z(Z轴旋转)数值为10.437，如图3-151所示。

02 lazy_as_FKBackACurve和lazy_as_FKBackBCurve的Rotate Z(Z轴旋转)数值为-1.541。

03 lazy_torso的Rotate X(X轴旋转)数值为-0.975。

图3-150　第1帧关键动作

图3-151　第16帧关键动作

3. 第19帧关键动作

01 在第19帧时，设置角色的第3个关键动作，这是角色身体向后弯曲最大的动作，但头部依然向下弯，是身体带动头部的运动。角色的lazy_as_NeckCurve(脖子线圈)的Rotate Z(Z轴旋转)数值为6.971，如图3-152所示。

02 lazy_as_FKBackACurve和lazy_as_FKBackBCurve的Rotate Z(Z轴旋转)数值为-1.541。

03 lazy_torso的Rotate X(X轴旋转)数值为-0.975。

4. 第31帧关键动作

01 在第31帧时，设置角色的第4个关键动作，角色身体向前弯曲，但头部继续向后。角色的lazy_as_NeckCurve(脖子线圈)的Rotate Z(Z轴旋转)数值为-7.942，如图3-153所示。

02 lazy_as_FKBackACurve和lazy_as_FKBackBCurve的Rotate Z(Z轴旋转)数值为5.828。

03 lazy_torso的Rotate X(X轴旋转)数值为3.403。

5. 第43帧关键动作

01 在第43帧时，设置角色的第5个关键动作，角色身体继续向前弯曲，达到最大值，头部也向前甩动。角色的lazy_as_NeckCurve(脖子线圈)的Rotate Z(Z轴旋转)数值为-7.942，如图3-154所示。

图3-152　第19帧关键动作

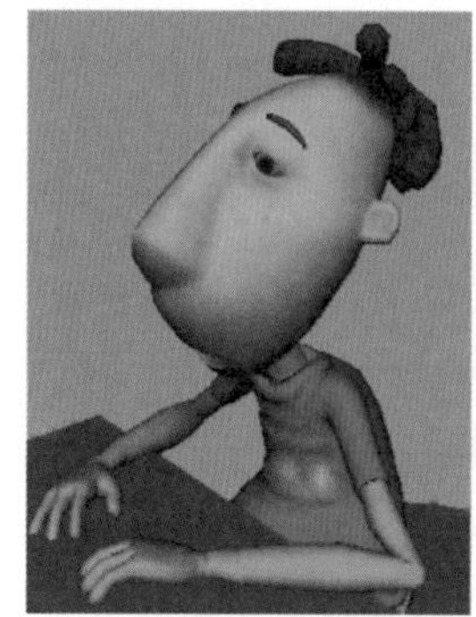

图3-153　第31帧关键动作

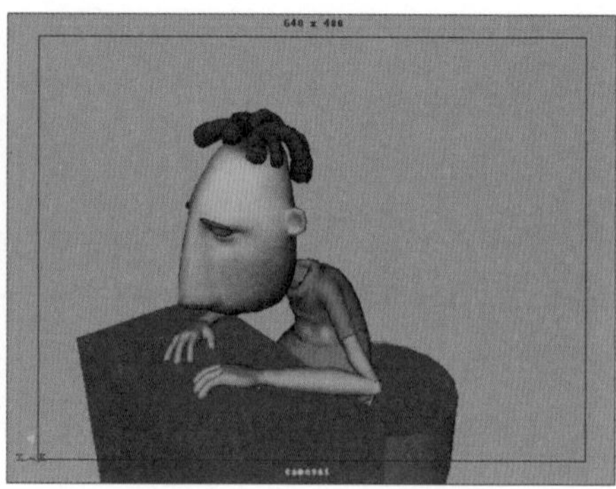

图3-154　第43帧关键动作

02 lazy_as_FKBackACurve和lazy_as_FKBackBCurve的Rotate Z(Z轴旋转)数值为5.828。

03 lazy_torso的Rotate X(X轴旋转)数值为3.403。

6. 整体调整曲线

01 在第16和19帧时，角色的lazy_as_FKBackACurve和lazy_as_FKBackBCurve的Rotate Z(Z轴旋转)数值都为-1.541。所以需要调整动画曲线曲柄，使其动作更加流畅，如图3-155所示。

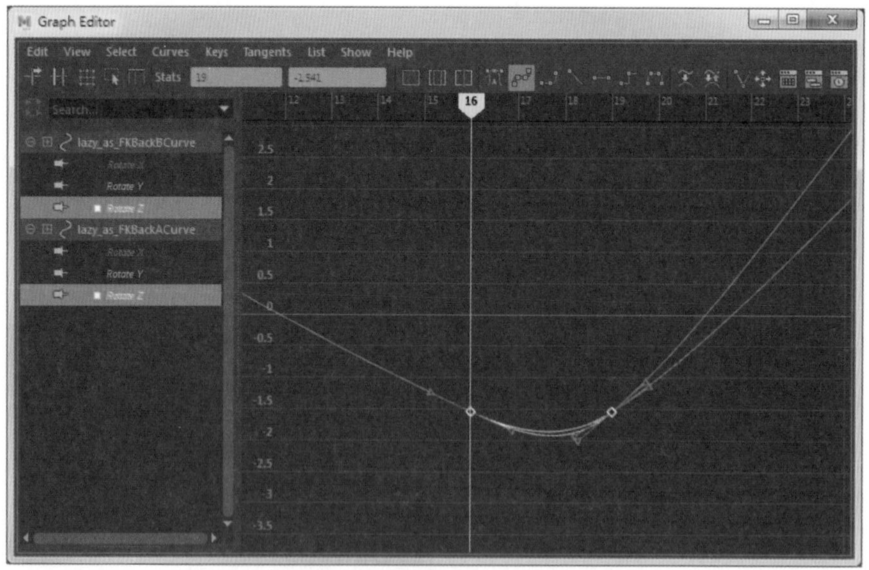

图3-155　第16和19帧的动画曲线

02 叹气动作是随带运动，具有延时性，作用力是由下至上的传递，所以FKBackBCurve的关键帧需要向后拖动1~2帧，如图3-156所示。

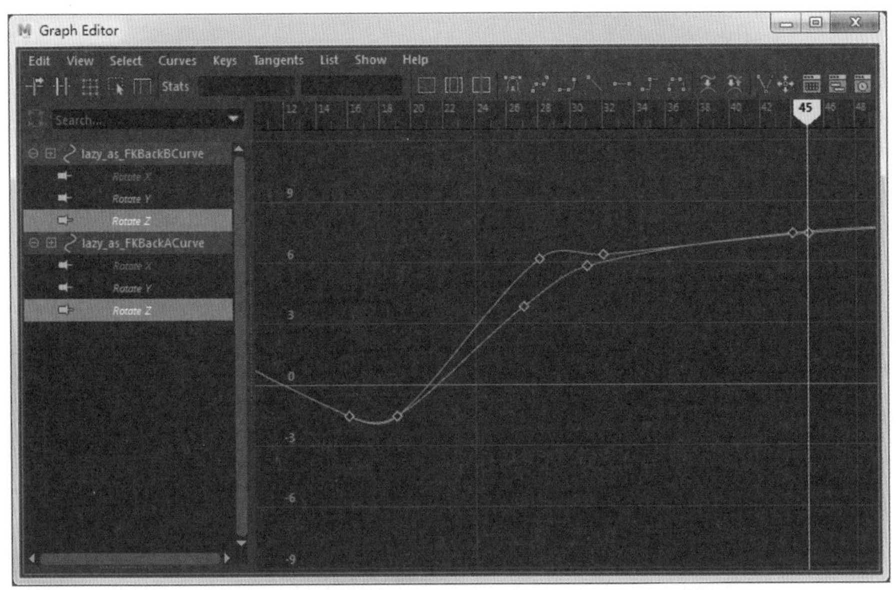

图3-156 FKBackBCurve和FKBackACurve的动画曲线

3.3.2 转身动作

转身动作也是比较典型的随带运动。人体的动作都是有一定的先后性的，也就是延时性，这也是符合力的传导顺序。一般转身动作的次序有两种，一种是眼睛引导身体，眼睛先动然后是从头到脚，大多数是这样运动的。另一种正好相反，是从脚尖到头的次序转动，例如，一个人小心翼翼地逃出一个环境，或者正对话的一个角色必须要离开时。同上一个案例一样，如果角色身上佩戴有其他的饰物，也要跟随着做随带运动，如图3-157所示。

图3-157 转身动作

动画案例10：转身动作

1. 设置初始关键帧

01 此动画案例长度为70帧。动作分为预备、实施和缓冲3个阶段，而缓冲运动会占更多的时间。

02 在第1帧时，将角色调整转身动作的预备阶段，重心开始偏移。角色的root_CTRL(腰部控制器)的Translate(位移)数值为(1.253,-0.111,0)，Rotate(旋转)数值为

(0,0,4.444)，如图3-158所示。

03 角色胸部控制器spineHigher_CTRL、spineMid_CTRL和spineLower_CTRL的Rotate(旋转)属性分别为(0,0.7,-2.646)(0,0,-5.495)(0,0,-2.688)，如图3-159所示。

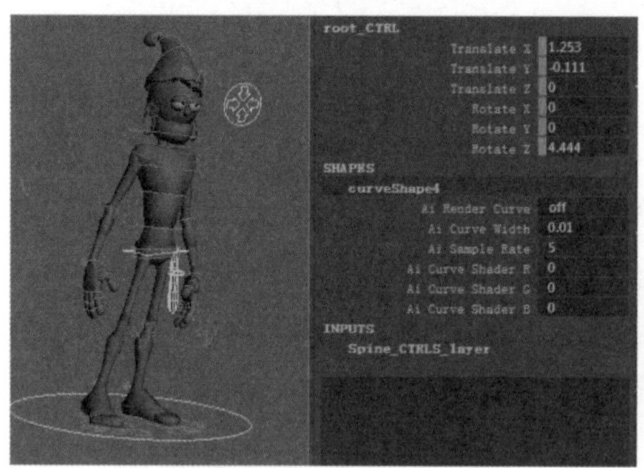

图3-158　第1帧关键动作

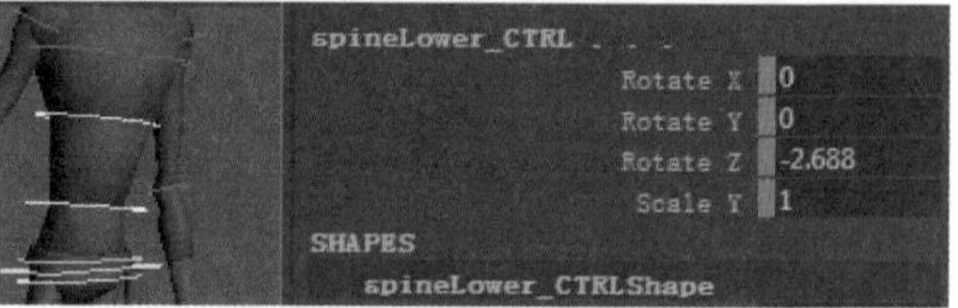

图3-159　第1帧胸部控制器属性

04 角色肩部控制器Left_ArmFk_CTRL和Right_ArmFk_CTRL的Rotate(旋转)属性分别为(74.474,3.79,0.375)和(72.897,12.569,-0.849)，如图3-160所示。

05 角色右脚Right_LegIk_CTRL的Translate(位移)数值为(-1.278,0.002,0)，Rotate(旋转)数值为(0,-12.176,0)，如图3-161所示。

图3-160　第1帧肩部控制器属性

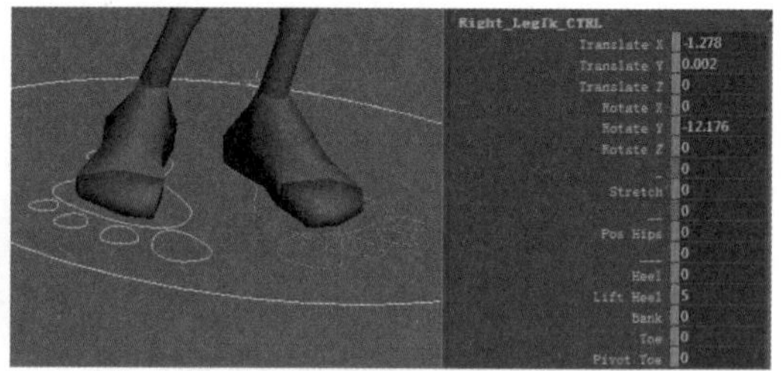

图3-161　第1帧右脚控制器属性

2. 第8帧关键动作

01 第8帧是缓冲帧，是重心过渡一帧。角色的root_CTRL(腰部控制器)的Translate(位移)数值为(0.364,-0.203,0.258)，Rotate(旋转)数值为(-0.113,-14.886,3.628)，如图3-162所示。

02 角色胸部控制器spineHigher_CTRL、spineMid_CTRL和spineLower_CTRL的Rotate(旋转)属性分别为(1.019,-8.93,-0.738)(0.399,-8.899,-2.7)(0.844,-1.649,-1.066)，如图3-163所示。

03 角色肩部控制器Left_ArmFk_CTRL和Right_ArmFk_CTRL的Rotate(旋转)属性分别为(73.153,7.12,-1.875)和(72.76,-0.145,-0.81)，如图3-164所示。

04 角色右脚Right_LegIk_CTRL的Translate(位移)数值为(-0.924,0.338,-0.823)，

Rotate(旋转)数值为(-6.054,-35.849,-3.232)，如图3-165所示。

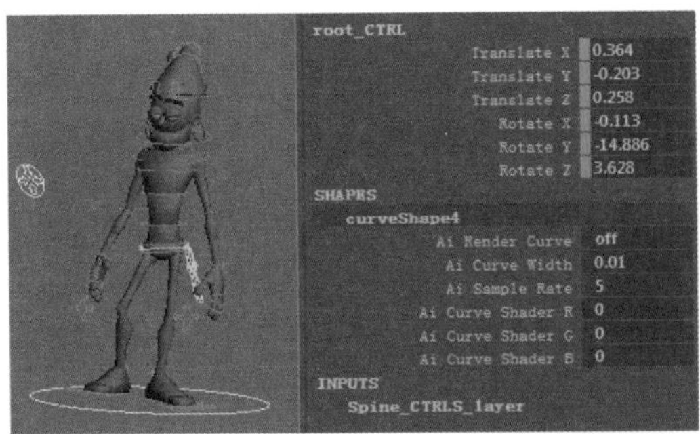

图3-162　第8帧关键动作

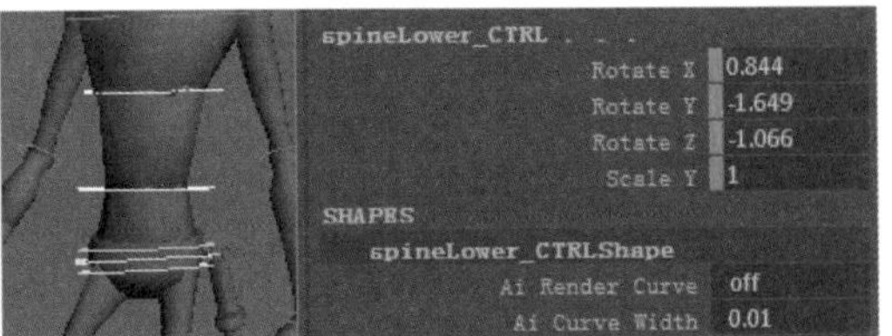

图3-163　第8帧胸部控制器属性

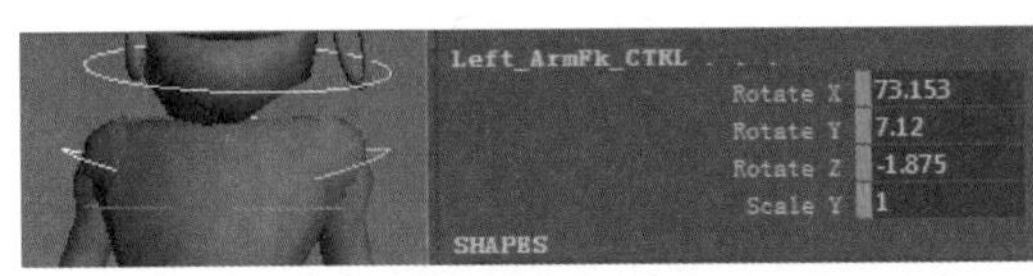

图3-164　第8帧肩部控制器属性

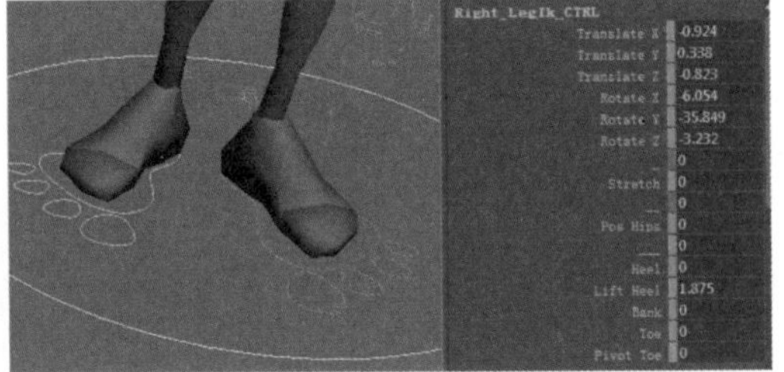

图3-165　第8帧右脚控制器属性

3. 第16帧关键动作

01 在第16帧时，重心向右腿移动。角色的root_CTRL(腰部控制器)的Translate(位移)数值为(0.3,-0.207,0.047)，Rotate(旋转)数值为(-0.012,-29.772,1.496)，如图3-166所示。

02 角色胸部控制器spineHigher_CTRL、spineMid_CTRL和spineLower_CTRL的Rotate(旋转)属性分别为(3.486,-13.139,0.961)(4.578,-15.949,0.237)(1.688,-4.118,0.557)，如图3-167所示。

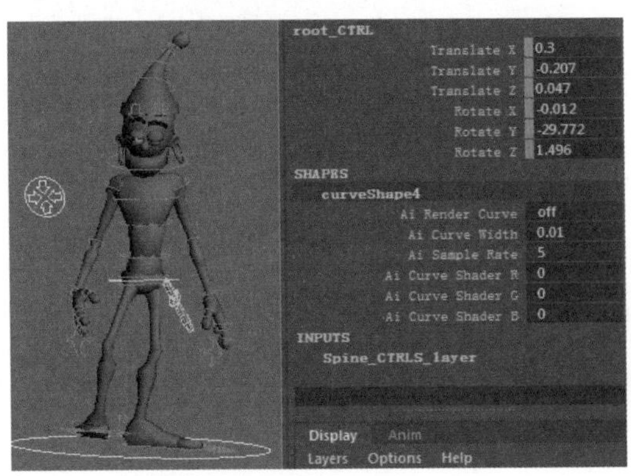

图3-166　第16帧关键动作

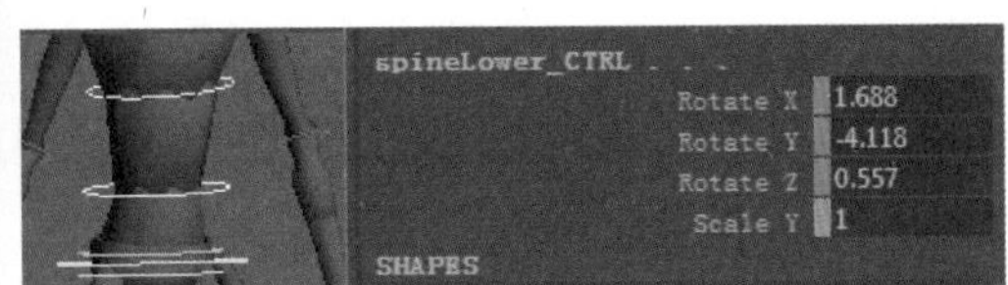

图3-167　第16帧胸部控制器属性

03 角色肩部控制器Left_ArmFk_CTRL和Right_ArmFk_CTRL的Rotate(旋转)属性

分别为(71.823,9.048,-0.412)和(69.095,3.148,-1.75)，如图3-168所示。

04 角色右脚Right_LegIk_CTRL的Translate(位移)数值为(-0.57,0.531,-1.647)，Rotate(旋转)数值为(-9.654,-61.941,-5.202)，如图3-169所示。

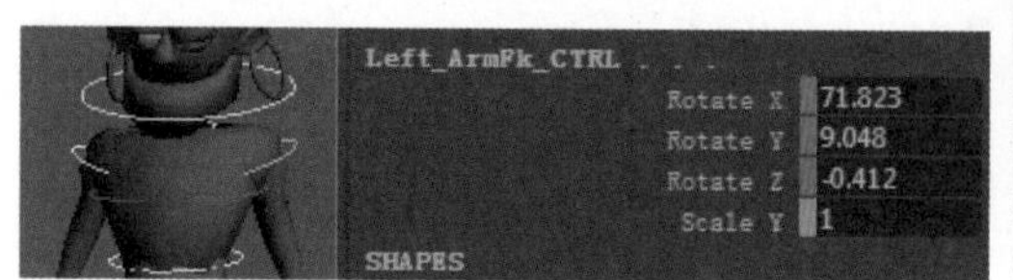

图3-168　第16帧肩部控制器属性

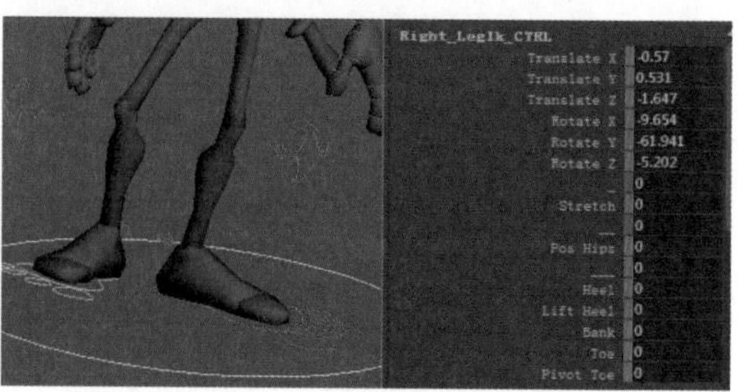

图3-169　第16帧右脚控制器属性

4. 第24帧关键动作

01 在第24帧时，右脚踩在地面上，上半身已经依次向右转了。角色的root_CTRL(腰部控制器)的Translate(位移)数值为(0.335,-0.293,-0.163)，Rotate(旋转)数值为(-0.537,-47.799,1.794)，如图3-170所示。

02 角色胸部控制器spineHigher_CTRL、spineMid_CTRL和spineLower_CTRL的Rotate(旋转)属性分别为(5.54,-9.559,1.796)(2.636,-17.785,-3.583)(1.934,-11.094,1.294)，如图3-171所示。

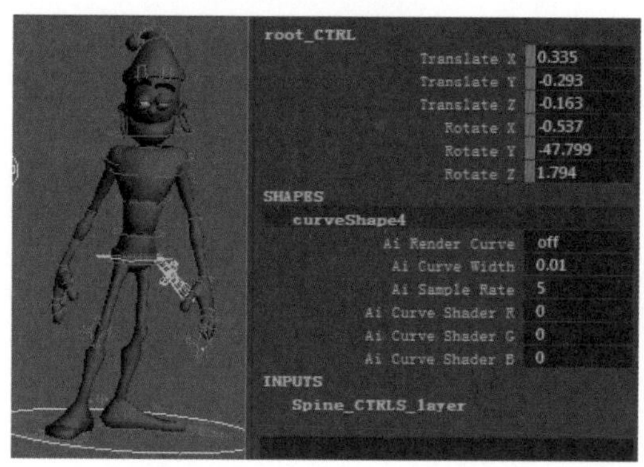

图3-170　第24帧关键动作

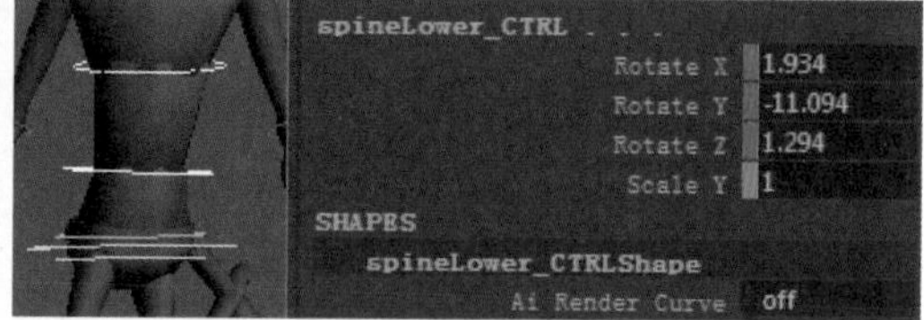

图3-171　第24帧胸部控制器属性

03 角色肩部控制器Left_ArmFk_CTRL和Right_ArmFk_CTRL的Rotate(旋转)属性分别为(69.482, 5.253,10.45)和(70.367,9.257,-10.291)，如图3-172所示。

04 角色右脚Right_LegIk_CTRL的Translate(位移)数值为(-0.409,-0.058,-2.021)，Rotate(旋转)数值为(0.24,-101.338,-0.232)，如图3-173所示。

5. 第32帧关键动作

01 在第32帧时，右脚踩在地面上，左脚开始抬起，上半身已经依次向右转了。角色的root_CTRL(腰部控制器)的Translate(位移)数值为(-2.225,-0.297,-0.2)，

Rotate(旋转)数值为(-3.824,-82.583,-0.31)，如图3-174所示。

02 角色胸部控制器spineHigher_CTRL、spineMid_CTRL和spineLower_CTRL的Rotate(旋转)属性分别为(4.077,1.349,0.517)(2.699,-4.714,-2.098)(-1.008,-12.4,1.203)，如图3-175所示。

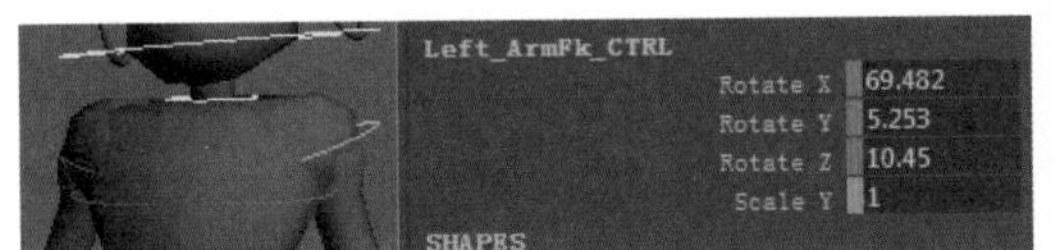

图3-172　第24帧肩部控制器属性

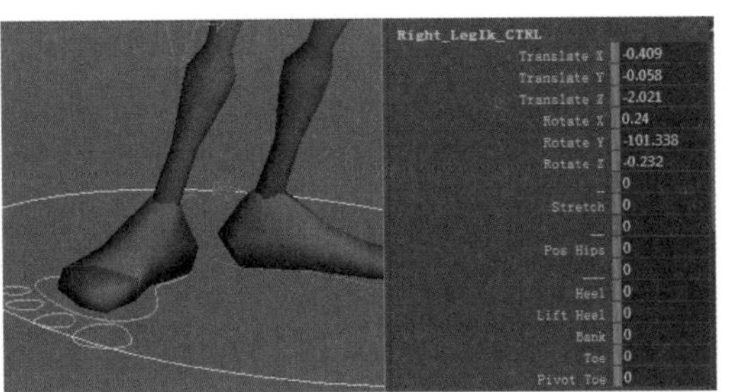

图3-173　第24帧右脚控制器属性

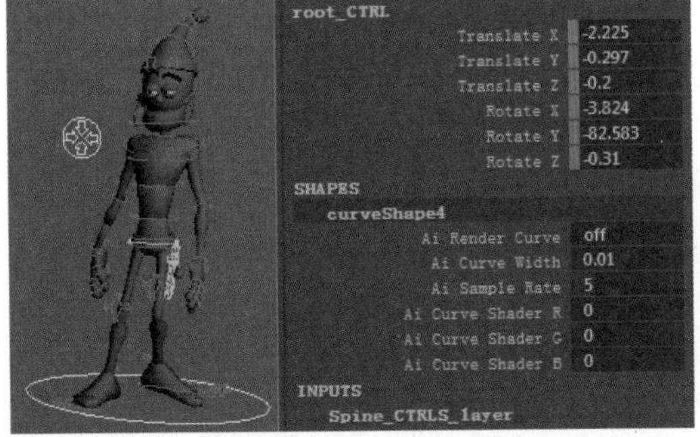

图3-174　第32帧关键动作

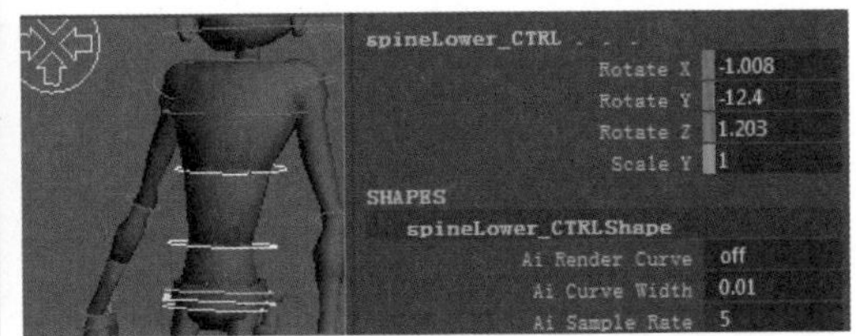

图3-175　第32帧胸部控制器属性

03 角色肩部控制器Left_ArmFk_CTRL和Right_ArmFk_CTRL的Rotate(旋转)属性分别为(69.102,3.095,24.613)和(67.827,12.402,-9.346)，如图3-176所示。

04 角色左脚Left_LegIk_CTRL的Translate(位移)数值为(-1.143,1.036,0.637)，Rotate(旋转)数值为(-4.744,-30.129,2.466)，如图3-177所示。

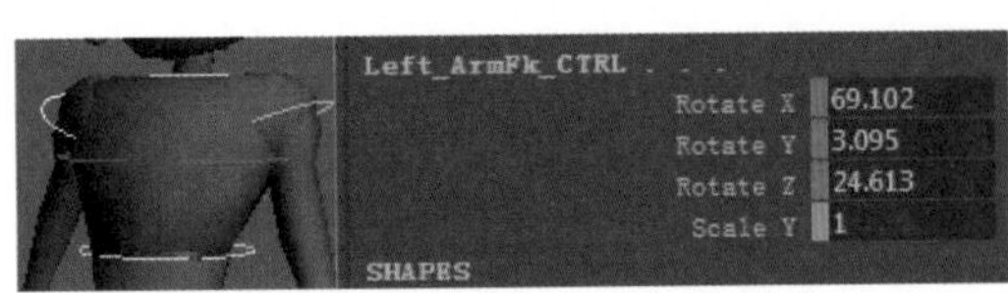

图3-176　第32帧肩部控制器属性

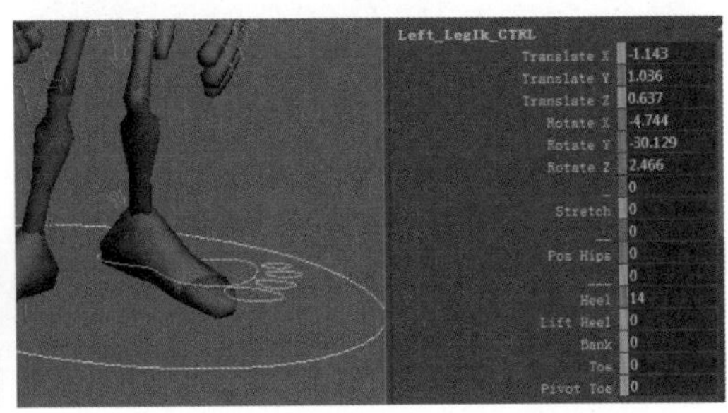

图3-177　第32帧左脚控制器属性

6. 第40帧关键动作

01 在第40帧时，角色左脚也踩在地面上，身体全部转过来。角色的root_CTRL(腰部控制器)的Translate(位移)数值为(-2.503,-0.286,-0.21)，Rotate(旋转)数值为(-4.181,-86.353,-0.538)，如图3-178所示。

02 角色胸部控制器spineHigher_CTRL、spineMid_CTRL和spineLower_CTRL的Rotate(旋转)属性分别为(3.919,1.349,0.378)(2.699,-3.297,-1.937)(-1.327,-12.542,1.203)，如图3-179所示。

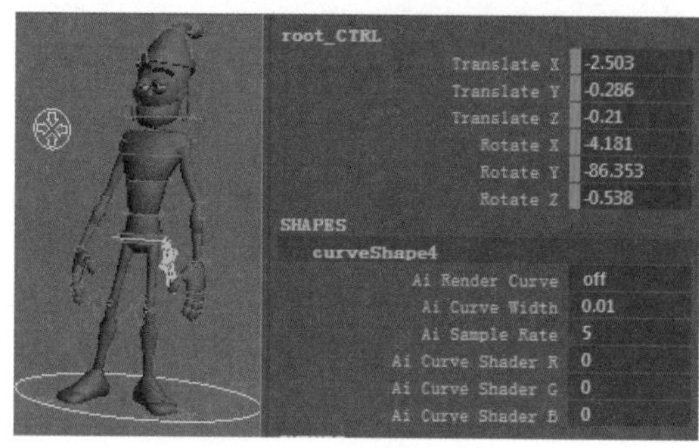

图3-178　第40帧关键动作

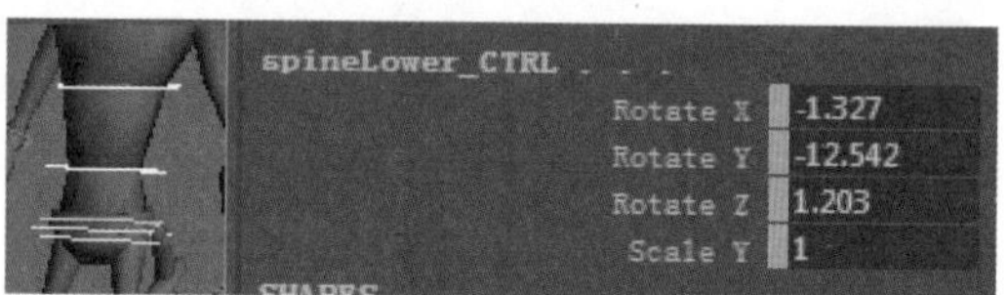

图3-179　第40帧胸部控制器属性

03 角色肩部控制器Left_ArmFk_CTRL和Right_ArmFk_CTRL的Rotate(旋转)属性分别为(79.566,18.353,35.543)和(70.35,-1.199,19.604)，如图3-180所示。

04 角色左脚Left_LegIk_CTRL的Translate(位移)数值为(-2.287，0.002，1.275)，Rotate(旋转)数值为(0.628,-60.277,2.407)，如图3-181所示。

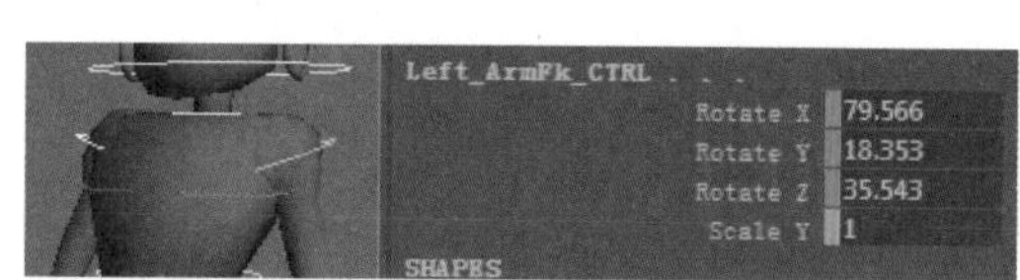

图3-180　第40帧肩部控制器属性

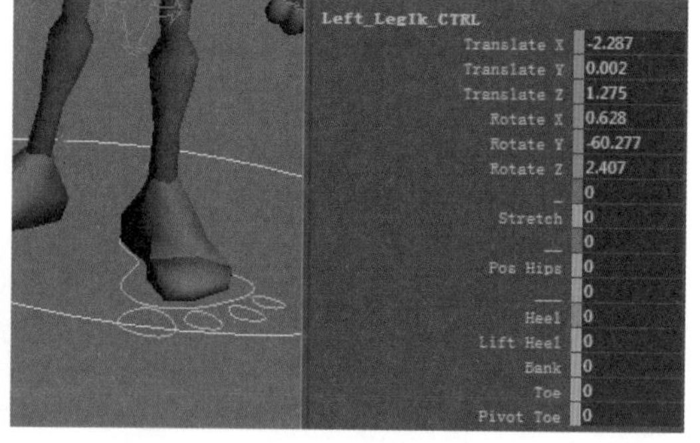

图3-181　第40帧左脚控制器属性

7. 缓冲动作

01 在第40帧之后，角色就没有大幅度的动作了，角色身体的手臂和饰品会逐渐停顿下来，即为缓冲运动。这段缓冲动画并不难，但比较耗时，同时也是比较细腻的动作，需要慢慢停下。

02 添加细节关键帧，调整动画曲线，使动作更加流畅。也可以添加反应动作，使动画更加生动有趣。

第4章 角色动画在三维动画中的实现方法

- 人的运动规律(标准)
- 四足动物的运动规律(标准)
- 表情动画

4.1 人的运动规律(标准)

作为人类本身，走路和跑步是我们最为常用的基本技能。在我们的生活中，走路和跑步这样的动作随处都可以看得到，是我们最为熟悉的动作。因此，做出一个好的动作不容易，因为稍有不自然的地方，都很容易让观众感觉不舒服，在制作时需多加留心。同时，走路和跑步动作也是动画师必须要掌握的最基本动作。

4.1.1 人的走路运动

走路是人们最基本的技能，但不同年龄、不同心情以及不同情况下的角色走路的姿势也不尽相同，所用的时间也都不同，例如老人的走、小孩子的走、喜悦的走、悲伤的走等。快节奏地走路和婴儿学走路时，一般用时18帧左右。悠闲地走路和表演性走路，一般用时34帧左右。缓慢地走路、情绪低落时走路，还有老态龙钟地走路，一般用时40帧左右。而正常走路一般在28帧左右。我们这里指的用时，是角色在动画影片中走一个循环步所消耗的时间。在动画制作过程中，我们是以脚后跟抬离地面到落地为止为一步，两只脚交替各行一步为一个走路循环。一个循环步包含两个单步，两个单步的属性在一个循环步中，正好相同或相反，形成镜像效果，如图4-1所示。利用这一原理我们只需调整好循环步的一步就可以了，另一步的属性数值只需要利用技巧复制即可。一个单步包含接触关键动作、半低下的关键动作，身体提高的关键动作和过渡动作等关键性动作，如图4-2所示。

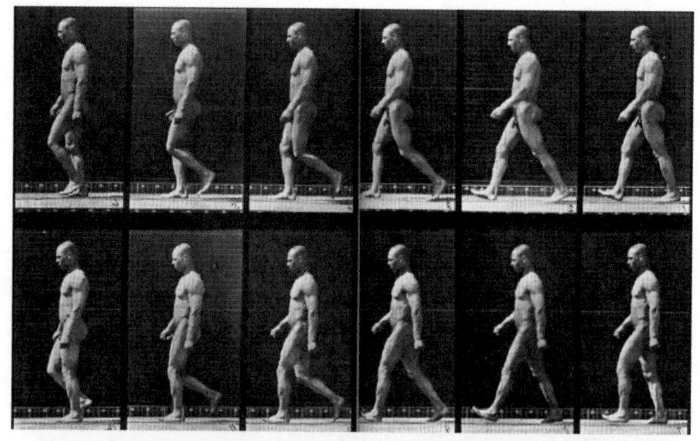

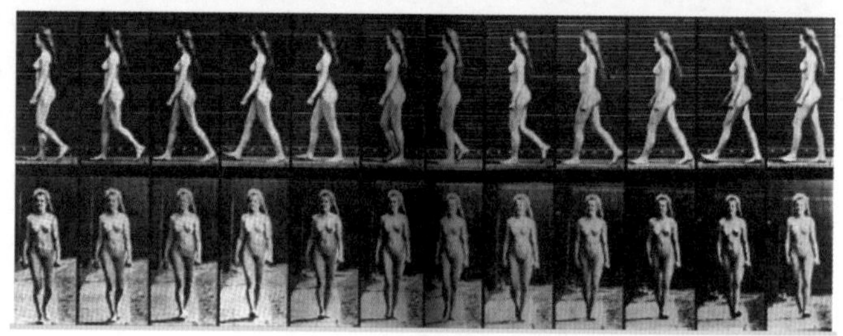

图4-1　人走路的循环动作

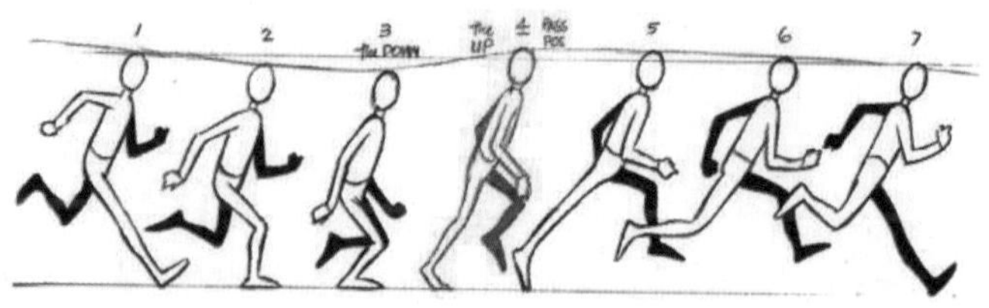

图4-2　走路关键动作

手臂在走路过程中的摆动，就像是在做随带运动，只是配合身体的重心，使身体平衡。手臂的摆动也是具有作用力的传递过程的，同时也具有延时性，如图4-3所示。

脚在走路过程中要形成踩踏动作，抬脚时脚后跟先抬起，然后逐渐向前运动，形成脚面上翘的状态。脚在落地时，脚后跟先着地，脚尖后着地，如图4-4所示。

图4-3　胳膊的摆动　　图4-4　脚部的运动

动画案例11：原地走路

1. 设置初始关键帧

01 此动画案例长度为29帧，从第0帧起到第28帧结束，第14帧为中间帧。

02 选择角色脚部线圈Left_LegIk_CTRL和Right_LegIk_CTRL，只保留Translate Z(Z轴位移)、______(膝盖)、Heel(脚踝)、Lift Heel(提起脚踝)和Toe(脚趾)属性。选中其余的属性单击右键，选择Lock and Hide Selected (选择锁定并隐藏)命令，将所选择的属性锁定并隐藏起来，如图4-5和4-6所示。

03 在第0帧时，两腿尽量伸直迈开，左脚前，右脚后。手臂也要伸展开，左手腕向后抬起，右手腕向前抬，这样和后面的动作连接起来，就会感觉在惯性作用下的手腕更加柔软。身体的重心向前旋转，躯体向后旋转，形成挺胸抬头的效果，如图4-7和4-8所示。

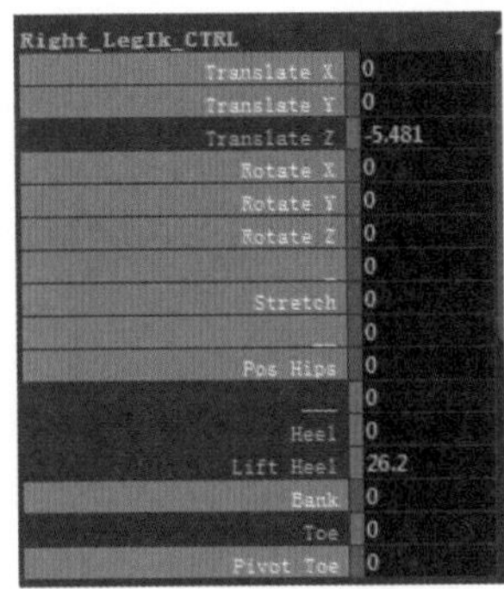

图4-5　部分属性

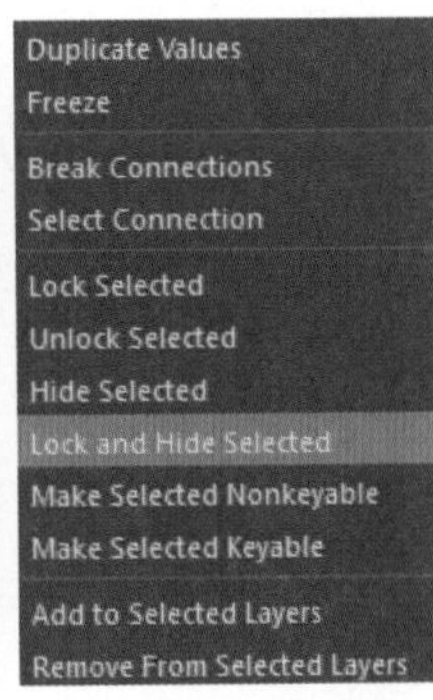

图4-6　锁定并隐藏命令

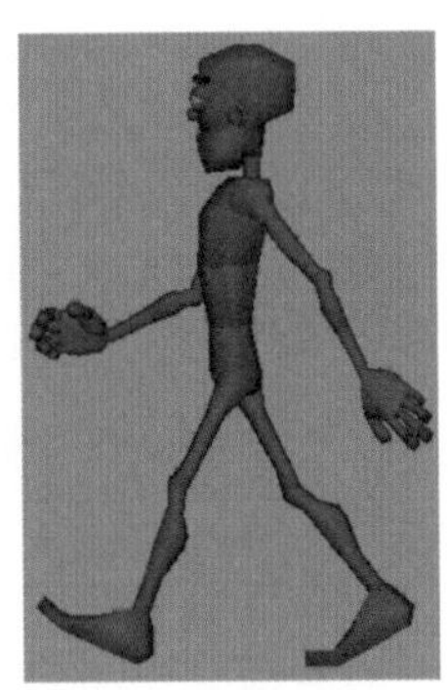

图4-7　第1帧侧视图

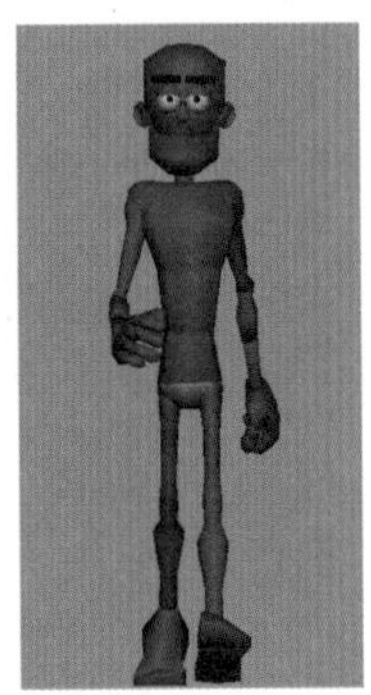

图4-8　第1帧正视图

04 在第0帧时，角色Left_LegIk_CTRL(左脚控制器)的Translate Z(Z轴位移)数值为3.978，______(膝盖)数值为0，Heel(脚踝)数值为-20.3，Lift Heel(提起脚踝)数值为0，Toe(脚趾)数值为-5，如图4-9所示。

05 角色Right_LegIk_CTRL(右脚控制器)的Translate Z(Z轴位移)数值为-5.481，______(膝盖)数值为0，Heel(脚踝)数值为0，Lift Heel(提起脚踝)数值为26.2，Toe(脚趾)数值为0，如图4-10所示。

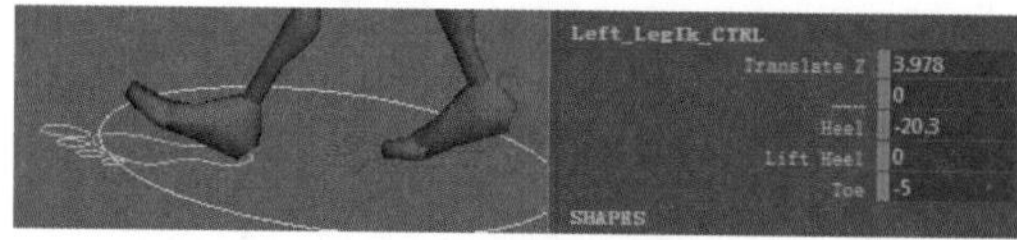

图4-9　第1帧左脚控制器属性

图4-10　第1帧右脚控制器属性

06 角色root_CTRL(腰部控制器)的Translate(位移)数值为(0,-0.3,0)，Rotate(旋转)数值为(2.254,-11,0)，如图4-11所示。

07 角色胸部控制器spineHigher_CTRL、spineMid_CTRL和spineLower_CTRL的Rotate(旋转)属性为(-1,7.615,0)，如图4-12所示。

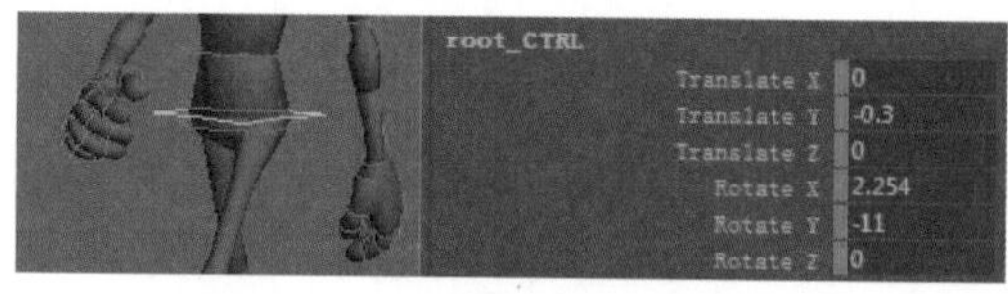

图4-11　第1帧腰部控制器属性

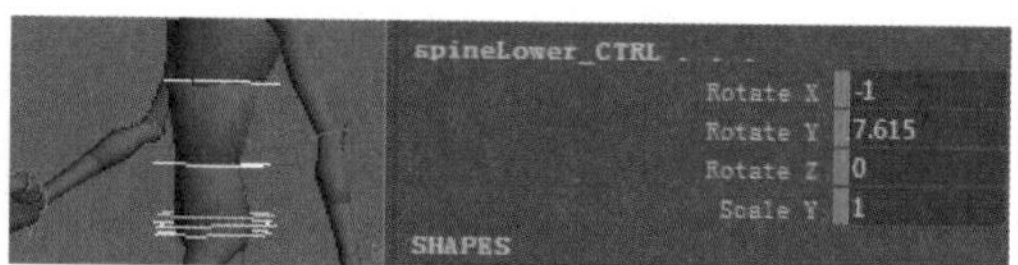

图4-12　第1帧胸部控制器属性

08 角色肩部控制器Left_ArmFk_CTRL和Right_ArmFk_CTRL的Rotate(旋转)属性分别为(79.797, 23,0)和(69.22,-15.211,22.469)，如图4-13所示。

09 角色肘部控制器Left_ElbowFk_CTRL和Right_ElbowFk_CTRL的Rotate Z(Z轴旋转)属性分别为9.913和37.407，如图4-14所示。

图4-13　第1帧肩部控制器属性

图4-14　第1帧肘部控制器属性

10 角色手腕控制器Left_WristFk_CTRL和Right_WristFk_CTRL的Rotate Z(Z轴旋转)属性分别为-24.898和24.898，如图4-15所示。

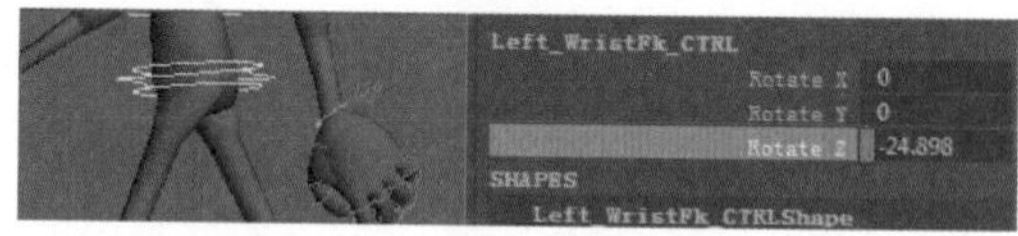

图4-15　第1帧手腕控制器属性

2. 交换关键帧属性

01 选择角色全部的控制器，在时间栏上将当前时间标尺移动到第28帧和第14帧上，然后设置上关键帧。这样角色第0帧、第28帧和第14帧的关键帧属性完全相同，如图4-16所示。

02 走路动作第0帧和第28帧动作完全一致，这样就会形成循环动画。但是，角色第14帧和第0帧动作的属性会形成镜像，因为角色的左右脚前后发生了互换，角色的重心也转向了另一侧。依照这一特点，我们只要将角色左右脚的部分属性互换即可。例如，在曲线编辑器中，将角色Left_LegIk_CTRL(左脚控制器)和Right_LegIk_CTRL(右脚控制器)的Translate Z(Z轴位移)属性的动画曲线打开，然后将数值互换，并单击 Flat tangents(水平切线)手柄，调整动画曲线，如图4-17所示。

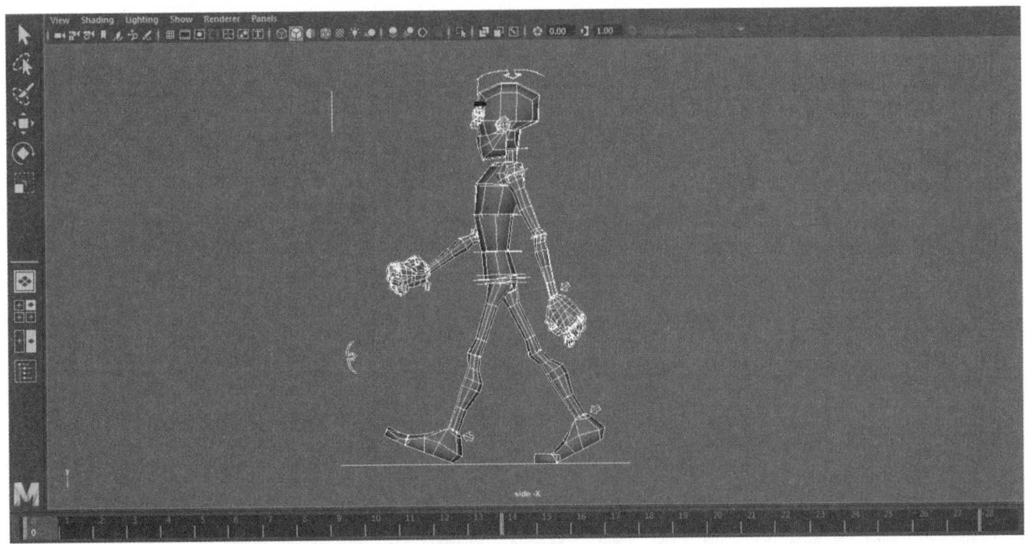

图4-16　时间栏

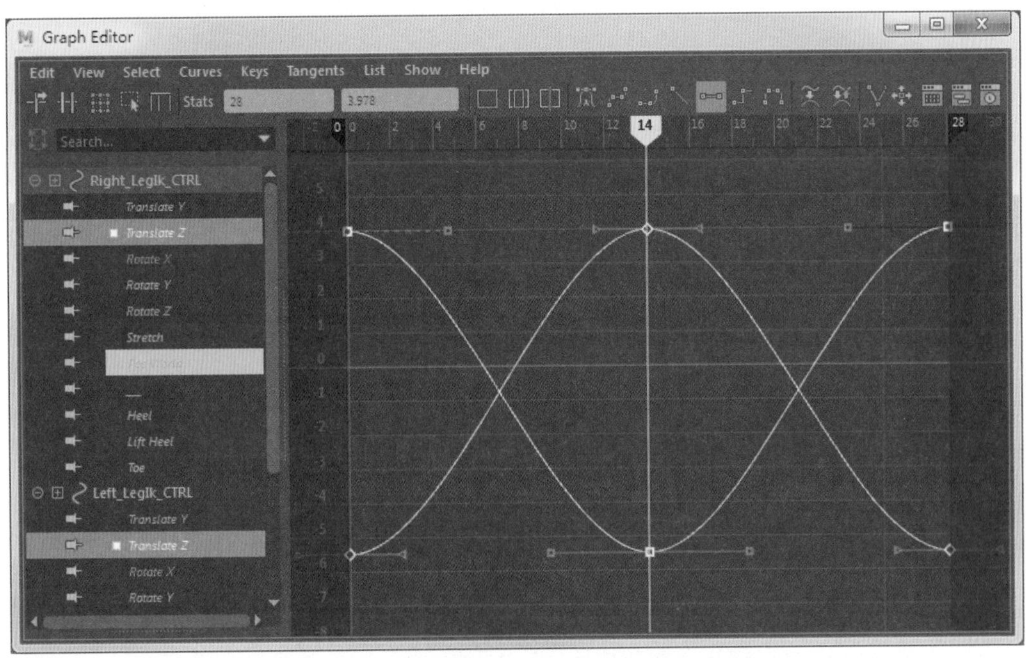

图4-17　第14帧脚腕控制器部分属性镜像

03 在第14帧时，角色的重心也产生偏移，因此在曲线编辑器中，选中角色身体和腰部的部分属性，将数值调节为镜像。例如，在曲线编辑器中，将角色的root_CTRL(腰部控制器)的Rotate Y(Y轴旋转)属性数值正负互换，使其产生数值镜像，并单击 Flat tangents(水平切线)手柄，调整动画曲线，如图4-18所示。

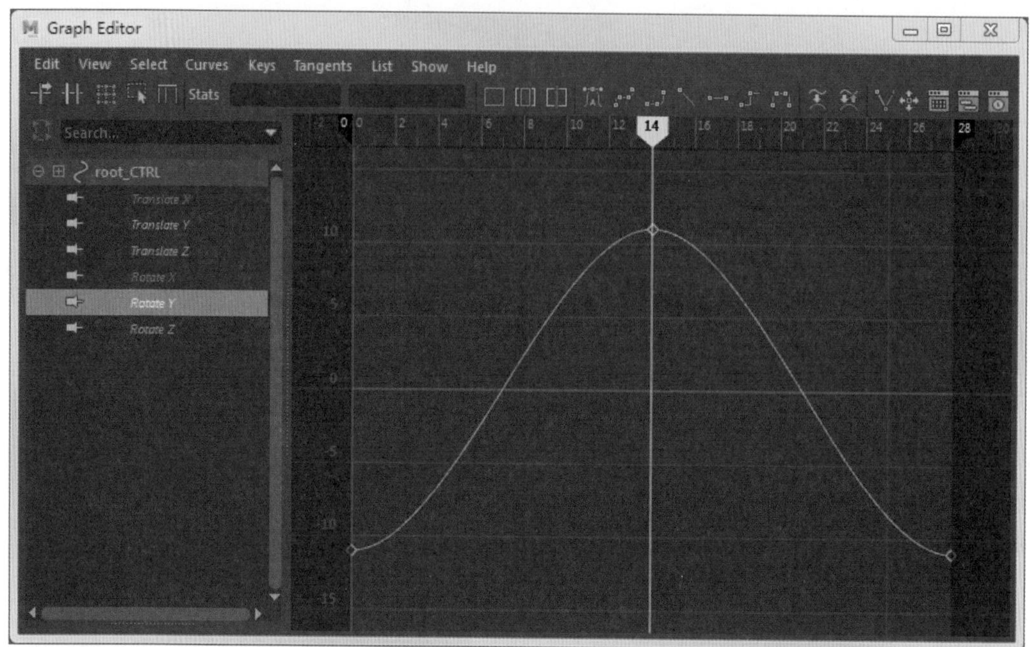

图4-18　第14帧腰部控制器部分属性镜像

不是所有属性都要镜像。
镜像的只是影响角色重心偏移的控制器属性，以及脚部和手臂的部分属性。

3. 第2帧关键动作

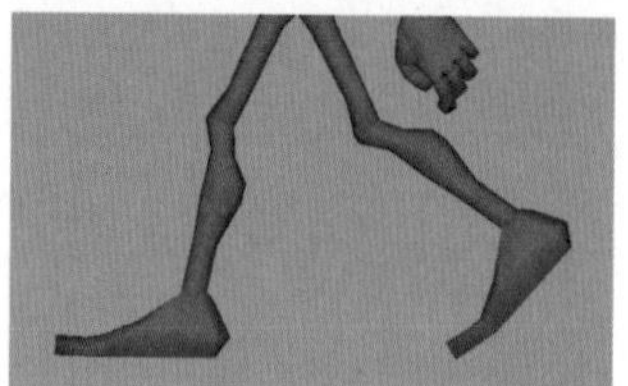

图4-19　第2帧脚部关键动作

01 在第2帧时，角色左脚踩在地面上，直到第18帧才抬起。角色的右脚向后迈出的幅度最大，如图4-19所示。

02 角色Left_LegIk_CTRL(左脚控制器)的Heel(脚踝)数值为0，如图4-20所示。

03 角色Right_LegIk_CTRL(右脚控制器)的Translate Z(Z轴位移)数值为-8，如图4-21所示。

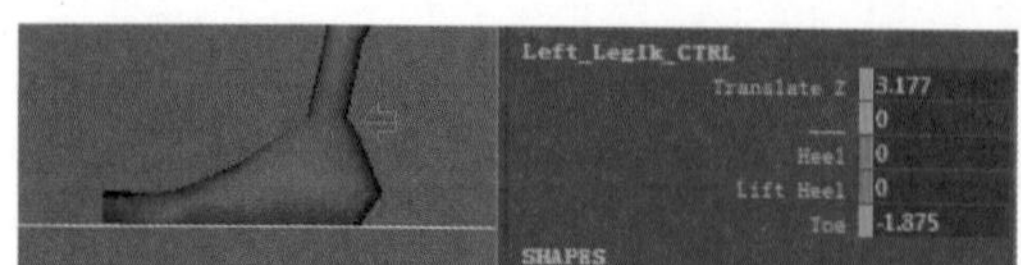

图4-20　第2帧左脚控制器属性

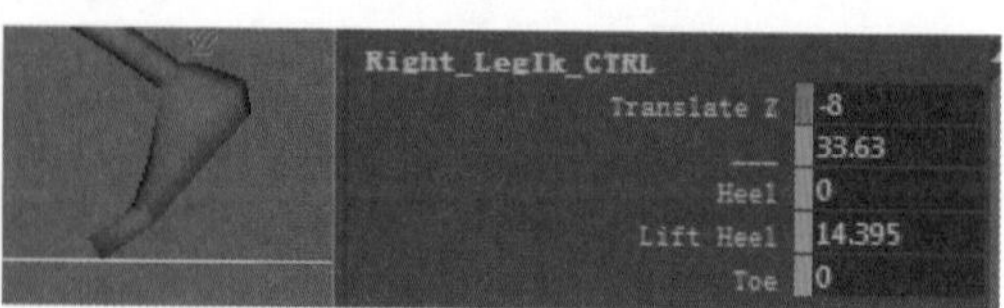

图4-21　第2帧右脚控制器属性

4. 第3帧关键动作

01 第3帧为角色重心最低的时候，这时候躯体是向前弯曲，后脚基本垂直地面，如图4-22和4-23所示。

02 在第3帧时，角色Right_LegIk_CTRL(右脚控制器)的______(膝盖)数值为45.4，Heel(脚踝)数值为0，Lift Heel(提起脚踝)数值为0，如图4-24所示。

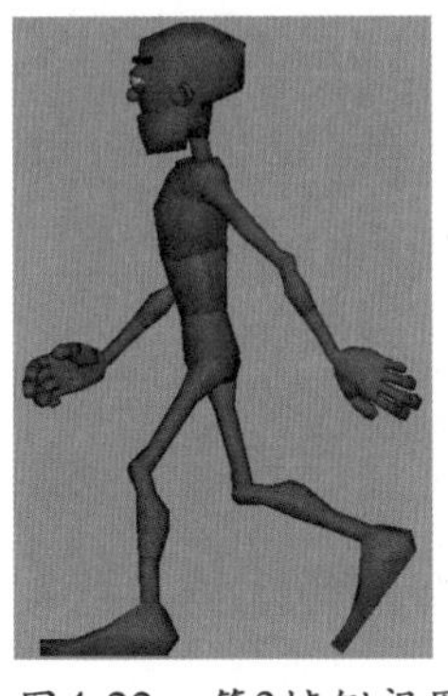

图4-22　第3帧侧视图

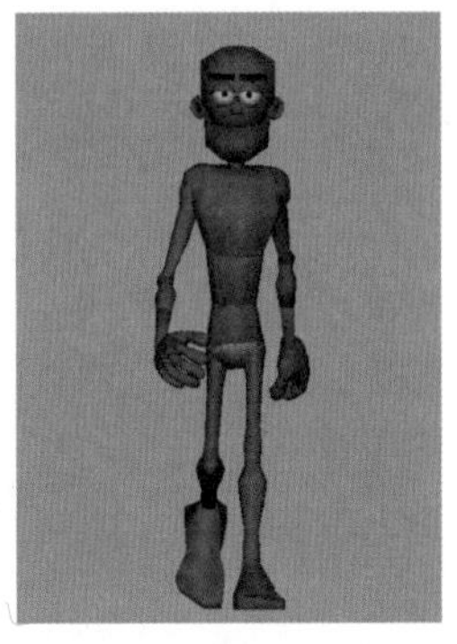

图4-23　第3帧正视图

图4-24　第3帧右脚控制器属性

03 在第3帧时，角色的重心向后弯曲。角色root_CTRL(腰部控制器)的Translate Y(Y轴位移)数值为-0.623，Rotate X(X轴旋转)数值为-0.678，如图4-25所示。

04 在第3帧时，角色的身体向前。角色胸部控制器spineHigher_CTRL、spineMid_CTRL和spineLower_CTRL的Rotate X(X轴旋转)属性为1，如图4-26所示。

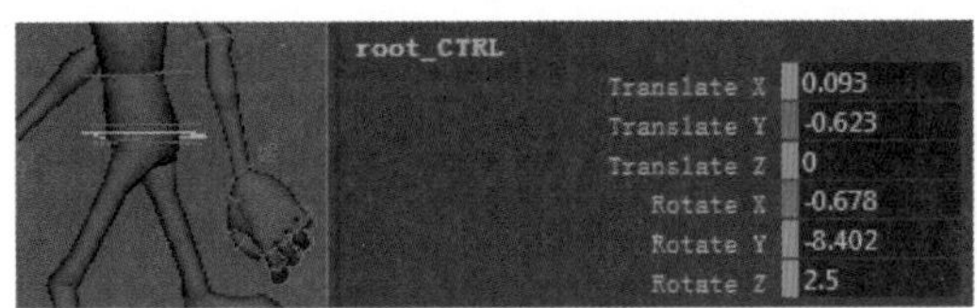

图4-25　第3帧腰部控制器属性

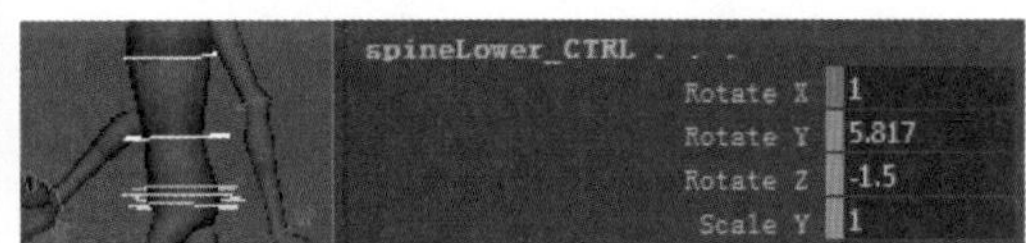

图4-26　第3帧胸部控制器属性

5. 第8帧关键动作

01 第8帧时，角色一条腿站立，重心靠向直立的一侧，身体略有倾斜，躯体呈C形，如图4-27和4-28所示。

02 在第8帧时，角色Left_LegIk_CTRL(左脚控制器)的Translate Z(Z轴位移)数值为-0.681, Heel(脚踝)数值为0，Lift Heel(提起脚踝)数值为0，如图4-29所示。

03 在第8帧时，角色的重心向右弯曲。角色root_CTRL(腰部控制器)的Translate X(X轴位移)数值为0.2，Rotate X(X轴旋转)数值为5.4，如图4-30所示。

04 在第8帧时，角色的身体向前。角色胸部控制器spineHigher_CTRL、spineMid_CTRL和spineLower_CTRL的Rotate X(X轴旋转)属性为-3.24，如图4-31所示。

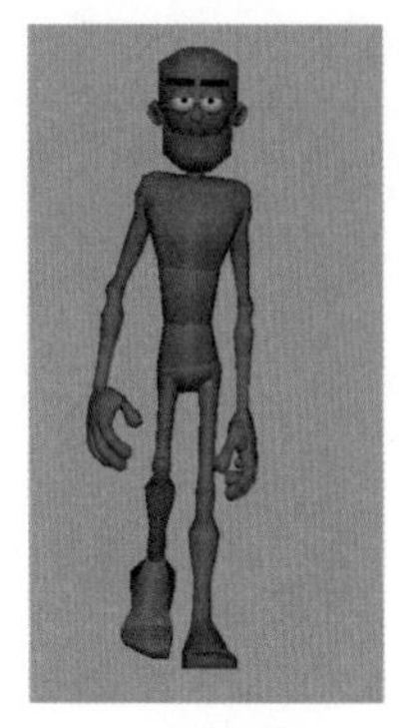

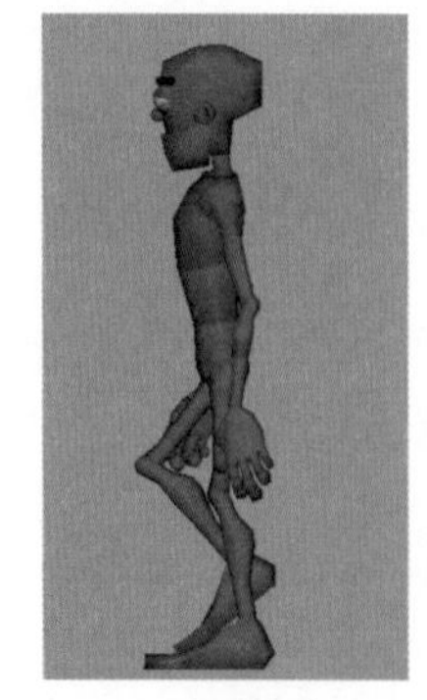

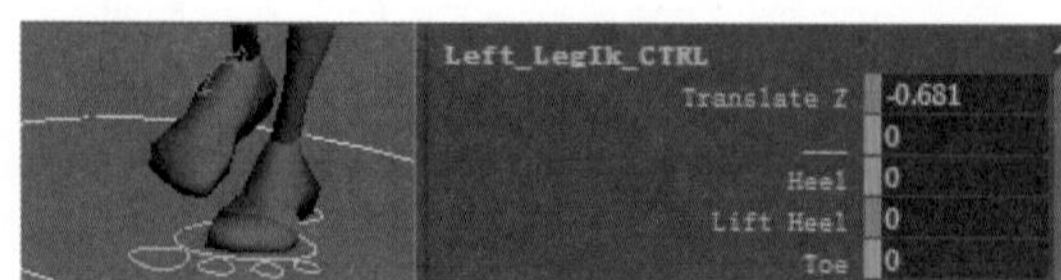

图4-27　第8帧侧视图　图4-28　第8帧正视图　　图4-29　第8帧左脚控制器属性

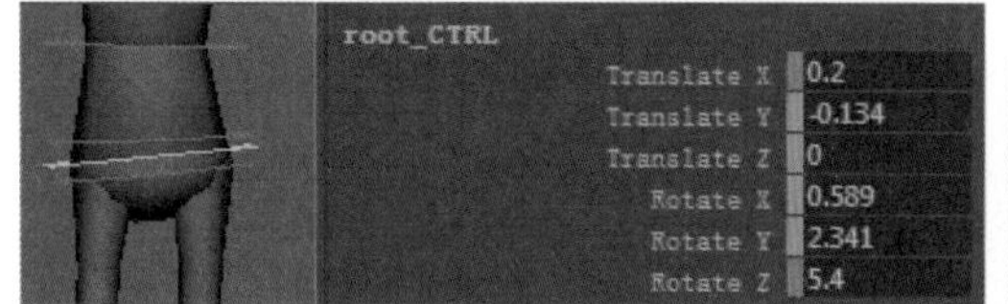

图4-30　第8帧腰部控制器属性

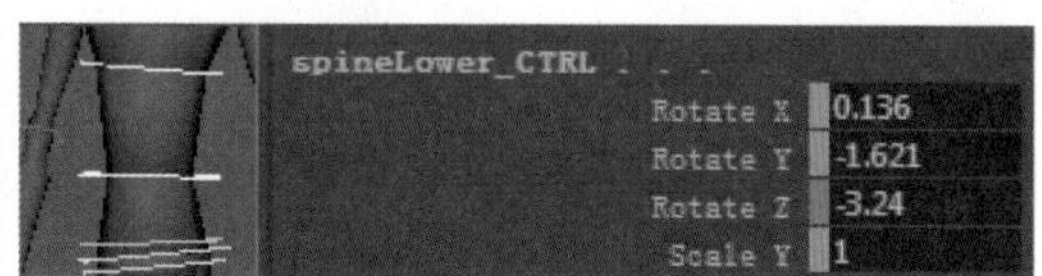

图4-31　第8帧胸部控制器属性

6. 第10帧关键动作

01 第10帧时，角色单腿完全抬高，另一条腿的脚后跟抬起，整个身体有一个向前的趋势，身体高度为最高值，如图4-32和4-33所示。

02 在第10帧时，角色的重心最高。角色root_CTRL(腰部控制器)的Translate Y(Y轴位移)数值为-0.026，如图4-34所示。

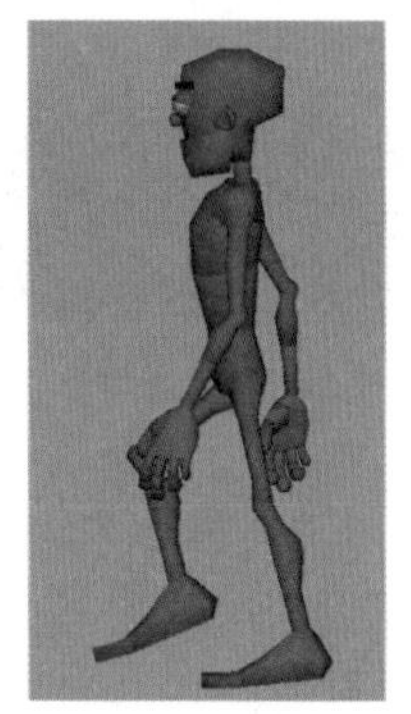

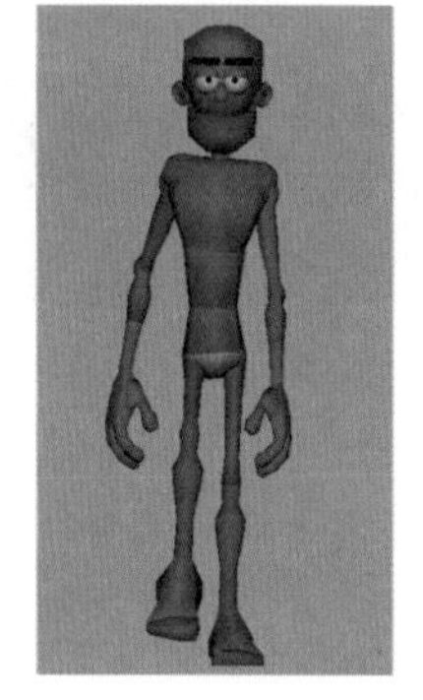

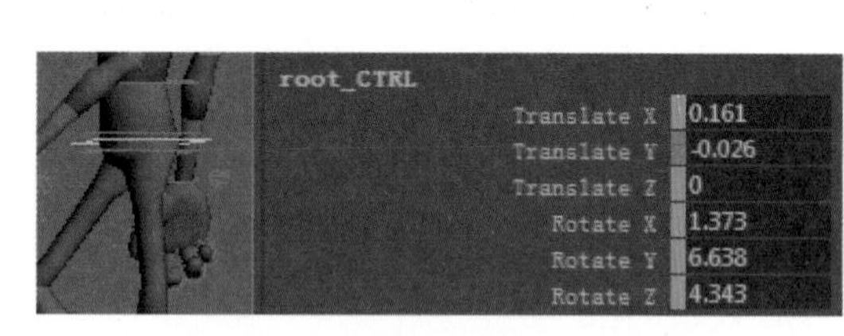

图4-32　第10帧侧视图　图4-33　第10帧正视图　　图4-34　第10帧腰部控制器属性

7. 复制动画曲线

01 因为走路循环步，包含两个单步，而这两个单步互为镜像，所以依照这一特性我们将角色部分控制器的属性数值复制到后14帧上，并加以调整，这样可以提高工作效率，并使动画更加流畅。复制后的属性数值需要有选择性地调整，有的和前14帧数值相同，有的需要与前14帧数值相反，这需要根据动作需要来调节，如图4-35和4-36所示。

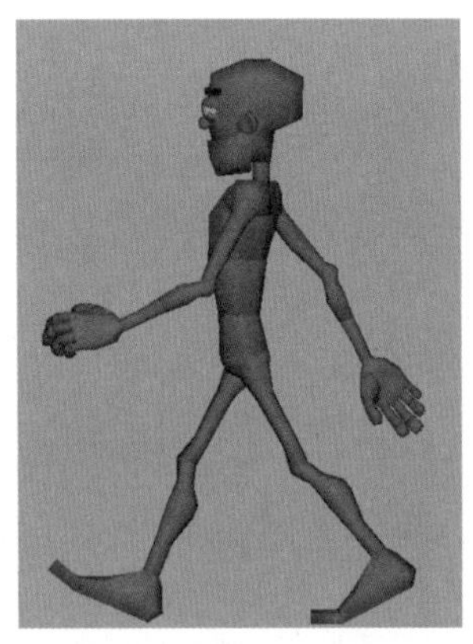

图4-35　第14帧侧视图

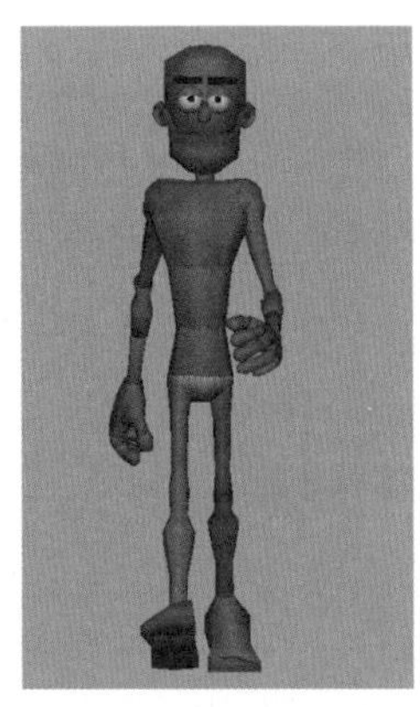

图4-36　第14帧正视图

02 例如，在曲线编辑器中，选择角色root_CTRL(腰部控制器)的Translate Y(Y轴位移)属性前14帧的动画曲线，然后按Ctrl+C键复制，再将当前时间线移动到第14帧上，按Ctrl+V键粘贴，最后删除第28帧以后的关键帧曲线，如图4-37所示。

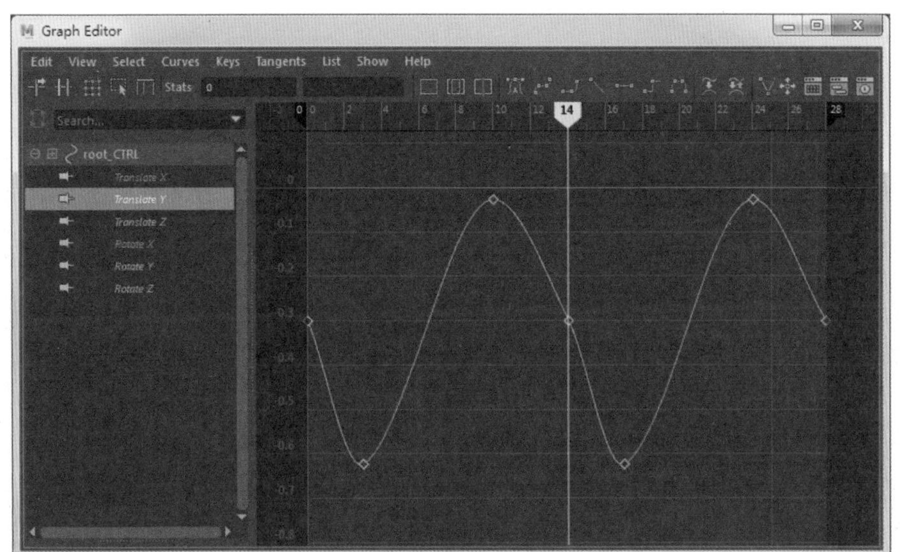

图4-37　腰部Y轴位移动画曲线

03 例如，在曲线编辑器中，选择角色root_CTRL(腰部控制器)的Rotate X(X轴旋转)属性前14帧的动画曲线，然后按Ctrl+C键复制，再将当前时间线移动到第14帧上，按Ctrl+V键粘贴，删除第28帧以后的关键帧曲线，最后将第22帧的数值调成负数，因为此时角色的身体重心转向了另一侧，如图4-38所示。

04 将角色的左右两侧是手臂和脚步的属性数值互换。例如，在曲线编辑器中，将角色左肩前14帧的动画曲线复制到右肩的后14帧上，再将右肩前14帧的动画曲线复制到左肩的后14帧上，再删除28帧以后的动画曲线，如图4-39所示。

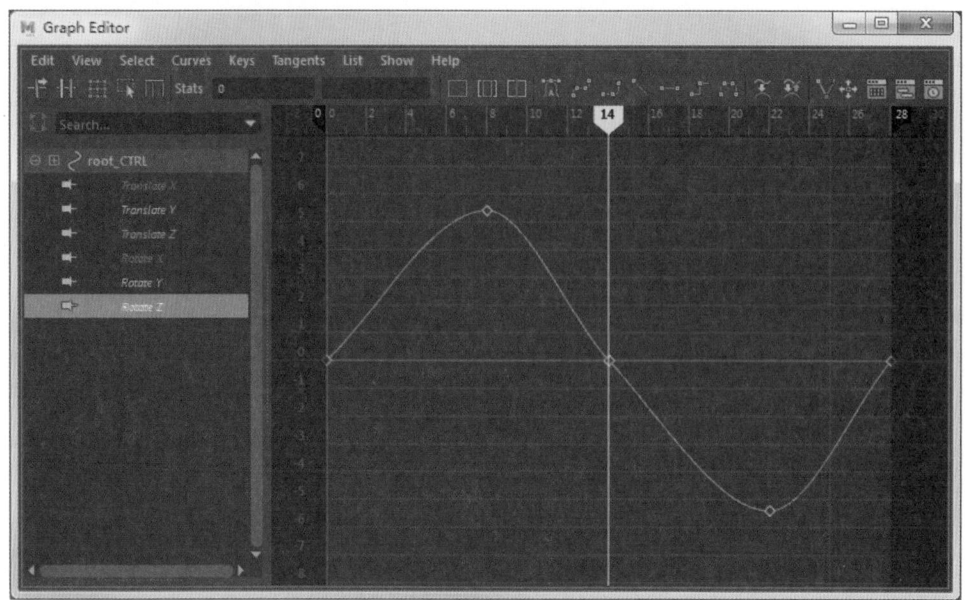

图4-38　腰部X轴旋转动画曲线

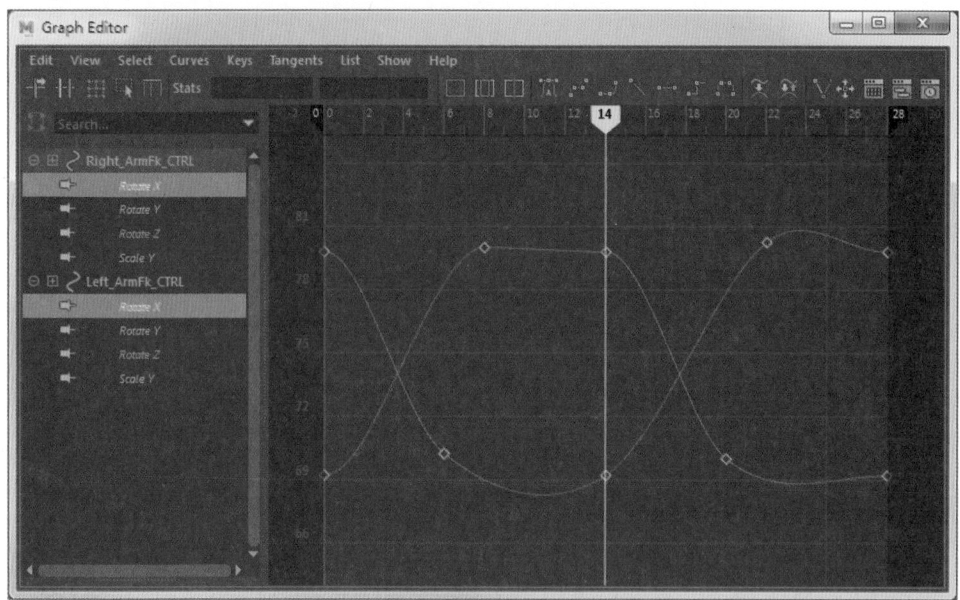

图4-39　左右肩部X轴旋转动画曲线

8. 整体调整曲线

01 调整细节动作，加强动作的合理性，避免穿帮动作的产生。

02 调整曲线编辑器中的动画曲线，使其动作更加流畅。例如，角色root_CTRL(腰部控制器)的Translate Y(Y轴位移)的动画曲线如图4-40所示。

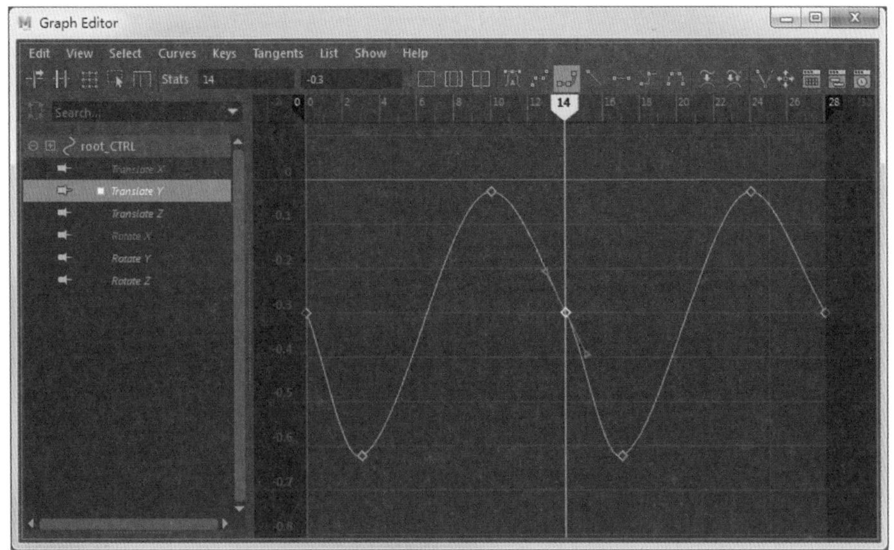

图4-40　腰部Y轴位移动画曲线

4.1.2　人的跑步运动

跑步也是人类最基本的运动方式之一，与走路动作很相似，但略有不同。走路动作不但有一只脚离开地面的时候，而且也有双脚同时接触地面的时候，虽然时间很短。但是，跑步动作则至少有一帧是双脚同时离地的，而且不会出现双脚同时着地的现象。跑步运动时身体向前倾斜角度比走路大出许多，这样可以保持更大的速度和向前的动力，如图4-41所示。

图4-41　跑步关键动作

动画案例12：原地跑步

1. 设置初始关键帧

01 此动画案例长度为17帧，从第0帧起到第16帧结束，第8帧为中间帧。

02 在第0帧时，角色身体的重心和上半身的左右旋转是相反的。由于角色的左腿抬起，所以身体的重心会偏向于接触地面的右腿一侧。从侧视图上看，肩和上半身的旋转方向是一致的，身体呈C字形。右腿尽量伸直，双脚为外八字形状，如图4-42和4-43所示。

03 在第0帧时，角色Left_LegIk_CTRL(左脚控制器)的Translate (位移)属性数值为(0,4.19,-7.685)， Rotate(旋转)属性为(119,0,10)，Toe(脚趾)数值为0，如图4-44所示。

图4-42 第0帧侧视图

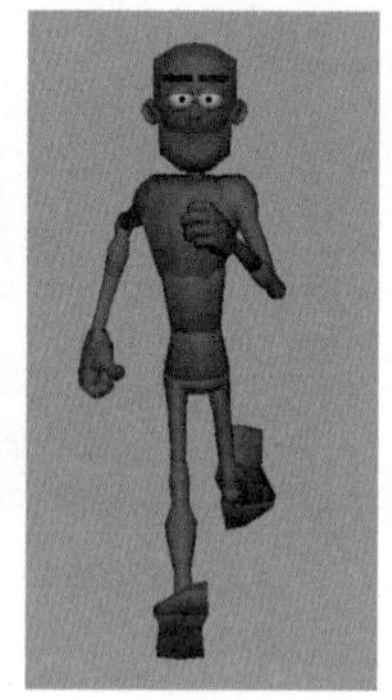

图4-43 第0帧正视图

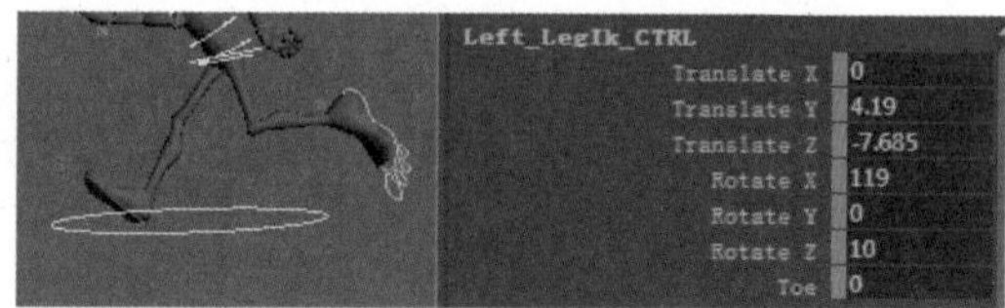

图4-44 第0帧左脚控制器属性

04 角色Right_LegIk_CTRL(右脚控制器)的Translate (位移)属性数值为(0,0,2.402)，Rotate(旋转)属性为(-36.529,0,0)，Toe(脚趾)数值为-15，如图4-45所示。

05 角色root_CTRL(腰部控制器)的Translate(位移)数值为(-0.287,-1.201,-2.069)，Rotate(旋转)数值为(10.21,0.763,-4.227)，如图4-46所示。

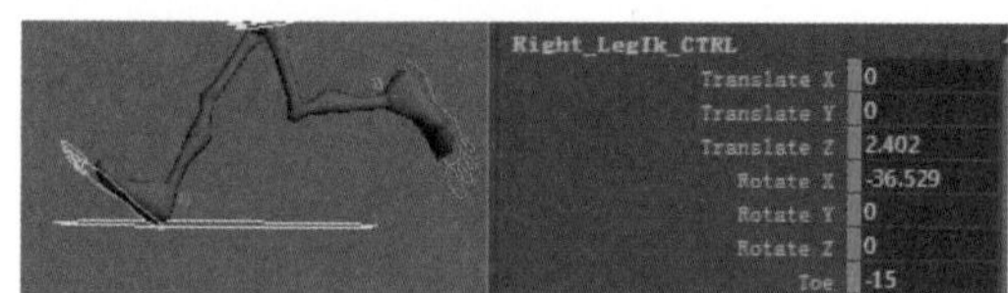

图4-45 第0帧右脚控制器属性

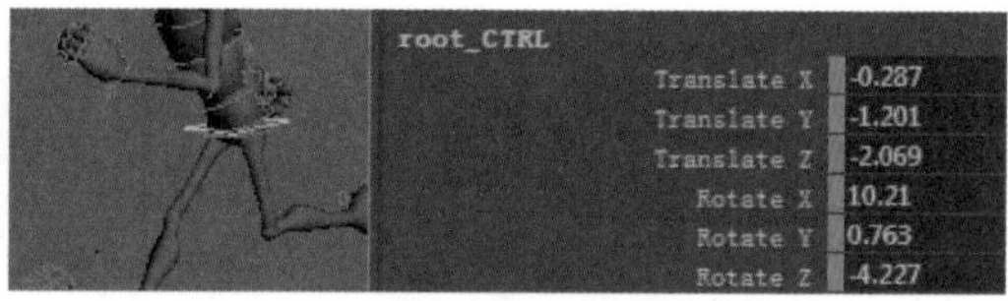

图4-46 第0帧腰部控制器属性

06 角色胸部控制器spineHigher_CTRL、spineMid_CTRL和spineLower_CTRL的Rotate(旋转)属性为(14.48,-6,1.361)，如图4-47所示。

07 角色肩部控制器Left_ArmFk_CTRL和Right_ArmFk_CTRL的Rotate(旋转)属性分别为(61,-30.209,12)和(61,59.542,12)，如图4-48所示。

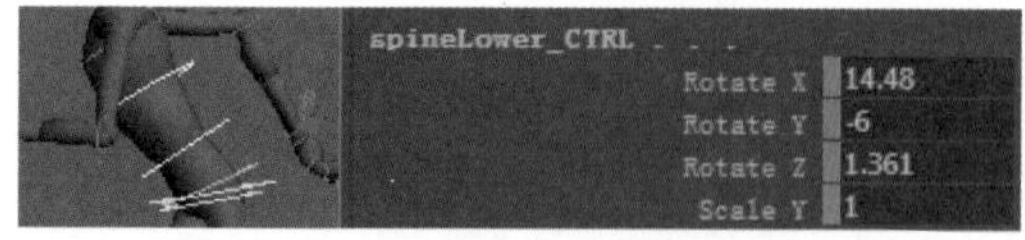

图4-47 第0帧胸部控制器属性

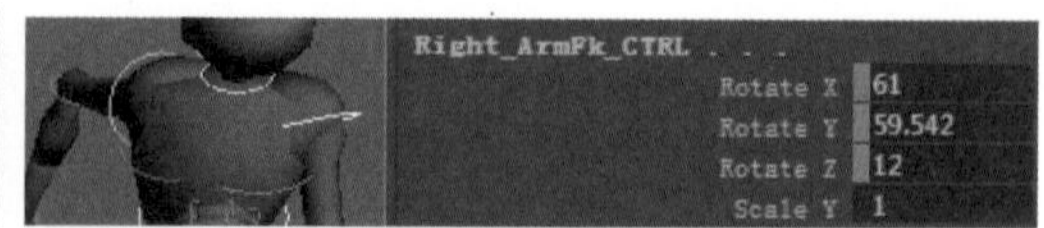

图4-48 第0帧肩部控制器属性

08 角色肘部控制器Left_ElbowFk_CTRL和Right_ElbowFk_CTRL的Rotate Z(Z轴旋转)属性分别为93.448和56.436，如图4-49所示。

09 角色手腕控制器Left_WristFk_CTRL和Right_WristFk_CTRL的Rotate(旋转)属性分别为(-14.86,-1.141,29.246)和(0,0,-29.246)，如图4-50所示。

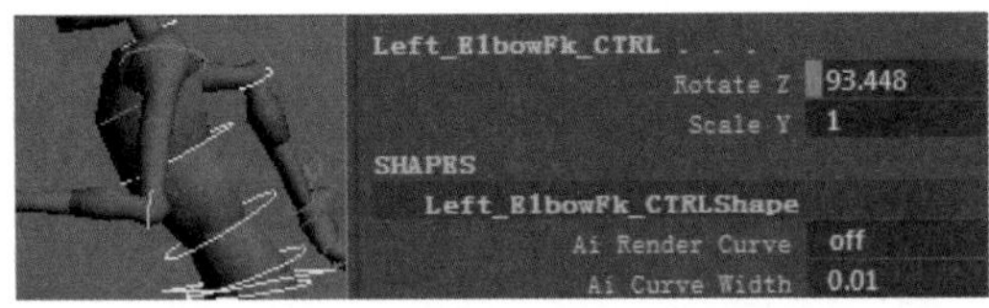

图4-49　第0帧肘部控制器属性

图4-50　第0帧腕部控制器属性

2. 交换关键帧属性

01 选择角色全部控制器，在时间栏上将当前时间标尺移动到第16帧和第8帧上，然后设置上关键帧。在曲线编辑器中，将角色第0帧和第8帧的四肢部分属性数值互换，如图4-51所示。

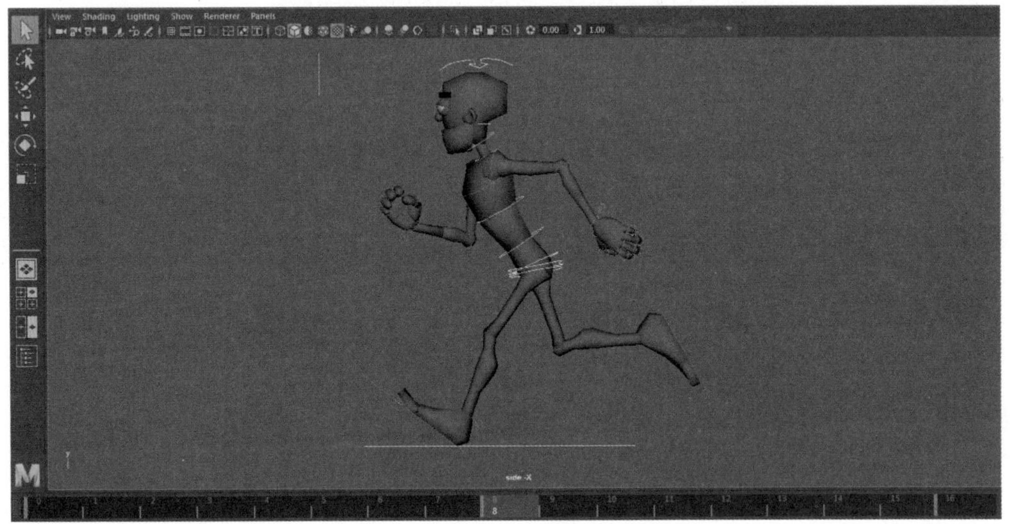

图4-51　时间栏

02 在第8帧时，角色的重心也产生偏移，因此在曲线编辑器中，选中角色身体和腰部的部分属性，将数值调节为镜像。例如，在曲线编辑器中，将角色的root_CTRL(腰部控制器)的Rotate Y(Y轴旋转)属性数值正负互换，使其产生数值镜像，并单击 Flat tangents(水平切线)手柄，调整动画曲线，如图4-52所示。

3. 第1帧关键动作

01 在第1帧时，角色右脚踩在地面上，直到第3帧。此时，角色重心最底，上半身躯体呈前C字形，如图4-53所示。

02 角色Left_LegIk_CTRL(左脚控制器)的Translate (位移)属性数值为(0,4.165,-6.885)，Rotate(旋转)属性为(116.295,0,9.57)，Toe(脚趾)数值为9.844，如图4-54所示。

03 角色Right_LegIk_CTRL(右脚控制器)的Translate (位移)属性数值为(0,0,1.039)，Rotate(旋转)属性为(0,0,0.43)，Toe(脚趾)数值为0，如图4-55所示。

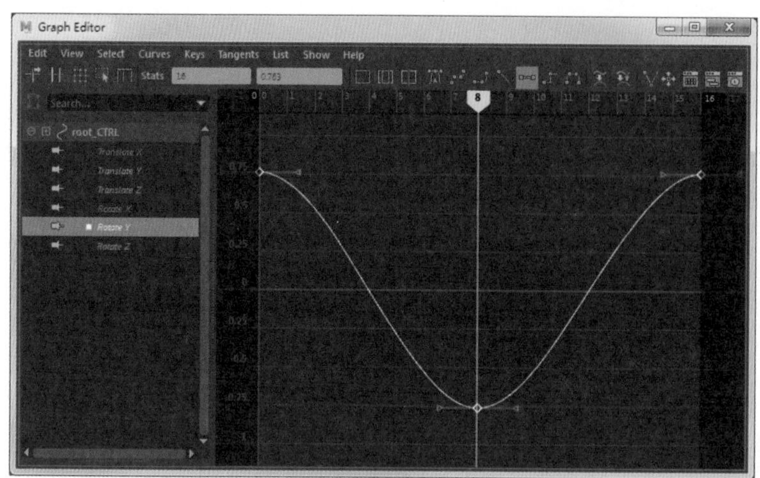

图4-52　第8帧腰部控制器部分属性镜像

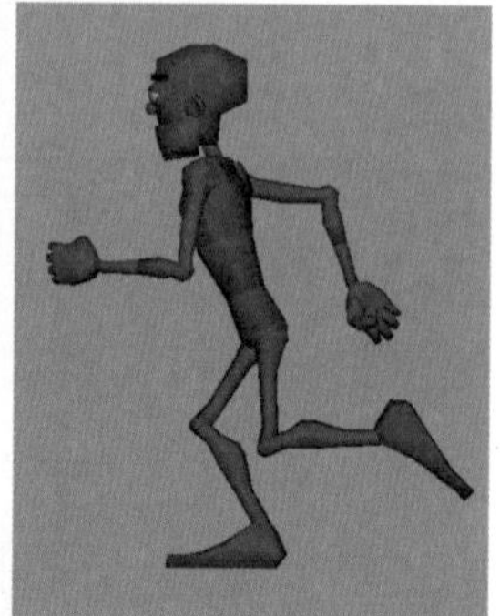

图4-53　第1帧脚部关键动作

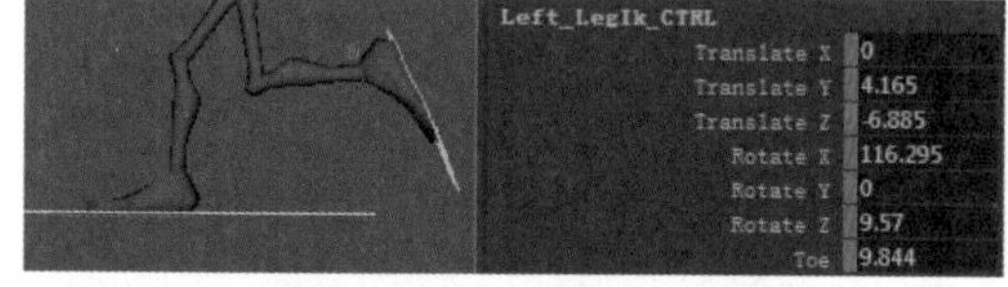

图4-54　第1帧左脚控制器属性

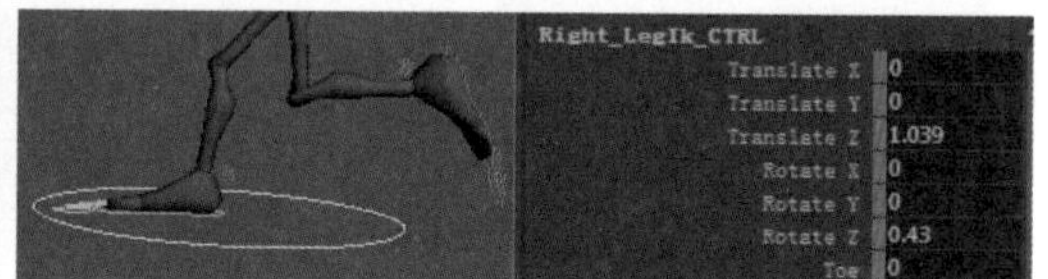

图4-55　第1帧右脚控制器属性

4. 第4帧关键动作

01 第4帧为角色右腿伸直，躯体前倾，身体绷直，为腾空做好准备，如图4-56所示。

02 角色Right_LegIk_CTRL(右脚控制器)的Translate (位移)属性数值为(0,1.405,-6.875)， Rotate(旋转)属性为(29.431,0,5.421)，Toe(脚趾)数值为-10，如图4-57所示。

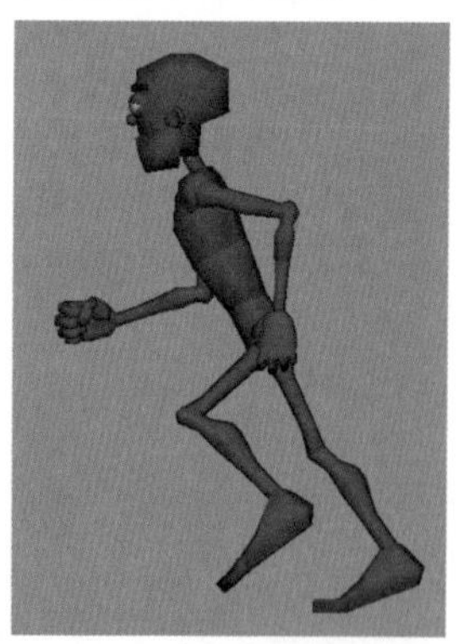

图4-56　第4帧关键动作

图4-57　第4帧右脚控制器属性

03 角色root_CTRL(腰部控制器)的Translate Y(Y轴位移)数值为-0.147，如图4-58

所示。

04 角色胸部控制器spineHigher_CTRL、spineMid_CTRL和spineLower_CTRL的Rotate(旋转)属性为(16.1,0,0)，如图4-59所示。

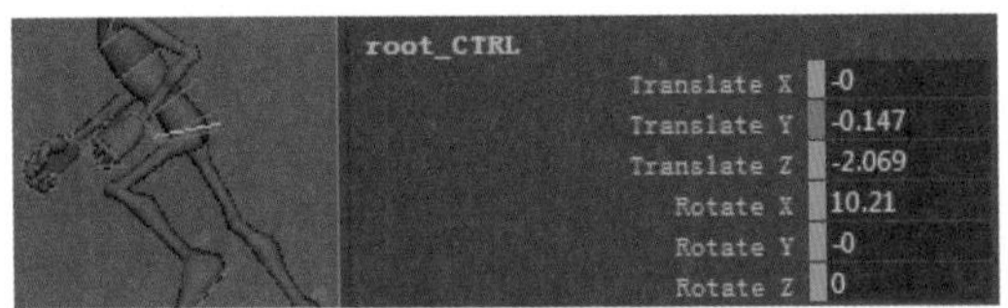

图4-58 第4帧腰部控制器属性

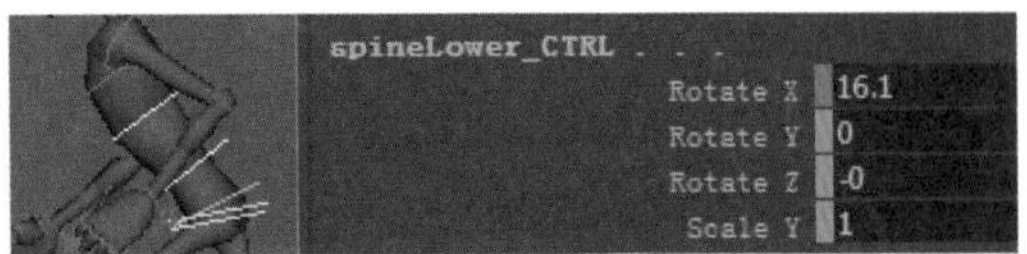

图4-59 第4帧胸部控制器属性

5. 第7帧关键动作

01 在第7帧时，角色双腿迈开，身体腾空，如图4-60所示。

02 角色双脚Left_LegIk_CTRL(左脚控制器)和Right_LegIk_CTRL(右脚控制器)的Translate Y(Y轴位移)属性数值分别为1.058和3.912，如图4-61所示。

图4-60 第7帧关键动作

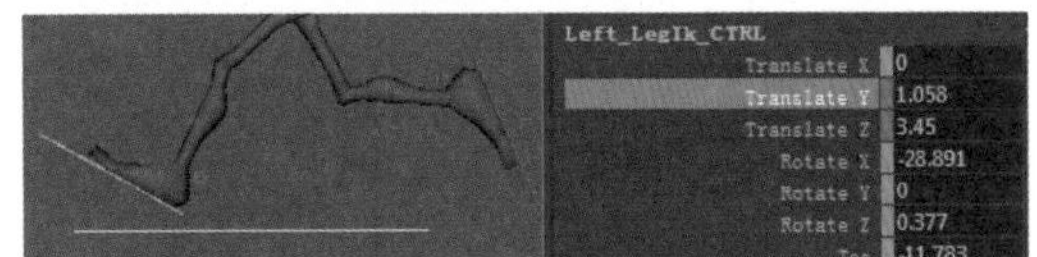

图4-61 第7帧脚部控制器属性

6. 复制动画曲线

跑步动作与走路动作一样，也包含了两个单步，并且这两个单步动作互为镜像。因此，我们只需前一个单步的属性复制到后一个单步即可，并调整数值和动画曲线，如图4-62所示。

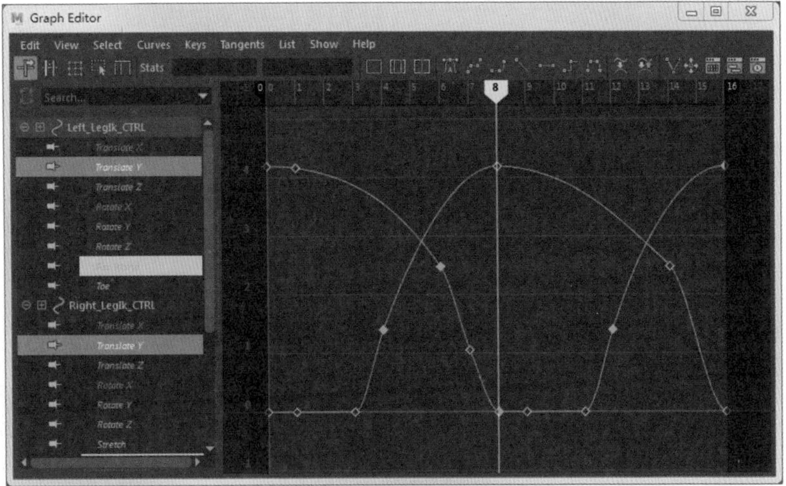

图4-62 脚部动画曲线

4.2 四足动物的运动规律(标准)

四足动物也是我们人类的好伙伴，有很多动作都类似于人类趴下之后的行为动作，其运动原理相同，但行为方式有所不同，还需好好观察才能制作出优秀的动画来。

4.2.1 四足动物的走路运动

四足动物在走路时就像是两个人合起来走，其中一个稍微在另一个的前面。两组腿稍稍不对称地走路。大部分的动物走路的姿势都差不多，只是体积、重量和结构有些不同，如图4-63所示。

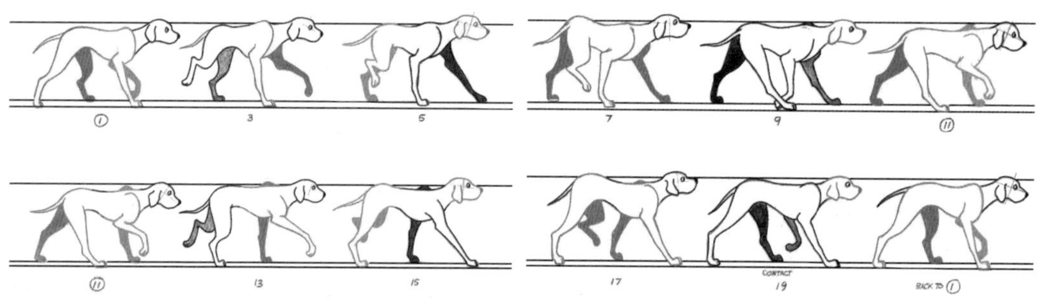

图4-63　走路关键动作

动画案例13：四足原地走路

1. 设置初始循环关键帧

01 此动画案例长度为25帧。第0帧和第24帧角色所摆出的动作完全相同，形成了循环动画。

02 四足动物迈出脚步的先后顺序，时间的把握是此案例的知识要点。此案例中对角色脚部控制器比较多，如图4-64所示。

03 在第0帧时，角色的骨盆向下，前腿有一条抬起。尾巴呈自然下垂的状态，如图4-65所示。

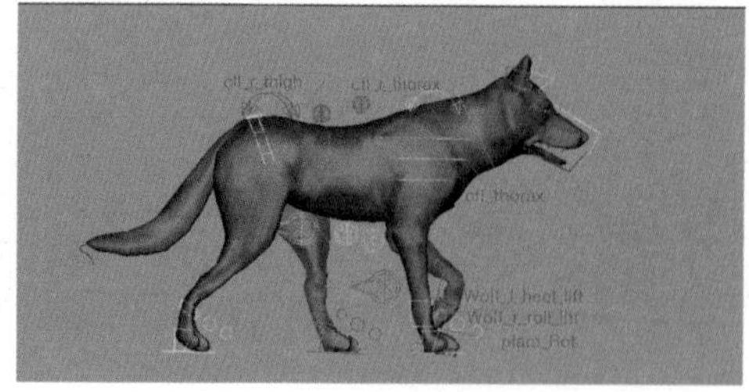

图4-64　四足动物的控制线圈

图4-65　第0帧关键动作

04 在第0帧时，角色Wolf_l_hand(左前腿控制器)的Translate(位移)属性数值为(-0.397,0.827,1.496)，Rotate X(X轴旋转)属性数值为11.88，如图4-66所示。

05 角色Wolf_l_hand(左前腿控制器)的wrist_Rot(脚腕)、palm_Rot(脚掌)和finger_lift(脚指)的Rotate X(X轴旋转)属性数值分别为6.1、107.236和18.226，如图4-67所示。

06 角色Wolf_l_hand(左前腿控制器)的Wolf_l_heel_lift(脚后跟)和Wolf_l_roll_lift(弯曲)的Rotate X(X轴旋转)属性数值分别为7.902和0，如图4-68所示。

07 角色Wolf_r_hand(右前腿控制器)的Translate(位移)属性数值为(0.727,0,0.368)，Rotate X(X轴旋转)属性数值为0，如图4-69所示。

08 角色Wolf_r_hand(右前腿控制器)的wrist_Rot(脚腕)、plam_Rot(脚掌)和finger_lift(脚指)的Rotate X(X轴旋转)属性数值分别为0、0和0，如图4-70所示。

09 角色Wolf_l_hand(左前腿控制器)的Wolf_l_heel_lift(脚后跟)和Wolf_l_roll_lift(弯曲)的Rotate X(X轴旋转)属性数值分别为0和0，如图4-71所示。

10 角色Wolf_l_foot(左后腿控制器)的Translate(位移)属性数值为(-0.546,0,3.41)，Rotate X(X轴旋转)属性数值为1，如图4-72所示。

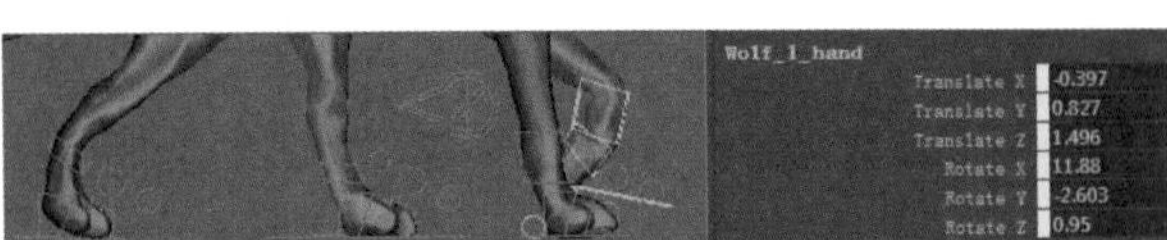

图4-66　第0帧左前腿控制器属性

图4-67　第0帧左前腿腕部控制器属性

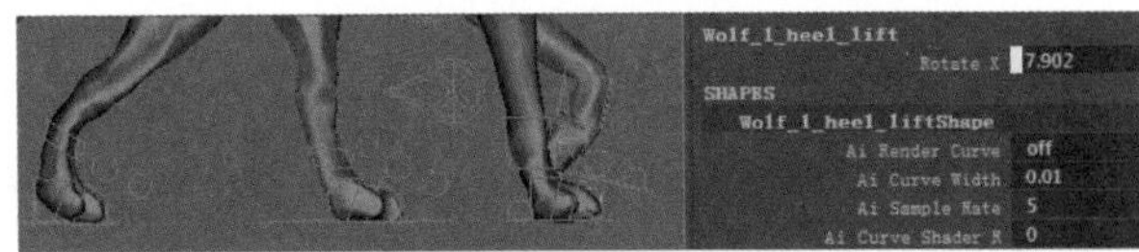

图4-68　第0帧左前腿指部控制器属性

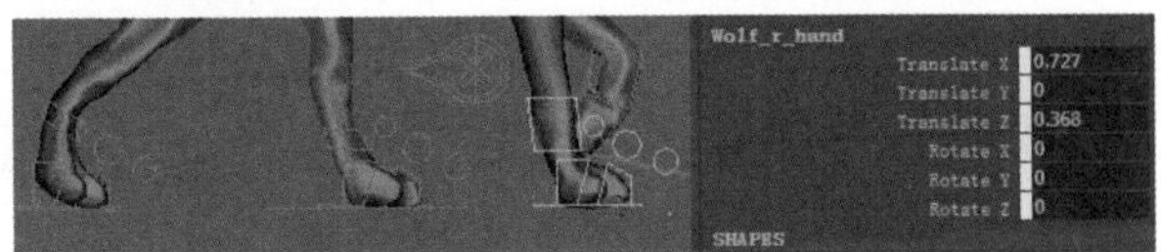

图4-69　第0帧右前腿控制器属性

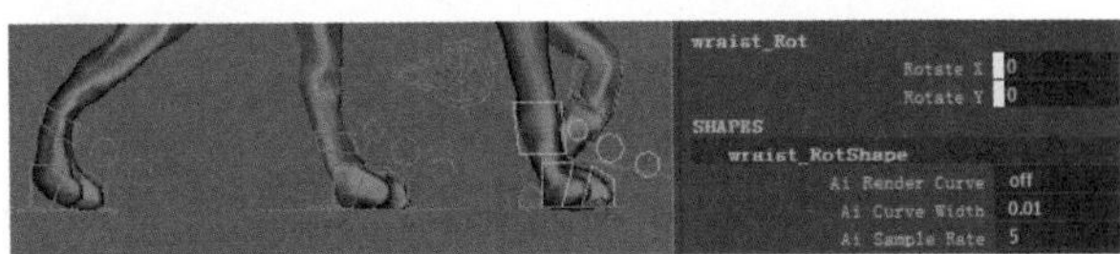

图4-70　第0帧右前腿腕部控制器属性

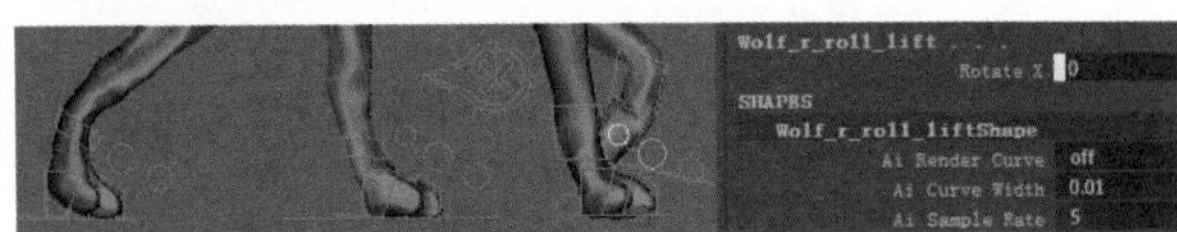

图4-71　第0帧左前腿指部控制器属性

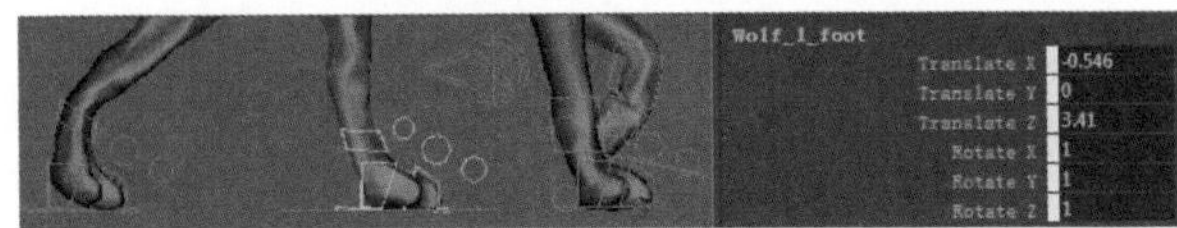

图4-72　第0帧左后腿控制器属性

11 角色Wolf_l_foot(左后腿控制器)的heel_Rot(脚大后跟)、ball_Rot(脚后跟)和toe_lift(脚指)的Rotate X(X轴旋转)属性数值均为1，如图4-73所示。

12 角色Wolf_l_foot(左后腿控制器)的Wolf_l_heel_lift(脚后跟)和Wolf_l_roll_lift(弯曲)的Rotate X(X轴旋转)属性数值均为1，如图4-74所示。

13 角色Wolf_r_foot(右后腿控制器)的Translate(位移)属性数值为(0.603,0,-2.046)，Rotate X(X轴旋转)属性数值为1，如图4-75所示。

14 角色Wolf_r_foot(右后腿控制器)的heel_Rot(脚大后跟)、ball_Rot(脚后跟)和toe_lift(脚指)的Rotate X(X轴旋转)属性数值均为1，如图4-76所示。

15 角色Wolf_r_foot(右后腿控制器)的Wolf_r_heel_lift(脚后跟)和Wolf_r_roll_lift(弯曲)的Rotate X(X轴旋转)属性数值分别为118.202和30.634，如图4-77所示。

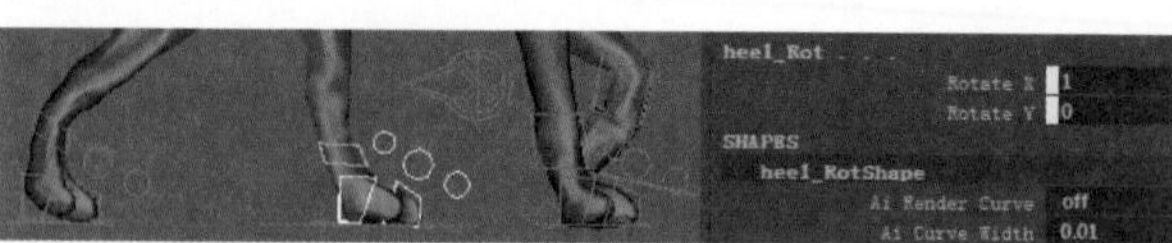

图4-73 第0帧左后腿腕部控制器属性

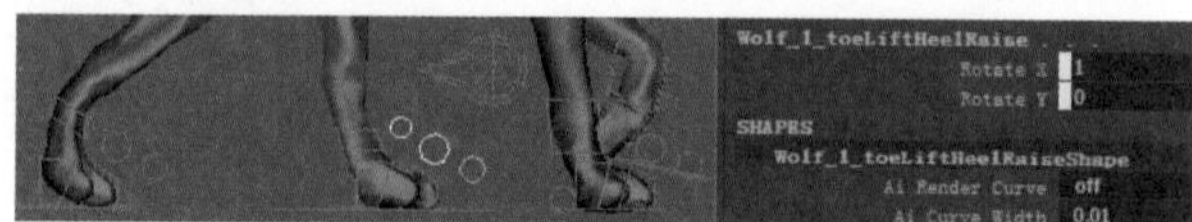

图4-74 第0帧左后腿指部控制器属性

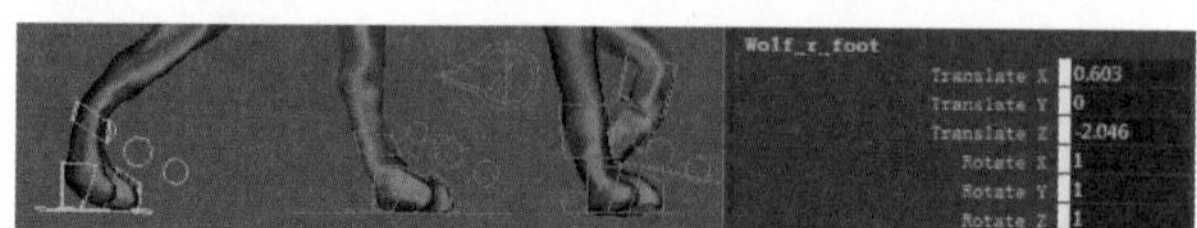

图4-75 第0帧右后腿控制器属性

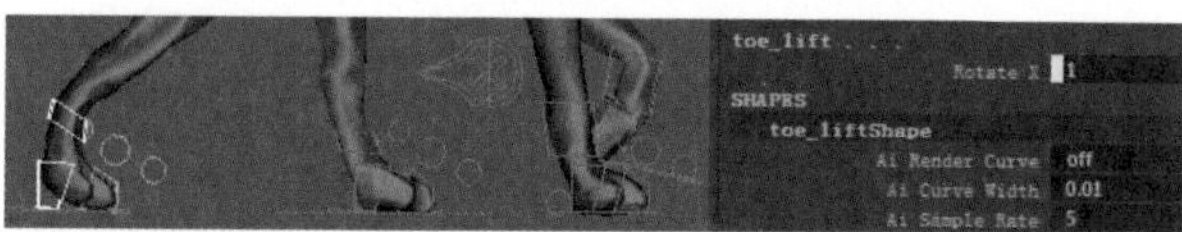

图4-76 第0帧右后腿腕部控制器属性

图4-77 第0帧右后腿指部控制器属性

2. 第3帧关键动作

01 在第3帧时，角色的骨盆向下，有一条前腿抬起，尾巴呈自然下垂，如图4-78所示。

02 角色Wolf_l_hand(左前腿控制器)的Translate(位移)属性数值为(-0.397,0.493,2.218)，Rotate X(X轴旋转)属性数值为5.94，如图4-79所示。

图4-78 第3帧关键动作

图4-79 第3帧左前腿控制器属性

03 角色Wolf_l_hand(左前腿控制器)的wrist_Rot(脚腕)、palm_Rot(脚掌)和finger_lift(脚指)的Rotate X(X轴旋转)属性数值分别为0.953、11.254和1.994，如图4-80所示。

04 角色Wolf_l_hand(左前腿控制器)的Wolf_l_heel_lift(脚后跟)和Wolf_l_roll_lift(弯曲)的Rotate X(X轴旋转)属性数值分别为-5.723和0，如图4-81所示。

05 角色Wolf_r_hand(右前腿控制器)的Translate(位移)属性数值为(0.727,0,-1.473)，Rotate X(X轴旋转)属性数值为0，如图4-82所示。

06 角色Wolf_r_hand(右前腿控制器)的wrist_Rot(脚腕)、plam_Rot(脚掌)和finger_lift(脚指)的Rotate X(X轴旋转)属性数值分别为0、0和0，如图4-83所示。

07 角色Wolf_ r_hand(左前腿控制器)的Wolf_ r_heel_lift(脚后跟)和Wolf_r_roll_lift(弯曲)的Rotate X(X轴旋转)属性数值分别为7.773和0.495，如图4-84所示。

08 角色Wolf_l_foot(左后腿控制器)的Translate(位移)属性数值为(-0.546,0,1.982)，Rotate X(X轴旋转)属性数值为1，如图4-85所示。

09 角色Wolf_l_foot(左后腿控制器)的heel_Rot(脚大后跟)、ball_Rot(脚后跟)和toe_lift(脚指)的Rotate X(X轴旋转)属性数值分别为0、0和0，如图4-86所示。

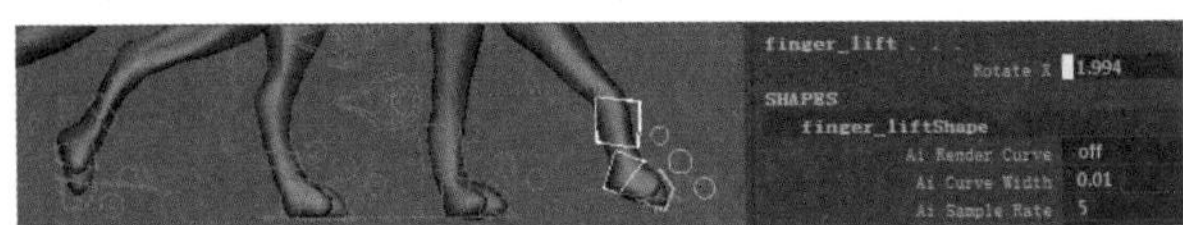

图4-80　第3帧左前腿腕部控制器属性

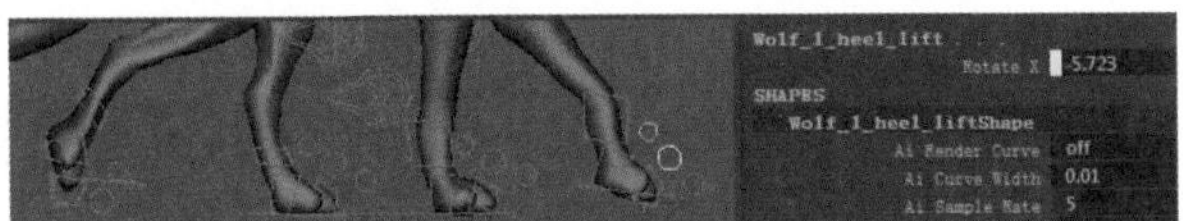

图4-81　第3帧左前腿指部控制器属性

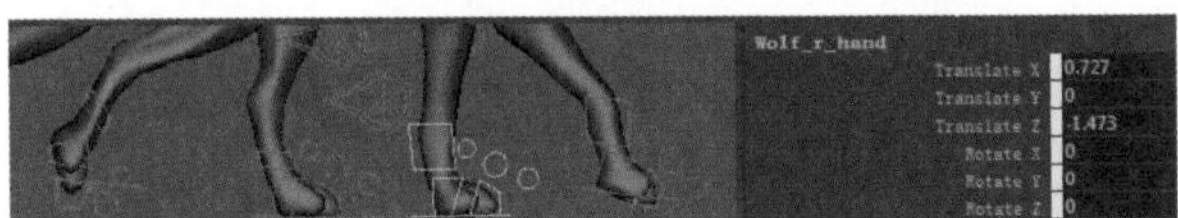

图4-82　第3帧右前腿控制器属性

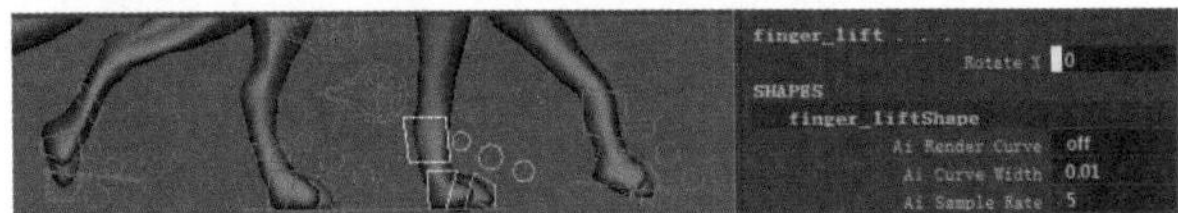

图4-83　第3帧右前腿腕部控制器属性

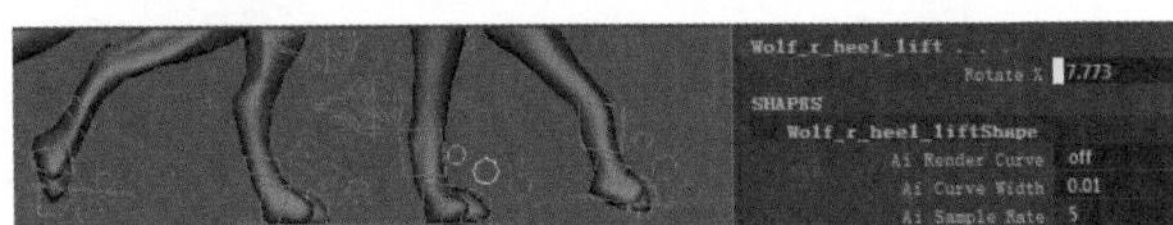

图4-84　第3帧左前腿指部控制器属性

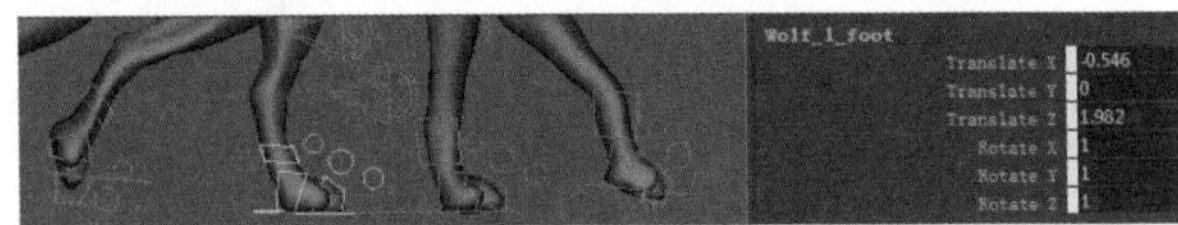

图4-85　第3帧左后腿控制器属性

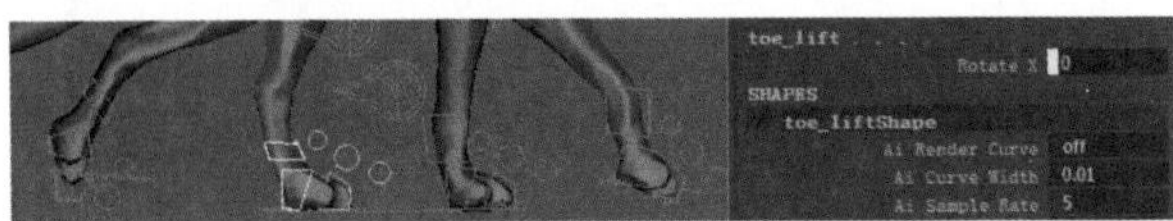

图4-86　第3帧左后腿腕部控制器属性

10 角色Wolf_l_foot(左后腿控制器)的Wolf_l_heel_lift(脚后跟)和Wolf_l_roll_lift(弯曲)的Rotate X(X轴旋转)属性数值分别为3.688和0，如图4-87所示。

11 角色Wolf_r_foot(右后腿控制器)的Translate(位移)属性数值为(0.603,0.71,-2.209)，Rotate X(X轴旋转)属性数值为5.467，如图4-88所示。

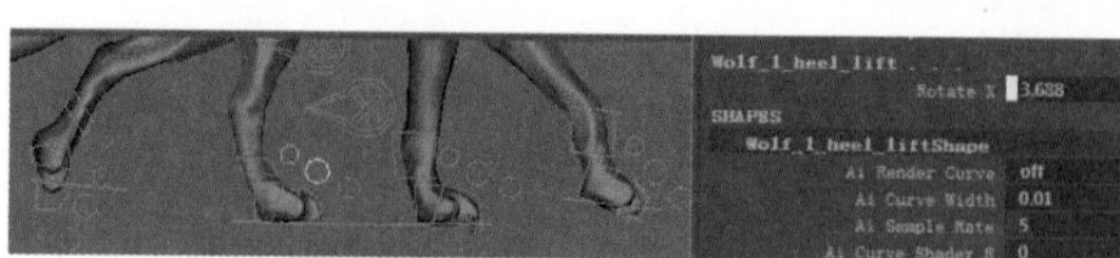

图4-87　第3帧左后腿指部控制器属性

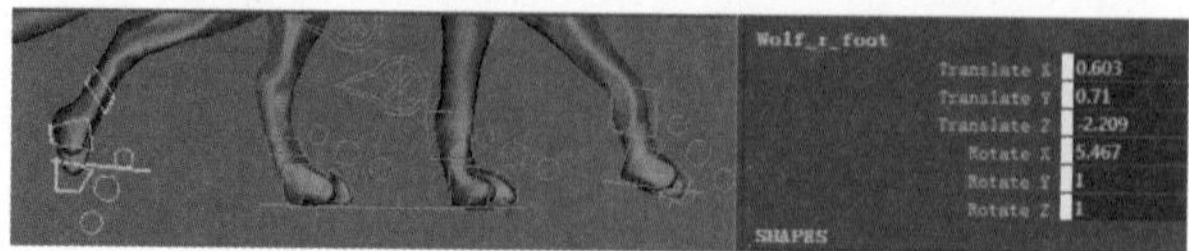

图4-88　第3帧右后腿控制器属性

12 角色Wolf_r_foot(右后腿控制器)的heel_Rot(脚大后跟)、ball_Rot(脚后跟)和toe_lift(脚指)的Rotate X(X轴旋转)属性数值分别为23.895、74.343和10.564，如图4-89所示。

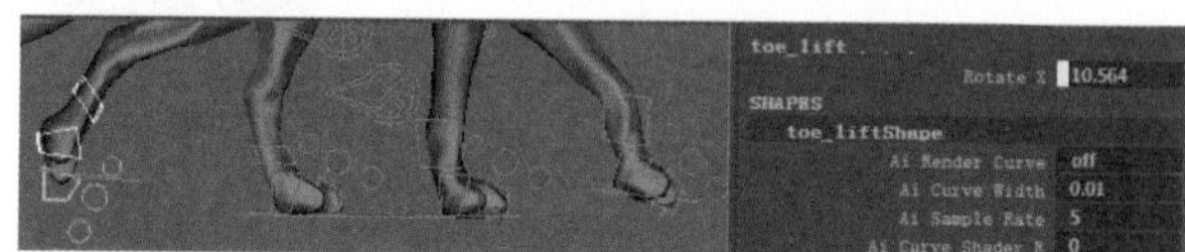

图4-89　第3帧右后腿腕部控制器属性

13 角色Wolf_r_foot(右后腿控制器)的Wolf_l_heel_lift(脚后跟)和Wolf_l_roll_lift(弯曲)的Rotate X(X轴旋转)属性数值分别为15.061和25.224，如图4-90所示。

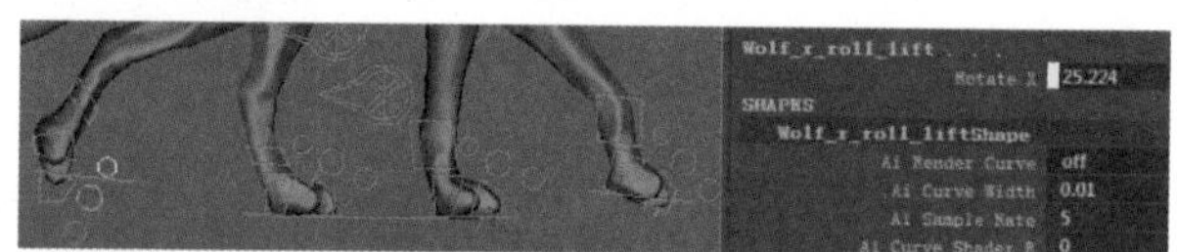

图4-90　第3帧右后腿指部控制器属性

3. 第5帧关键动作

01 在第5帧时，角色的骨盆向下，有一条前腿抬起，尾巴呈自然下垂，如图4-91所示。

图4-91　第5帧关键动作

02 角色Wolf_l_hand(左前腿控制器)的Translate(位移)属性数值为(-0.397,0.131,2.31)，Rotate X(X轴旋转)属性数值为0.88，如图4-92所示。

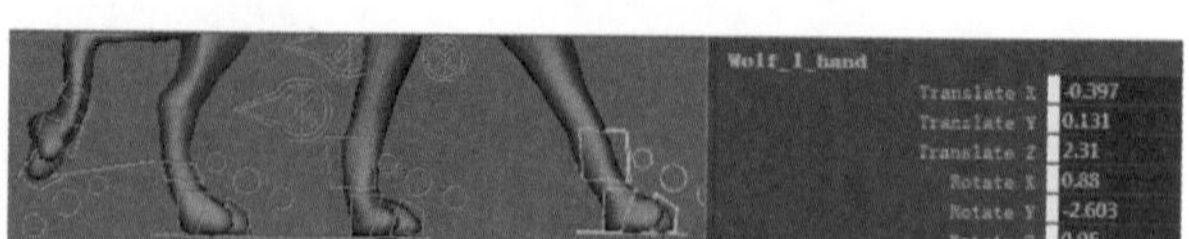

图4-92　第5帧左前腿控制器属性

03 角色Wolf_l_hand(左前腿控制器)的wrist_Rot(脚腕)、palm_Rot(脚掌)和finger_lift(脚指)的Rotate X(X轴旋转)属性数值分别为0、0和0，如图4-93所示。

04 角色Wolf_l_hand(左前腿控制器)的Wolf_l_heel_lift(脚后跟)和Wolf_l_roll_lift(弯曲)的Rotate X(X轴旋转)属性数值分别为-13.501和0，如图4-94所示。

图4-93　第5帧左前腿腕部控制器属性

05 角色Wolf_r_hand(右前腿控制器)的Translate(位移)属性数值为(0.727,0,-2.485)，Rotate X(X轴旋转)属性数值为0，如图4-95所示。

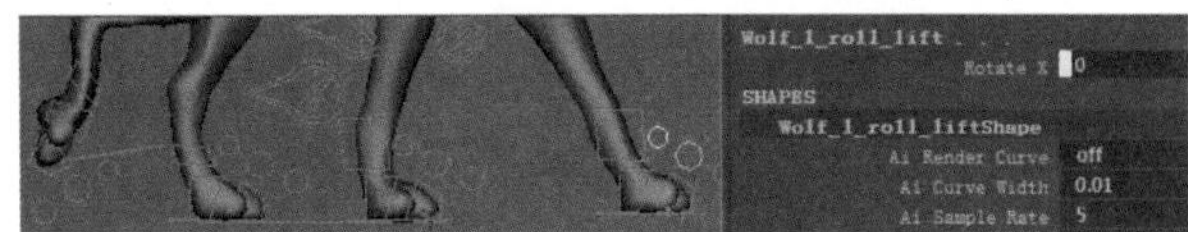

图4-94　第5帧左前腿指部控制器属性

06 角色Wolf_r_hand(右前腿控制器)的wrist_Rot(脚腕)、plam_Rot(脚掌)和finger_lift(脚指)的Rotate X(X轴旋转)属性数值分别为0、0和0，如图4-96所示。

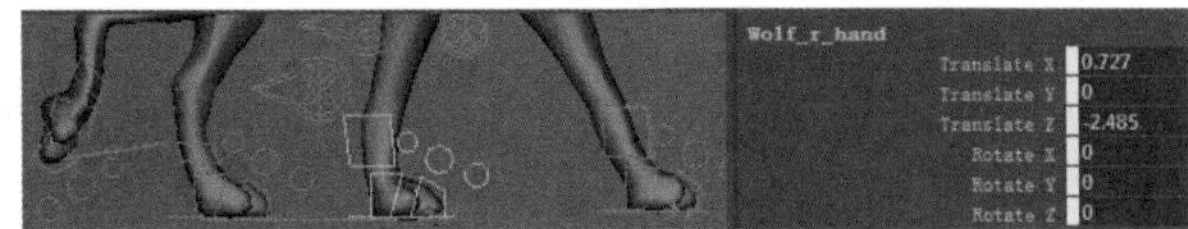

图4-95　第5帧右前腿控制器属性

07 角色Wolf_l_hand(左前腿控制器)的Wolf_l_heel_lift(脚后跟)和Wolf_l_roll_lift(弯曲)的Rotate X(X轴旋转)属性数值分别为12.096和2.792，如图4-97所示。

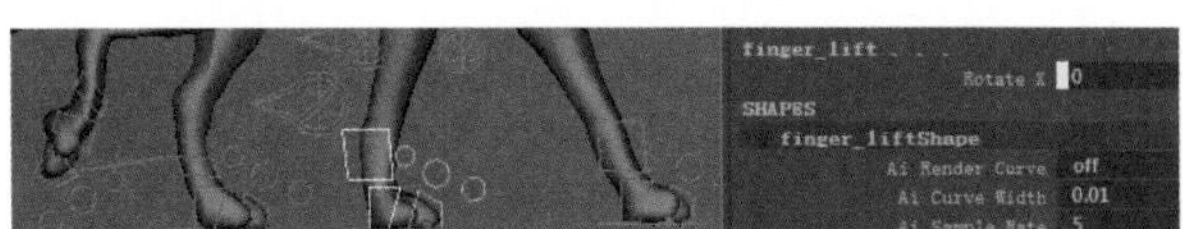

图4-96　第5帧右前腿腕部控制器属性

08 角色Wolf_l_foot(左后腿控制器)的Translate(位移)属性数值为(-0.546,0,1.023)，Rotate X(X轴旋转)属性数值为0，如图4-98所示。

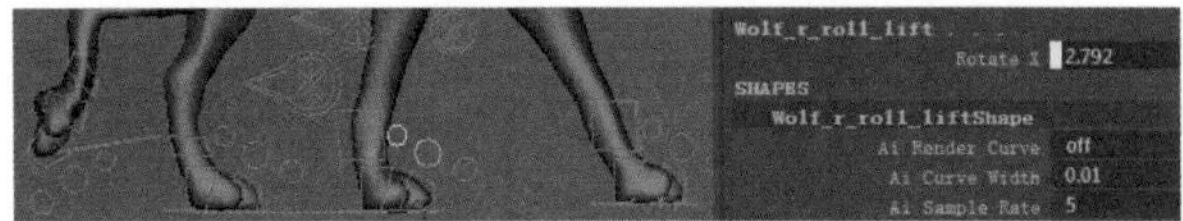

图4-97　第5帧左前腿指部控制器属性

09 角色Wolf_l_foot(左后腿控制器)的heel_Rot(脚大后跟)、ball_Rot(脚后跟)和toe_lift(脚指)的Rotate X(X轴旋转)属性数值分别为0、0和0，如图4-99所示。

图4-98　第5帧左后腿控制器属性

10 角色Wolf_l_foot(左后腿控制器)的Wolf_l_heel_lift(脚后跟)和Wolf_l_roll_lift(弯曲)的Rotate X(X轴旋转)属性数值分别为7.471和2.273，如图4-100所示。

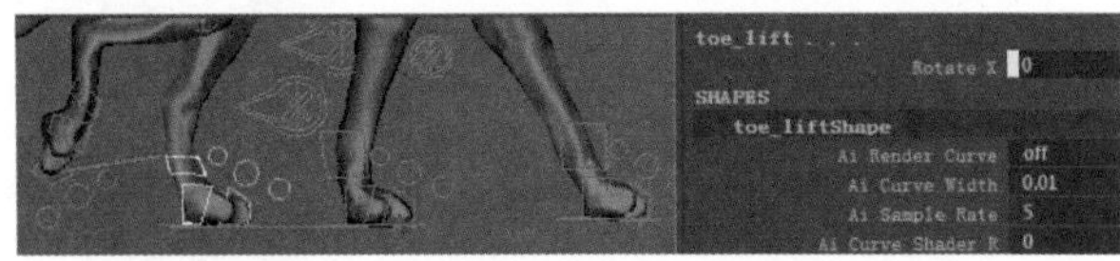

图4-99　第5帧左后腿腕部控制器属性

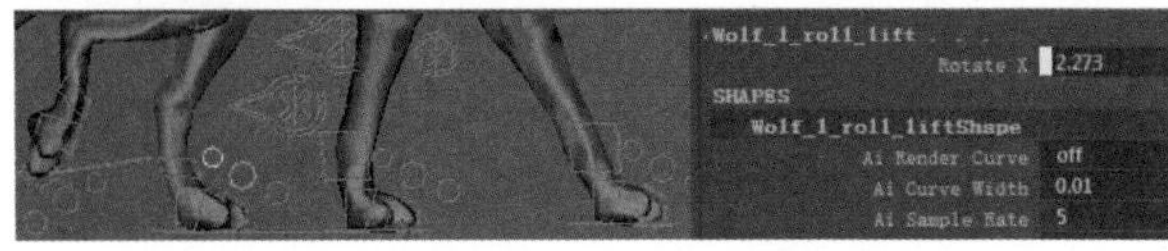

图4-100　第5帧左后腿指部控制器属性

11 角色Wolf_r_foot(右后腿控制器)的Translate(位移)属性数值为(0.603,1.267,-0.994)，RotateX(X轴旋转)属性数值为-8.459，如图4-101所示。

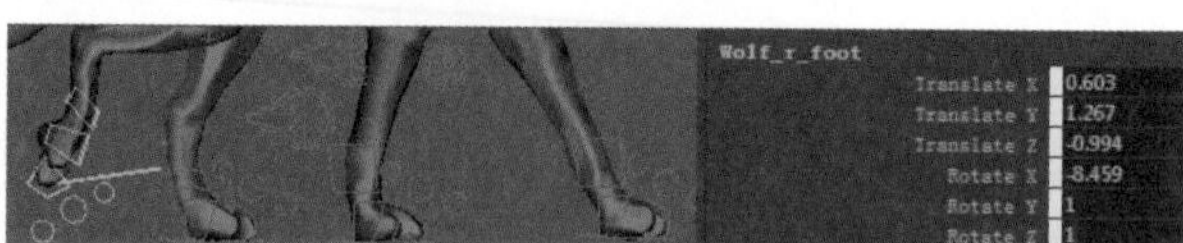

图4-101　第5帧右后腿控制器属性

12 角色Wolf_r_foot(右后腿控制器)的heel_Rot(脚大后跟)、ball_Rot(脚后跟)和toe_lift(脚指)的Rotate X(X轴旋转)属性数值分别为36.331、114.184和15.76，如图4-102所示。

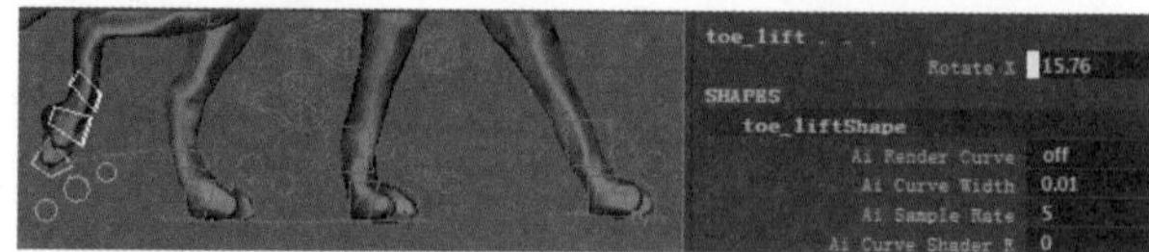

图4-102　第5帧右后腿腕部控制器属性

13 角色Wolf_r_foot(右后腿控制器)的Wolf_l_heel_lift(脚后跟)和Wolf_l_roll_lift(弯曲)的Rotate X(X轴旋转)属性数值分别为10.771和17.832，如图4-103所示。

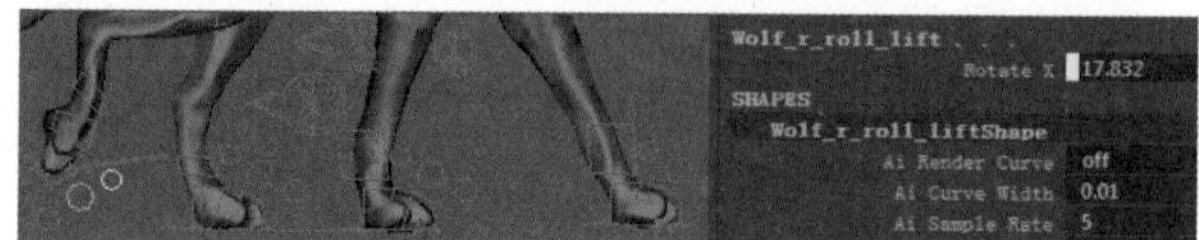

图4-103　第5帧右后腿指部控制器属性

4. 第8帧关键动作

01 在第8帧时，角色骨盆向上，胸部和肩膀向下，角色的骨盆向下，两条腿腾空，如图4-104所示。

图4-104　第8帧关键动作

02 角色Wolf_l_hand(左前腿控制器)的Translate(位移)属性数值为(-0.397,0,1.272)，Rotate X(X轴旋转)属性数值为0，如图4-105所示。

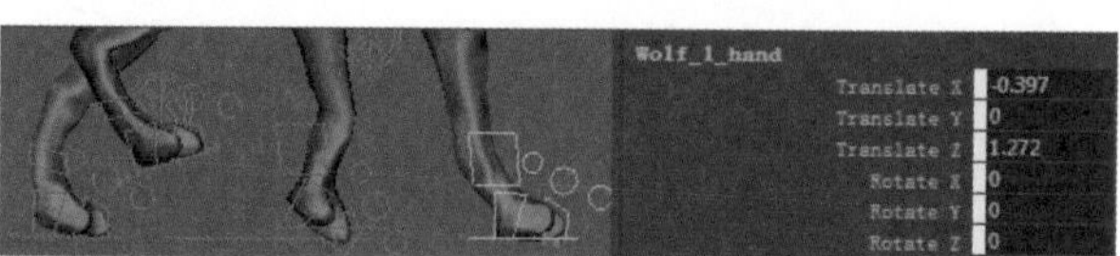

图4-105　第8帧左前腿控制器属性

03 角色Wolf_l_hand(左前腿控制器)的wrist_Rot(脚腕)、palm_Rot(脚掌)和finger_lift(脚指)的Rotate X(X轴旋转)属性数值分别为0、0和0，如图4-106所示。

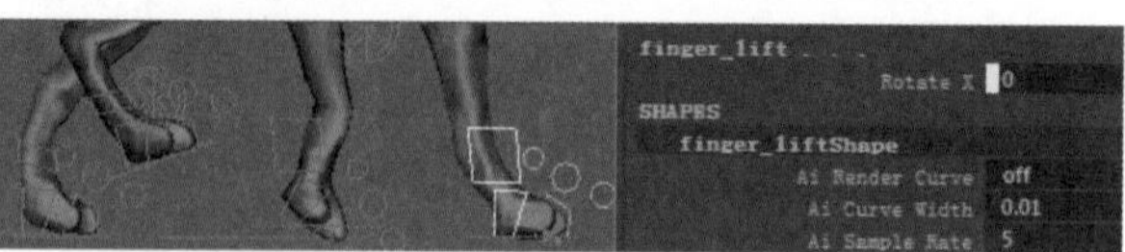

图4-106　第8帧左前腿腕部控制器属性

04 角色Wolf_l_hand(左前腿控制器)的Wolf_l_heel_lift(脚后跟)和Wolf_l_roll_lift(弯曲)的Rotate X(X轴旋转)属性数值分别为-19.311和0，如图4-107所示。

05 角色Wolf_r_hand(右前腿控制器)的Translate(位移)属性数值为(0.727,0.186,

-2.26)，Rotate X(X轴旋转)属性数值为0，如图4-108所示。

06 角色Wolf_r_hand(右前腿控制器)的wrist_Rot(脚腕)、plam_Rot(脚掌)和finger_lift(脚指)的Rotate X(X轴旋转)属性数值分别为1.581、28.173和7.314，如图4-109所示。

07 角色Wolf_l_hand(左前腿控制器)的Wolf_l_heel_lift(脚后跟)和Wolf_l_roll_lift(弯曲)的Rotate X(X轴旋转)属性数值分别为13.834和17.79，如图4-110所示。

08 角色Wolf_l_foot(左后腿控制器)的Translate(位移)属性数值为(-0.546,0,-0.398), Rotate X(X轴旋转)属性数值为0, 如图4-111所示。

09 角色Wolf_l_foot(左后腿控制器)的heel_Rot(脚大后跟)、ball_Rot(脚后跟)和toe_lift(脚指)的Rotate X(X轴旋转)属性数值分别为0、0和0，如图4-112所示。

10 角色Wolf_l_foot(左后腿控制器)的Wolf_l_heel_lift(脚后跟)和Wolf_l_roll_lift(弯曲)的Rotate X(X轴旋转)属性数值分别为13.483和15.817，如图4-113所示。

11 角色Wolf_r_foot(右后腿控制器)的Translate(位移)属性数值为(0.603,1.364,1.482)，Rotate X(X轴旋转)属性数值为-19.953，如图4-114所示。

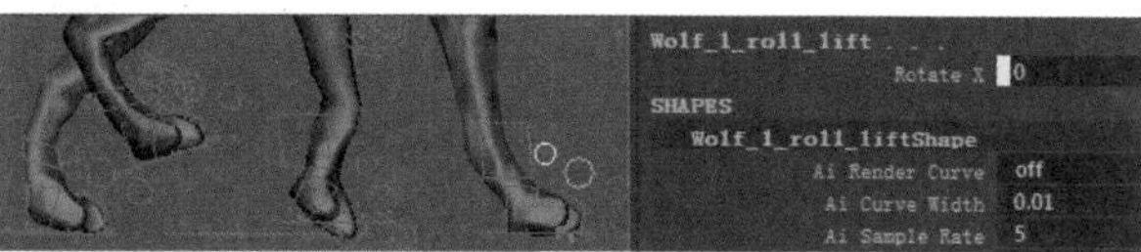

图4-107　第8帧左前腿指部控制器属性

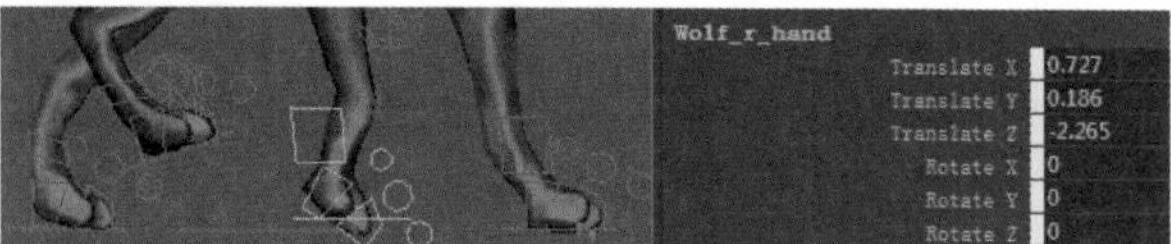

图4-108　第8帧右前腿控制器属性

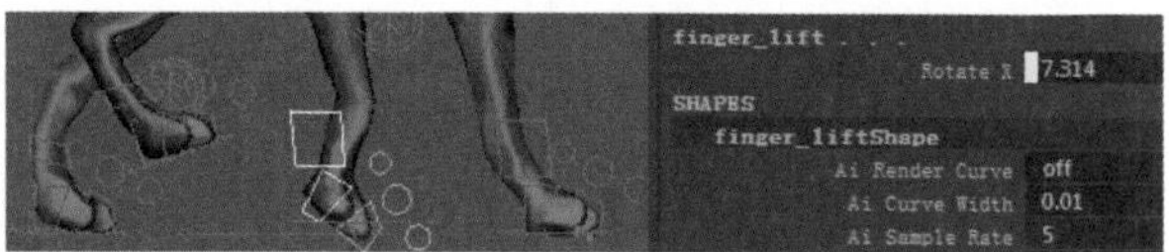

图4-109　第8帧右前腿腕部控制器属性

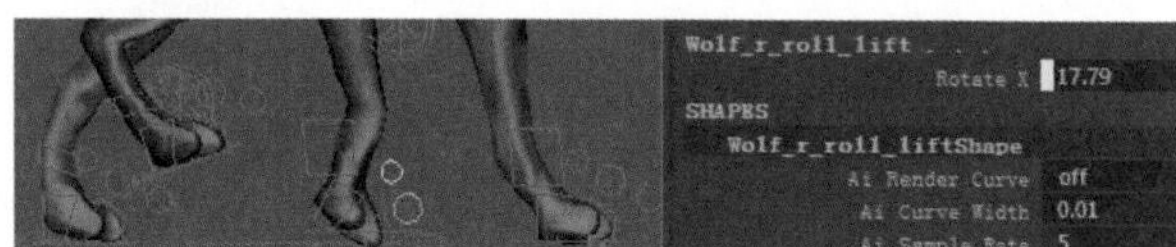

图4-110　第8帧左前腿指部控制器属性

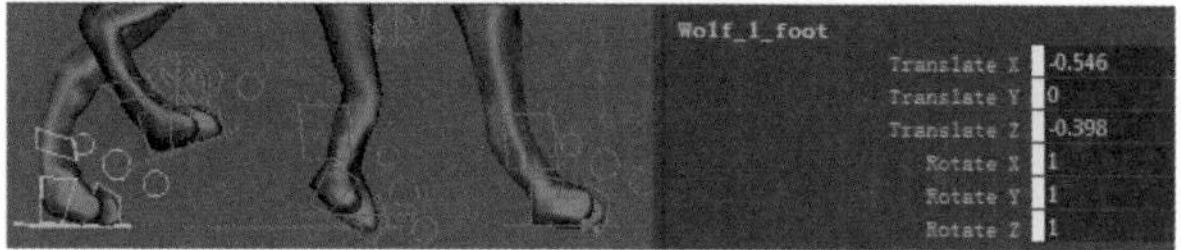

图4-111　第8帧左后腿控制器属性

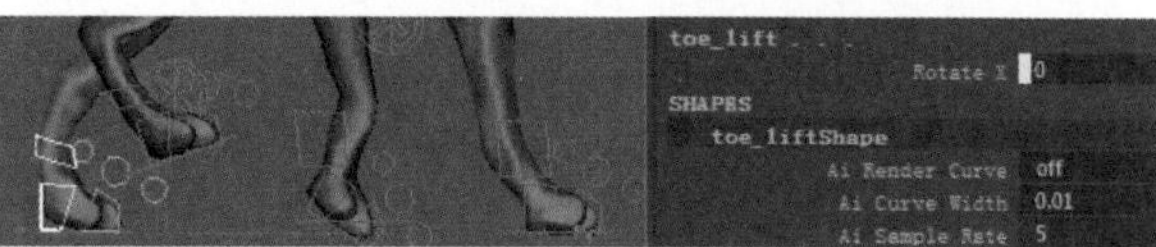

图4-112　第8帧左后腿腕部控制器属性

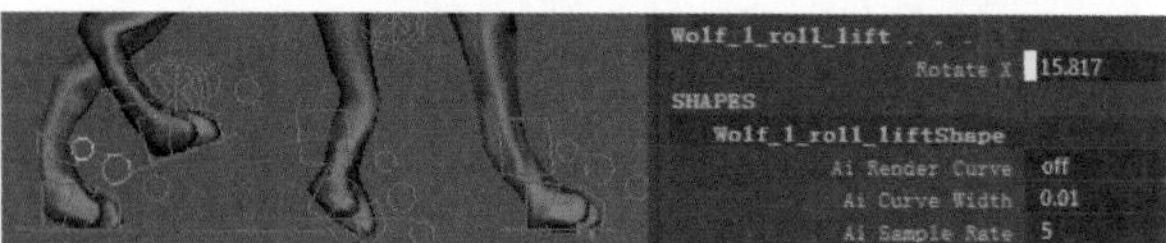

图4-113　第8帧左后腿指部控制器属性

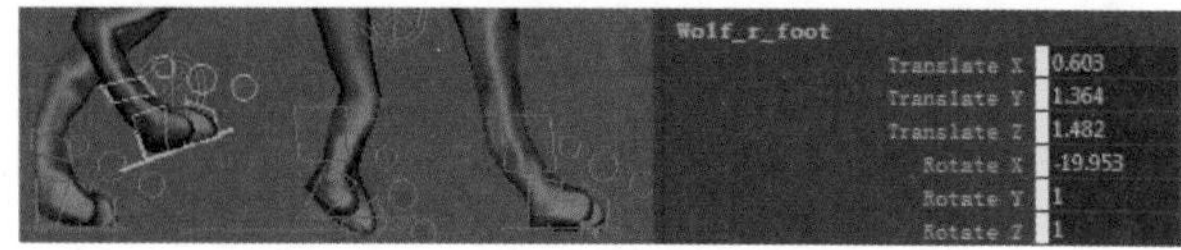

图4-114　第8帧右后腿控制器属性

12 角色Wolf_r_foot(右后腿控制器)的heel_Rot(脚大后跟)、ball_Rot(脚后跟)和toe_lift(脚指)的Rotate X(X轴旋转)属性数值分别为1、1和6.196，如图4-115所示。

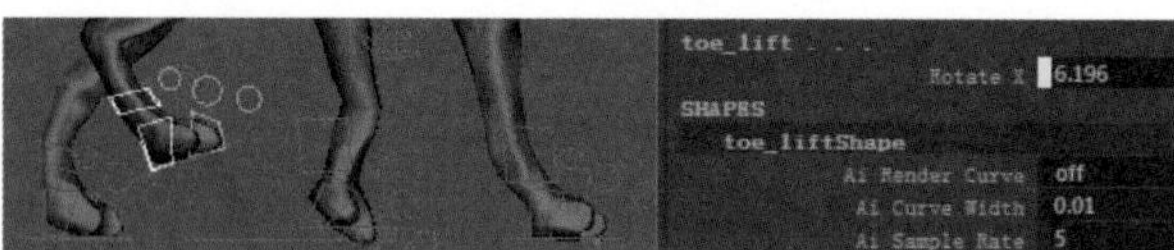

图4-115 第8帧右后腿腕部控制器属性

13 角色Wolf_r_foot(右后腿控制器)的Wolf_l_heel_lift(脚后跟)和Wolf_l_roll_lift(弯曲)的Rotate X(X轴旋转)属性数值分别为4.141和6.41，如图4-116所示。

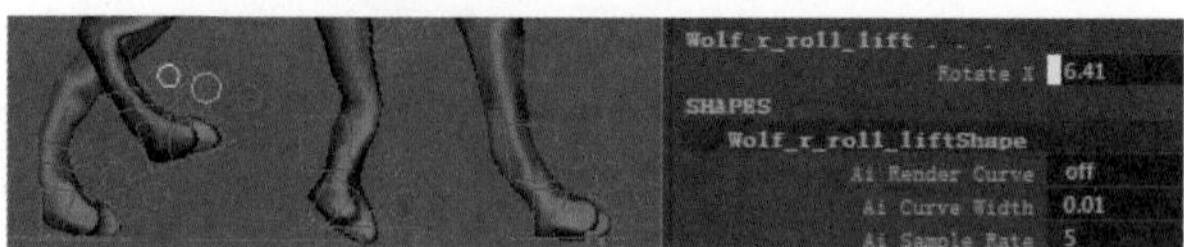

图4-116 第8帧右后腿指部控制器属性

5. 第12帧关键动作

01 在第12帧时，角色后腿踩在地上，前腿抬起，如图4-117所示。

图4-117 第12帧关键动作

02 角色Wolf_l_hand(左前腿控制器)的Translate(位移)属性数值为(-0.397, 0,-0.497)，Rotate X(X轴旋转)属性数值为0，如图4-118所示。

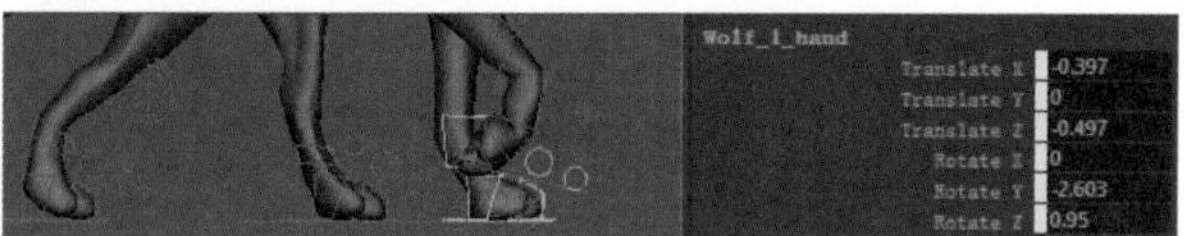

图4-118 第12帧左前腿控制器属性

03 角色Wolf_l_hand(左前腿控制器)的wrist_Rot(脚腕)、palm_Rot(脚掌)和finger_lift(脚指)的Rotate X(X轴旋转)属性数值分别为0、0和0，如图4-119所示。

图4-119 第12帧左前腿腕部控制器属性

04 角色Wolf_l_hand(左前腿控制器)的Wolf_l_heel_lift(脚后跟)和Wolf_l_roll_lift(弯曲)的Rotate X(X轴旋转)属性数值分别为-13.964和0，如图4-120所示。

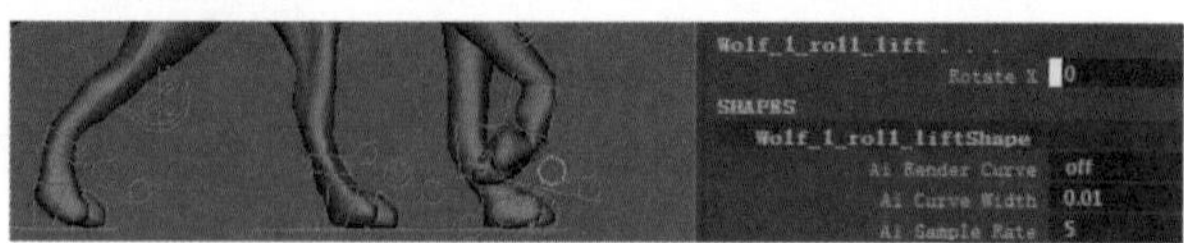

图4-120 第12帧左前腿指部控制器属性

05 角色Wolf_r_hand(右前腿控制器)的Translate(位移)属性数值为(0.727,0.827,0.506)，Rotate X(X轴旋转)属性数值为11.88，如图4-121所示。

06 角色Wolf_r_hand(右前腿控制器)的wrist_Rot(脚腕)、plam_Rot(脚掌)和finger_lift(脚指)的Rotate X(X轴旋转)属性数值分别为6.1、107.236和10.835，如图4-122所示。

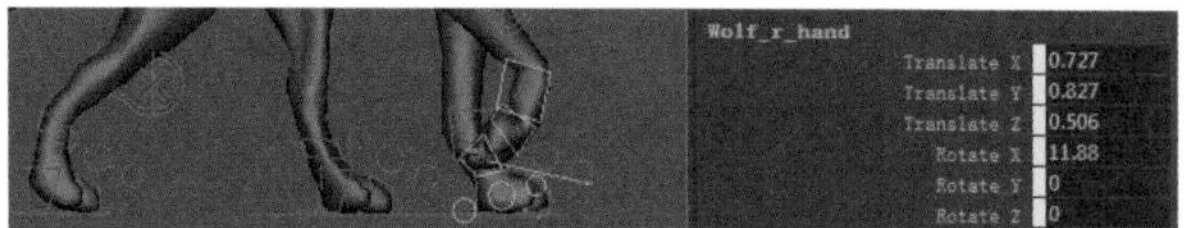

图4-121　第12帧右前腿控制器属性

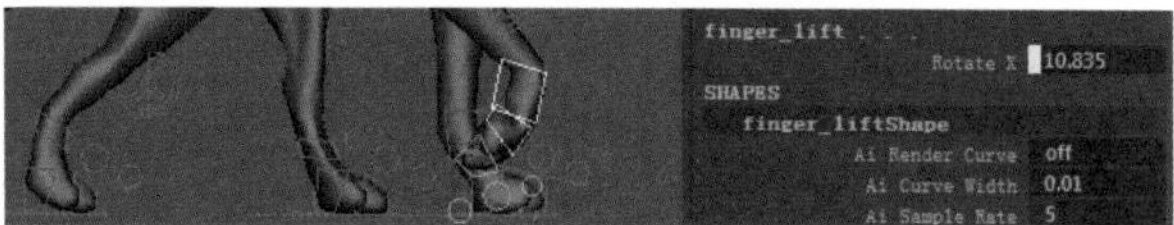

图4-122　第12帧右前腿腕部控制器属性

07 角色Wolf_r_hand(右前腿控制器)的Wolf_r_heel_lift(脚后跟)和Wolf_r_roll_lift(弯曲)的Rotate X(X轴旋转)属性数值分别为7.902和0，如图4-123所示。

图4-123　第12帧右前腿指部控制器属性

08 角色Wolf_l_foot(左后腿控制器)的Translate(位移)属性数值为(-0.546,0,-2.046)，Rotate X(X轴旋转)属性数值为0，如图4-124所示。

09 角色Wolf_l_foot(左后腿控制器)的heel_Rot(脚大后跟)、ball_Rot(脚后跟)和toe_lift(脚指)的Rotate X(X轴旋转)属性数值分别为0、0和0，如图4-125所示。

10 角色Wolf_l_foot(左后腿控制器)的Wolf_l_heel_lift(脚后跟)和Wolf_l_roll_lift(弯曲)的Rotate X(X轴旋转)属性数值分别为18.202和30.634，如图4-126所示。

11 角色Wolf_r_foot(右后腿控制器)的Translate(位移)属性数值为(0.603,0,3.41)，Rotate X(X轴旋转)属性数值为0，如图4-127所示。

12 角色Wolf_r_foot(右后腿控制器)的heel_Rot(脚大后跟)、ball_Rot(脚后跟)和toe_lift(脚指)的Rotate X(X轴旋转)属性数值分别为1、1和1，如图4-128所示。

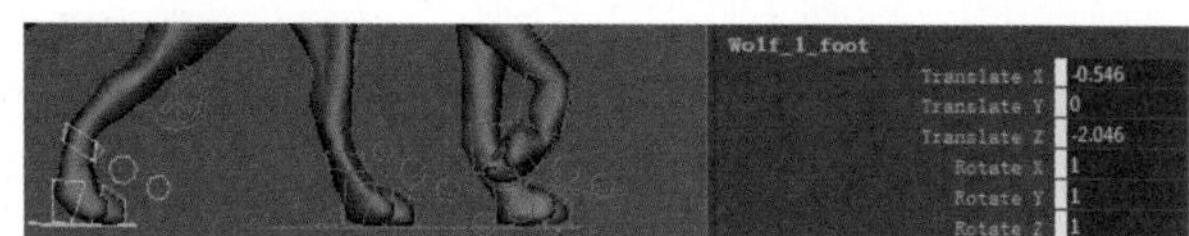

图4-124　第12帧左后腿控制器属性

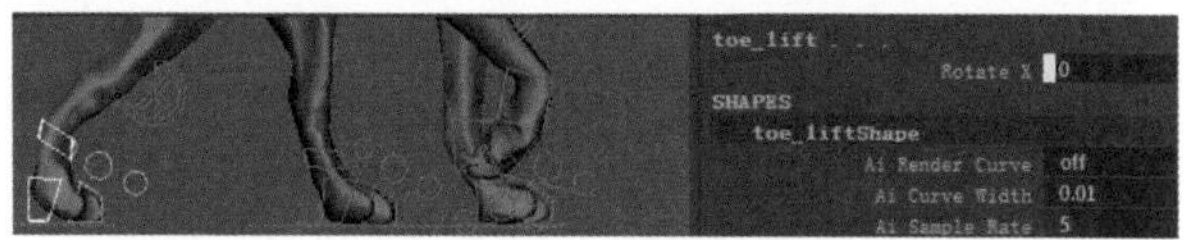

图4-125　第12帧左后腿腕部控制器属性

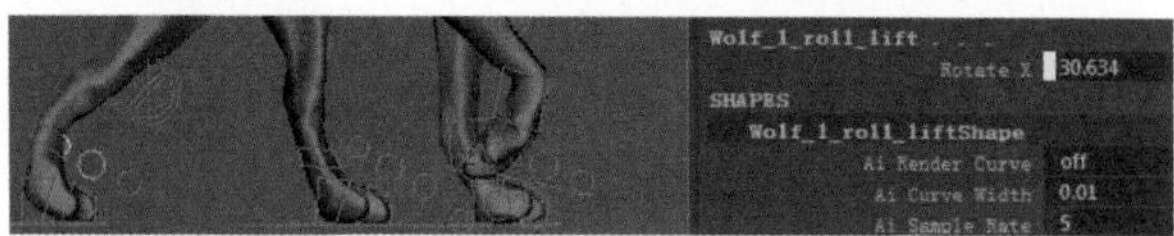

图4-126　第12帧左后腿指部控制器属性

图4-127　第12帧右后腿控制器属性

13 角色Wolf_r_foot(右后腿控制器)的Wolf_l_heel_lift(脚后跟)和Wolf_l_roll_lift(弯曲)的Rotate X(X轴旋转)属性数值分别为1.29和1，如图4-129所示。

图4-128　第12帧右后腿腕部控制器属性

图4-129　第12帧右后腿指部控制器属性

6. 第15帧关键动作

01 在第15帧时，角色右前腿向前迈，左后腿蹬地离开地面，如图4-130所示。

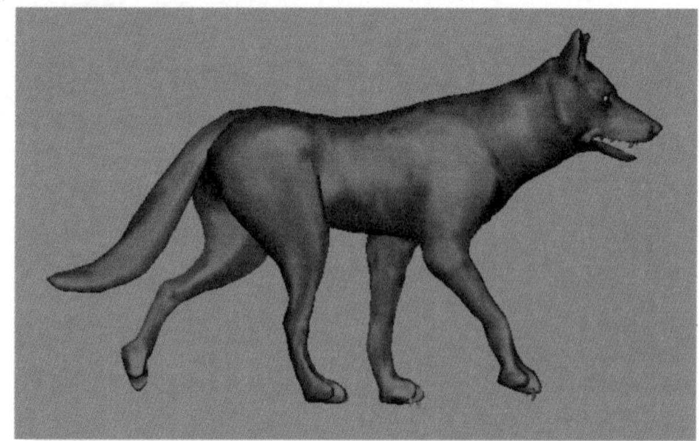

图4-130　第15帧关键动作

02 角色Wolf_l_hand(左前腿控制器)的Translate(位移)属性数值为(-0.397,0,-1.85)，Rotate X(X轴旋转)属性数值为0，如图4-131所示。

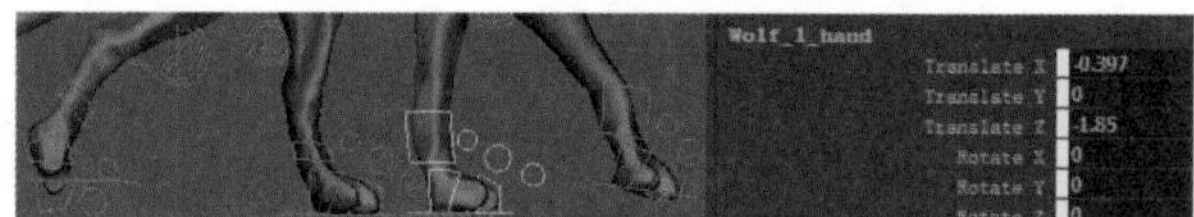

图4-131　第15帧左前腿控制器属性

03 角色Wolf_l_hand(左前腿控制器)的wrist_Rot(脚腕)、palm_Rot(脚掌)和finger_lift(脚指)的Rotate X(X轴旋转)属性数值均为0，如图4-132所示。

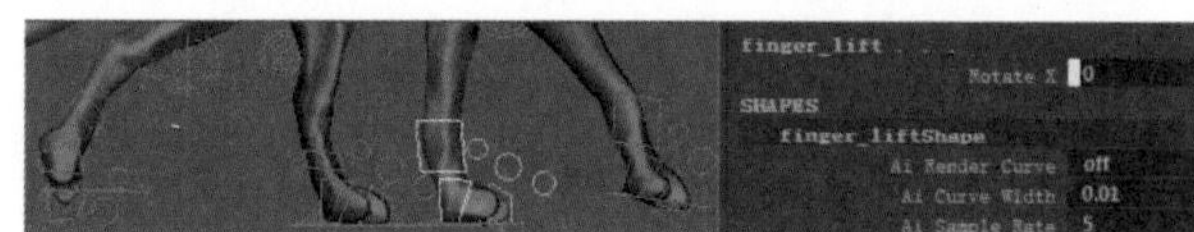

图4-132　第15帧左前腿腕部控制器属性

04 角色Wolf_l_hand(左前腿控制器)的Wolf_l_heel_lift(脚后跟)和Wolf_l_roll_lift(弯曲)的Rotate X(X轴旋转)属性数值分别为1.328和1，如图4-133所示。

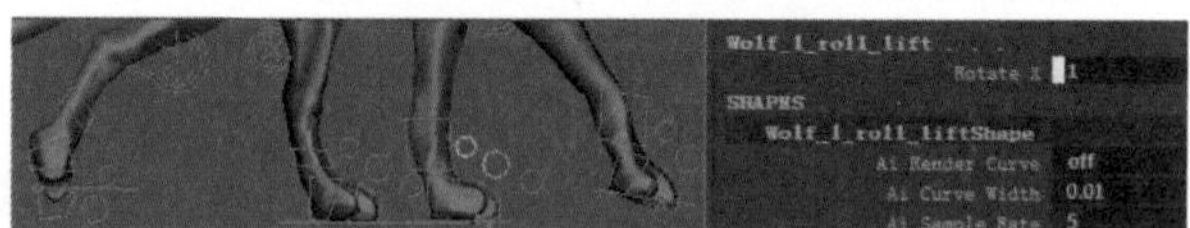

图4-133　第15帧左前腿指部控制器属性

05 角色Wolf_r_hand(右前腿控制器)的Translate(位移)属性数值为(0.471,0.527,1.955)，Rotate X(X轴旋转)属性数值为8.003，如图4-134所示。

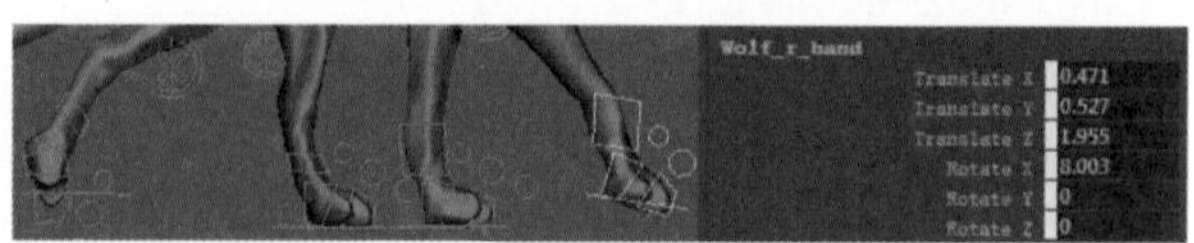

图4-134　第15帧右前腿控制器属性

06 角色Wolf_r_hand(右前腿控制器)的wrist_Rot(脚腕)、plam_Rot(脚掌)和finger_lift(脚指)的Rotate X(X轴旋转)属性数值分别为0.953、9.548和1.084，如图4-135所示。

07 角色Wolf_r_hand(右前腿控制器)的Wolf_r_heel_lift(脚后跟)和Wolf_r_roll_lift(弯曲)的Rotate X(X轴旋转)属性数值分别为-14.445和0，如图4-136所示。

08 角色Wolf_l_foot(左后腿控制器)的Translate(位移)属性数值为(-0.546,0.621,-2.202)，Rotate X(X轴旋转)属性数值为0，如图4-137所示。

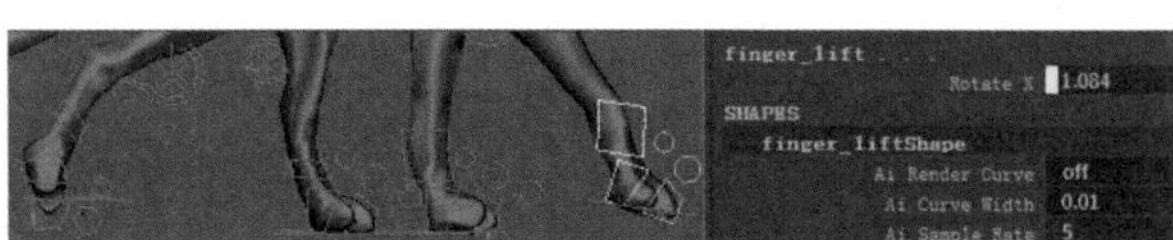

图4-135 第15帧右前腿腕部控制器属性

09 角色Wolf_l_foot(左后腿控制器)的heel_Rot(脚大后跟)、ball_Rot(脚后跟)和toe_lift(脚指)的Rotate X(X轴旋转)属性数值分别为23.543、73.991和8.43，如图4-138所示。

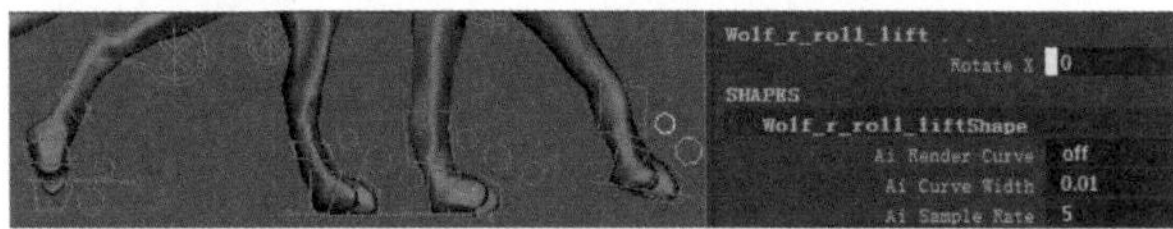

图4-136 第15帧右前腿指部控制器属性

10 角色Wolf_l_foot(左后腿控制器)的Wolf_l_heel_lift(脚后跟)和Wolf_l_roll_lift(弯曲)的Rotate X(X轴旋转)属性数值分别为15.358和26.004，如图4-139所示。

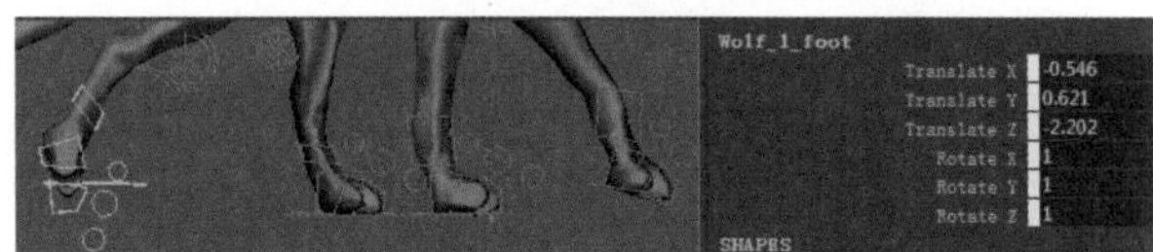

图4-137 第15帧左后腿控制器属性

11 角色Wolf_r_foot(右后腿控制器)的Translate(位移)属性数值为(0.603,0,2.656)，Rotate X(X轴旋转)属性数值为0，如图4-140所示。

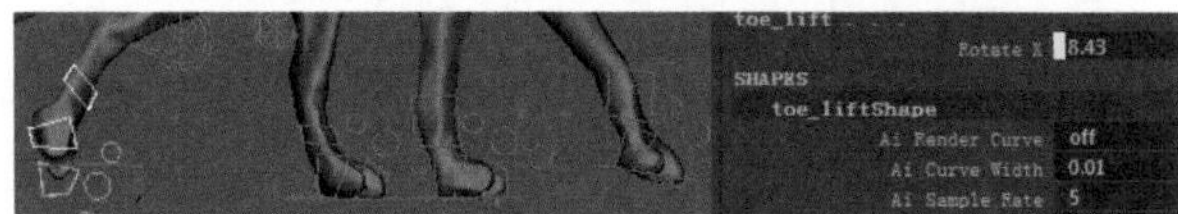

图4-138 第15帧左后腿腕部控制器属性

12 角色Wolf_r_foot(右后腿控制器)的heel_Rot(脚大后跟)、ball_Rot(脚后跟)和toe_lift(脚指)的Rotate X(X轴旋转)属性数值分别为0、0和0，如图4-141所示。

图4-139 第15帧左后腿指部控制器属性

图4-140 第15帧右后腿控制器属性

图4-141 第15帧右后腿腕部控制器属性

13 角色Wolf_r_foot(右后腿控制器)的Wolf_r_heel_lift(脚后跟)和Wolf_r_roll_lift(弯曲)的Rotate X(X轴旋转)属性数值分别为4.884和1，如图4-142所示。

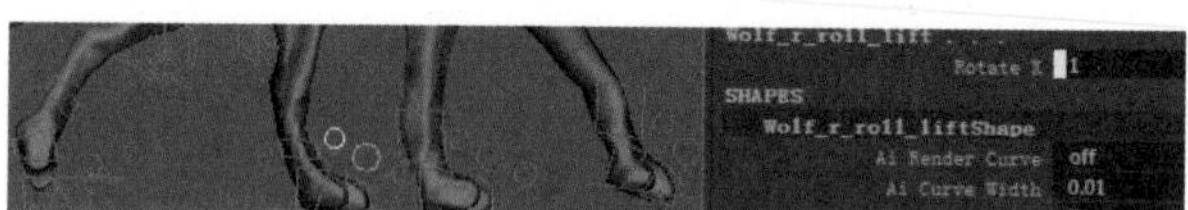

图4-142　第15帧右后腿指部控制器属性

7. 第17帧关键动作

01 在第17帧时，角色左后腿抬到最高，前脚掌踩在地面，如图4-143所示。

图4-143　第17帧关键动作

02 角色Wolf_l_hand(左前腿控制器)的Translate(位移)属性数值为(-0.397,0,-2.716)，Rotate X(X轴旋转)属性数值为0，如图4-144所示。

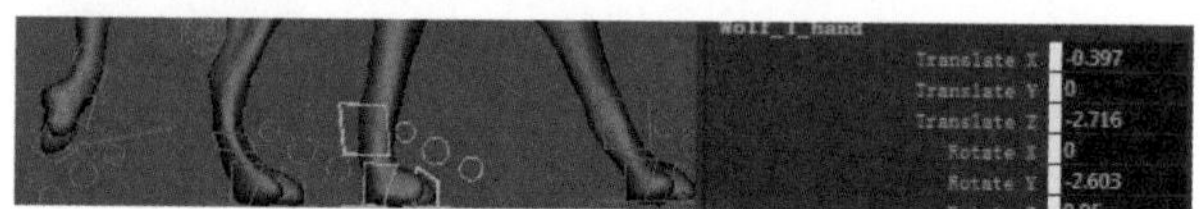

图4-144　第17帧左前腿控制器属性

03 角色Wolf_l_hand(左前腿控制器)的wrist_Rot(脚腕)、palm_Rot(脚掌)和finger_lift(脚指)的Rotate X(X轴旋转)属性数值分别为0、0和1.6，如图4-145所示。

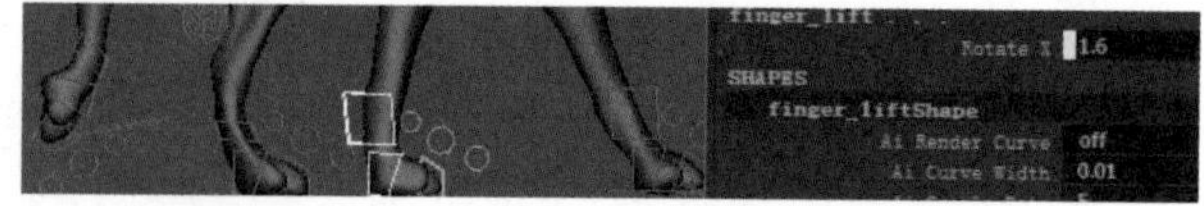

图4-145　第17帧左前腿腕部控制器属性

04 角色Wolf_l_hand(左前腿控制器)的Wolf_l_heel_lift(脚后跟)和Wolf_l_roll_lift(弯曲)的Rotate X(X轴旋转)属性数值分别为10.924和4.334，如图4-146所示。

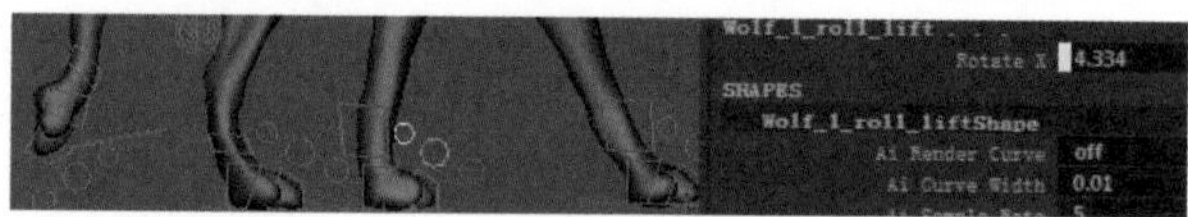

图4-146　第17帧左前腿指部控制器属性

05 角色Wolf_r_hand(右前腿控制器)的Translate(位移)属性数值为(0.254,0.153,2.163)，Rotate X(X轴旋转)属性数值为1.262，如图4-147所示。

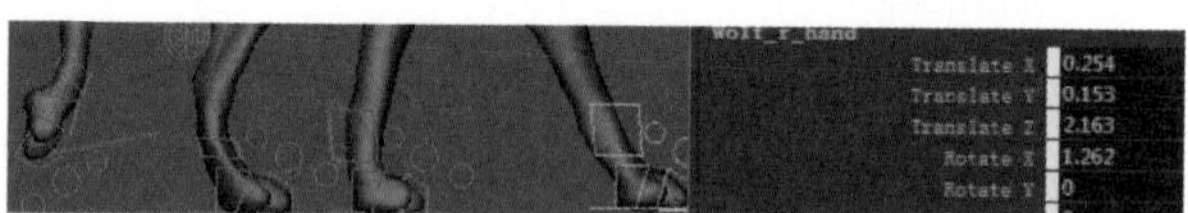

图4-147　第17帧右前腿控制器属性

06 角色Wolf_r_hand(右前腿控制器)的wrist_Rot(脚腕)、plam_Rot(脚掌)和finger_lift(脚指)的Rotate X(X轴旋转)属性数值分别为0、0和0，如图4-148所示。

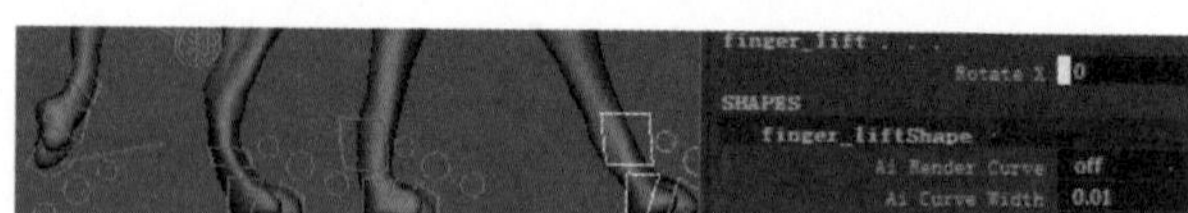

图4-148　第17帧右前腿腕部控制器属性

07 角色Wolf_r_hand(右前腿控制器)的Wolf_r_heel_lift(脚后跟)和Wolf_r_roll_lift(弯曲)的Rotate X(X轴旋转)属性数值分别为-18.289和0，如图4-149所示。

08 角色Wolf_l_foot(左后腿控制器)的Translate(位移)属性数值为(-0.546,1.264,-1.098)，Rotate X(X轴旋转)属性数值为-10.713，如图4-150所示。

09 角色Wolf_l_foot(左后腿控制器)的heel_Rot(脚大后跟)、ball_Rot(脚后跟)和toe_lift(脚指)的Rotate X(X轴旋转)属性数值分别为36.331、114.184和15.76，如图4-151所示。

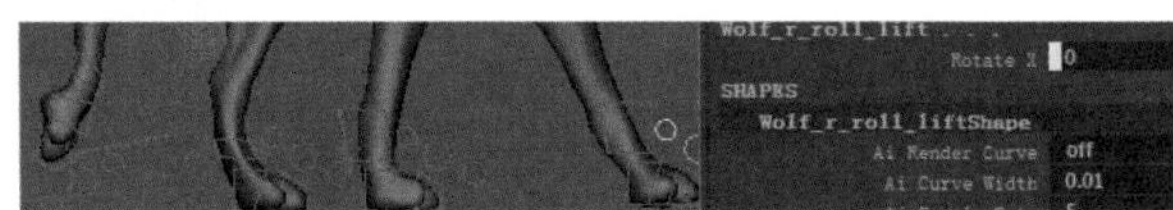

图4-149　第17帧右前腿指部控制器属性

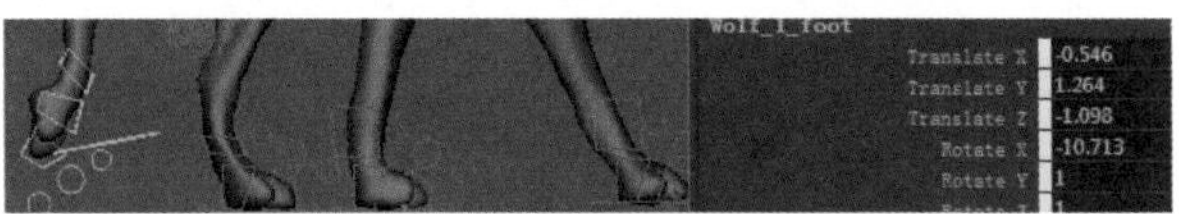

图4-150　第17帧左后腿控制器属性

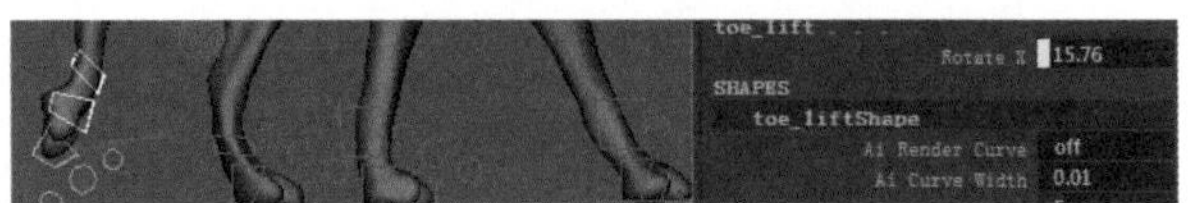

图4-151　第17帧左后腿腕部控制器属性

10 角色Wolf_l_foot(左后腿控制器)的Wolf_l_heel_lift(脚后跟)和Wolf_l_roll_lift(弯曲)的Rotate X(X轴旋转)属性数值分别为11.355和19.487，如图4-152所示。

图4-152　第17帧左后腿指部控制器属性

11 角色Wolf_r_foot(右后腿控制器)的Translate(位移)属性数值为(0.603,0,1.609)，Rotate X(X轴旋转)属性数值为0，如图4-153所示。

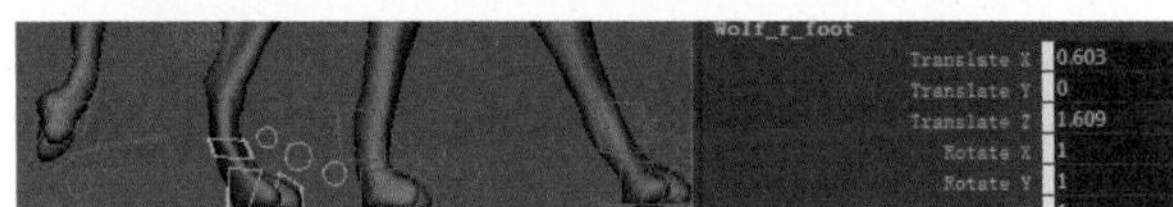

图4-153　第17帧右后腿控制器属性

12 角色Wolf_r_foot(右后腿控制器)的heel_Rot(脚大后跟)、ball_Rot(脚后跟)和toe_lift(脚指)的Rotate X(X轴旋转)属性数值分别为0、0和0，如图4-154所示。

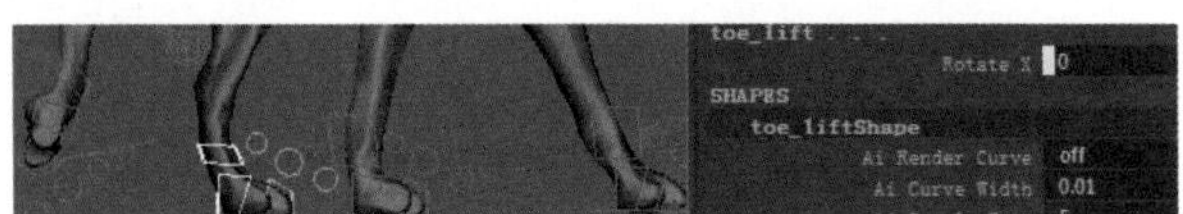

图4-154　第17帧右后腿腕部控制器属性

13 角色Wolf_r_foot(右后腿控制器)的Wolf_l_heel_lift(脚后跟)和Wolf_l_roll_lift(弯曲)的Rotate X(X轴旋转)属性数值分别为8.611和1，如图4-155所示。

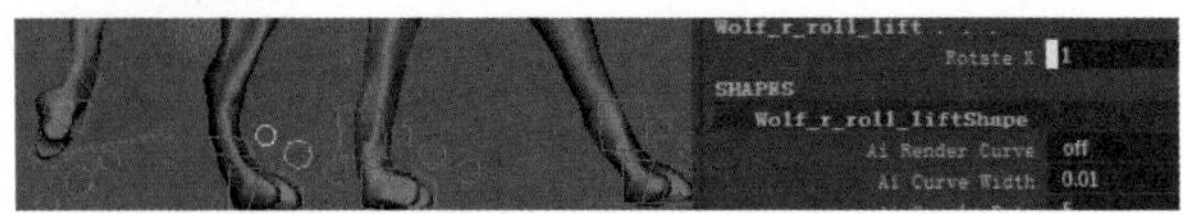

图4-155　第17帧右后腿指部控制器属性

8. 第20帧关键动作

01 在第20帧时，角色左后腿向前迈，并为第0帧动作过渡做准备，如图4-156所示。

02 角色Wolf_l_hand(左前腿控制器)的Translate(位移)属性数值为(-0.397,0.447,-2.788)，Rotate X(X轴旋转)属性数值为4.676，如图4-157所示。

图4-156　第20帧关键动作

03 角色Wolf_l_hand(左前腿控制器)的wrist_Rot(脚腕)、palm_Rot(脚掌)和finger_lift(脚指)的Rotate X(X轴旋转)属性数值分别为1.488、27.802和8.126，如图4-158所示。

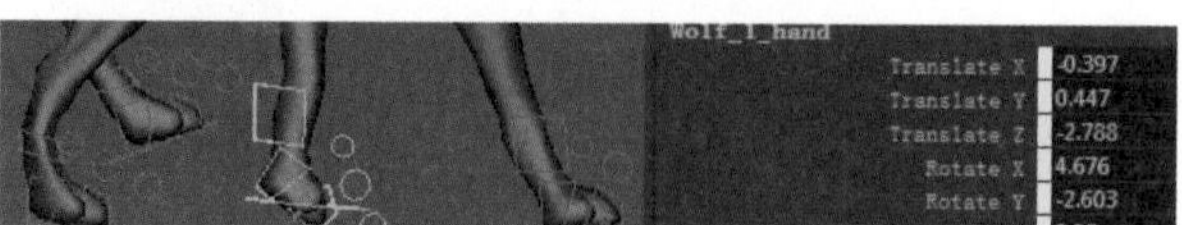

图4-157　第20帧左前腿控制器属性

04 角色Wolf_l_hand(左前腿控制器)的Wolf_l_heel_lift(脚后跟)和Wolf_l_roll_lift(弯曲)的Rotate X(X轴旋转)属性数值分别为14.267和4.71，如图4-159所示。

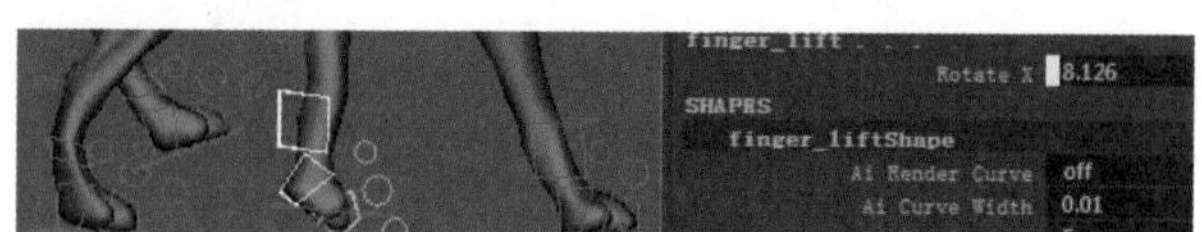

图4-158　第20帧左前腿腕部控制器属性

05 角色Wolf_r_hand(右前腿控制器)的Translate(位移)属性数值为(0.311,0,1.594)，Rotate X(X轴旋转)属性数值为0，如图4-160所示。

图4-159　第20帧左前腿指部控制器属性

06 角色Wolf_r_hand(右前腿控制器)的wrist_Rot(脚腕)、plam_Rot(脚掌)和finger_lift(脚指)的Rotate X(X轴旋转)属性数值分别为0、0和0，如图4-161所示。

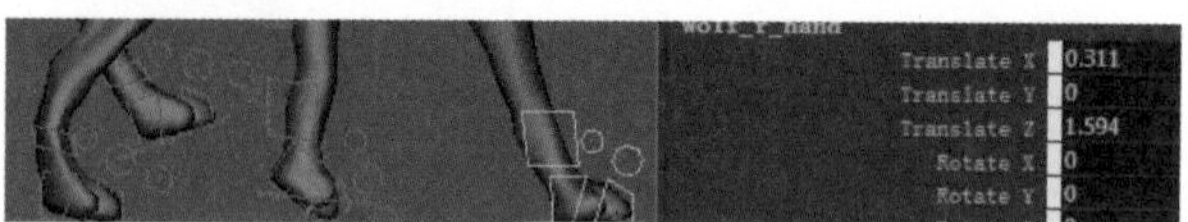

图4-160　第20帧右前腿控制器属性

07 角色Wolf_l_hand(右前腿控制器)的Wolf_l_heel_lift(脚后跟)和Wolf_l_roll_lift(弯曲)的Rotate X(X轴旋转)属性数值分别为-12.11和0，如图4-162所示。

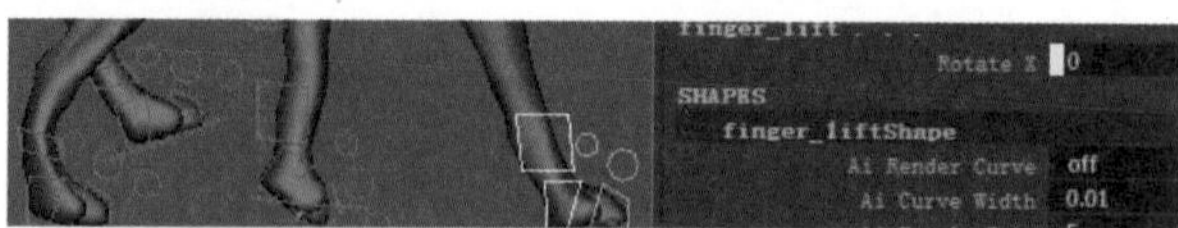

图4-161　第20帧右前腿腕部控制器属性

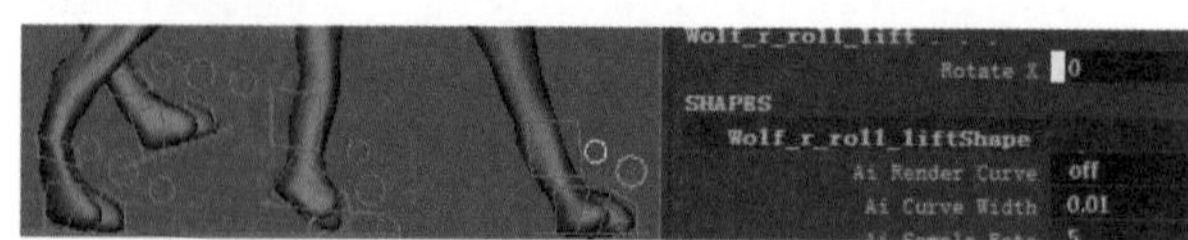

图4-162　第20帧右前腿指部控制器属性

08 角色Wolf_l_foot(左后腿控制器)的Translate(位移)属性数值为(-0.546,1.456,

1.405)，Rotate X(X轴旋转)属性数值为-20.057，如图4-163所示。

09 角色Wolf_l_foot(左后腿控制器)的heel_Rot(脚大后跟)、ball_Rot(脚后跟)和toe_lift(脚指)的Rotate X(X轴旋转)属性数值分别为0、0和6.148，如图4-164所示。

10 角色Wolf_l_foot(左后腿控制器)的Wolf_l_heel_lift(脚后跟)和Wolf_l_roll_lift(弯曲)的Rotate X(X轴旋转)属性数值分别为5.46和8.683，如图4-165所示。

11 角色Wolf_r_foot(右后腿控制器)的Translate(位移)属性数值为(0.603,0,-0.256)，Rotate X(X轴旋转)属性数值为0，如图4-166所示。

12 角色Wolf_r_foot(右后腿控制器)的heel_Rot(脚大后跟)、ball_Rot(脚后跟)和toe_lift(脚指)的Rotate X(X轴旋转)属性数值分别为0、0和0，如图4-167所示。

13 角色Wolf_r_foot(右后腿控制器)的Wolf_l_heel_lift(脚后跟)和Wolf_l_roll_lift(弯曲)的Rotate X(X轴旋转)属性数值分别为14.318和12.664，如图4-168所示。

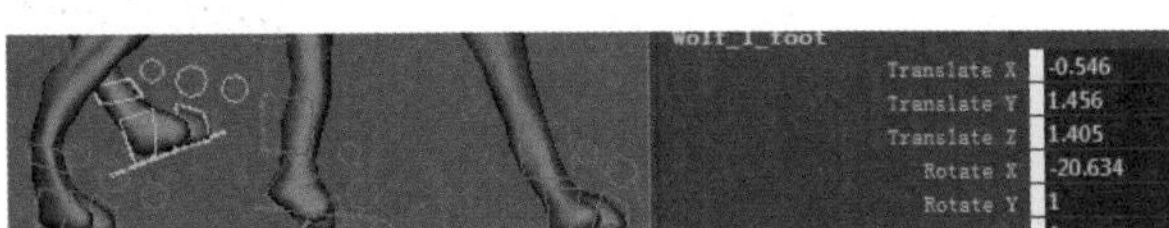

图4-163 第20帧左后腿控制器属性

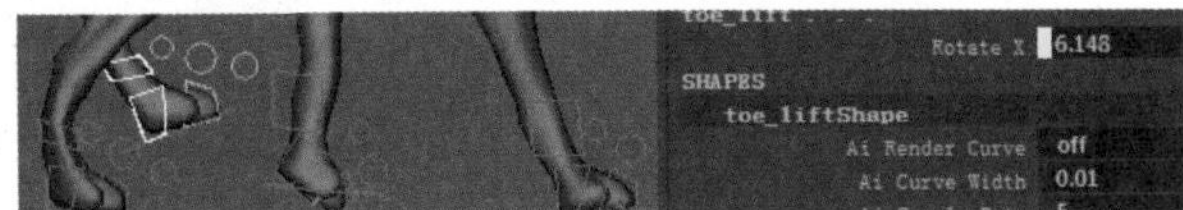

图4-164 第20帧左后腿腕部控制器属性

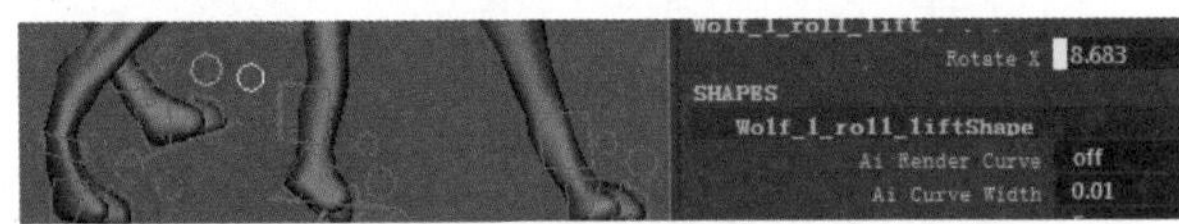

图4-165 第20帧左后腿指部控制器属性

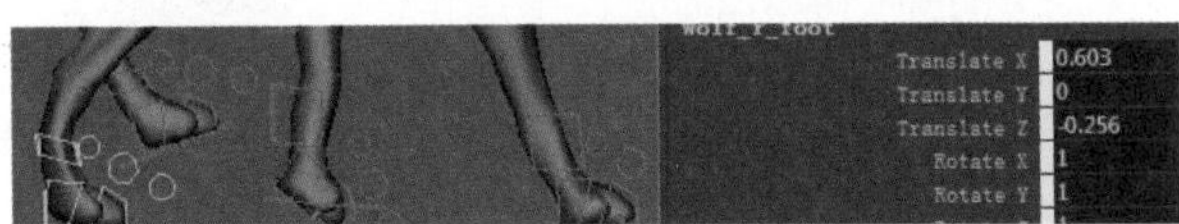

图4-166 第20帧右后腿控制器属性

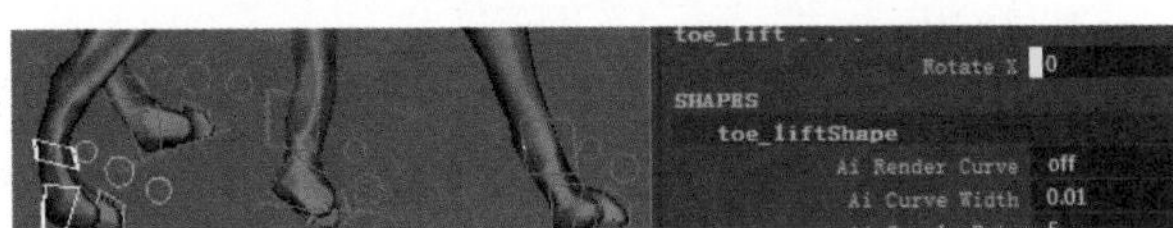

图4-167 第20帧右后腿腕部控制器属性

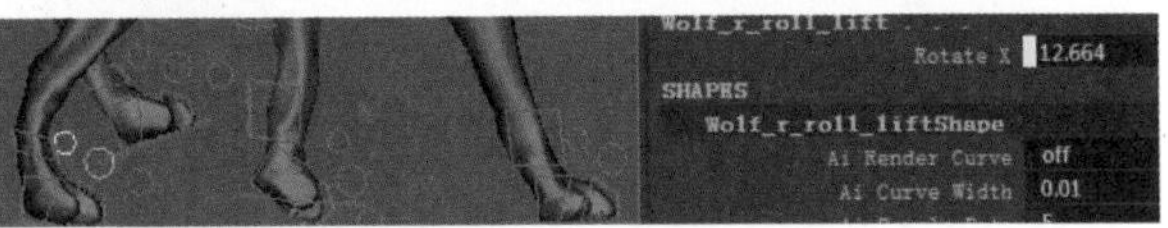

图4-168 第20帧右后腿指部控制器属性

9. 设置胸部关键帧

01 在第0帧和第24帧时，是角色的起始动作。角色的ctl_l_thorax(左胸部)和ctl_r_thorax(右胸部)的Rotate X(X轴旋转)属性数值分别为0和0，如图4-169所示。

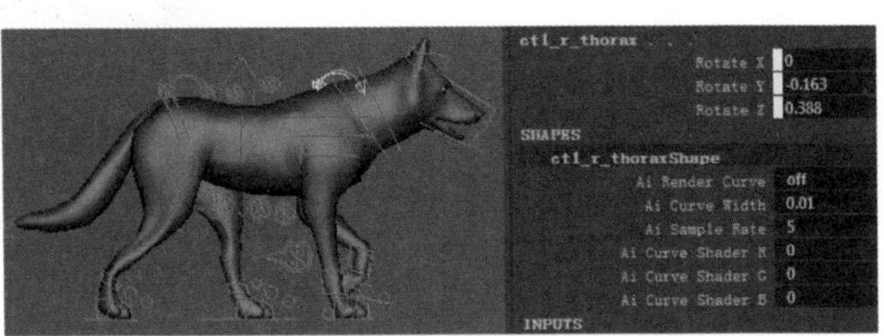

图4-169 第0帧胸部控制器属性

02 在第6帧时，是扭动的关键帧。角色的ctl_l_thorax(左胸部)和ctl_r_thorax(右胸部)的Rotate X(X轴旋转)属性数值分别为-16.464和36.274，如图4-170所示。

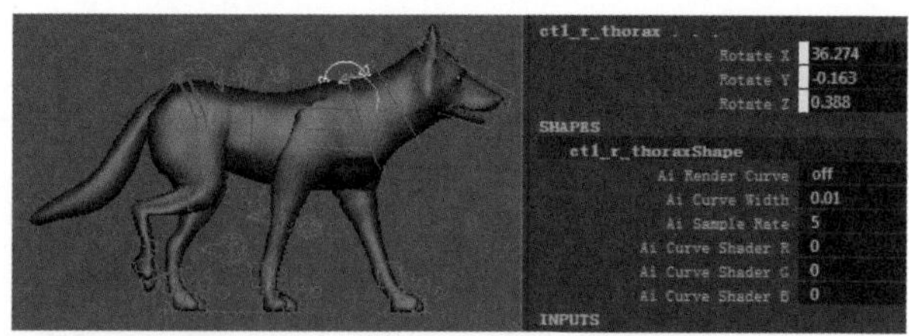

图4-170 第6帧胸部控制器属性

03 在第18帧时，也是扭动的关键帧。角色的ctl_l_thorax(左胸部)和ctl_r_thorax(右胸部)的Rotate X(X轴旋转)属性数值分别为41.63和-9.86，如图4-171所示。

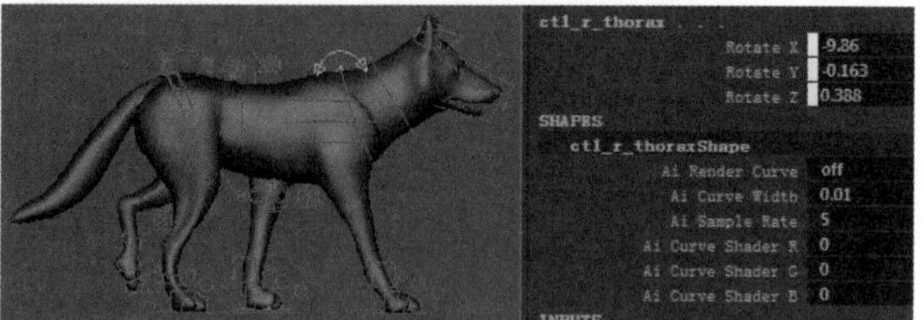

图4-171 第18帧胸部控制器属性

10. 设置大腿关键帧

01 在第0帧和第24帧时，是角色的起始动作。角色的ctl_l_thigh(左大腿)和ctl_r_thigh(右大腿)的Rotate X(X轴旋转)属性数值分别为0和0，如图4-172所示。

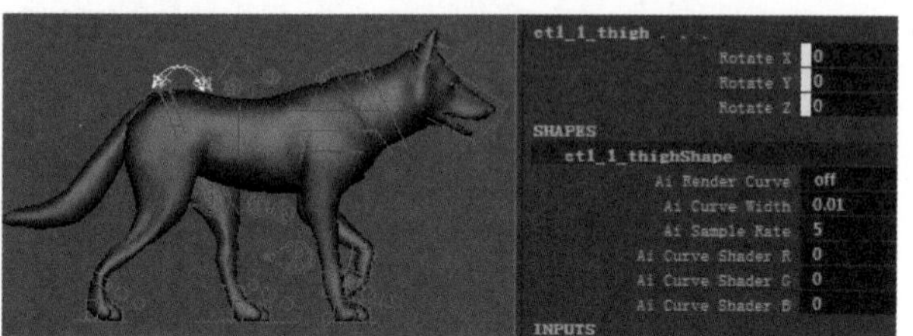

图4-172 第0帧大腿控制器属性

02 在第8帧时，是角色右腿扭动的关键帧。角色的ctl_l_thigh(左大腿)和ctl_r_thigh(右大腿)的Rotate(旋转)属性数值分别为(0,0,0)和(6.568,0,15.31)，如图4-173所示。

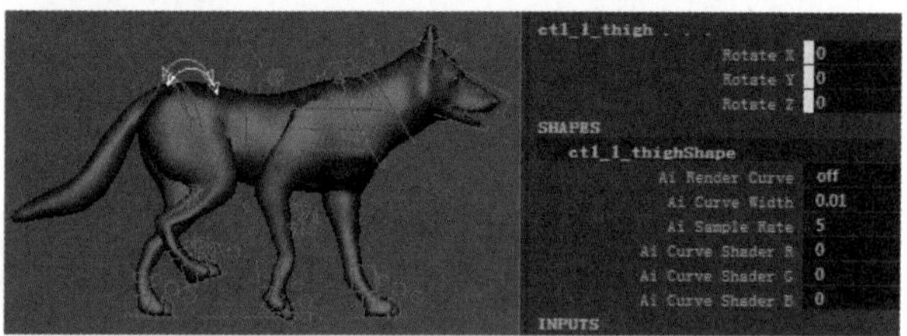

图4-173 第8帧大腿控制器属性

03 在第21帧时，是角色左腿扭动的关键帧。角色的ctl_l_thigh(左大腿)和ctl_r_thigh(右大腿)的Rotate(旋转)属性数值分别为(7.115,0,14.726)和(0,0,0)，如图4-174所示。

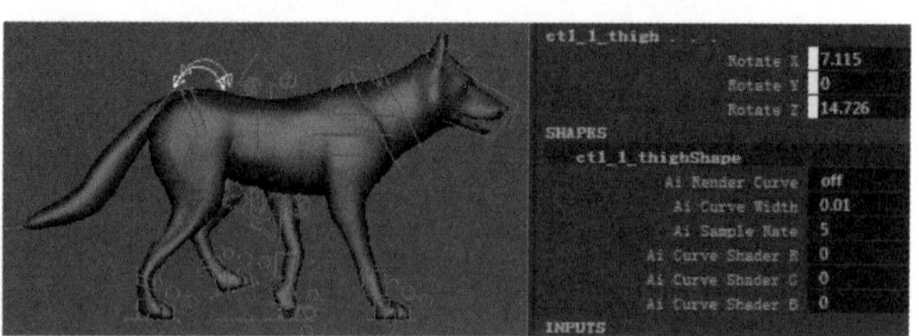

图4-174 第21帧大腿控制器属性

11. 设置扭动关键帧

01 四足走路会形成扭动的循环，主要通过调节ctl_thorax(胸部控制器)和ctl_pelvis(骨盆控制器)来实现的，如图4-175所示。

02 在第0帧和第24帧时，是角色身体扭向左侧。角色的ctl_thorax(胸部控制器)和ctl_pelvis(骨盆控制器)的Rotate Y(Y轴旋转)属性数值分别为4.4和-7，如图4-176所示。

03 在第12帧时，是角色身体扭向右侧。角色的ctl_thorax(胸部控制器)和ctl_pelvis(骨盆控制器)的Rotate Y(Y轴旋转)属性数值分别为-4.4和7，如图4-177所示。

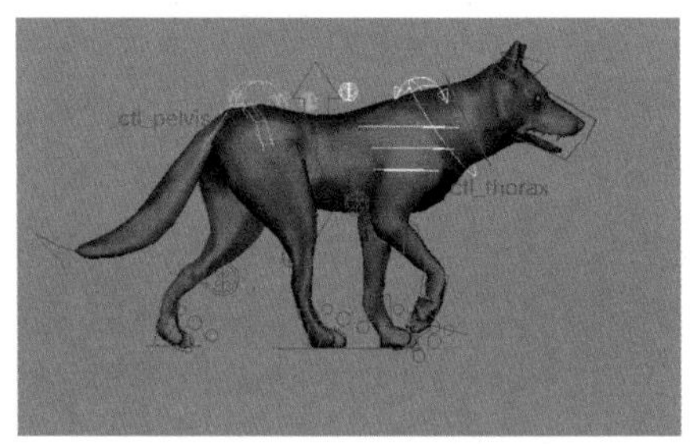

图4-175 胸部和骨盆控制器

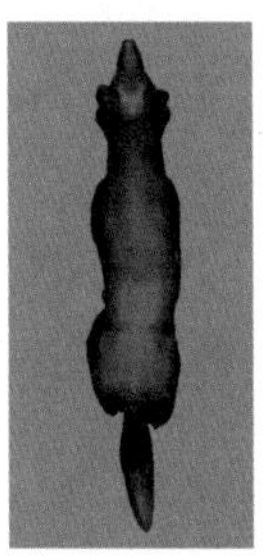

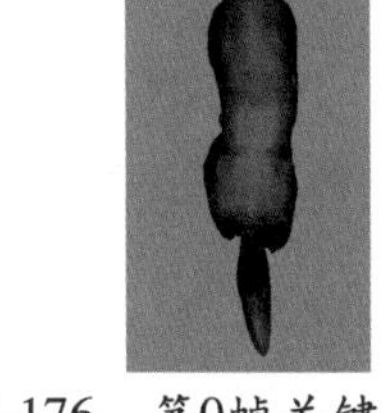

图4-176 第0帧关键动作

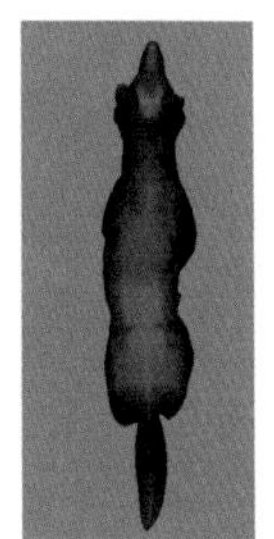

图4-177 第12帧关键动作

4.2.2 四足动物的跑步运动

四足动物跑步不是快速地走路，动物在奔跑的时候，两条前腿运动一致，后腿运动一致。由于四足动物跑步动作的速度较快，所以相对来说走的动作容易表现。但是，做四足动物跑步动作时要体现出跑的力量，特别是后腿运动的力量。跑步的躯体运动变化也很重要，头部要始终伸向前方，保持一个运动向前的趋势，如图4-178所示。

图4-178 跑步关键动作

动画案例14：四足原地跑步

1. 设置初始循环关键帧

01 此动画案例长度为10帧。第0帧和第9帧角色所摆出的动作完全相同，形成了循环动画。

02 此案例与四足动物的走路动画制作方式相同，只是跑步动作案例所用的时间较短，因此每一帧都是一个动作关键。

03 在第0帧时，角色一条后腿蹬地，另一条抬起，两条前腿都为抬起状态。角色的头部向前伸，臀部放低，同时这也是臀部的最低点，如图4-179所示。

2. 第1帧关键动作

在第1帧时，角色后腿抬起，但身体还是有个向前倾的趋势，这也是和下一个关键帧的区别，如图4-180所示。

图4-179　第0帧关键动作

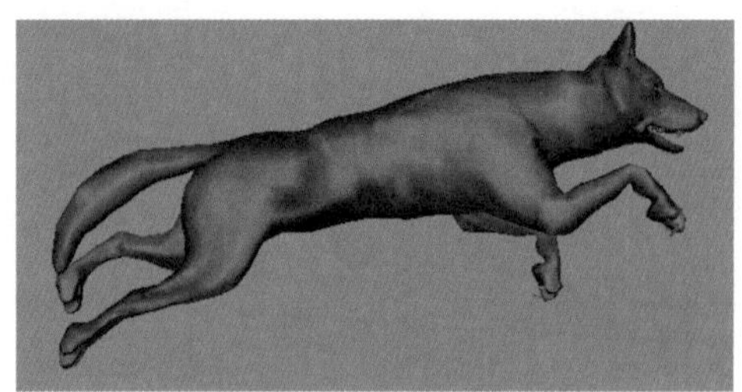

图4-180　第1帧关键动作

3. 第2帧关键动作

在第2帧时，角色四条腿同时抬起，前爪保持弯曲，但身体趋于一个平直的运动状态，如图4-181所示。

4. 第4帧关键动作

在第4帧时，角色一只前爪先着地，如图4-182所示。

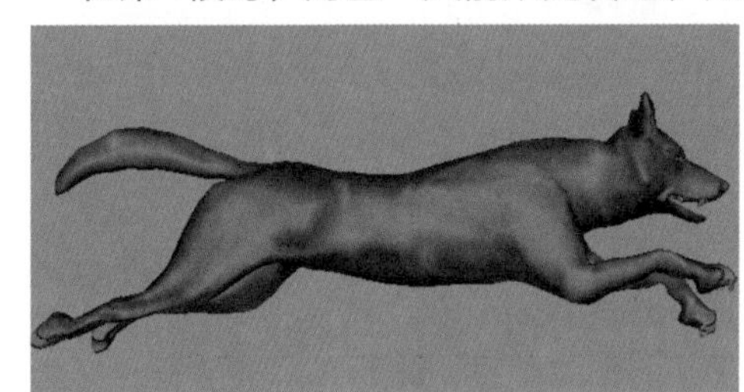

图4-181　第2帧关键动作

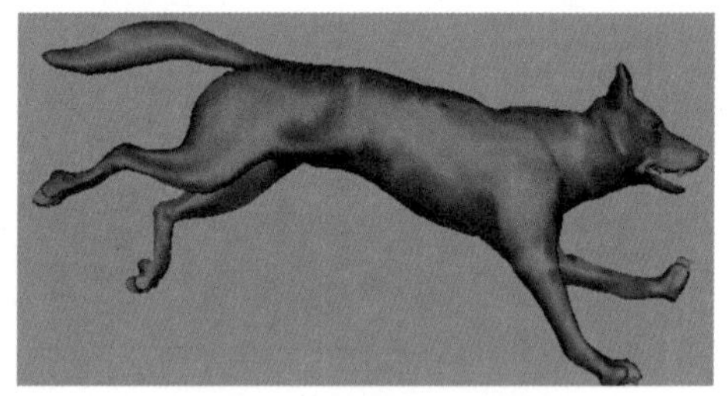

图4-182　第4帧关键动作

5. 第5帧关键动作

在第5帧时，角色前腿全部着地，躯体弯曲，如图4-183所示。

6. 第7帧关键动作

在第7帧时，角色前腿后腿分别是踩在地面上，角色的前后腿都在踏在地面时，顺势弯曲，躯体卷曲在一起，如图4-184所示。

图4-183　第5帧关键动作

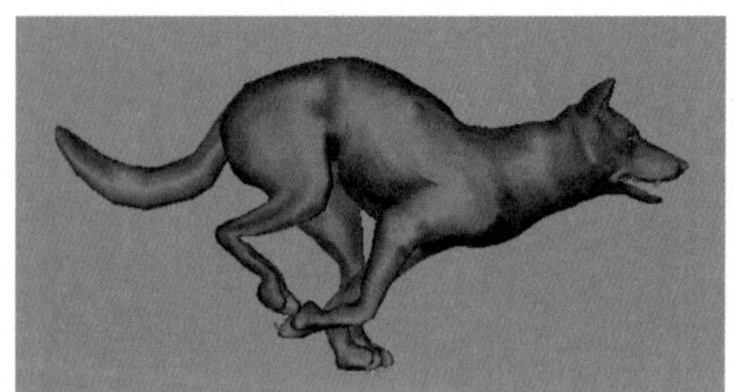

图4-184　第7帧关键动作

7. 第8帧关键动作

在第8帧时，角色有一条后腿踩在地面上，另一条后腿抬起，两条前腿已经全部抬起，并顺向后伸展，如图4-185所示。

8. 第9帧关键动作

第9帧是动作的最后一帧，与第0帧的动作完全相同，这样就会形成原地跑步的循环动作，如图4-186所示。

图4-185　第8帧关键动作

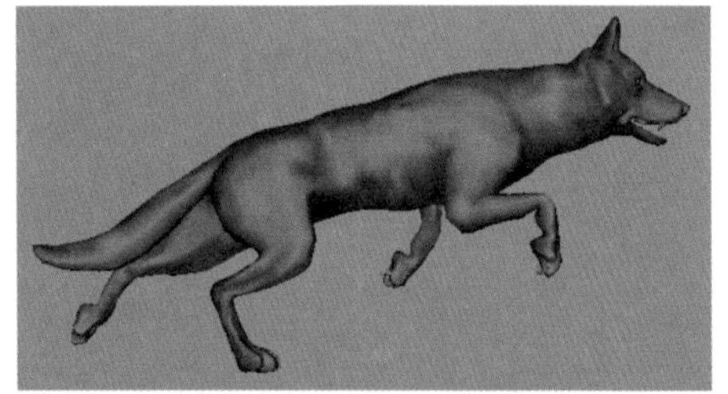

图4-186　第9帧关键动作

4.3　表情动画

人类脸部的肌肉有着惊人的弹性。当我们一帧帧地去观察真人演员的面部特写镜头时，会发现即使很微妙的心理活动也会反映在表情上。面部肌肉位置浅表起自颅骨的不同部位，通过肌肉的运动，构成了人类的喜怒哀乐，可以迅速地传达角色内心的情绪，如图4-187所示。

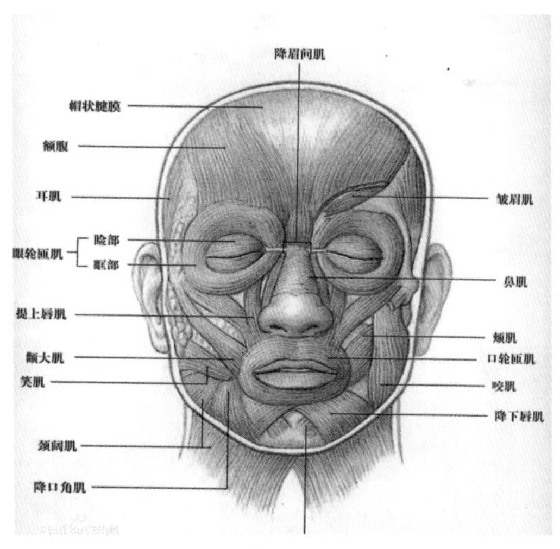

图4-187　面部肌肉

4.3.1　笑

人的心情处于正常状态时，在与他人交谈期间就会呈现为平和的心理作用并用微笑来展现人与人之间的善意交往。人类至少有18种独特的微笑，每一种微笑都微妙地动用了不同的面部肌肉组合。除了微笑，又包括冷笑、苦笑、含泪而笑、哈哈大笑、轻蔑的笑等，如图4-188所示。

图4-188 笑

4.3.2 悲伤

悲伤分为很多种，可以表现为号啕大哭，也可以表现为强忍悲伤的状态，如图4-189所示。

图4-189 悲伤

4.3.3 愤怒

愤怒有程度的不同，从轻微不满、怒、激愤到大怒等。通常随着程度的增加，眉毛会向下压得愈加明显，鼻孔将变大张开，嘴巴张开露出牙齿或紧闭，如图4-190所示。

图4-190 愤怒

4.3.4　恐惧

恐惧通常表现为眼睛睁大、瞳孔收缩、眉毛上扬、嘴角下拉等，如图4-191所示。

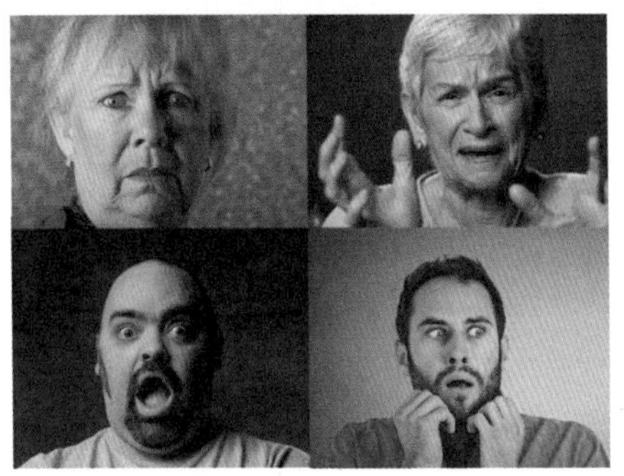

图4-191　恐惧

4.3.5　厌恶

厌恶是一种反感的情绪，通常眉毛紧皱，眼皮向下遮住部分瞳孔，上唇提升，嘴角向后咧，鼻翼两侧沟纹加深，如图4-192所示。

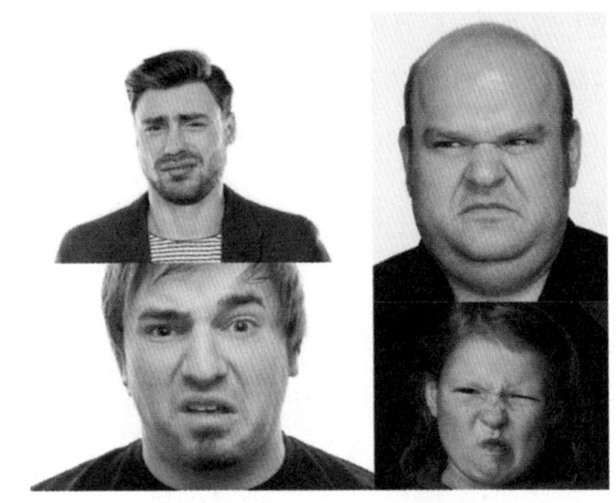

图4-192　厌恶

4.3.6　惊讶

人遇到意外刺激的时候，会在受到刺激的一瞬间停止一切活动，抬头、睁大眼睛、抬高眉毛，嘴巴会因为刺激的程度而不同程度地张开。而虚假的惊讶反映时间要迟缓，如图4-193所示。

图4-193　惊讶

动画案例15：表情动画

动画师不仅要根据真人的表情制作出动画表情，同时也要学会如何将表情连接在一起。在这个案例中，将处理从愉快到惊讶的表情过渡。

1. 第1帧关键帧制作

01 在第1帧，角色bish001_ac_R_brow_in_ctrl(右眉毛内部控制)平移Y属性数值为0.1，bish001_ac_R_brow_med_ctrl(右眉毛中部控制)平移Y属性数值为0.087，bish001_ac_R_brow_out_ctrl(右眉毛外部控制)平移Y属性数值为-0.1；角色bish001_ac_L_brow_in_ctrl(左眉毛内部控制)平移Y属性数值为0.35，bish001_ac_L_brow_med_ctrl(左眉毛中部控制)平移Y属性数值为0.287，bish001_ac_L_brow_out_ctrl(左眉毛外部控制)平移Y属性数值为-0.1；bish001_ac_R_eyeaim_ctrl(右眼睛目标控制)Top Open CLose(顶端关闭控制)属性数值为0.2，bish001_ac_L_eyeaim_ctrl(左眼睛目标控制)Top Open Close(顶端关闭控制)属性数值为0.16; bish001_ac_R_mouthcorner_ctrl(右嘴巴边角控制)平移X属性数值为-0.071，平移Y属性数值为0.181，bish001_ac_L_mouthcorner_ctrl(左嘴巴边角控制)平移X属性数值为0.225，平移Y属性数值为0.208；bish001_ac_C_jaw_jnt(下巴控制)旋转X属性数值为13.814，旋转Z属性数值为5.73，如图4-194所示。

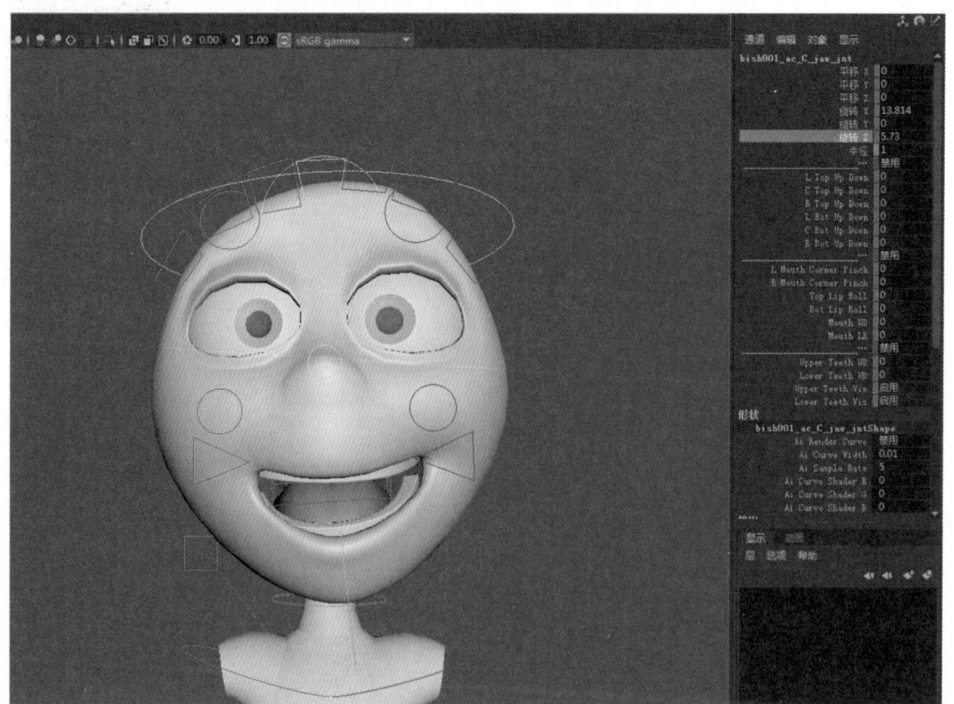

图4-194　第1帧关键制作

02 在第10帧，角色bish001_ac_R_brow_in_ctrl(右眉毛内部控制)平移Y属性数值为0.3，bish001_ac_R_brow_med_ctrl(右眉毛中部控制)平移Y属性数值为0.075，bish001_ac_R_brow_out_ctrl(右眉毛外部控制)平移Y属性数值为0；角色bish001_ac_L_brow_in_ctrl(左眉毛内部控制)平移Y属性数值为0.2，bish001_ac_L_brow_med_ctrl(左眉毛中部控制)平移Y属性数值为0.187，bish001_ac_L_brow_out_ctrl(左眉毛外部控制)平移Y属性数值为0；bish001_ac_R_eyeaim_ctrl(右眼睛目标控制)Top Open CLose(顶端关闭控制)属性数值为0，bish001_ac_L_eyeaim_ctrl(左眼睛目标控制)Top Open Close(顶端关闭控制)属性数值为0.06; bish001_ac_R_mouthcorner_ctrl(右嘴巴边角控制)平移X属性数值为-0.071，平移Y属性数值为-0.3，bish001_ac_L_mouthcorner_ctrl(左嘴巴边角控制)平移X属性数值为-0.019，平移Y属性数值为-0.35；bish001ssss_ac_C_jaw_jnt(下巴控制)旋转X属性数值为18.397，旋转Z属性数值为-0.1，如图4-195所示。

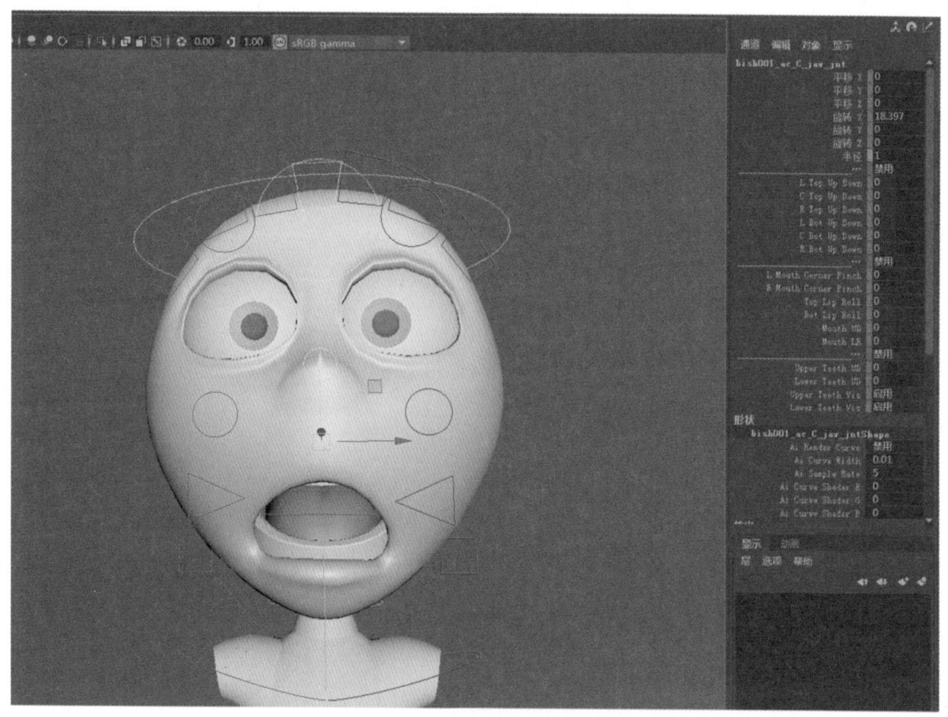

图4-195　第10帧关键制作

2. 中间关键帧制作

在第4帧，眉毛、眼睛和嘴巴是压缩的。

角色bish001_ac_R_brow_in_ctrl(右眉毛内部控制)平移Y属性数值为-0.65，bish001_ac_R_brow_med_ctrl(右眉毛中部控制)平移Y属性数值为-0.313，

bish001_ac_R_brow_out_ctrl(右眉毛外部控制)平移Y属性数值为-0.5；角色bish001_ac_L_brow_in_ctrl(左眉毛内部控制)平移Y属性数值为-0.65，bish001_ac_L_brow_med_ctrl(左眉毛中部控制)平移Y属性数值为-0.439，bish001_ac_L_brow_out_ctrl(左眉毛外部控制)平移Y属性数值为-0.274；bish001_ac_R_eyeaim_ctrl(右眼睛目标控制)Top Open CLose(顶端关闭控制)属性数值为0.948，Bottom Open Close(底端关闭控制)属性数值为0.1，bish001_ac_L_eyeaim_ctrl(左眼睛目标控制)Top Open Close(顶端关闭控制)属性数值为0.834，Bottom Open Close(底端关闭控制)属性数值为0.2; bish001_ac_R_mouthcorner_ctrl(右嘴巴边角控制)平移X属性数值为-0.06，平移Y属性数值为-0.043，bish001_ac_L_mouthcorner_ctrl(左嘴巴边角控制)平移X属性数值为0.162，平移Y属性数值为0.063；bish001ssss_ac_C_jaw_jnt(下巴控制)旋转X属性数值为0，旋转Z属性数值为-3.438，L Top Up Down(左侧上部上下控制)属性数值为0.4，如图4-196所示。

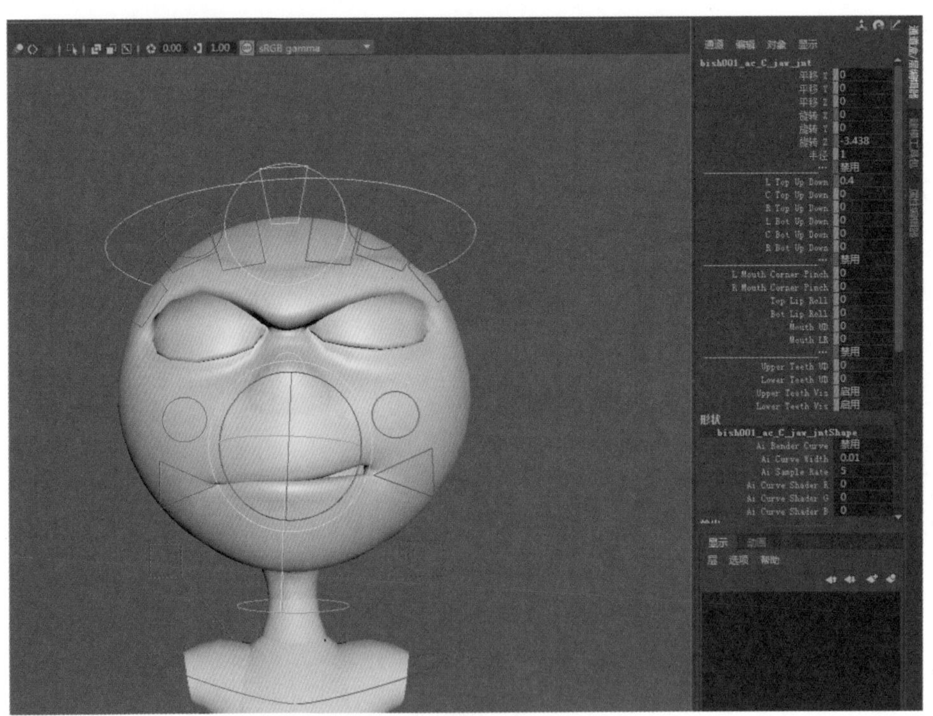

图4-196　第4帧关键制作

3. 细分帧制作

表情的变化从眉毛开始，将第1帧的属性复制到第2帧，微调部分参数即可。

01 在第2帧，角色bish001_ac_R_brow_in_ctrl(右眉毛内部控制)平移Y属性数值为-0.3，bish001_ac_R_brow_med_ctrl(右眉毛中部控制)平移Y属性数值为0，

bish001_ac_R_brow_out_ctrl(右眉毛外部控制)平移Y属性数值为-0.3；角色bish001_ac_L_brow_in_ctrl(左眉毛内部控制)平移Y属性数值为0.1，bish001_ac_L_brow_med_ctrl(左眉毛中部控制)平移Y属性数值为0.1，bish001_ac_L_brow_out_ctrl(左眉毛外部控制)平移Y属性数值为-0.2；bish001ssss_ac_C_jaw_jnt(下巴控制)旋转X属性数值为13.161，旋转Z属性数值为3.438，如图4-197所示。

图4-197　第2帧关键制作

02 在第6帧，角色bish001_ac_R_brow_in_ctrl(右眉毛内部控制)平移Y属性数值为0.123，bish001_ac_R_brow_med_ctrl(右眉毛中部控制)平移Y属性数值为-0.188，bish001_ac_R_brow_out_ctrl(右眉毛外部控制)平移Y属性数值为0；角色bish001_ac_L_brow_in_ctrl(左眉毛内部控制)平移Y属性数值为0.133，bish001_ac_L_brow_med_ctrl(左眉毛中部控制)平移Y属性数值为-0.038，bish001_ac_L_brow_out_ctrl(左眉毛外部控制)平移Y属性数值为-0.1；bish001_ac_R_eyeaim_ctrl(右眼睛目标控制)Top Open CLose(顶端关闭控制)属性数值为0.548，Bottom Open Close(底端关闭控制)属性数值为0.5，bish001_ac_L_eyeaim_ctrl(左眼睛目标控制)Top Open Close(顶端关闭控制)属性数值为0.5，Bottom Open Close(底端关闭控制属性数值为0.5; bish001ssss_ac_C_jaw_jnt(下巴控制)旋转X属性数值为0.667，旋转Z属性数值为-2.546，如图4-198所示。

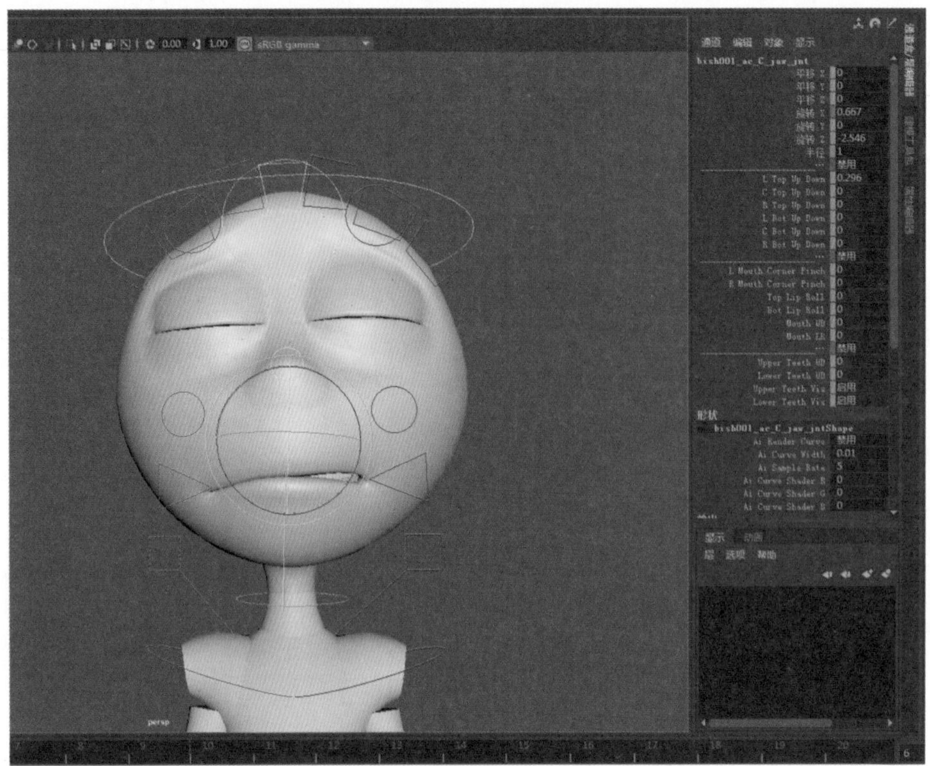

图4-198　第6帧关键制作

第5章 卡通风格在三维动画中的实现方法

- 卡通动画的风格
- 卡通风格在三维数字动画中的实现

5.1 卡通动画的风格

5.1.1 挤压和拉伸

挤压和拉伸可以赋予所要表现的物体生命，使其不再显得僵硬。无生命的物体，如桌子、椅子，只是做单纯的位移等动画，是无所谓僵硬与否的。但凡是有生命的物体，无论是动作还是表情，都需要做一定的挤压和拉伸，才不会显得僵硬而突兀。简单来说，挤压和拉伸实际上是用来表示物体的弹性的。如图5-1所示，在《功夫熊猫》TV版中，黏豆包被阿宝打在饕餮的鼻子上的瞬间，黏豆包发生了挤压，饕餮用力将黏豆包拉出鼻子时，黏豆包发生了明显的拉伸。

图5-1 挤压和拉伸

5.1.2 预备动作

一般情况下，一套完整的动作分为三个阶段，分别是动作准备阶段、动作实施阶段和动作跟随阶段。第一个阶段就是我们所说的预备动作。

预备动作实际上是根据物理运动规律的需要来做的。如图5-2所示，在《功夫熊猫》中，阿宝出拳击门就是一套完整的动作，三张图分别表示了出拳的预备姿势、出拳过程和出拳结束，可以让观众清楚地看到什么是即将要发生的动作，什么是正在发生的动作，什么是发生过的动作。

图5-2 预备动作

5.1.3 节奏感

无论是音乐还是动画，控制好“节奏”都是制作流程中非常重要的一环。运动速度的改变，可以使角色的表演和情绪更加生动和细腻。卡通风格的动作要求节奏简单明快，写实风格的动作则要求细腻，在细节上追求精益求精。如图5-3所示，在《功夫熊猫》中，阿宝慌张地从石阶上快速向下奔跑，师傅突然出现并挡在阿宝面前，阿宝骤停，这段从加速跑到停止的节奏控制得张弛有度。

图5-3 节奏感

5.1.4 渐入和渐出

渐入和渐出也叫作慢进和慢出，通常用于物体的加速和减速过程中。一般来说，动画师需要摆好开始动作和结束动作，开始动作和结束动作之间的叫作中间动作，这是控制整套动作速度的关键，而渐入和渐出就是应用于这个中间动作的。把渐入和渐出配合节奏使用，可以使动作更加灵活和生动，但是切记不可过多使用，否则会适得其反，使动作变得呆板僵硬。如图5-4所示，小心翼翼地拿起水杯和放下水杯的瞬间是减速运动，拿起的过程则是加速运动。

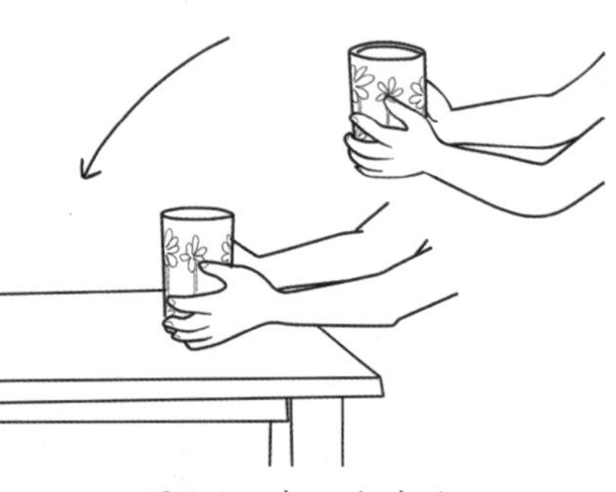

图5-4 渐入和渐出

5.1.5 动作的惯性

动作的惯性就是动作的跟随和重叠，出现在动作结束之前。当一个角色实施一个动作时，身体的其他部分也会随着运动，即我们所谓的“牵一发而动全身”，但是当一个动作突然停止时，身体其他部分的动作不会跟着立刻停止，否则会显得死板而僵硬，而是由于惯性再继续运动而后停止。如图5-5所示，在《怪物史莱克》中，那头会说话的驴子嘟囔的时候头部扬起又落下，落下后头部的动作停止，但是耳朵由于惯性依然会继续发生运动而后才停止。

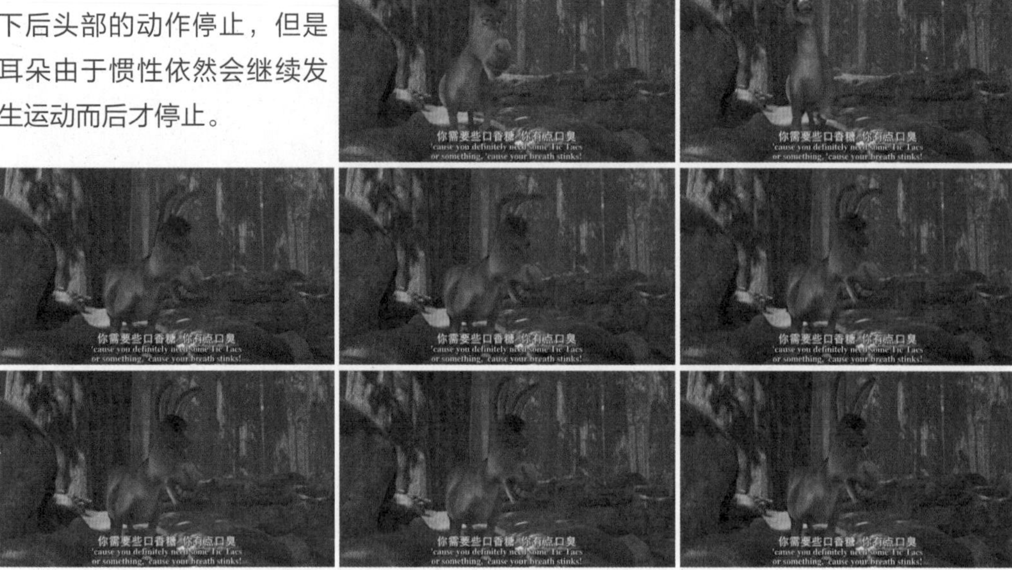

图5-5　动作惯性

5.1.6　弧线运动

现实中几乎所有的运动都是沿着弧线进行的。在自然界中，很少有生物是直上直下运动的。直上直下地做动画，会使角色变得机械化且不合常理，无论是走路、跑步还是投掷等，都是沿着曲线运动的。如图5-6所示，注意看《怪物史莱克》中飞翔的小精灵，一直是沿着弧线在飞，而不是做直上直下的机械移动。

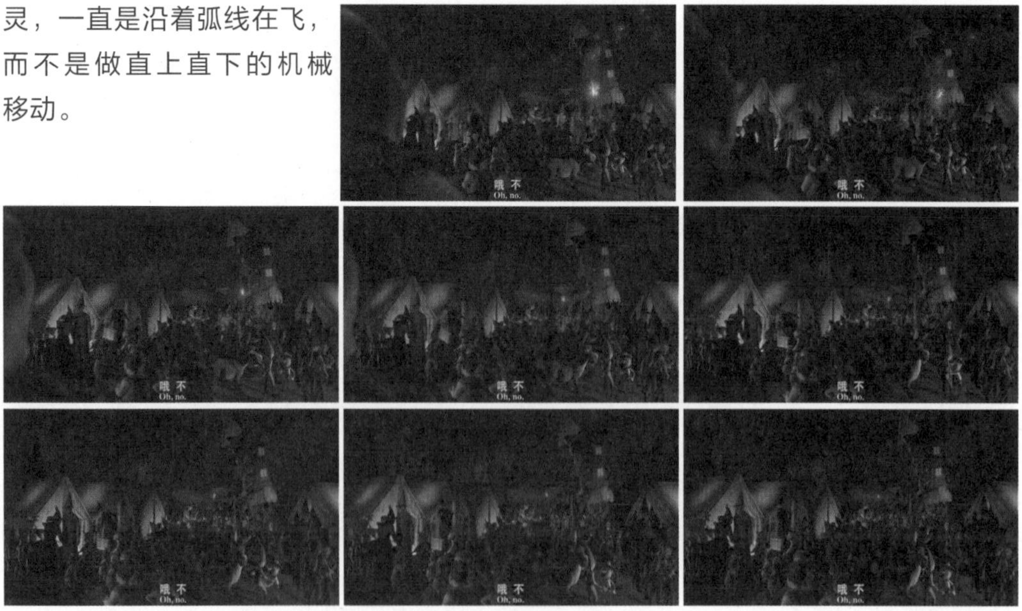

图5-6　弧线运动

5.1.7 夸张动作

动画的魅力之一就是在写实基础上进行的夸张表现。夸张一般用来强调事件的突发性或突出目的性。制作者应该明确动作的目的性、剧情需要的是什么以及哪个阶段需要动作上的夸张处理。根据剧情的需要，动画师进行适当的夸张处理，可以使动画更加有趣，人物的形象和情绪更加突出和明确，但如果使用不当就会变得很假，所以这个技巧在使用的时候一定要慎重。如图5-7所示，在《怪物史莱克》中，史莱克为了吓走前来滋扰的村民，故意做出一副狰狞恐怖的表情，史莱克扭曲狰狞的脸部进行了一定程度的夸张，口中喷出的大量的口水和从嘴里飞出的菜叶实际上也是一定程度的夸张。这样一来，史莱克吓走村民的举动的目的性更加明确了，村民被吓走也变得更加合乎情理。

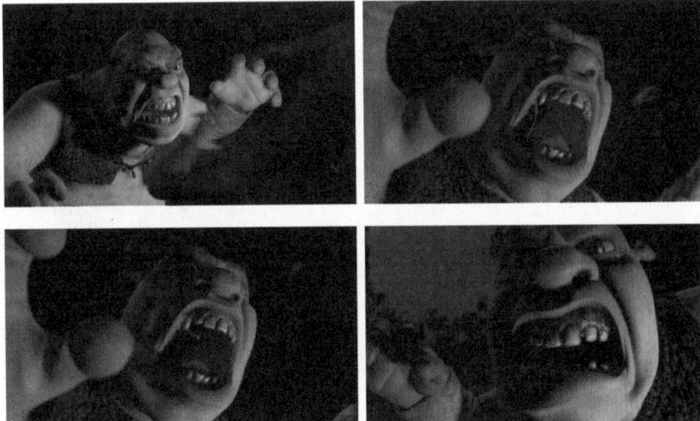

图5-7 夸张动作

5.1.8 次要动作

次要动作，顾名思义，是为主要动作服务的，既不能喧宾夺主超过了主要动作，又必不可少，不易察觉。正确地使用次要动作，可以丰富动画的细节，使动作看起来更加自然和流畅。如图5-8所示，仔细观察《怪物史莱克》中驴子的尾巴。这段动画的主要动作是驴子唱歌，看这段动画时人们会把眼光集中在驴子边唱边自我陶醉的驴脸上，而几乎不会去留意随着歌声和表情四处摆动的尾巴。尾巴的摆动动画就是次要动作，虽不易察觉，但若是没了尾巴的摆动，整套动作看起来就有所缺失，驴子的动作一下子会变得僵硬。

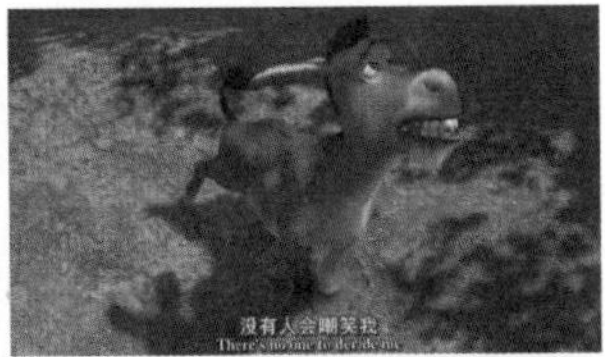

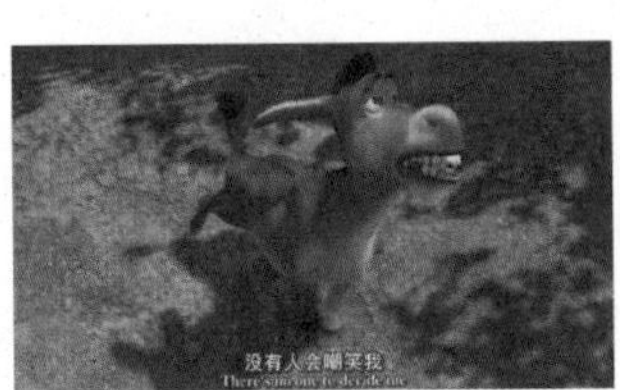

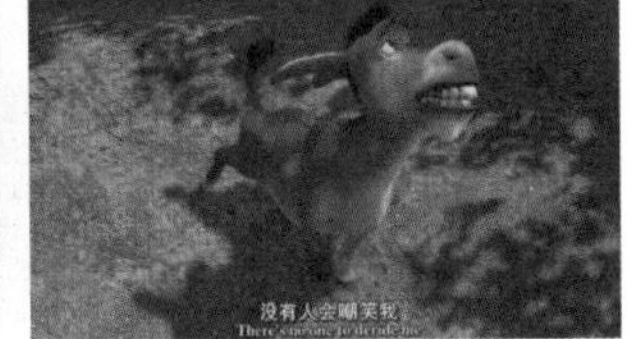

图5-8 次要动作

图5-8　次要动作(续)

5.1.9　动作表现力

动作表现力就是要清楚、明确地表现出动作的目的性，使观众容易理解。如果一次性表现过多东西，会使观众找不到重点，不知道该把注意力放在哪部分，那么这个动画就是失败的。检测动作是否具有表现力最简单最普遍的方法是“动作剪影”，如图5-9所示。成功的动画，只需要黑白通道对比就可以明确表现出动作的意图。如果观众不能通过黑白剪影理解动作的意图，那就说明这个动作的幅度不够，或者说目的性不够明确，需要动画师进行修改。

图5-9　动作表现力

5.1.10　重量感

在动画中，表现重量感需要综合运用以上的9条原则。体现物体的重量感是非常重要的，可以使整个画面情节变得立体。体现重量感的方法有很多，如图5-10所示，在《功夫熊猫》TV版中，鳄鱼帮在抢夺石像的过程中被石像所压。开始时是一只鳄鱼被压，由于石像很重，自己无法起身所以向其他鳄鱼求救。于是第二只鳄鱼过来搬起了石像，却由于支撑不住重量也被压在了石像下面。这时来了两只鳄鱼合力艰难地搬起石像，集合两人之力不但没有完全把石像移开，反而因为其中一人力气耗尽松了手，导致第三只鳄鱼也被压在了石像下面。这一连串的动作很形象、很明确地表现出了石像的重量感。

图5-10　重量感

图5-10 重量感(续)

5.1.11 不对称姿势和表演

一般来说，角色身上的不同部位是不会同步进行运动的，否则会显得死板和僵硬，动画师应该尽量避免这种情况。解决的方法其实很简单，只要错开些时间，或者干脆摆不同的姿势。如图5-11所示，在《怪物史莱克》中，注意观察史莱克伸懒腰的过程，他的双肩和双臂的运动，无论是姿势还是角度，始终都是不对称的。

图5-11 不对称姿势和表演

5.2 卡通风格在三维数字动画中的实现

5.2.1 实现工具

1. Maya软件

Maya是美国Autodesk公司出品的世界顶级三维动画制作软件之一，应用对象包括影视广告、角色动画、电影特效等。Maya软件在目前的三维软件中可以说是应用广泛、功能完善，且制作效率很高，属于高端级别的三维制作软件，如图5-12所示。

图5-12 Maya软件

2. 3ds Max软件

3ds Max是Autodesk公司开发的基于PC系统的三维动画渲染和制作软件。如果说Maya属于高端的三维制作软件，那么3ds Max就只能算是中端的三维制作软件。3ds Max易学易用，在制作场景、道具等方面非常强大，但是遇到一些高级要求，如角色动画、动力学模拟等，则远不如Maya强大，如图5-13所示。

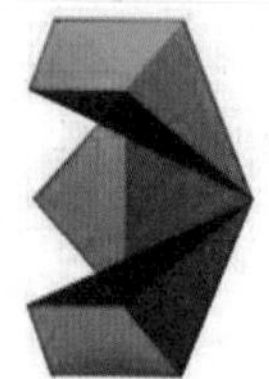

图5-13　3ds Max软件

3. ZBrush软件

ZBrush是一个数字雕刻和绘画软件，能够雕刻高达10亿多边形的模型，将三维动画中最复杂最耗费精力的角色建模和贴图变得相对简单而有趣，与Maya和3ds Max的配合常常能制造出惊艳的效果，如图5-14所示。

图5-14　ZBrush软件

5.2.2　创建角色模型

创建模型一般是使用多边形工具，创建顺序依照个人习惯，不必刻意要求是先建立整体还是先建立局部。在这里要强调的是布线问题，一是要按照肌肉走向合理布线，二是尽量不要出现多余的布线，让每一条布线都有其作用。

卡通风格让我们对于大小细节不需要费太多精力去调整，Maya的细分面形态效果能恰到好处地表现圆滑、弹性、柔和等卡通角色所具有的特性。为了使卡通风格的角色模型更为标准，在建立多边形的时候要注意多边形的结构正确和布线的合理性，这样转化为细分面后才能得到正确的卡通风格的角色模型，如图5-15所示。

图5-15　角色模型

5.2.3 创建骨骼的基础知识

模型创建完毕之后，下一步就是创建骨骼。骨骼是由骨头和关节组成关节链，再由关节链构成整个骨架。

1. 关节和骨头

关节是骨骼中骨头与骨头之间的连接点，转动关节可以使骨头的位置也跟着发生变化，如图5-16所示。骨头总是从先创建的关节指向下一个关节，这种指向踢向了两个关节之间的父子关系。父关节可以是任意的关节，位于父关节之下的关节是子关节，子关节会随着父关节的运动而运动。

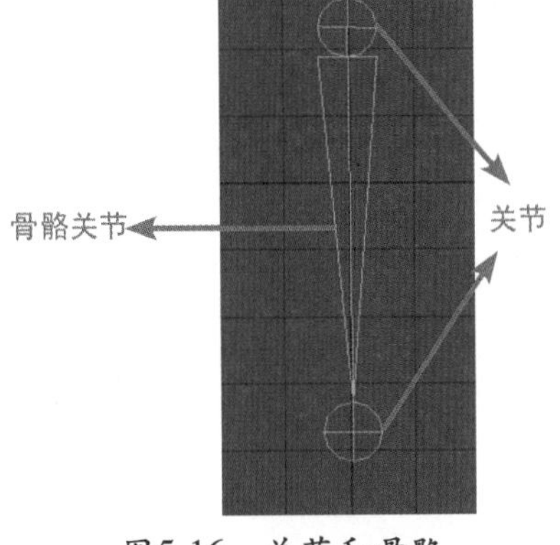

图5-16　关节和骨骼

2. 关节链

关节链是一系列关节及连接在关节上的骨骼组合成的。关节链中的关节的层级是单一的。关节链的起始关节是整个关节链中层次最高的关节，称为关节链的父关节，如图5-17所示。

3. 肢体链

肢体链是由一个或多个关节链组成，肢体链一般是从链中层次最高的关节开始的，此关节是肢体链的父关节，父关节下的子关节是同级关系，形成一种树形结构，如图5-18所示。

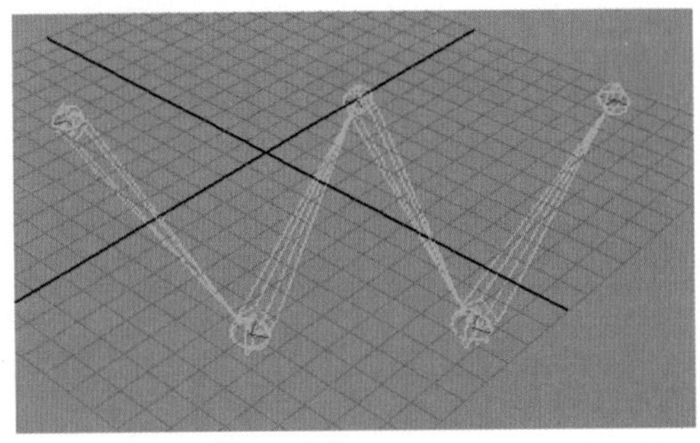

图5-17　关节链

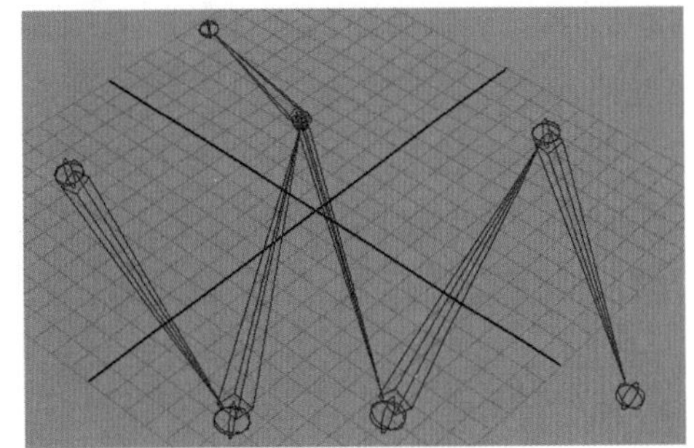

图5-18　肢体链

5.2.4 创建骨骼的方法

在创建骨骼之前，先要知道可以创建哪几种关节。Ball joint (球关节)能够绕三个坐标轴旋转，是默认的Joint工具。Universal joint (普通关节)能绕两个坐标轴旋转，如人的腕关节。Hingr joint (铰链关节)只能绕一个坐标轴旋转，如人的膝关节。

在制作过程中应根据各关节的功能，尽量少使用关节，这样可以使动画更有效，减少

Maya的计算量。下面来正式创建骨骼，如图5-19所示。

图5-19　命令菜单

01 在Maya的菜单栏中执行Skeleton(骨骼)> Create Joints(创建骨骼)命令来创建骨骼。

02 在视图中的任意位置单击鼠标左键，创建第一个关节，如图5-20所示。

03 将鼠标移动至第二个关节处，单击并按住鼠标左键进行拖动，可以调节关节的位置，然后释放鼠标左键创建第二个关节，如图5-21所示。

04 将鼠标移动至下一个位置，单击鼠标左键创建第三个关节，以此类推。创建足够多的关节之后，按Enter键结束创建，如图5-22所示。

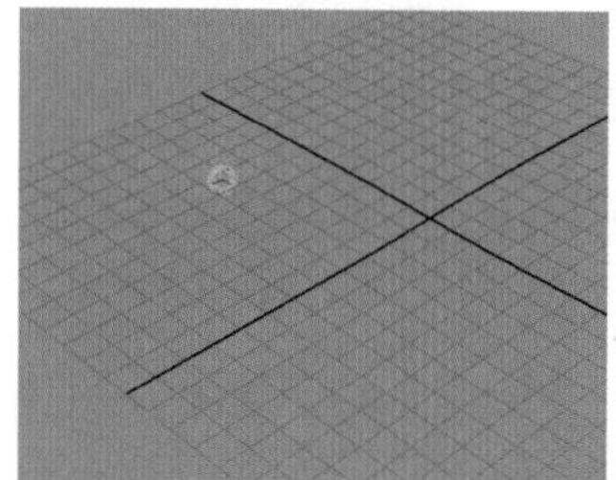
图5-20　创建关节1

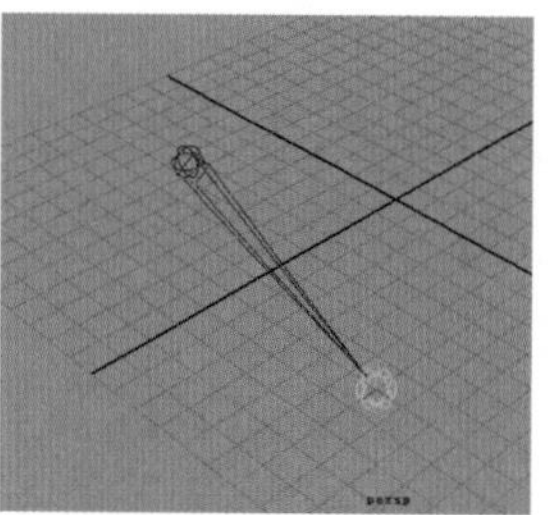
图5-21　创建关节2

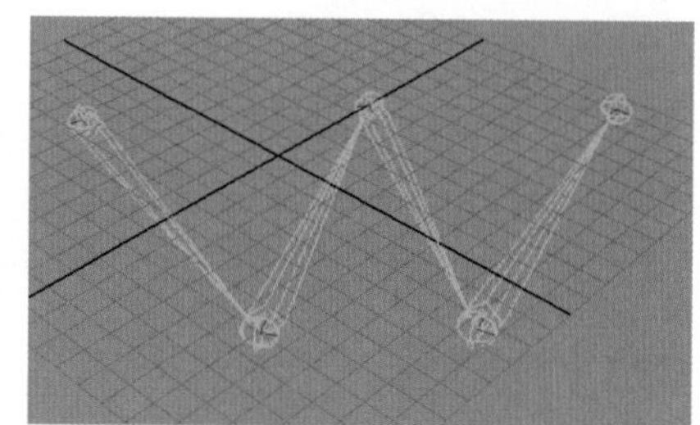
图5-22　结束创建

5.2.5　添加骨骼

骨骼创建完毕之后，我们还可以利用Joint Tool命令继续添加骨骼。方法如下。

01 在菜单栏中执行Skeleton(骨骼)>Joint Tool(骨骼工具)命令，然后在想要创建新骨骼的关节处单击鼠标左键即可，接下来的操作方法与创建骨骼的操作方法是一样的，如图5-23所示。

02 如果想在原来的关节链上继续添加新的关节，执行Skeleton(骨骼)>Joint Tool(骨骼工具)命令，然后在关节链的最后一节关节上单击鼠标左键，如图5-24所示。

03 添加完毕后，按Enter键结束添加，如图5-25所示。

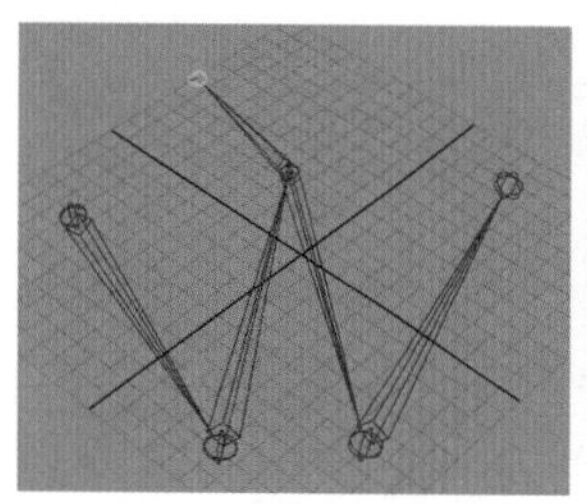
图5-23　添加骨骼

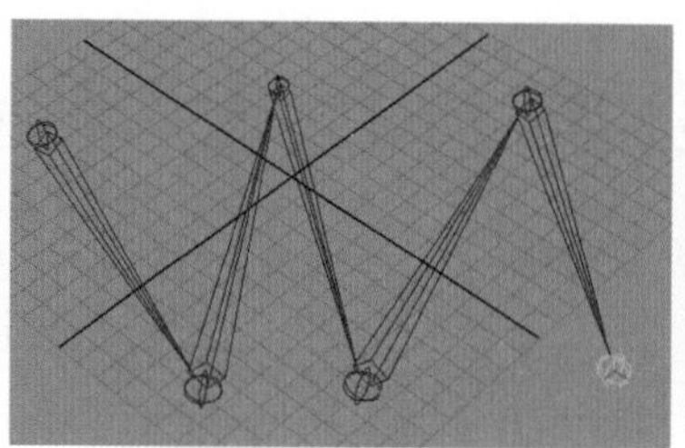
图5-24　添加关节

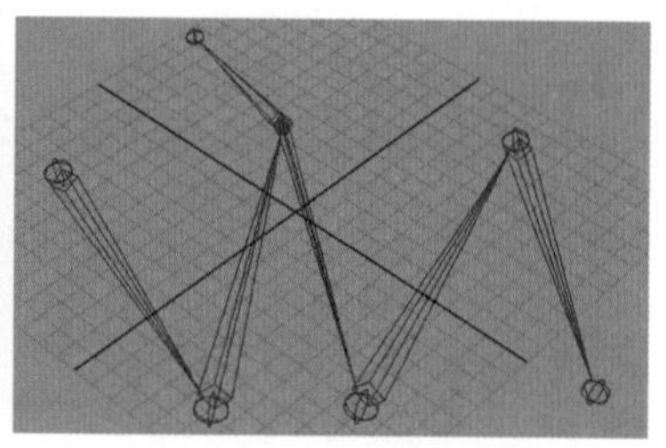
图5-25　结束添加

5.2.6 骨骼操作的基本命令

1. 插入关节

在菜单栏中执行Skeleton(骨骼)>Insert Joints(插入关节)命令，如图5-26所示。

使用这个命令可以在原有的关节链的基础上插入新的关节。在想要插入骨骼的关节上执行该命令，按住鼠标左键进行拖曳就可以插入新的关节了，如图5-27所示。

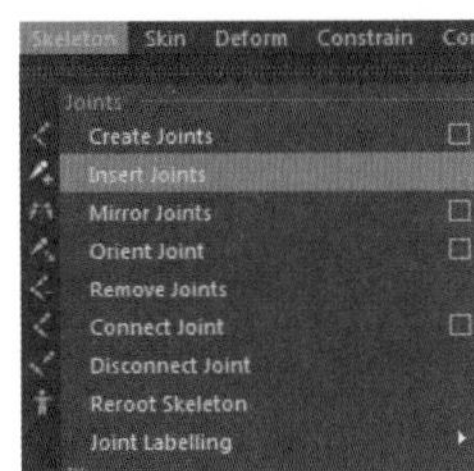

图5-26 命令菜单

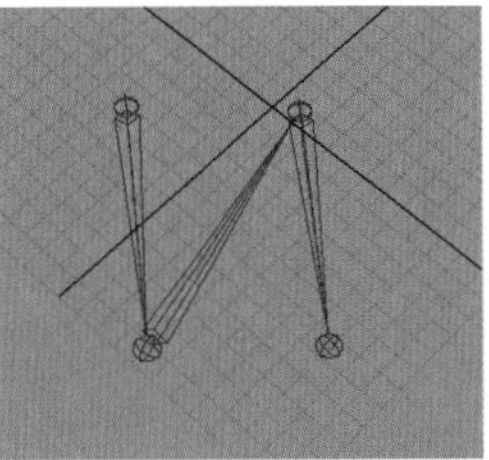

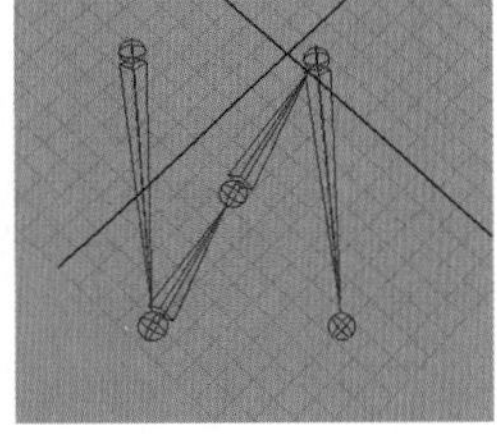

图5-27 插入关节

2. 重置根骨

在想要设置为根骨的关节上执行菜单栏中的Skeleton(骨骼)>Reroot Skeleton(重新设置根骨)命令，如图5-28所示。

使用这个命令可以重新设定关节链的根关节，也就是根骨，从而改变关节链的层级关系。图5-29为起始的关节链中，根骨为最左边的关节。图5-30是选中最右边的关节的关节点执行重置命令。图5-31是重置后的关节链，根骨就变成了最右边的关节。

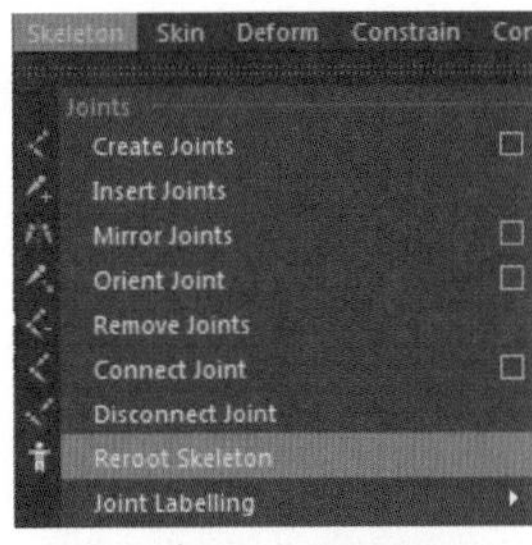

图5-28 命令菜单

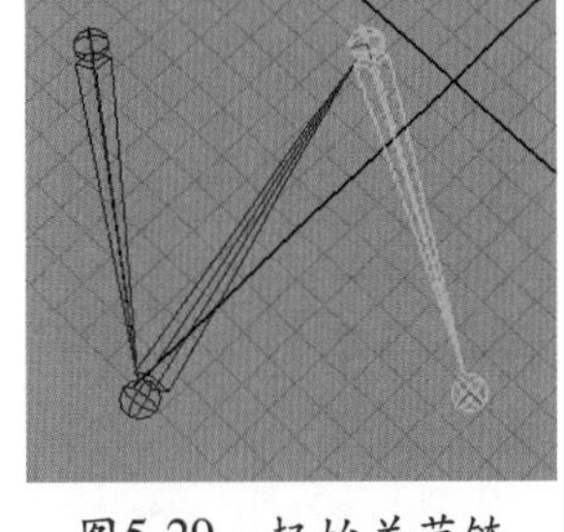

图5-29 起始关节链

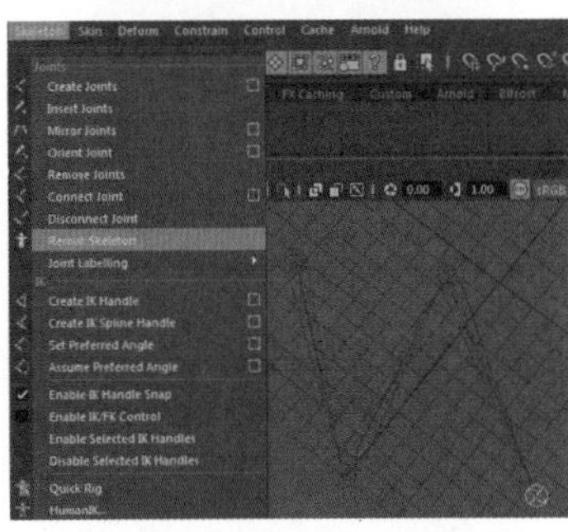

图5-30 执行命令

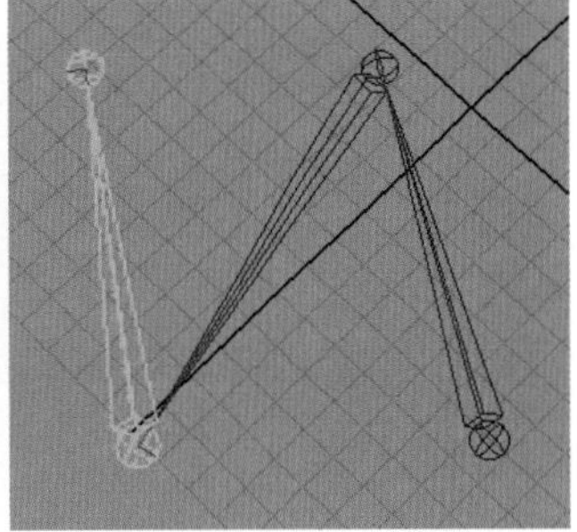

图5-31 重置根骨

3. 移除关节

选定要移除的关节的关节点，执行菜单栏中的Skeleton(骨骼)>Remove Joint(移除关节)命令，如图5-32所示。

使用这个命令可以移除除了根骨之外的任何关节。图5-33是移除关节前的效果，图5-34是移除关节后的效果。左边的关节是根骨，是不可移除的。

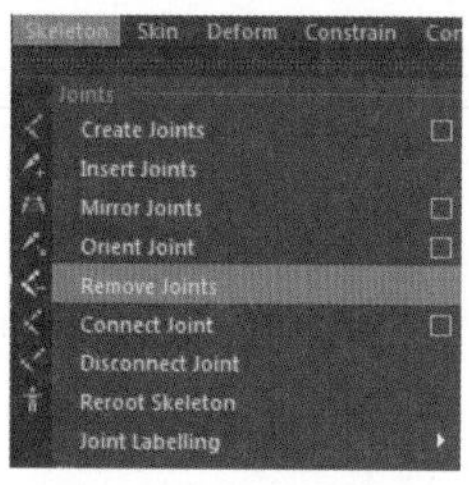

图5-32　命令菜单

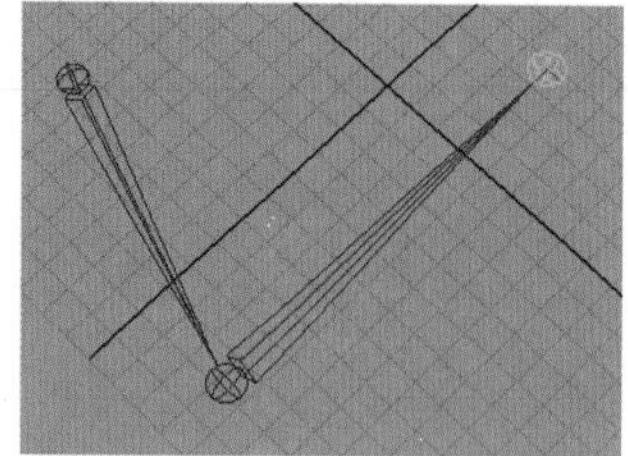

图5-33　移除关节前效果

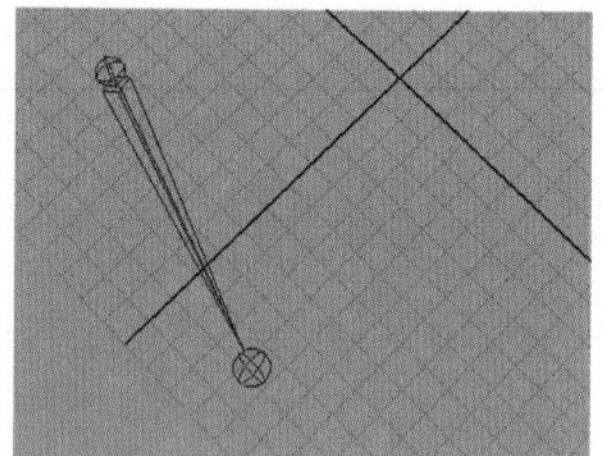

图5-34　移除关节后效果

4. 断开关节

选中要断开的关节点，执行菜单栏中的Skeleton(骨骼)>Disconnect Joint(断开关节)命令，如图5-35所示。

使用该命令可以断开除根骨外的任意关节和关节链。图5-36为断开关节链前的效果图，图5-37为断开关节链后的效果图。

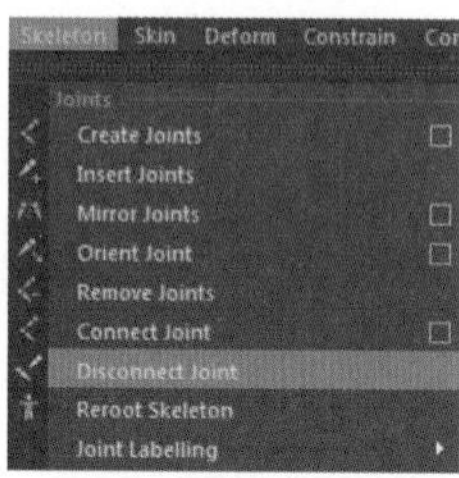

图5-35　命令菜单

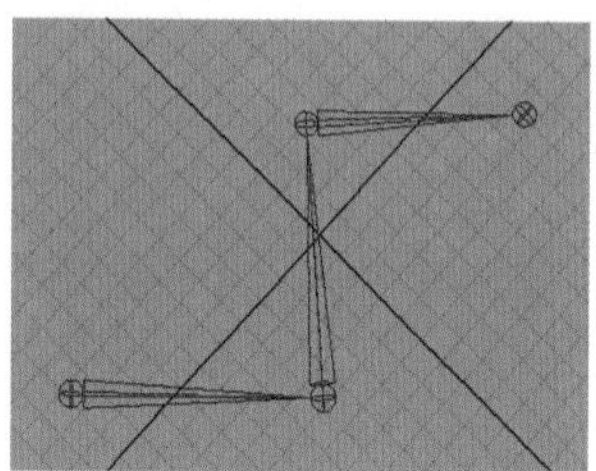

图5-36　断开前效果

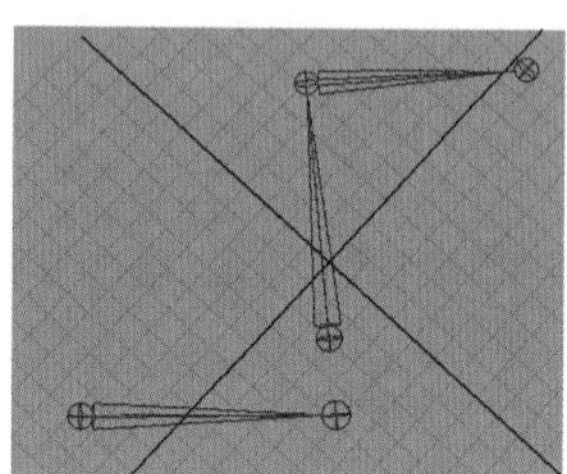

图5-37　断开后效果

5. 连接关节

执行菜单栏中的Skeleton(骨骼)>Connect Joint(连接关节)命令，如图5-38所示。

选择要连接的关节或关节链，然后加选另一条关节链的关节点，再执行该命令，即可将两个关节或关节链连接在一起。图5-39是连接前的效果图，图5-40中，选中右边的关节和左边的关节点，执行连接命令，图5-41是连接后的效果图。

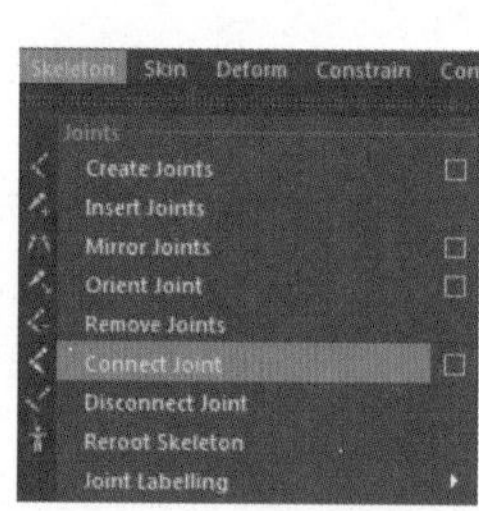

图5-38　命令菜单

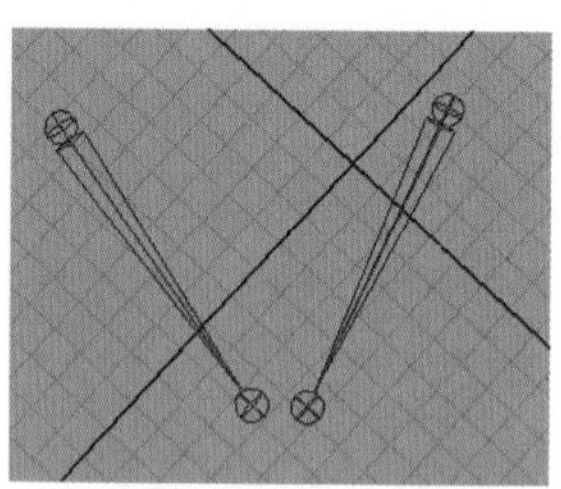

图5-39　连接前效果

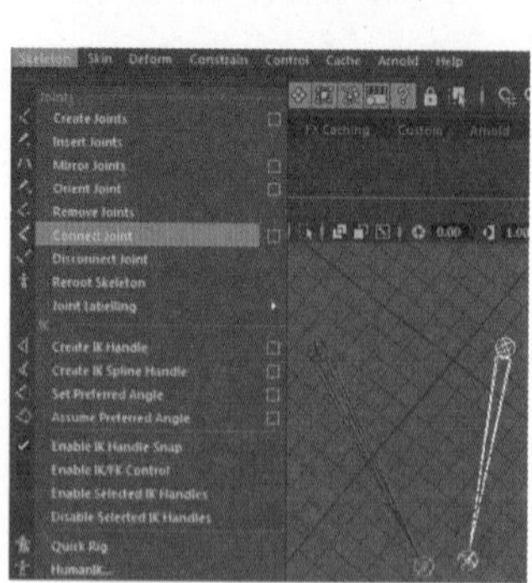

图5-40　执行连接命令

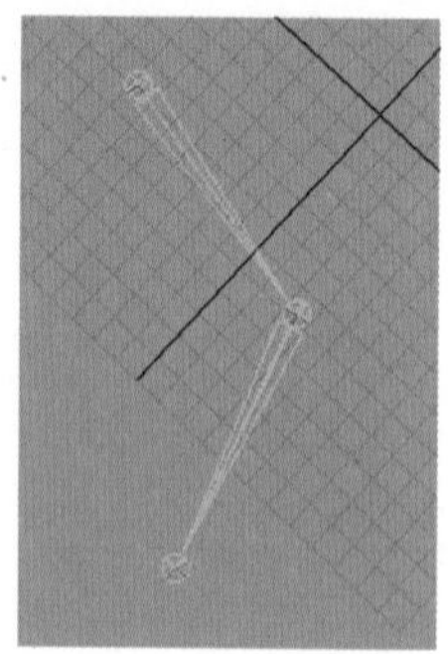

图5-41　连接后效果

6. 镜像关节

选中要复制的关节，执行菜单栏中的Skeleton(骨骼)>Mirror Joints(镜像关节)命令，如图5-42所示。

使用该命令可以复制关节，需要注意的是复制的关节是对称的形态。图5-43是镜像前的效果图，图5-44是镜像后的效果图。

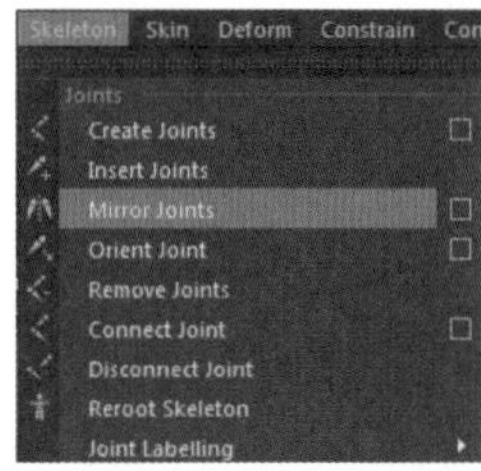

图5-42　命令菜单

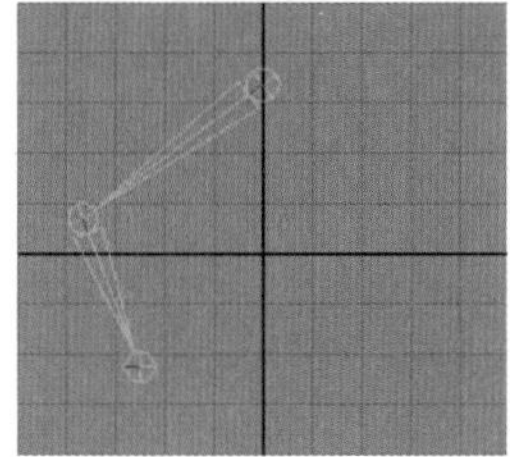

图5-43　镜像前效果

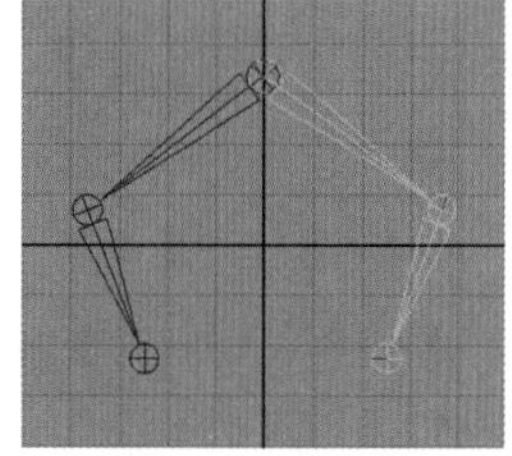

图5-44　镜像后效果

5.2.7 反向运动学

我们已经学习完了骨骼的创建，在使用骨骼调动画之前，先要了解一下反向运动学。因为对于定向运动来说，使用正向运动学调动画是非常困难和麻烦的，一般都是使用反向运动学来实现的。反向运动学包括IK手柄和IK解算器。

一个IK手柄贯穿所有受影响的关节，这些受影响的关节就叫作IK链，并且手柄线贯穿关节，如图5-45所示。

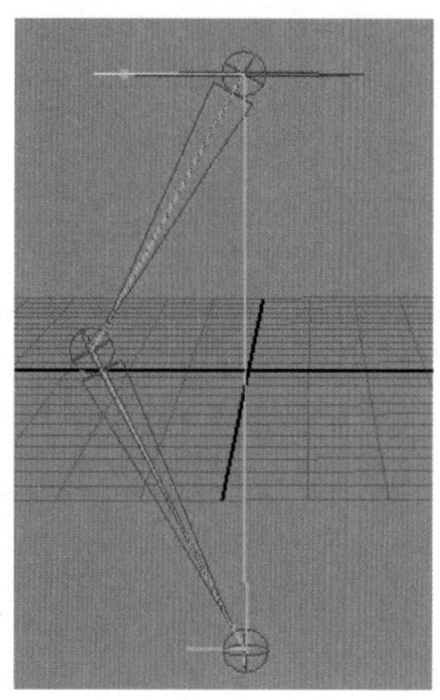

图5-45　IK手柄

IK解算器可以查看IK链末端受动器的位置并做一些必要的计算，从而使关节能够正常旋转。在Maya中有3种IK解算器，分别是IKRP(Rotate Plane)解算器、IKSC(Single Chains)解算器和IK Spline解算器。每种IK解算器都有各自的IK手柄类型。

1. 使用IKRP手柄

首先利用骨骼工具创建一条关节链，如图5-46所示。

然后，在Maya菜单栏中执行Skeleton(骨骼)>Create IK Handle(创建IK控制柄)命令，如图5-47所示。

选中第一个关节，再选中最后一个关节，IK手柄就创建完毕了，顶部的圆相对复杂些，但是只要得到了其组件内容，设置起来就没那么困难了，如图5-48所示。

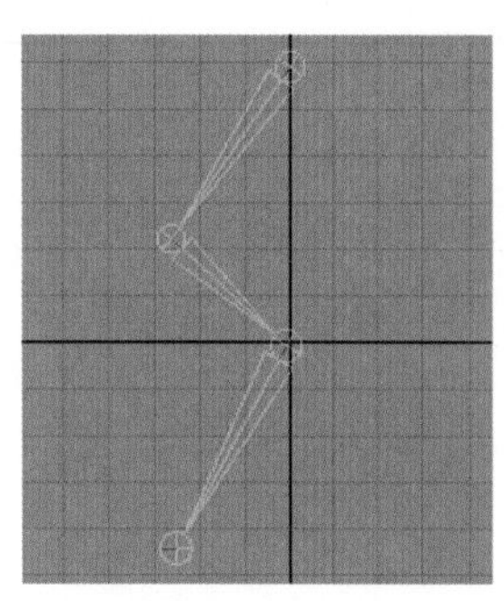
图5-46　关节链

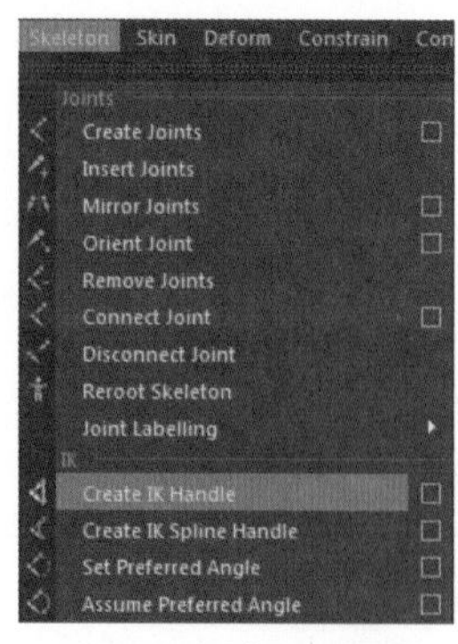

图5-47　命令菜单

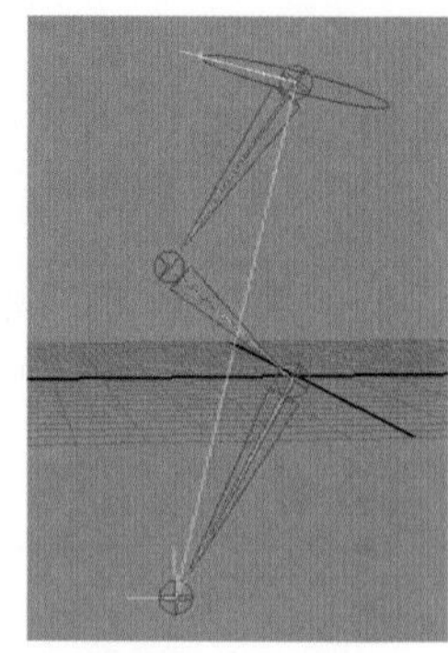
图5-48　IK手柄

IKRP解算器仅计算IK链末端受动器的位置，而不计算末端受动器的旋转。通过IK解算器旋转的关节，其Y轴是平的，X轴指向骨骼中心，Z轴垂直于弯曲方向，这是默认的局部方向坐标。如果没有看到旋转圆面，可以执行末端受动器并按F键Show Manipulator Tool(显示操纵器工具)。使用IKRP手柄的优点是能精确控制IK链的旋转，缺点是必须处理较多的组件。

2. 使用IKSC手柄

首先利用骨骼工具创建一条关节链，如图5-49所示。

然后在Maya菜单栏中执行Skeleton(骨骼)> Create IK Handle(创建IK控制柄)命令，如图5-50所示，单击右侧的小窗口进行设置，如图5-51所示。

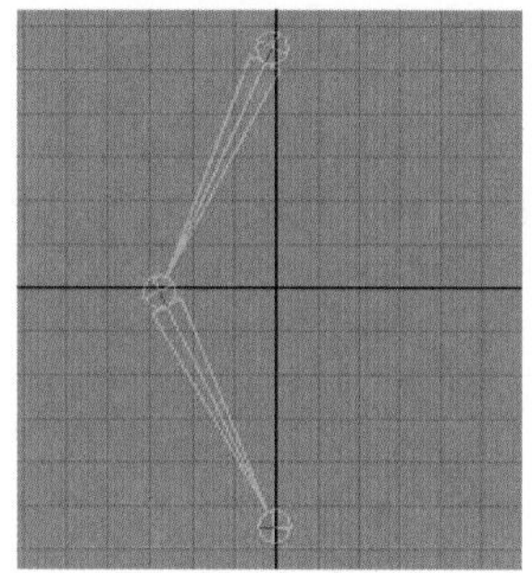
图5-49　关节链

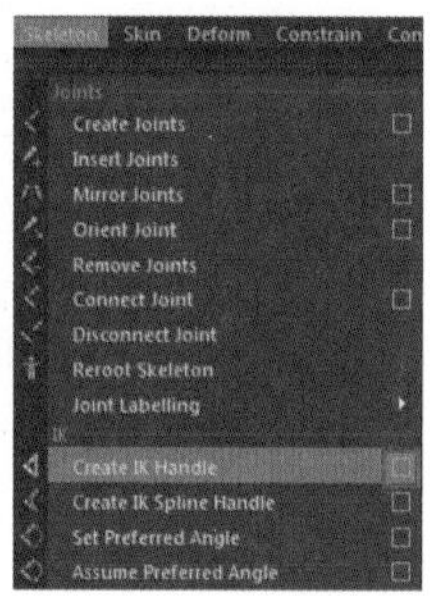

图5-50　命令菜单

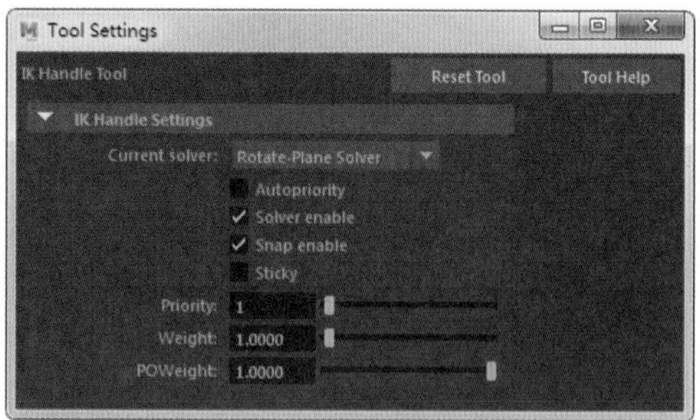

图5-51　属性编辑器

选中第一个关节，再选中最后一个关节，IKSC手柄就创建完毕了，如图5-52所示。

IKSC解算器计算IK链末端受动器的旋转，并且以一定的方式旋转IK链。一定的方式是指所有的关节都有默认的局部方向。关节链的平面虽然存在于IKSC解算器中，但是在手柄中是看不到关节链平面的显示的。

使用IKSC手柄的优点是在调动画时，不需要旋转大量的IK链，只需使用IK链的末端受动器来控制IK链的旋转即可。

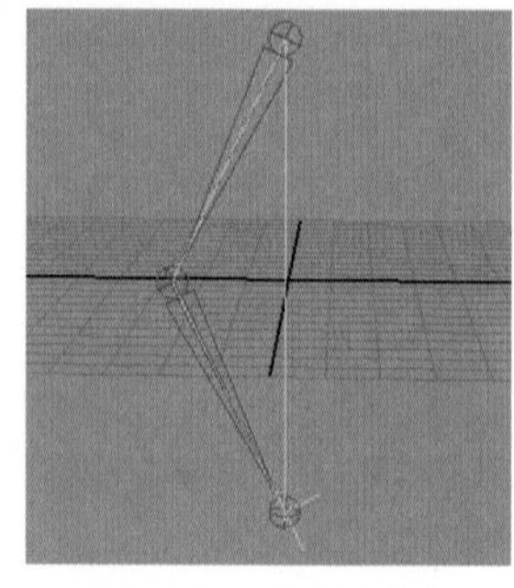
图5-52　IKSC手柄

3. 使用IK Spline手柄

首先利用骨骼工具创建一条关节链，骨骼要短一些，以确保IK链可以平滑移动，如图5-53所示。

然后在Maya菜单栏中执行Skeleton(骨骼)> Create IK Spline Handle(创建IK样条线控制柄)命令，如图5-54所示，并在属性栏中勾选Number of Spans 4，如图5-55所示。

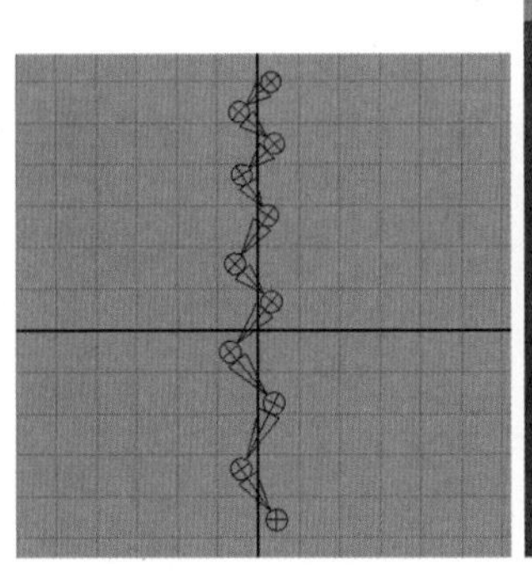

图5-53 关节链

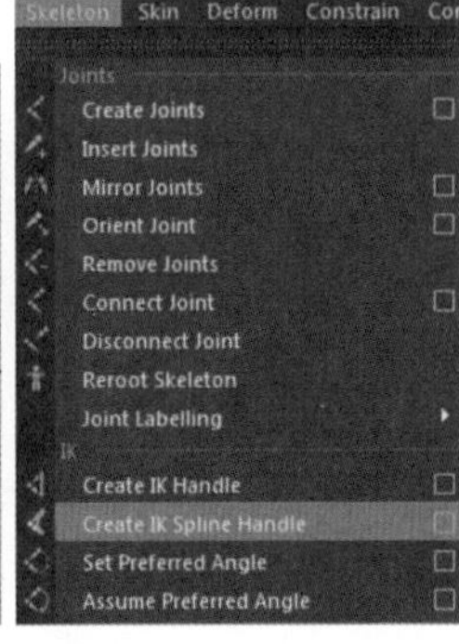

图5-54 命令菜单

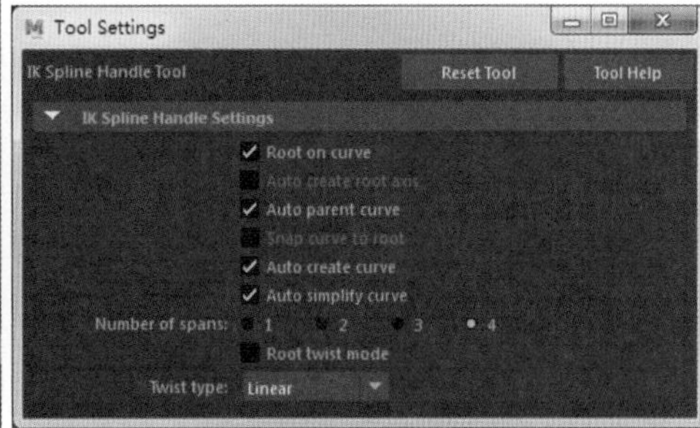

图5-55 属性编辑器

单击第一个关节，再单击最后一个关节，IK Spline手柄就创建完毕了，如图5-56所示。

IK Spline解算器以一条NURBS曲线为手柄的一部分，随着NURBS曲线的形状旋转IK链。在制作尾巴、脊椎等扭曲动画时，使用IK Spline手柄会相对容易很多，因为不是在IK链的末端受动器调动画，而是在NURBS曲线的CV上调动画。

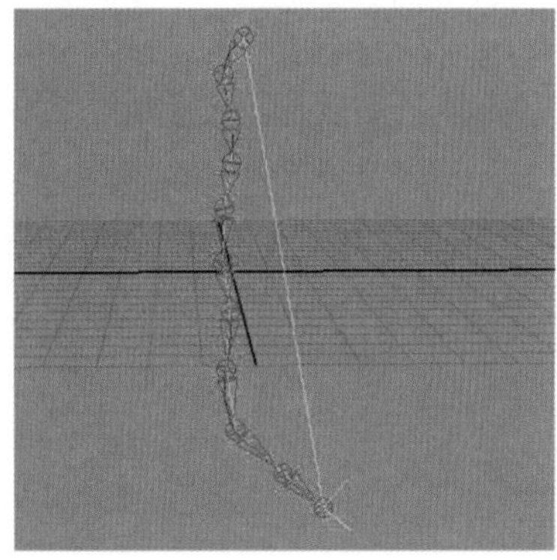

图5-56 IK Spline手柄

关节可以在正向或反向运动学的基础上，在一个物体的不同部分的动画进行位移和旋转。除了IK工具以外，Maya菜单栏中的Constrain(约束)中提供的约束工具，可以配合IK工具一起调动画。

5.2.8 使用骨骼

了解了以上内容之后，我们就可以使用骨骼来调动画了，其中包括人物骨骼和动物骨骼。

1. 人物骨骼

由于人的脊椎经常弯曲和旋转，所以一般使用IK Spline手柄来控制脊椎动画。可以将IK手柄的起始关节定位在骨骼关节的层次以下的关节上，使IK Spline关节链随着根关节的运动而运动，如图5-57所示。

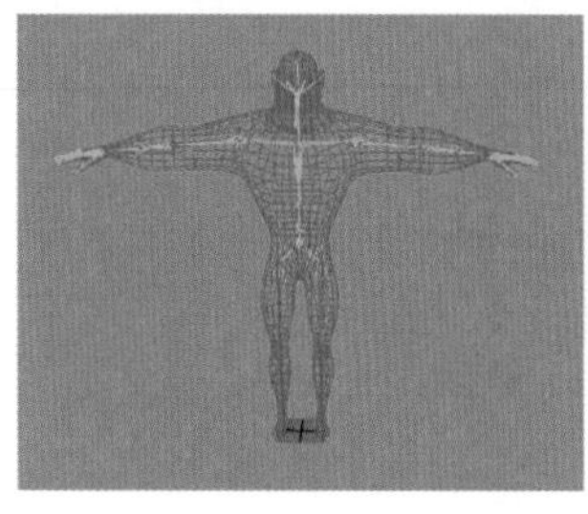
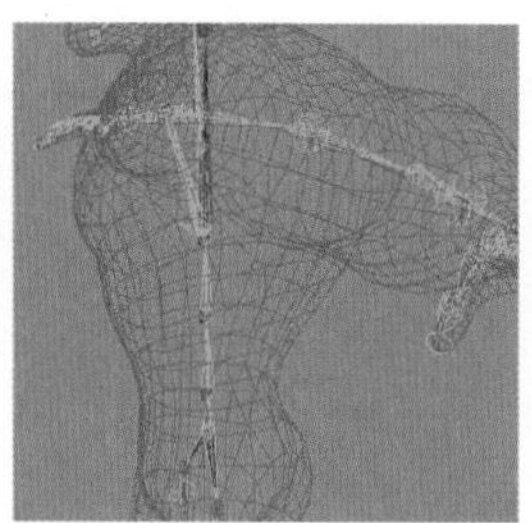
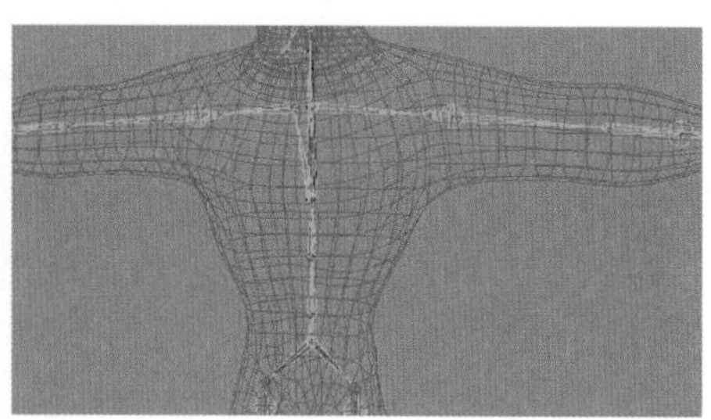

图5-57　人物骨骼

2. 动物骨骼

动物的脖子、后背和尾巴都能够进行扭曲和旋转，因此应使用多重IK Spline手柄来调节动画。可以创建三个IK Spline手柄，分别调节脖子、后背和尾巴的动画，也可以创建两个IK Spline手柄来调节动画，一个专门负责调节尾巴的动画，另一个负责调节脖子和后背的动画。

尾巴手柄的开始关节和后背手柄的开始关节定位在骨骼根关节附近，可以使IK Spline关节链跟随根关节运动。需要注意的是，创建手柄时要打开Auto Parent Curve(自动父化到曲线)，这样能确保曲线和关节随着关节的变换而运动。

用两个IK Spline手柄替代三个手柄的做法一般不提倡，因为使用三个IK Spline手柄分别控制脖子、后背、尾巴，能更流畅、更随心地调节动画，如图5-58所示。

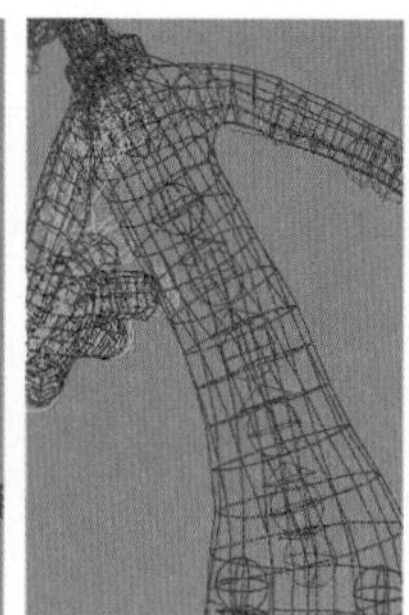

图5-58　动物骨骼

5.2.9　约束

约束可以将对一个物体的控制限制到另一个物体上，也可以对物体进行特殊限制。下面将根据Maya的Constrain(约束)菜单逐一进行讲解，如图5-59所示。

1. Point(点)约束

点约束就是使一个物体的运动追随另一个物体的运动。操作方法如下。

在Maya菜单栏中执行Constrain(约束)>Point(点)命令，弹出相应对话框，如图5-60所示。

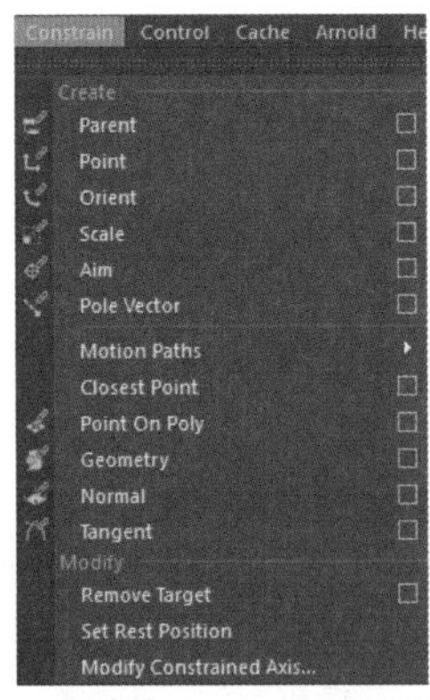

图5-59 约束菜单

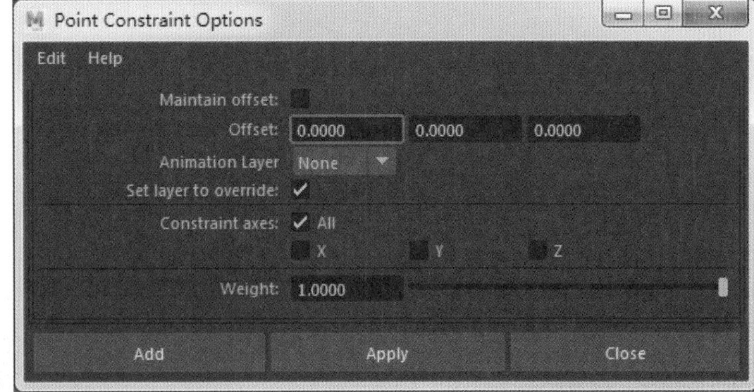

图5-60 对话框1

- Maintain offset(保持偏移)：默认不勾选。勾选该项可设置创建约束时是否保持目标和约束对象的位置差异。
- Offset(偏移)：可设置X轴、Y轴、Z轴3个方向的偏移值，只有在没有勾选Maintain offset时才能激活此项。
- Constraint axes(约束轴)：用于设置约束的轴向。默认选项是All(全部)，勾选该项时3个方向的轴向全部被约束。勾选X、Y、Z时可指定哪些轴向被约束。
- Weight(权重)：用于设置被约束对象受目标影响的程度，默认值是1。

2. Aim(目标)约束

该约束主要用于眼球的定位器，操作方法是，选中目标物体，加选被约束对象，在Maya菜单栏中执行Constrain(约束)>Aim(目标)命令，弹出相应对话框，如图5-61所示。

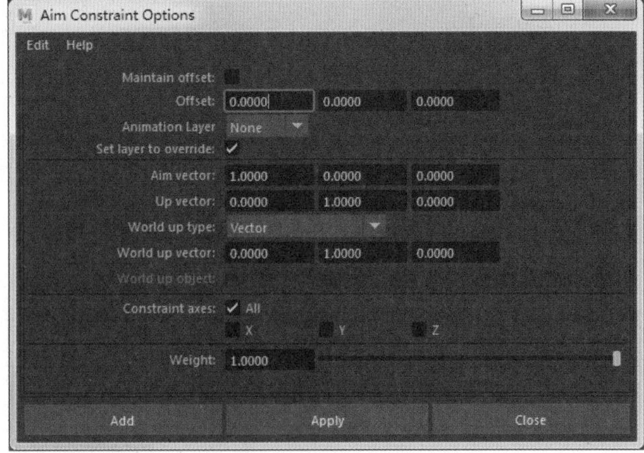

图5-61 对话框2

Maintain offset(保持偏移)及Offset(偏移)在前面已经介绍过，这里不再重复说明。

- Aim vector(目标向量)：按约束对象本身的坐标设置方向。

- Up vector(上方向向量)：按约束对象本身的坐标设置上方向向量的方向。
- World up type(世界上方向类型)：约束对象的上方向向量要根据世界坐标来设置。
- World up vector(世界上方向向量)：当World up type的子菜单选择Vector(向量)时，如图5-62所示，该项被激活。
- World up object(世界上方向对象)：当World up type的子菜单选择Object up(对象上方向)或Object rotation up(对象旋转上方向)时，如图5-63所示，该项被激活。

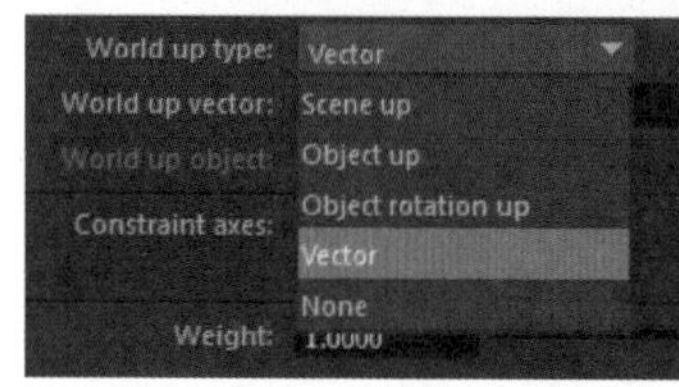

图5-62　World up type的子菜单1

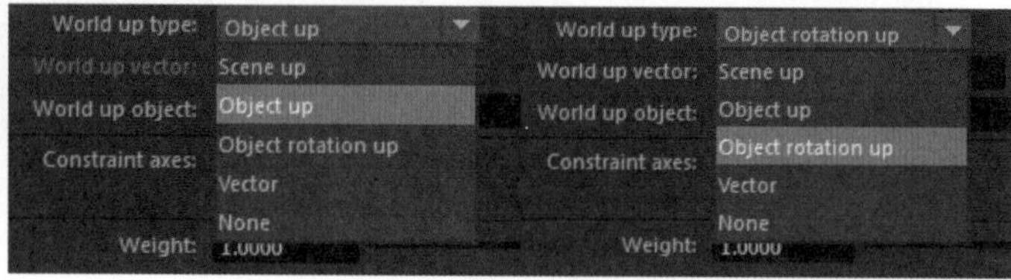

图5-63　World up type的子菜单2

3. Orient(方向)约束

方向约束用于约束一个或多个对象的方向，操作方法是：选中目标物体，加选被约束对象，在Maya菜单栏中执行Constrain(约束)>Orient(方向)命令，弹出相应对话框，如图5-64所示。

4. Scale(缩放)约束

缩放约束可以使一个物体随着其他物体一起缩放，操作方法是：选中目标物体，加选被约束对象，在Maya菜单栏中执行Constrain(约束)>Scale(缩放)命令，弹出相应对话框，如图5-65所示。

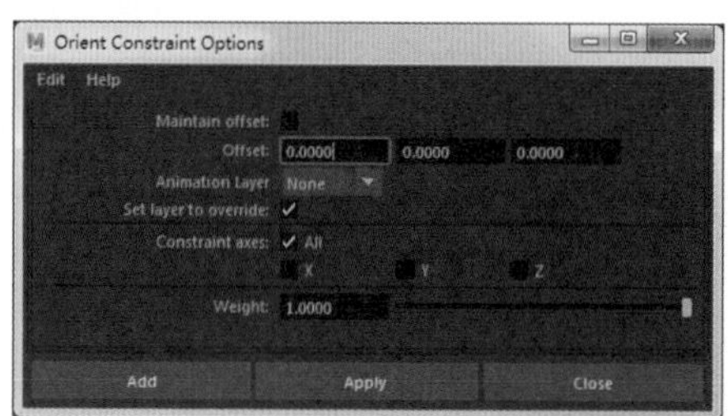

图5-64　对话框1

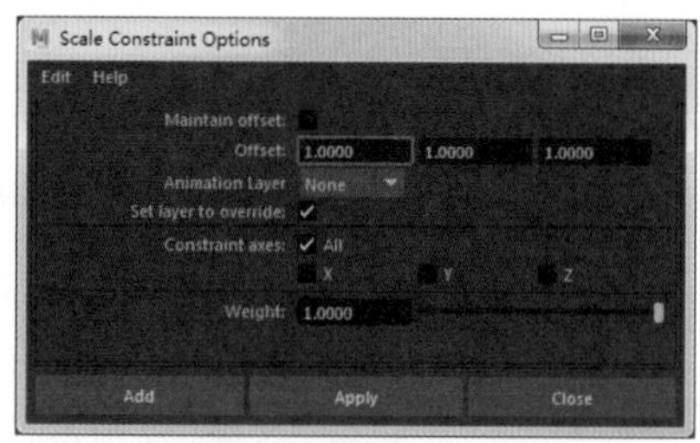

图5-65　对话框2

5. Parent(父)约束

父约束可以使约束对象作为子物体跟随父物体运动，操作方法是：选中目标物体，加选被约束对象，在Maya菜单栏中执行Constrain(约束)>Parent(父)命令，弹出相应对话框，如图5-66所示。

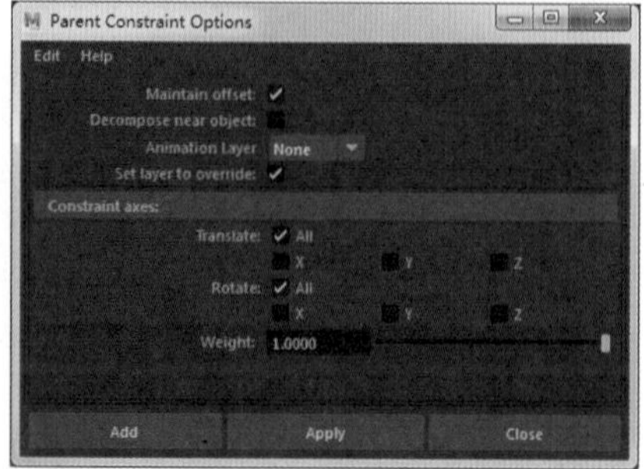

图5-66　对话框3

Constraint axes(约束轴)分为Translate(位移)和Rotate(旋转)。Translate用于设置全部约束还是指定X\Y\Z方向来进行位移约束。Rotate用于设置全部约束还是指定X\Y\Z方向来进行方向约束。

6. Geometry(几何体)约束

几何体约束用于将约束对象的结果附到几何体的表面上，以使约束对象跟随目标物体的变形而产生位移。操作方法是：选中目标物体，加选被约束对象，在Maya菜单栏中执行Constrain(约束)>Geometry(几何体)命令，弹出相应对话框，如图5-67所示。

7. Normal(法线)约束

法线约束用于控制约束对象的方向。操作方法是：选中目标物体，加选被约束对象，在Maya菜单栏中执行Constrain(约束)>Normal(法线)命令，弹出相应对话框，如图5-68所示。

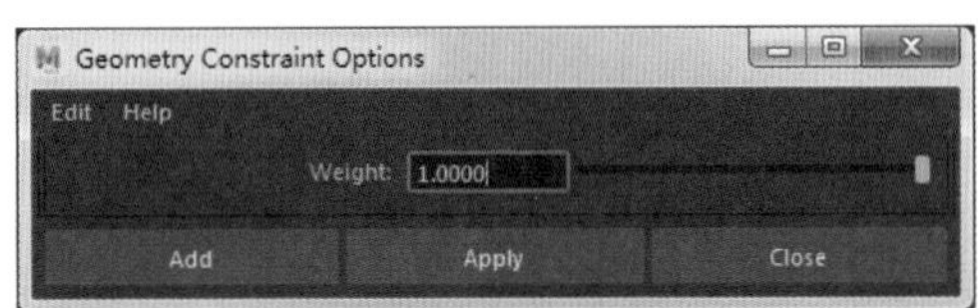

图5-67　对话框4

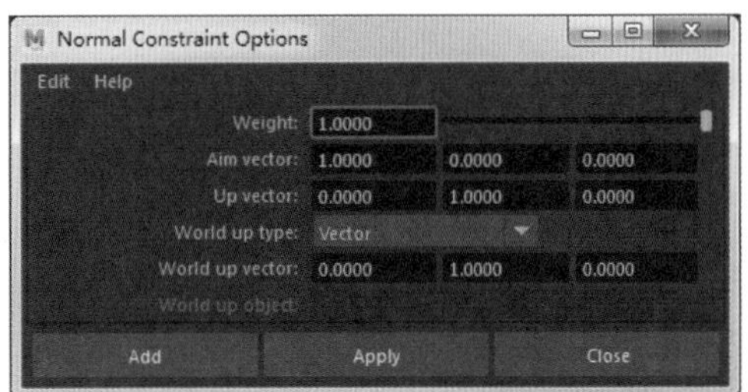

图5-68　对话框5

8. Tangent(切线)约束

切线约束用于以曲线的形状作为目标对象来控制约束对象的方向。操作方法是：选中目标物体，加选被约束对象，在Maya菜单栏中执行Constrain(约束)>Tangent(切线)命令，弹出相应对话框，如图5-69所示。

9. Pole Vector(极向量)约束

极向量约束用于控制IK手柄。操作方法是：选中目标物体，加选被约束对象，在Maya菜单栏中执行Constrain(约束)>Pole Vector(极向量)命令，弹出相应对话框，如图5-70所示。

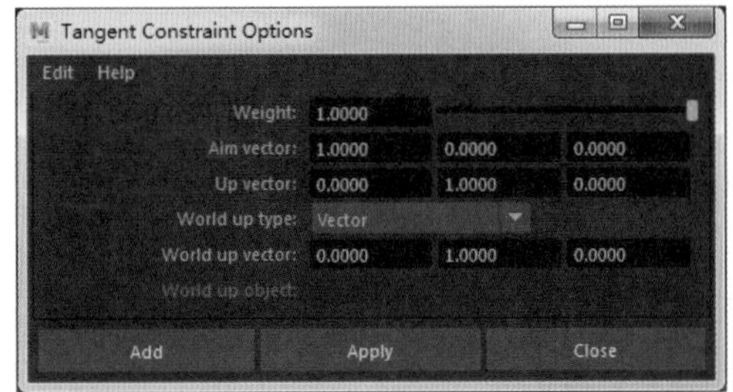

图5-69　对话框6

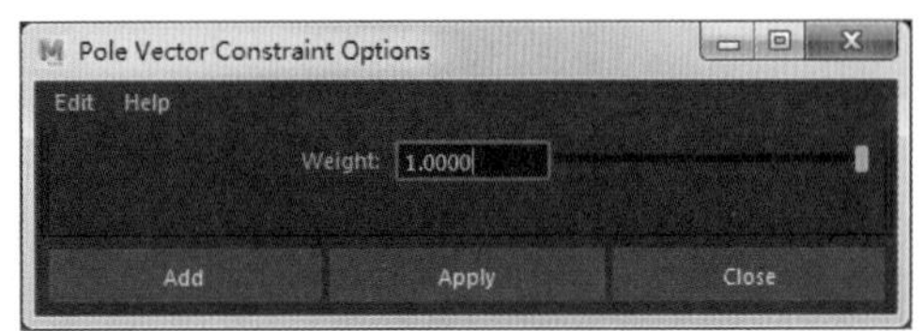

图5-70　对话框7

10. Remove Target(移除目标)

移除目标用于移除约束效果。操作方法是：选中目标物体，加选被约束对象，在Maya菜单栏中执行Constrain(约束)>Remove Target(移除目标)命令，弹出相应对话框，如图5-71所示。

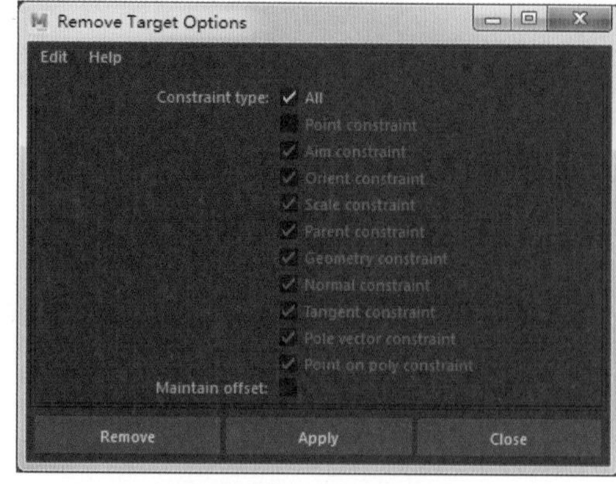

图5-71 对话框8

Constraint type(约束类型)包括如下几种。

- All(全部)：勾选该项可以移除目标的所有约束。
- Point constraint(点约束)：勾选该项可以移除目标的点约束。
- Aim constraint(目标约束)：勾选该项可以移除目标的目标约束。
- Orient constraint(方向约束)：勾选该项可以移除目标的方向约束。
- Scale constraint(缩放约束)：勾选该项可以移除目标的缩放约束。
- Parent constraint(父约束)：勾选该项可以移除目标的父约束。
- Geometry constraint(几何体约束)：勾选该项可以移除目标的几何体约束。
- Normal constraint(法线约束)：勾选该项可以移除目标的法线约束。
- Tangent constraint(切线约束)：勾选该项可以移除目标的切线约束。
- Pole vector constraint(极向量约束)，勾选该项可以移除目标的极向量约束。

Maintain offset(保持偏移)：勾选该项，在移除目标的约束之后，仍保留约束产生的偏移值。

11. Set Rest Position(设置静止位置)

该命令用于设置约束结束的位置。操作方法是：选中被约束对象，在Maya菜单栏中执行Constrain(约束)>Set Rest Position(设置静止位置)命令。

12. Modify Constrained Axis(修改受约束的轴)

用于修改已经创建好的约束的轴向。操作方法是：选中被约束对象，在Maya菜单栏中执行Constrain(约束)>Modify Constrained Axis(修改受约束的轴)命令，弹出对话框，如图5-72所示。Constrain(约束)可修改X轴、Y轴或Z轴的约束轴向。勾选Maintain offset(保持偏移)复选项，在移除约束之后，仍保留约束产生的偏移值。

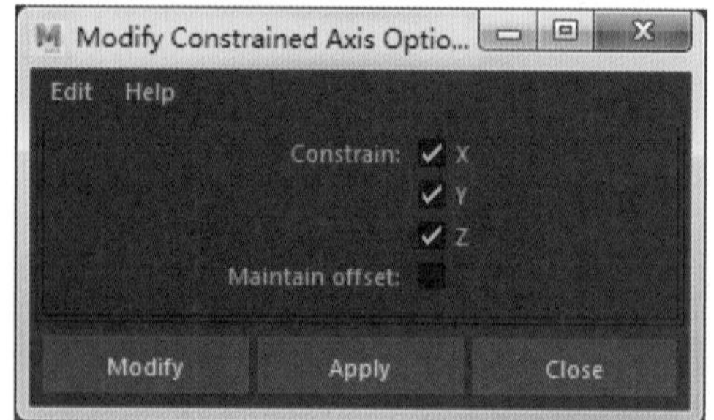

图5-72 对话框9

第6章 三维动画的创作与制作流程

- 数字镜头预览
- 动画制作
- 综合制作

6.1 数字镜头预览

6.1.1 2D Layout

2D Layout的概念在前面已经讲过了，现在来看下2D Layout的制作流程。

01 在拿到故事板之后，首先要熟悉整个故事情节和故事的主题。

02 把故事板每个镜头都转化成图片，并按镜头号命名。

03 将所有图片导入Premiere，按照故事板所设定的每个镜头的时间将其合成，并制作简单的过场动画，最后输出AVI格式的2D Layout，如图6-1所示。

图6-1 2D Layout

需要注意的是，制作2D Layout的目的一是检查和修正镜头的时间是否合理；二是为后续的3D Layout提供最直观的表达意图。因此在合成过程中，应和前期导演不断地交流，在导演同意的情况下修改不合理的镜头时间。

6.1.2 3D Layout

3D Layout就是在影片的制作前期，在电脑的三维空间中将影片用最简单、最直观的方法预先表演，拍摄一遍，如图6-2所示。由于三维动画片制作部分成本比例都非常高，因此在制作前期，进行镜头预演非常重要。

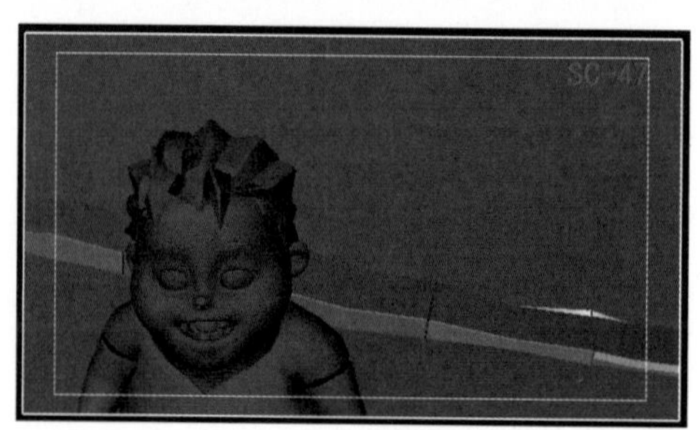

图6-2 3D Layout

1. 3D Layout的作用

(1) Layout是在故事板的指导下完成的对动画的预览。导演能够通过此预览了解并确定动画的很多基本信息，包括镜头的时间关系、镜头前后的衔接关系、大幅度摄像机移动的路径、构图关系、摄像机的焦距、角色走位等，这样就能在制作前期让导演确定动画的具体框架，从而使后面的制作变得清晰明了。

(2) 项目的制作团队也可以通过Layout在镜头被正式开始制作之前了解动画的相关信息，特别是一些大型的、复杂的场景中的表演。各相关制作小组可以在正式制作之前以Layout文件作为测试平台，对群组动画、特效方面的技术难点进行各种测试。如果发现现有技术在特定的镜头内使用时，技术不太成熟或效果不佳，那么就可以及时改变策略，这样能在很大程度上避免不必要的麻烦。

(3) 镜头预演还可以为后续环节的制作提供大量有用的参考信息。如场景建模、材质、背景绘制等部门可以通过它获知场景、道具与摄像机的远近关系，从而确定其所需的制作的精度、贴图的尺寸大小等。

2. 3D Layout的制作及要点

1) 读懂故事板

作为紧跟故事板的后一个制作环节，对于制作人员，读懂上一个环节的创作意图是非常重要的，这就需要和故事板部门的同事紧密协作。在通常情况下，故事板组的同事们在完成了一组连续镜头的故事板设计后，就会把这个故事给镜头预演的制作人员叙述一次，阐明他们的创作意图。当读懂故事板以后，还需要对故事板进行分析判断。这是因为不是所有的故事板内容都适合在三维空间中表现。当发现有不适合表现的镜头时，就需要和导演及故事板制作人员商量修改镜头。

2) 以编辑软件为制作中心，从整体着眼，看一系列镜头的连续效果

因为Layout阶段决定镜头的时间关系、镜头前后的衔接、摄像机移动、构图及角色走位等，因此Layout制作人员必须从连续镜头着手，绝不可只看单个镜头的效果。熟练掌握编辑软件的操作，便成了Layout制作人员不可缺少的技能。另外，也需要制作人员在一定程度上懂得影片剪辑的基本知识要点。一个好的Layout制作者，还要懂得如何在Layout中给后期编辑留下余地，而不会使编辑工作变得束手束脚。如在一些cut on action的镜头间，可以将这两个镜头都做得长一些，使这两个镜头都有一定的镜头重复。这样，就把镜头剪切点的决定权交给了后期编辑，从而使后期编辑工作更有余地。

3) 使用简单的模型，以加快制作速度，减少不必要的麻烦

以最简单的方式来尽可能地表现动画的最终效果，简单的模型并不影响它们在镜头中的构图、走位等预览效果，而计算机的实时表现画面能力是有限的，它不可能很快速地表现复杂的画面。因此选用低精度的模型制作Layout，又有低精度模型使计算机运行速度比较快，在制作者或导演决定要做修改时，修改的结果就能很快被制作出来。这种修改的快速互动在制作初期是非常重要的，如图6-3所示。

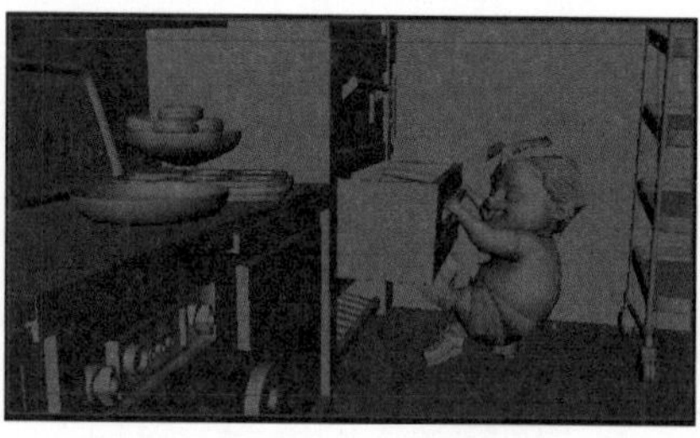
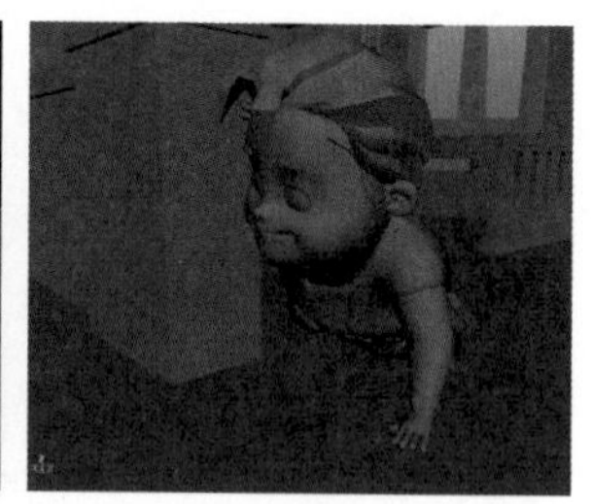

图6-3　3D Layout简模

4) 简单的动画、适当的姿势和节奏，使Layout看起来直观易懂

在镜头预览中，适当的动画是必不可少的重要元素。在Layout中的动画调节并不需要十分复杂，制作人员的职责就是将人物以及物体在镜头中的动画的大致状况表现出来。它需要传达给导演及其他相关制作人员的信息主要包括人物或道具在场景中的走位，在画面中的构图和运动路线、运动速度，镜头预演中的动画表现及准确的镜头时间联系等。镜头预演中出现的动画表演问题看似简单，但要解决起来还是比较棘手，如何用最简单的方法来表现导演的动画意图呢？在制作预演阶段的角色动画时，要着重摆放角色的关键动作(key pose)，从而确定角色在画面中的站立及构图。动作间切换使用姿势到姿势(pose to pose)的快速切换，而中间的细微动作会被省略。配合适当的动作节奏，就可以做出具有准确动作大型、无动作细节的预览动画了，如图6-4所示。

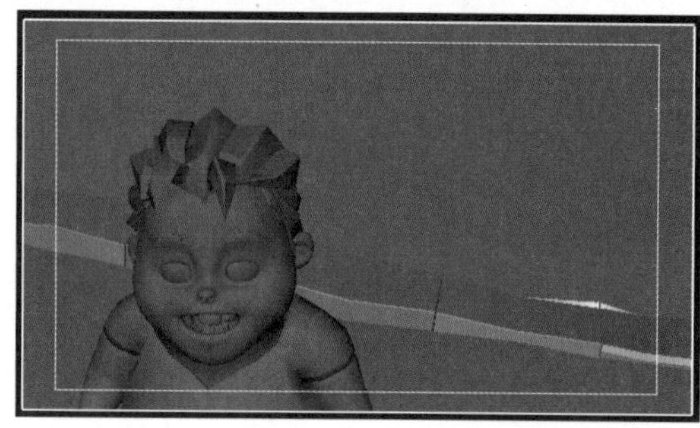
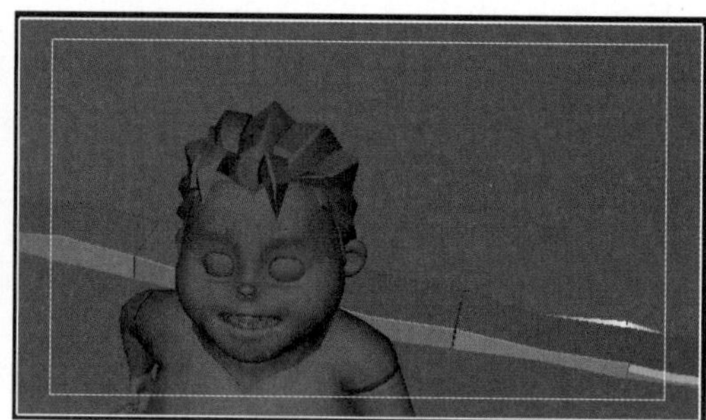

图6-4　关键动作

6.1.3　摄像机的设置

架设摄像机是镜头预演制作的重要组成部分。制作人员在这个阶段决定摄像机的焦距、摄像机角度以及摄像机运动路线等重要的摄像机信息。三维动画中的摄像机及角色、场景是处于三维空间中的。因此，制作人员要极力使运动的摄像机能够表现出三维空间感，让观众能够感觉到角色和场景是存在于三维空间中的。例如，在推镜时使摄像机向上旋转或挑起一点，这样整个场景的三维空间感就立即被加强了。虽然在三维软件中摄像机动画是可以被任意摆弄的，可以做出在传统实拍中不能做出的摄像机动作，但

在一般情况下依然需要保持摄像机运动的客观真实性。

一个被导演通过的镜头预演文件具有初步的可观赏性，它在镜头语言、基本构图、镜头节奏等方面都应该是准确的，并且应该拥有初步的人物动作、简单的特效以及群组作为画面内容参考。这样制作完成的文件经过导演认可以后就可以交给后面动画部门制作角色动画了，如图6-5所示。

图6-5 Layout与最终动画

摄像机分为单节点摄像机、两节点摄像机和三点摄像机。两节点摄像机有两个节点来控制摄像机的位置和方向(三节点摄像机有三个节点)。这些额外的节点使我们更容易控制摄像机的观察点或摄像机的顶方向。默认的创建摄像机时都是单节点摄像机，单节点摄像机只有一个节点来控制摄像机的位置和方向，如图6-6所示。

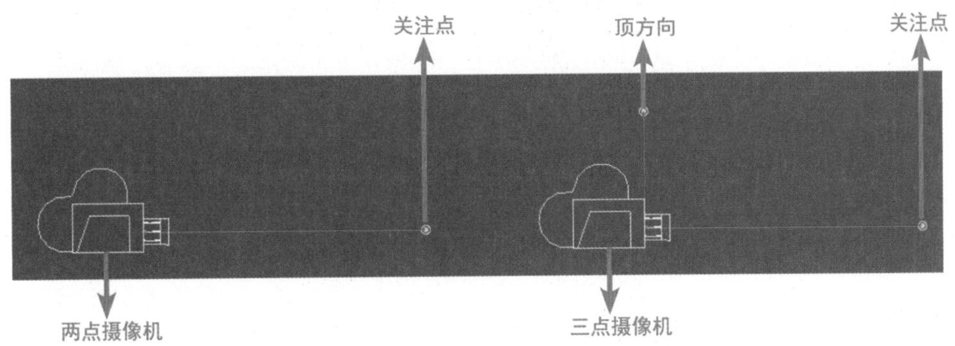

图6-6 摄像机

下面来看下摄像机属性中常用的几个视图指示器，如图6-7所示。

分辨率指示器(Display Resolution): 视图指示器标识的区域是将要被渲染的区域，此视图指示器的尺寸代表了渲染的分辨率的90%。渲染分辨率数值将显示在视图指示器之上。

动作安全区指示器(Display Safe Action): 安全区指示器所标识区域的大小等于渲染的影像是在电视上播放，可以使用安全区指示器来限制场景中的行动保持在安全区域中。

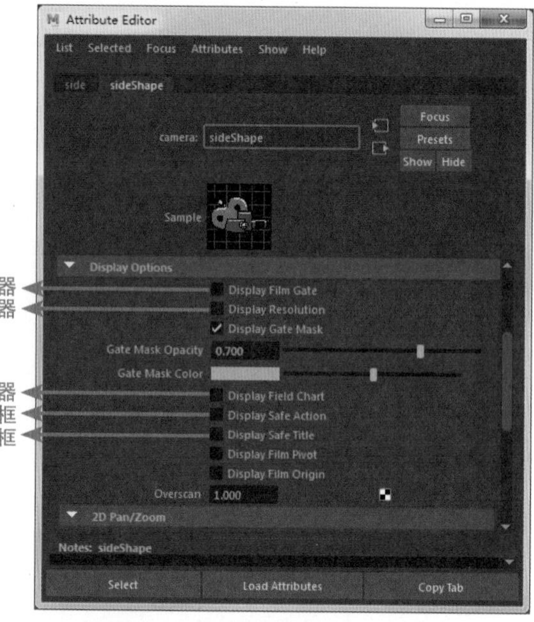

图6-7　摄像机属性

标题安全区指示器(Display Safe Title): 标题安全区指示器标识区域的大小等于渲染分辨率的80%。如果最后渲染的影像是在电视上播放，则可以使用标题安全区指示器来限制场景中的所有文本都保持在安全区域中。

图6-8所示为三维软件视图中的常用的两个指示器。

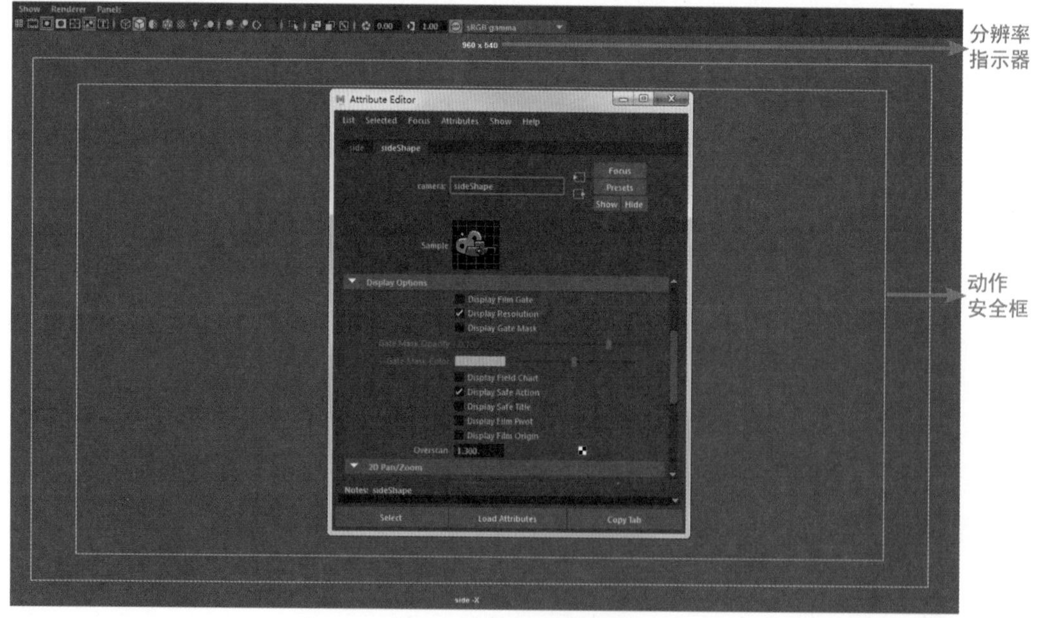

图6-8　安全框指示器

所有摄像机都有一个近剪切平面(near clipping plane)和一个远剪切平面(far

clipping plane)。远、近剪切平面是定位在摄像机视线上的两个指定点上的假想的平面，在摄像机视图中，只有定位在这两个平面之前的物体才是可见的。在场景中，与摄像机距离小于近剪切平面或大于远剪切平面的物体都是不可见的。

设置摄像机近剪切平面的属性数值是为从摄像机到近剪切平面的距离数值。设置摄像机远剪切平面的属性数值是为从摄像机到远剪切平面的距离数值。

摄像机都有一个距离范围，在此范围内的物体都是聚焦的。这个范围称为摄像机的景深(depth of field)。在此范围之外的(过于靠近摄像机或过于远离摄像机)物体将是模糊的，如图6-9所示。图中所示是景深的一些属性。焦距越小数值为5左右，大都是一种超广角镜头。数值越大，所达到的效果是一种长焦望远镜头，它的特点是近似于正视图，透视效果很低，几乎保持平行。

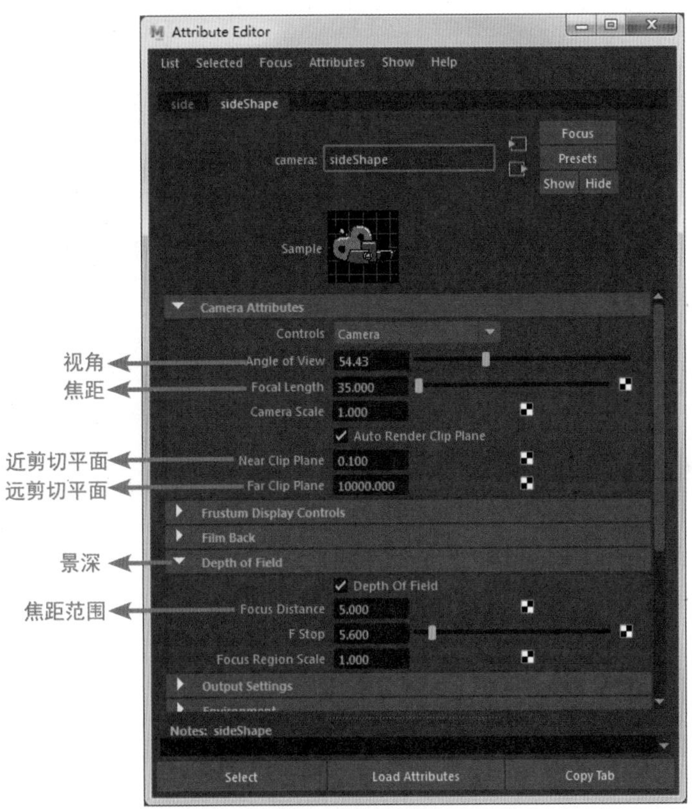

图6-9 景深属性

在拍室内效果时，广角镜头可以取到更多的景物，也是一种常用的方法。试分析焦距为10和焦距为50的区别，如图6-10所示。

一部片子是由很多镜头连接起来的。而镜头与镜头之间的连接是非常重要的。不要让观众感觉镜头的跳跃，一个好的镜头是一种视觉上的享受。所以在一部片子当中会设一个部门专门制作镜头。镜头分2D当中的2D Layout 和3D中的3D Layout镜头，是对一个故事从各个角度把最完美的视角展示出来。

图6-10　焦距为10和50

6.2　动画制作

调节动画就跟画画一样要从整体入手，然后逐步深入刻画，最后细致完善。动画师在调节动画时也要从整体入手，然后逐步深入刻画，最后细致完善。因此，动画师在调节动画时分为三大步骤，分别是一级动画、二级动画和表情动画。

6.2.1　一级动画

一级动画就是先调节出整体动画中的几个关键帧，把整体动画中的几个关键动作摆好，可以忽略动作中的细节。此刻，重要的是整体动画的节奏和感觉，如图6-11所示。

图6-11　一级动画

6.2.2　二级动画

二级动画，就是在一级动画的基础上，调节细节，使整体动画感觉流畅，动作符合运动规律，如图6-12所示。

图6-12　二级动画

6.2.3 表情动画

表情动画，就是在二级动画的基础上，调节人物的表情和一些随带运动，使动画的每一个细节部分都符合运动规律，动画感觉流畅，如图6-13所示。

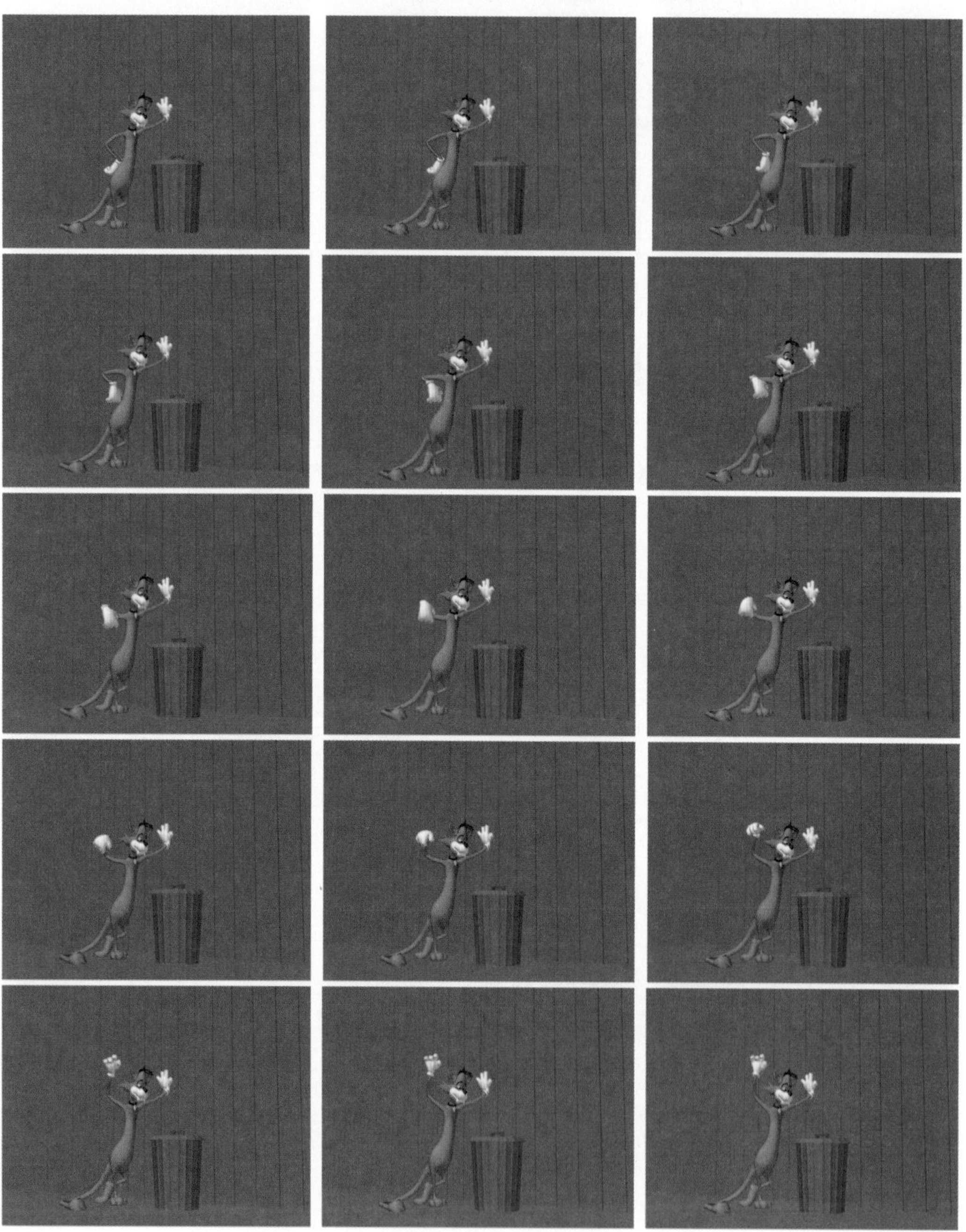

图6-13 表情动画

图6-13　表情动画(续)

6.3　综合制作

6.3.1　分级动画

在实际的动画制作中，大部分需要制作的动画片段，都不是先前所讲的标准动作，而是根据这些标准动作而演变出来的表演级动作。在动画生产中，我们会先拿到画面分镜头，然后根据导演的要求，制作出符合剧情需要的动画。在制作动画时，我们需要通过动作，表现出角色的性格特征，并适当加以夸张，例如此案例中的傻大猫，如图6-14所示。镜头在制作时我们需要按照步骤先制作一级动画，然后调节细节，制作二级动画，最后添加表情，制作三级动画及表情动画，如图6-15所示。

图6-14　猫和垃圾桶

图6-15　猫和垃圾桶动画动作

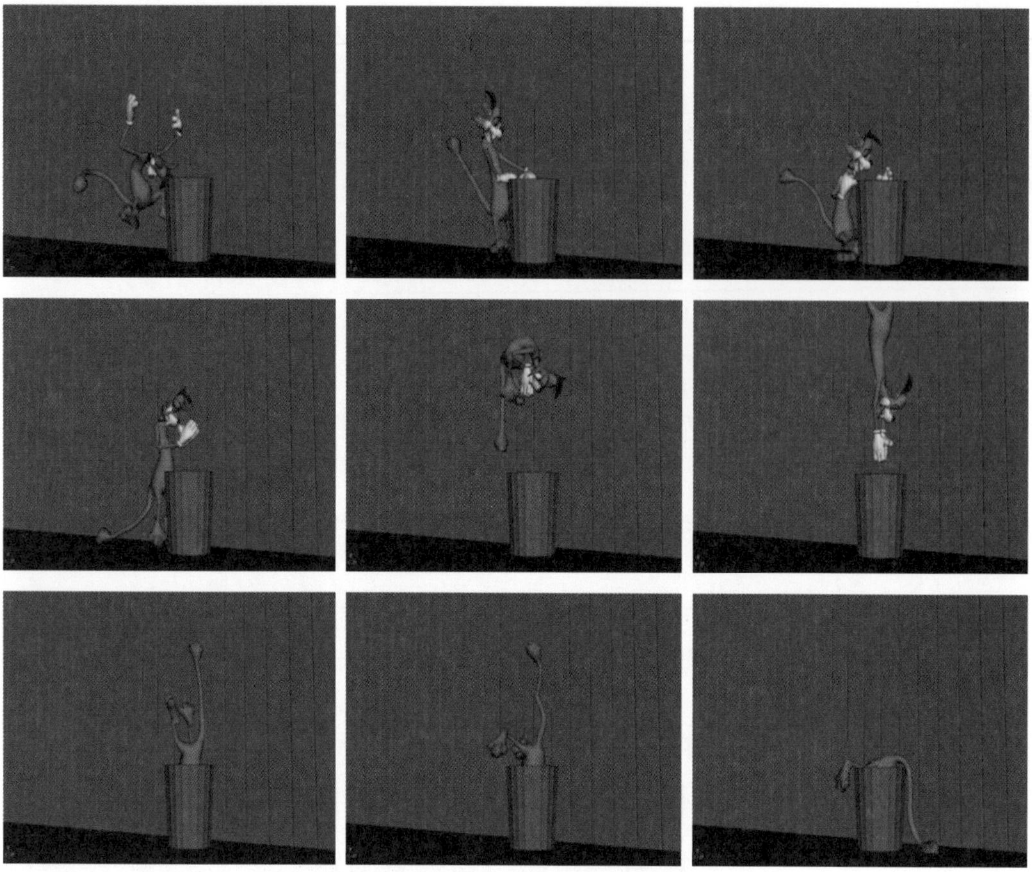

图6-15　猫和垃圾桶动画动作(续)

动画案例16：猫和垃圾桶

1. 设置初始动作

01 打开Maya软件，执行菜单栏中的File(文件)>Import(导入)命令，然后选择scenes.mb和cat.mb文件，如图6-16所示。

02 单击工具架上的Set the object selection mask(设置选择物体显示)按钮，选择All objects off(关闭所有物体)按钮，如图6-17所示。

03 单击Select curve objects(选择曲线物体)按钮，这样我们就可以只选择曲线了，如图6-18所示。

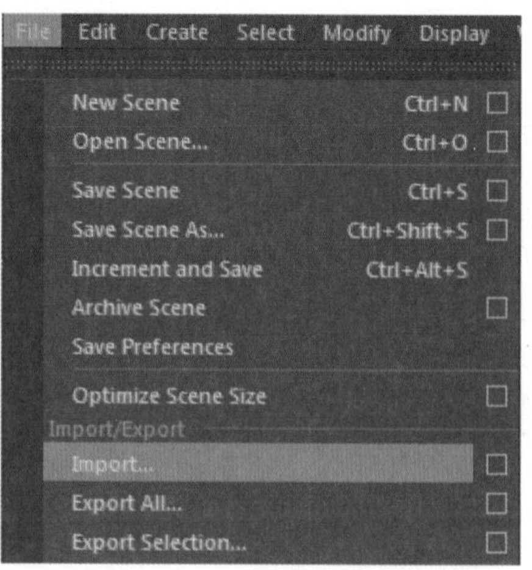

图6-16　Import(导入)命令

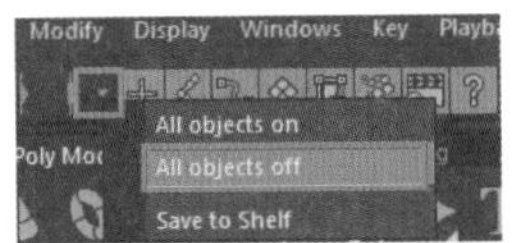

图6-17 All objects off(关闭所有物体)按钮

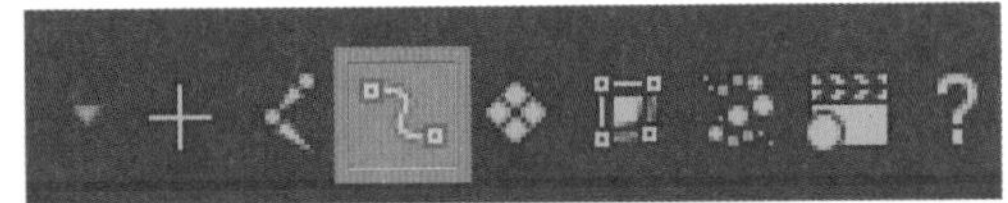

图6-18 Select curve objects(选择曲线物体)按钮

04 在第-10帧时，选中角色身上所有的线圈控制器，然后按S键，将其设置上关键帧，如图6-19所示。这是角色的初始动作，将来如果线圈数值出现问题，可以在第-10帧找到最原始的数据。

2. 设置起始动作

01 在第1帧时，角色单脚站立，右手叉腰，左手扶墙，腰向右扭，头略低。角色scat01_c_plv01_gc01_ccc(腰部控制器)的Translate(位移)数值为(-22.076,0.584,9.183)，Rotate(旋转)数值为(-125.064,-113.212,130.296)，如图6-20所示。

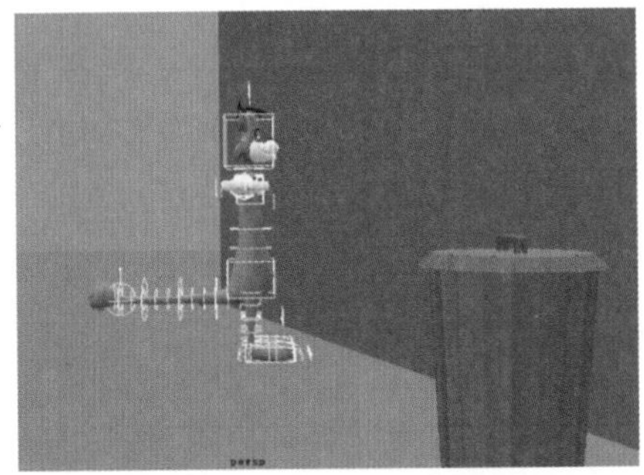

图6-19 第-10帧关键动作

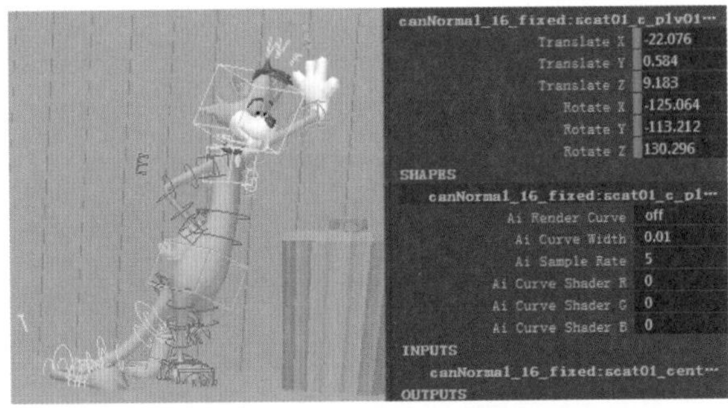

图6-20 第1帧腰部控制器属性

02 角色scat01_c_hed01_gc01_ccc(头部控制器)的Translate(位移)数值为(-23.938,0.246,11.476)，Rotate(旋转)数值为(-94.534,-98.137,116.733)，如图6-21所示。

03 角色scat01_c_cht01_gc01_ccc(肩部控制器)的Translate(位移)数值为(-22.521,0.503,11.16)，Rotate(旋转)数值为(31.087,-77.583,-31.105)，如图6-22所示。

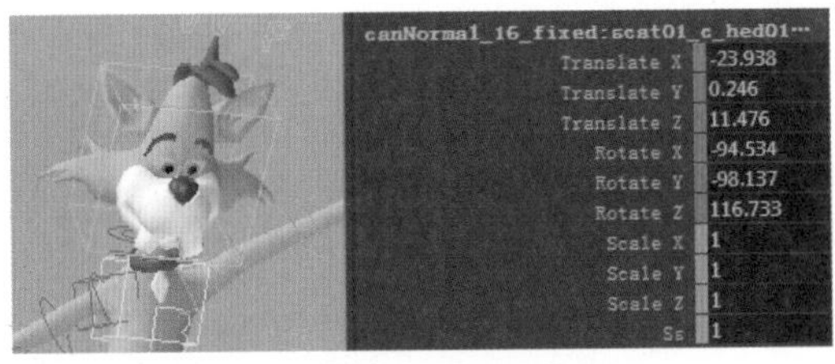

图6-21 第1帧头部控制器属性

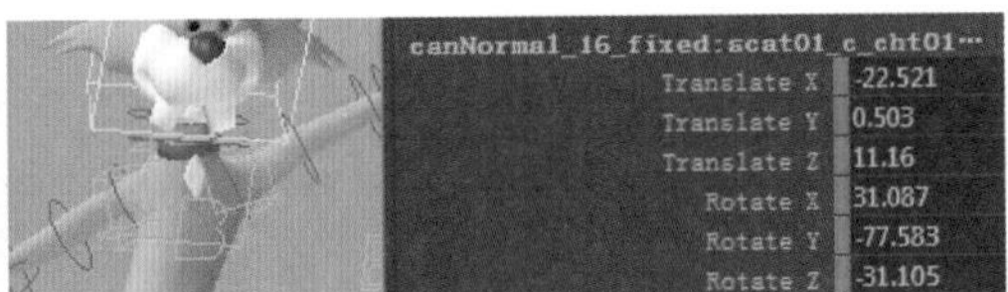

图6-22 第1帧肩部控制器属性

04 角色scat01_l_arm01_cv01_ccc(左肩部控制器)和scat01_r_arm01_cv01_ccc(右肩部控制器)的Rotate(旋转)数值分别为(-6.353,-1.129,22.289)和

(-2.888,-1.414,13.322)，如图6-23所示。

05 角色scat01_l_hnd01_gc01_ccc(左手控制器)的Translate(位移)数值为(-30.543,4.129,19.619), Rotate(旋转)数值为(-79.351,-1.741,73.2), 如图6-24所示。

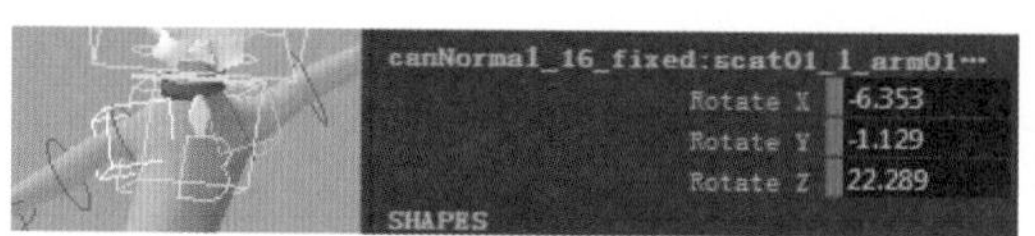

图6-23　第1帧左右肩部控制器属性

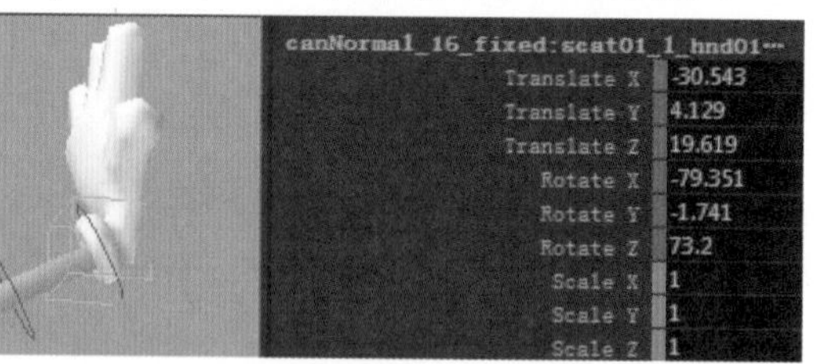

图6-24　第1帧左手控制器属性

06 角色scat01_r_hnd01_gc01_ccc(右手控制器)的Translate(位移)数值为(-13.477,-4.17,9.366)，Rotate(旋转)数值为(27.534,-1.778,134.623)，如图6-25所示。

07 角色scat01_l_fot01_gc01_ccc(左脚控制器)的Translate(位移)数值为(-21.492,1.52,9.025), Rotate(旋转)数值为(96.761,-42.68,6.752), 如图6-26所示。

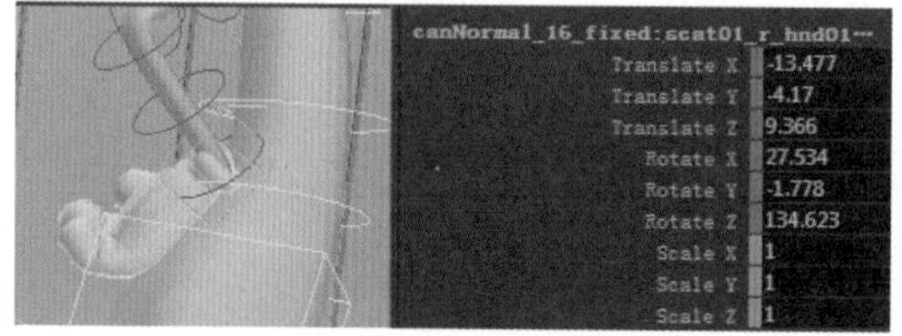

图6-25　第1帧右手控制器属性

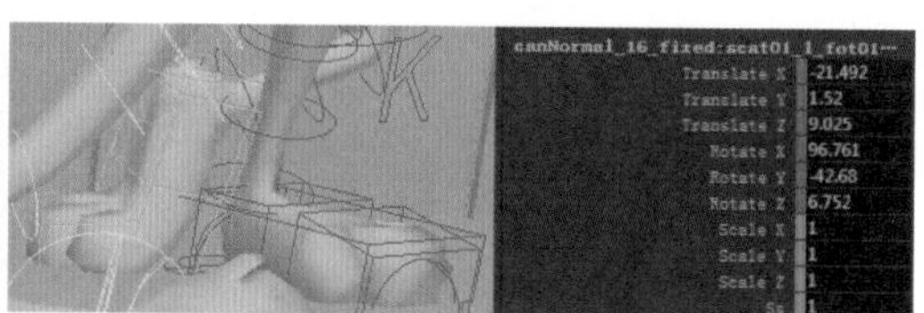

图6-26　第1帧左脚控制器属性

08 角色scat01_r_fot01_gc01_ccc(右脚控制器)的Translate(位移)数值为(-19.513,0.002,8.948)，Rotate(旋转)数值为(-177.283,-73.32,180.061)，如图6-27所示。

3. 第17帧关键动作

01 在第17帧时，角色依旧单脚站立，右手叉腰，左手扶墙，头略低，但身体向后转，右臂抬起，为打翻垃圾桶盖做预备动作，如图6-28所示。

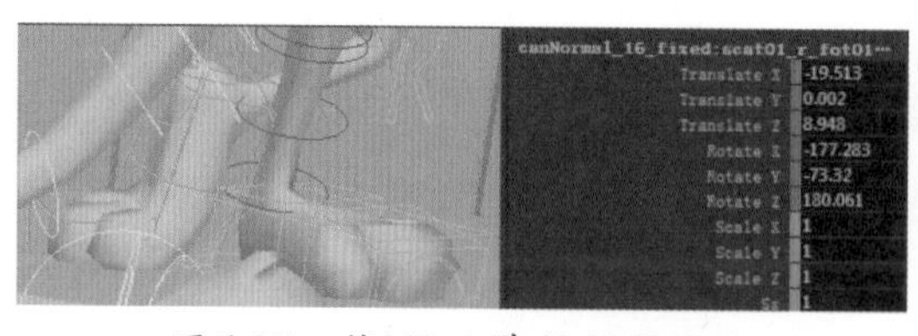

图6-27　第1帧右脚控制器属性

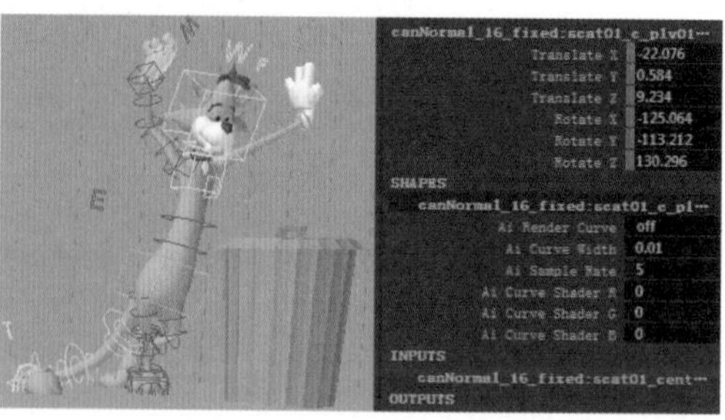

图6-28　第17帧关键动作

02 角色scat01_c_cht01_gc01_ccc(肩部控制器)的Translate(位移)数值为(-22.521,0.503,11.211)，Rotate(旋转)数值为(45.336,-77.216,-45.743)，如图6-29所示。

03 角色scat01_r_arm01_cv01_ccc(右肩部控制器)的Rotate(旋转)数值为(-1.738,-2.706,-17.885)，如图6-30所示。

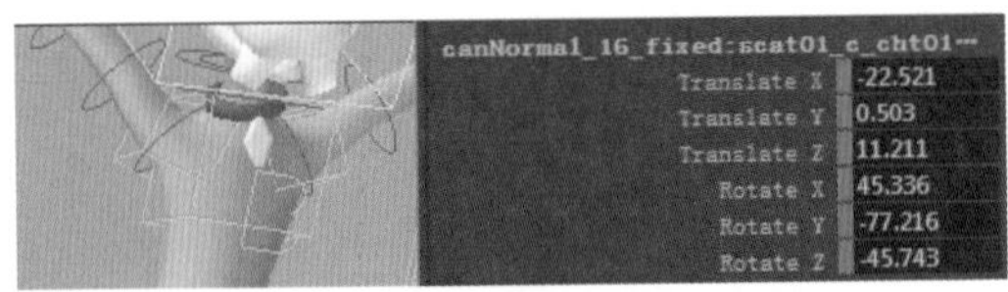

图6-29　第17帧肩部控制器属性

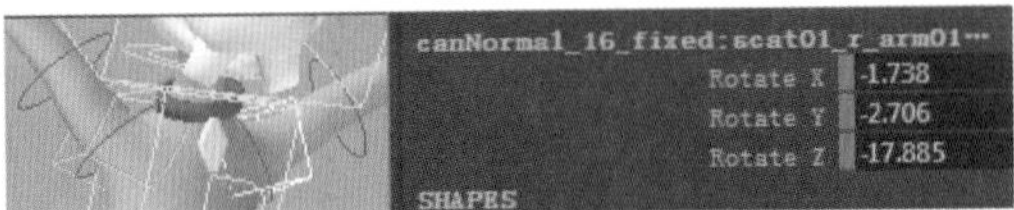

图6-30　第17帧右肩部控制器属性

04 角色scat01_r_hnd01_gc01_ccc(右手控制器)的Translate(位移)数值为(-13.539,7.173,7.506)，Rotate(旋转)数值为(54.307,37.932,-123.636)，如图6-31所示。

4. 第27帧关键动作

01 在第27帧时，角色上半身向左转，右臂向前挥舞，右手向后弯，如图6-32所示。

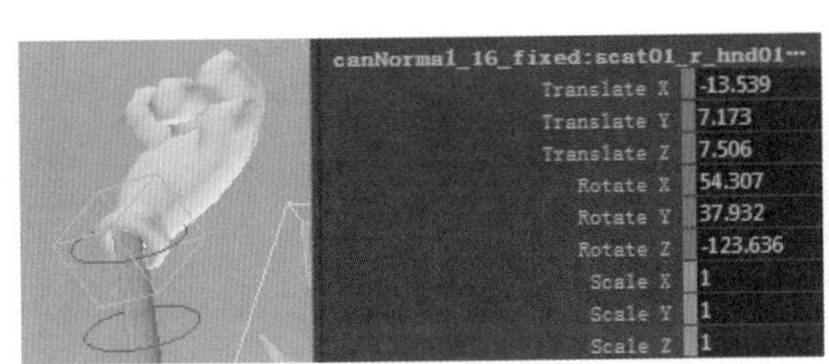

图6-31　第17帧右手控制器属性

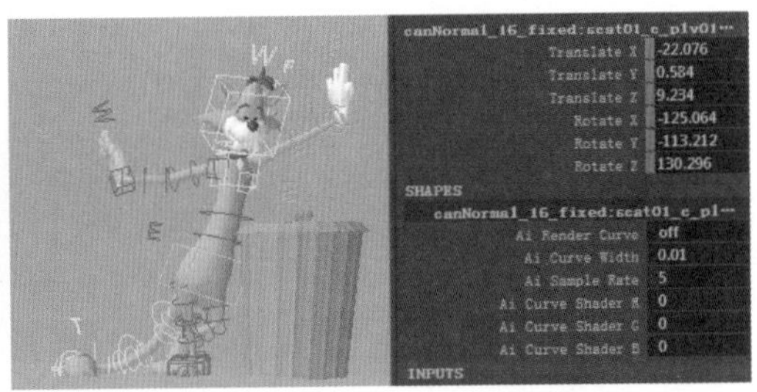

图6-32　第27帧关键动作

02 角色scat01_c_cht01_gc01_ccc(肩部控制器)的Translate(位移)数值为(-22.521,0.503,11.211)，Rotate(旋转)数值为(31.087,-77.583,-31.105)，如图6-33所示。

03 角色scat01_r_arm01_cv01_ccc(右肩部控制器)的Rotate(旋转)数值为(5.536,-22.201,2.351)，如图6-34所示。

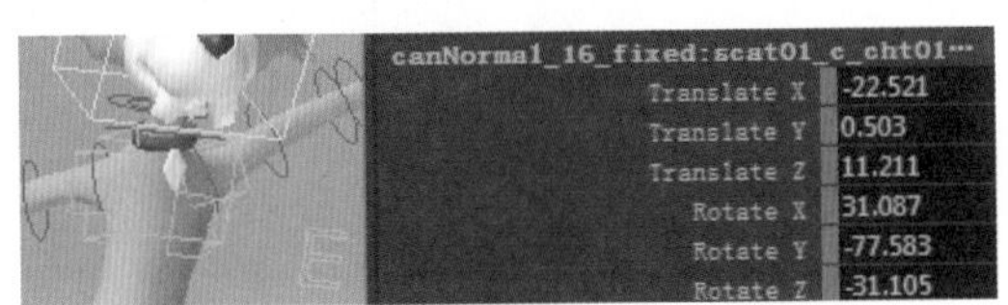

图6-33　第27帧肩部控制器属性

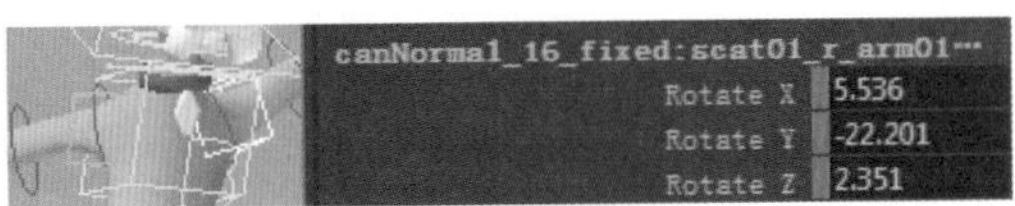

图6-34　第27帧右肩部控制器属性

04 角色scat01_r_hnd01_gc01_ccc(右手控制器)的Translate(位移)数值为(-10.835,-0.064,3.715)，Rotate(旋转)数值为(97.885,-15.19,-111.543)，如

图6-35所示。

5. 第30帧关键动作

01 在第30帧时，角色上半身继续向左转，右手接触到垃圾桶盖，如图6-36所示。

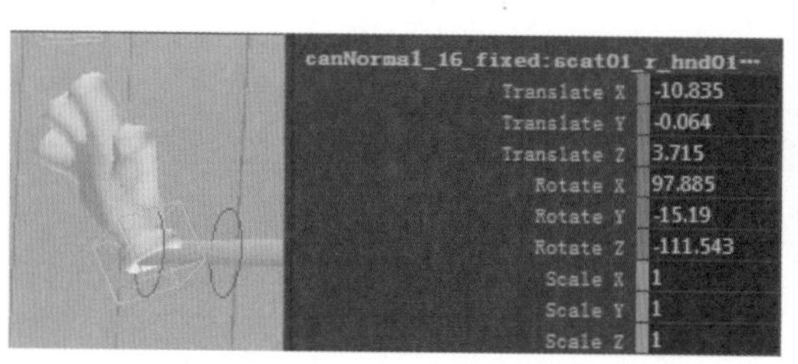

图6-35　第27帧右手控制器属性

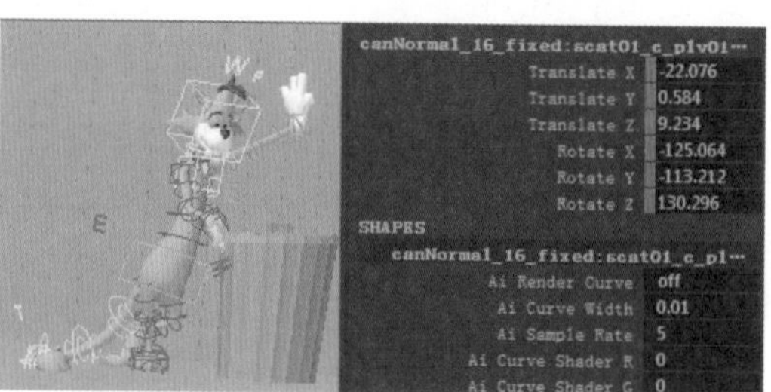

图6-36　第30帧关键动作

02 角色scat01_c_cht01_gc01_ccc(肩部控制器)的Translate(位移)数值为(-22.5,0.503,11.172)，Rotate(旋转)数值为(23.927,-74.113,-23.726)，如图6-37所示。

03 角色scat01_r_arm01_cv01_ccc(右肩部控制器)的Rotate(旋转)数值为(2.348,21.565,13.821)，如图6-38所示。

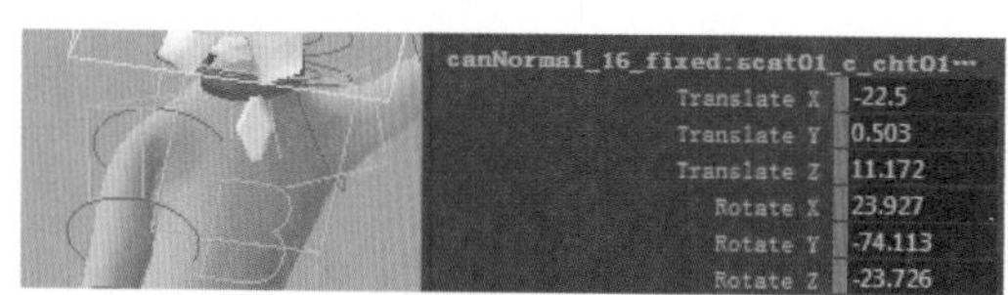

图6-37　第30帧肩部控制器属性

图6-38　第30帧右肩部控制器属性

04 角色scat01_r_hnd01_gc01_ccc(右手控制器)的Translate(位移)数值为(-19.899,-3.525,10.904)，Rotate(旋转)数值为(227.015,-8.04,-326.791)，如图6-39所示。

6. 第32帧关键动作

01 在第32帧时，角色右手打翻垃圾桶盖，右手缓冲抬起，如图6-40所示。

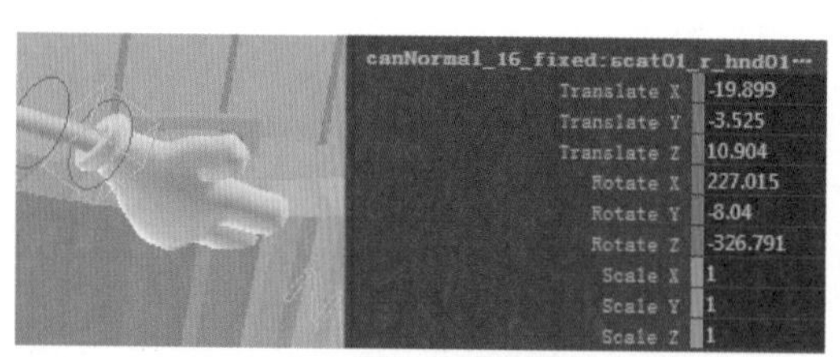

图6-39　第30帧右手控制器属性

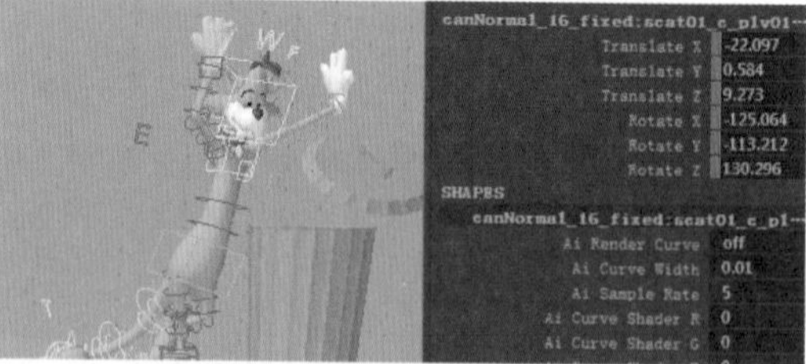

图6-40　第32帧关键动作

02 角色scat01_c_cht01_gc01_ccc(肩部控制器)的Translate(位移)数值为(-22.563,0.503,11.291)，Rotate(旋转)数值为(41.063,-75.864,-41.352)，如图6-41所示。

03 角色scat01_r_arm01_cv01_ccc(右肩部控制器)的Rotate(旋转)数值为(-47.216,20.228,-29.037)，如图6-42所示。

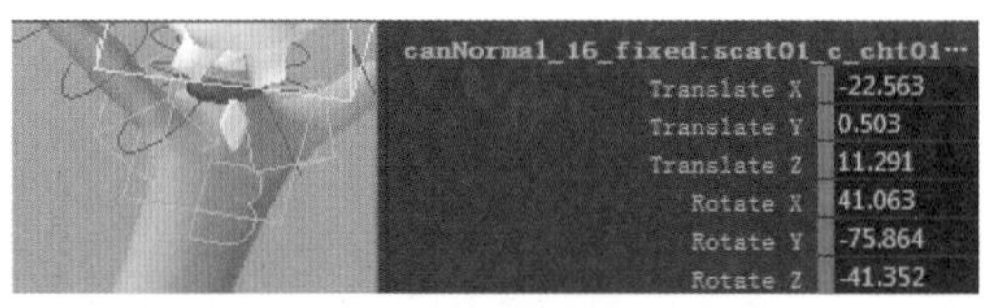

图6-41　第32帧肩部控制器属性

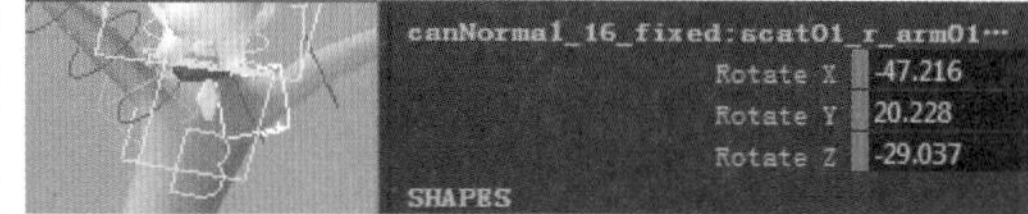

图6-42　第32帧右肩部控制器属性

04 角色scat01_r_hnd01_gc01_ccc(右手控制器)的Translate(位移)数值为(-15.685,6.948,9.145)，Rotate(旋转)数值为(201.552,0.977,-443.023)，如图6-43所示。

7. 第58帧关键动作

01 在第58帧时，角色身体向前探，头向下看，右手缓冲。角色scat01_c_plv01_gc01_ccc(腰部控制器)的Translate(位移)数值为(-22.34,0.584,9.273)，Rotate(旋转)数值为(-125.064,-113.212,130.296)，如图6-44所示。

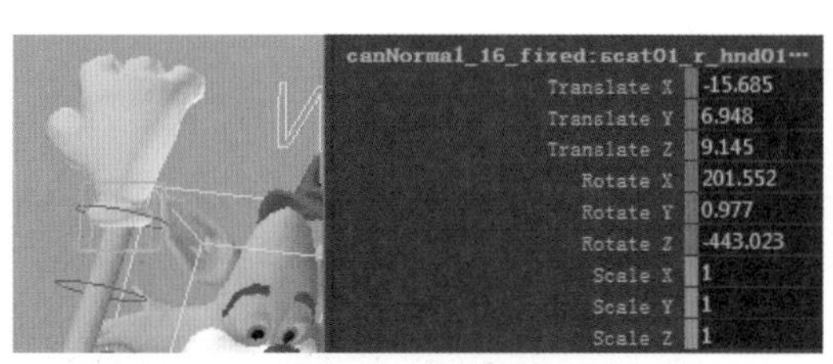

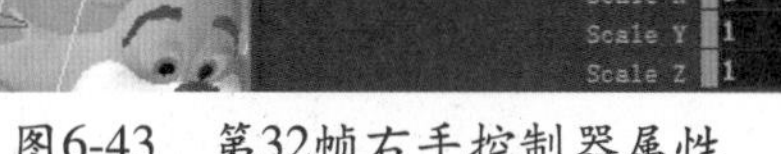

图6-43　第32帧右手控制器属性

图6-44　第58帧关键动作

02 角色scat01_c_hed01_gc01_ccc(头部控制器)的Translate(位移)数值为(-26.087,-0.378,12.134)，Rotate(旋转)数值为(-115.051,-102.796,156.803)，如图6-45所示。

03 角色scat01_c_cht01_gc01_ccc(肩部控制器)的Translate(位移)数值为(-23.725,0.503,11.291)，Rotate(旋转)数值为(52.447,-75.864,-41.352)，如图6-46所示。

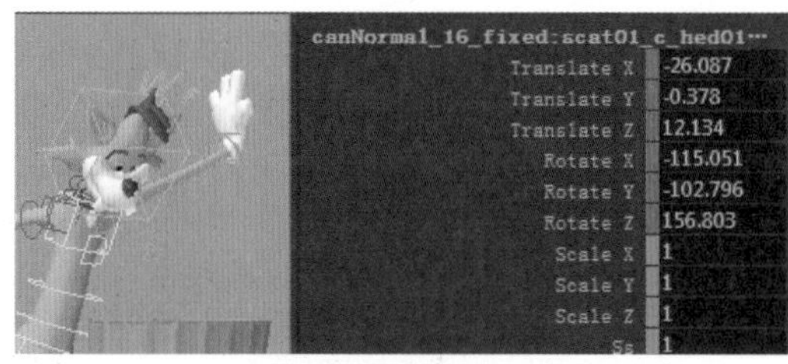

图6-45　第58帧头部控制器属性

图6-46　第58帧肩部控制器属性

04 角色scat01_r_arm01_cv01_ccc(右肩部控制器)的Rotate(旋转)数值为(0,-6.327,0)，如图6-47所示。

05 角色scat01_r_hnd01_gc01_ccc(右手控制器)的Translate(位移)数值为(-13.843,1.994,5.373)，Rotate(旋转)数值为(359.075,-48.867,-456.089)，如图6-48所示。

图6-47　第58帧右肩部控制器属性

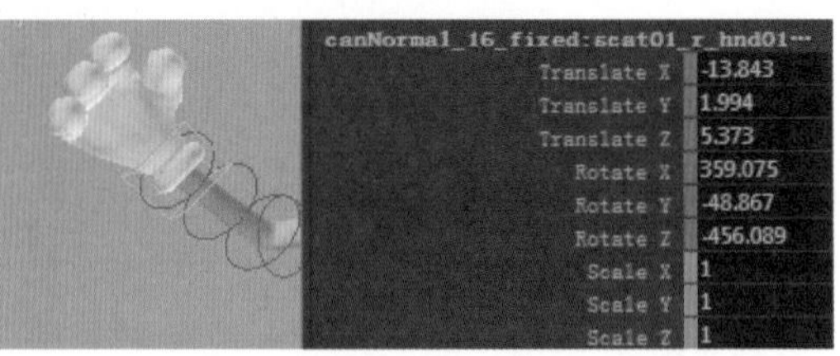

图6-48　第58帧右手控制器属性

8. 第75帧关键动作

01 在第75帧时，角色表现出惊讶的预备动作。角色scat01_c_plv01_gc01_ccc(腰部控制器)的Translate(位移)数值为(-20.932,1.662,11.736)，Rotate(旋转)数值为(-205.374,-96.478,177.101)，如图6-49所示。

02 角色scat01_c_hed01_gc01_ccc(头部控制器)的Translate(位移)数值为(-28.008,-6.837,11.326)，Rotate(旋转)数值为(27.533,-114.793,103.669)，如图6-50所示。

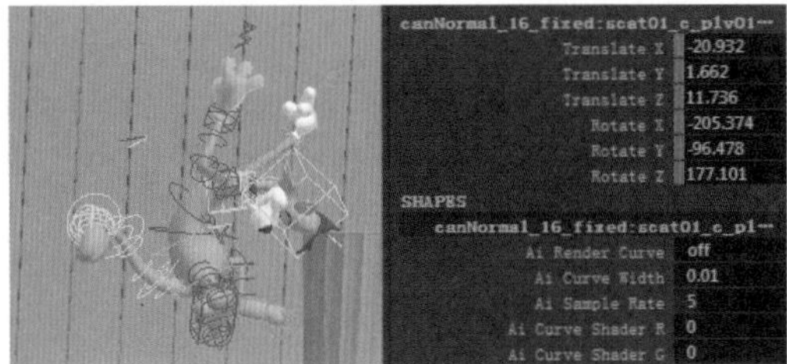

图6-49　第75帧关键动作

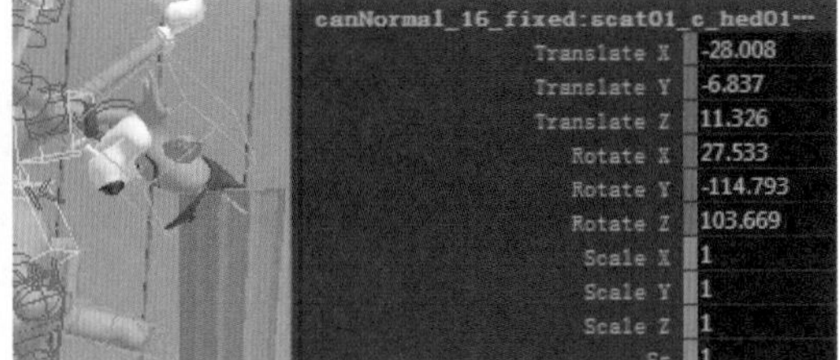

图6-50　第75帧头部控制器属性

03 角色scat01_c_cht01_gc01_ccc(肩部控制器)的Translate(位移)数值为(-23.353,-1.57,10.859)，Rotate(旋转)数值为(133.291,-92.032,-51.863)，如图6-51所示。

04 角色scat01_l_arm01_cv01_ccc(左肩部控制器)和scat01_r_arm01_cv01_ccc(右肩部控制器)的Rotate(旋转)数值分别为(-47.329,-13.605,10.255)和(-95.75,-21.777,-17.23)，如图6-52所示。

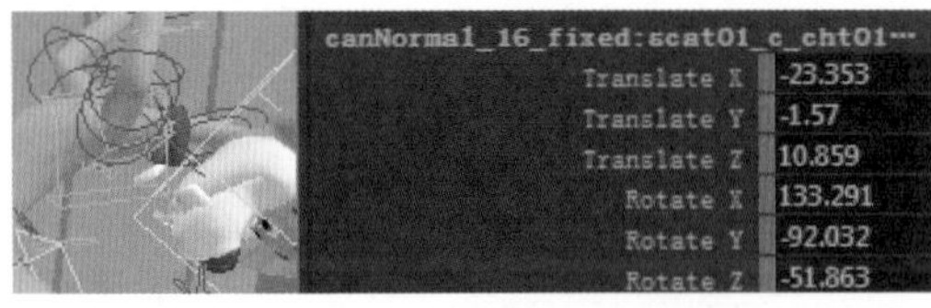

图6-51　第75帧肩部控制器属性

图6-52　第75帧左右肩部控制器属性

05 角色scat01_l_hnd01_gc01_ccc(左手控制器)的Translate(位移)数值为

(-34.077,2.279,17.46)，Rotate(旋转)数值为(-289.871,30.494,133.002)，如图6-53所示。

06 角色scat01_r_hnd01_gc01_ccc(右手控制器)的Translate(位移)数值为(-15.094,3.497,8.041)，Rotate(旋转)数值为(278.755,-11.603,-427.448)，如图6-54所示。

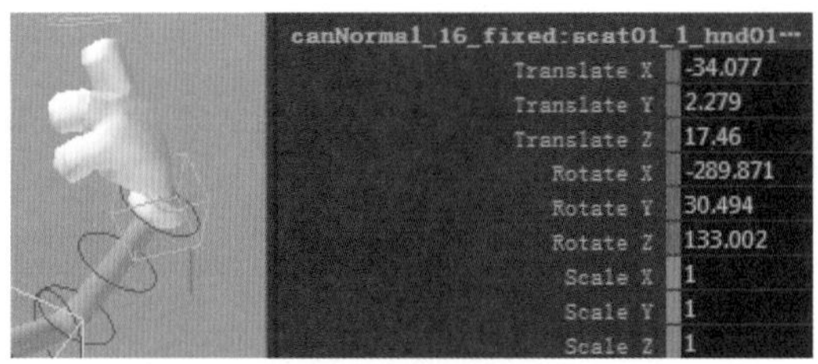

图6-53　第75帧左手控制器属性

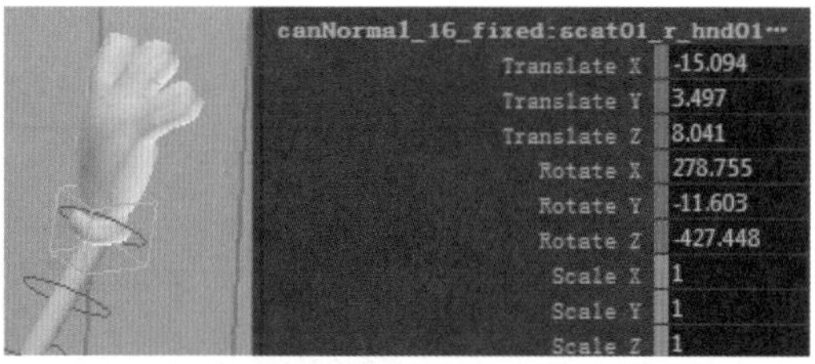

图6-54　第75帧右手控制器属性

07 角色scat01_l_fot01_gc01_ccc(左脚控制器)的Translate(位移)数值为(-24.194,5.005,14.873)，Rotate(旋转)数值为(9.65,-42.498,5.501)，如图6-55所示。

08 角色scat01_r_fot01_gc01_ccc(右脚控制器)的Translate(位移)数值为(-21.485,3.337,9.471)，Rotate(旋转)数值为(-208.43,-38.657,156.87)，如图6-56所示。

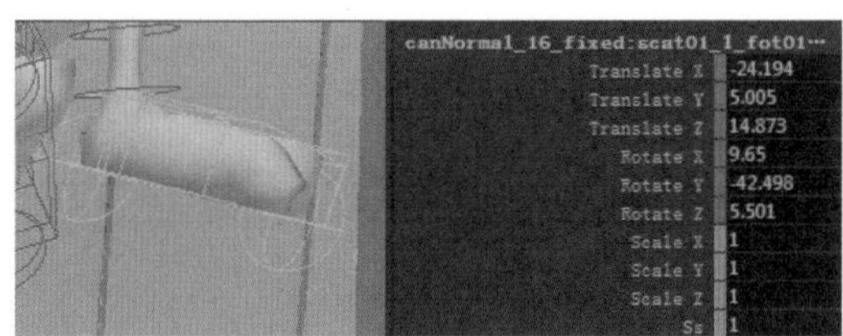

图6-55　第75帧左脚控制器属性

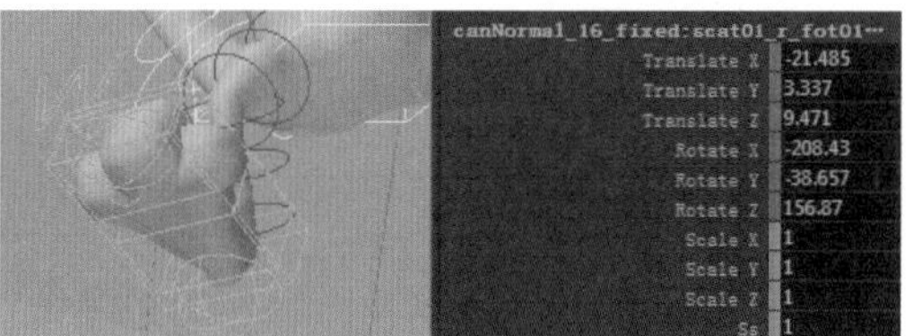

图6-56　第75帧右脚控制器属性

9. 第80帧关键动作

01 在第80帧时，角色双手扶着垃圾桶边缘，表现出惊讶的动作。角色scat01_c_plv01_gc01_ccc(腰部控制器)的Translate(位移)数值为(-25.105,0.013,12.33)，Rotate(旋转)数值为(-177.091,-96.478,177.101)，如图6-57所示。

02 角色scat01_c_hed01_gc01_ccc(头部控制器)的Translate(位移)数值为(-23.964,-0.16,11.076)，Rotate(旋转)数值为(-137.962,-112.604,188.023)，如图6-58所示。

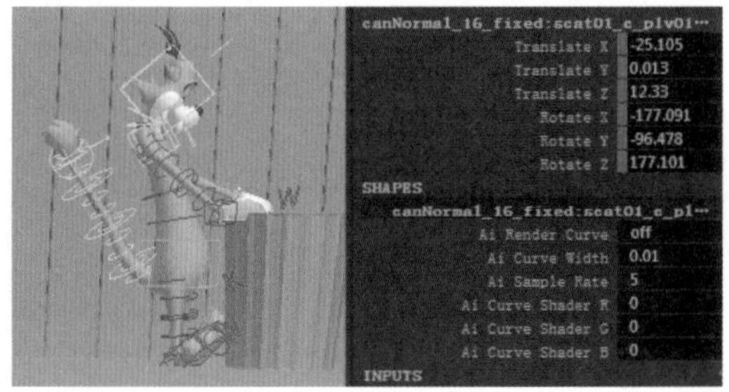

图6-57　第80帧关键动作

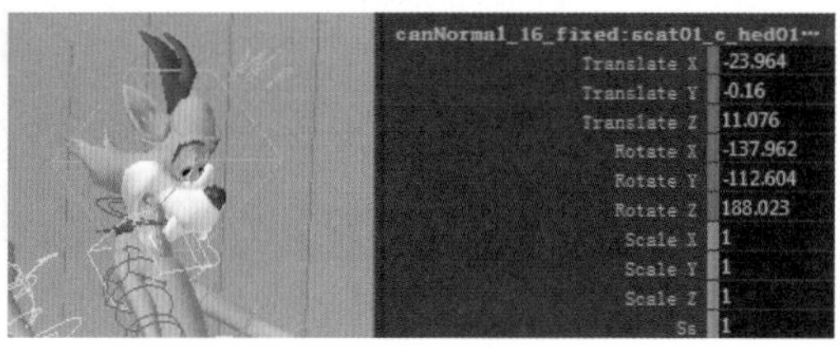

图6-58　第80帧头部控制器属性

03 角色scat01_c_cht01_gc01_ccc(肩部控制器)的Translate(位移)数值为(-23.181,0.804,10.925)，Rotate(旋转)数值为(-54.472,-70.343,27.276)，如图6-59所示。

04 角色scat01_l_arm01_cv01_ccc(左肩部控制器)和scat01_r_arm01_cv01_ccc(右肩部控制器)的Rotate(旋转)数值分别为(-13.942,-0.165,-58.881)和(-7.375,11.414,53.628)，如图6-60所示。

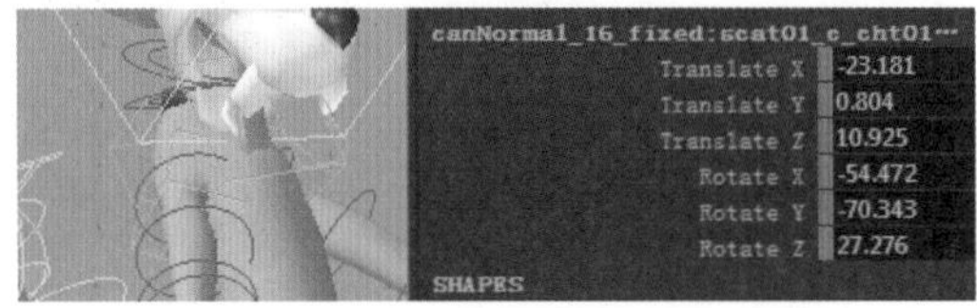

图6-59　第80帧肩部控制器属性

图6-60　第80帧左右肩部控制器属性

05 角色scat01_l_hnd01_gc01_ccc(左手控制器)的Translate(位移)数值为(-36.082,-3.395,16.749)，Rotate(旋转)数值为(-170.453,20.428,203.409)，如图6-61所示。

06 角色scat01_r_hnd01_gc01_ccc(右手控制器)的Translate(位移)数值为(-20.594,-4.651,9.644)，Rotate(旋转)数值为(338.181,58.953,-375.599)，如图6-62所示。

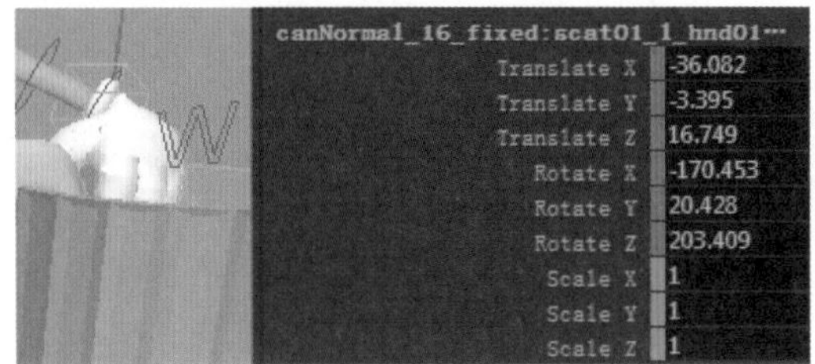

图6-61　第80帧左手控制器属性

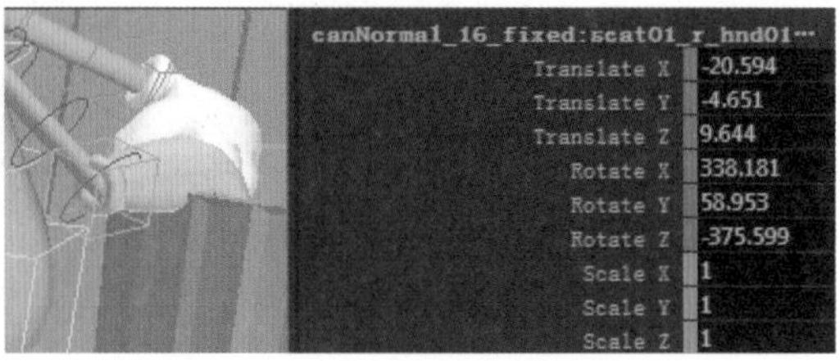

图6-62　第80帧右手控制器属性

07 角色scat01_l_fot01_gc01_ccc(左脚控制器)的Translate(位移)数值为(-25.984,-0.407,15.163)，Rotate(旋转)数值为(-32.742,-38.013,-31.566)，如图6-63所示。

08 角色scat01_r_fot01_gc01_ccc(右脚控制器)的Translate(位移)数值为(-24.39,-0.586,11.434)，Rotate(旋转)数值为(-178.969,-62.266,140.717)，如图6-64所示。

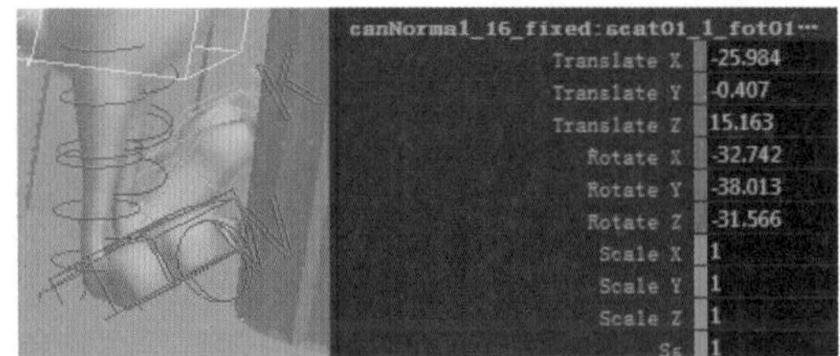

图6-63　第80帧左脚控制器属性

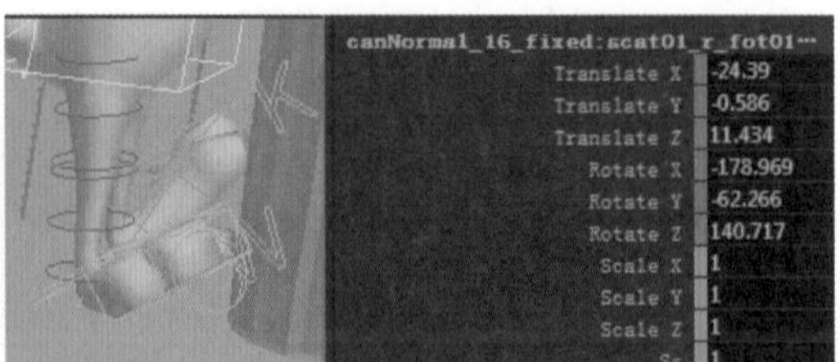

图6-64　第80帧右脚控制器属性

10. 第102帧关键动作

01 在第102帧时，角色身体压缩，是跳跃动作前的准备动作。角色scat01_c_plv01_gc01_ccc(腰部控制器)的Translate(位移)数值为(-24.666,-2.846,11.52)，Rotate(旋转)数值为(-210.855,-97.355,194.152)，如图6-65所示。

02 角色scat01_c_hed01_gc01_ccc(头部控制器)的Translate(位移)数值为(-27.622,-4.5,13.317)，Rotate(旋转)数值为(-123.168,-112.265,182.03)，如图6-66所示。

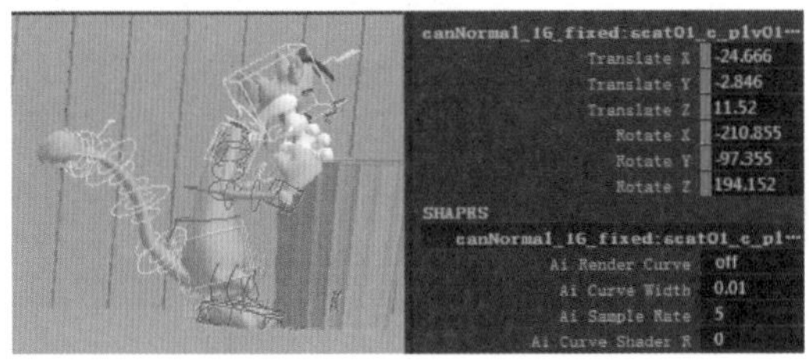

图6-65 第102帧关键动作

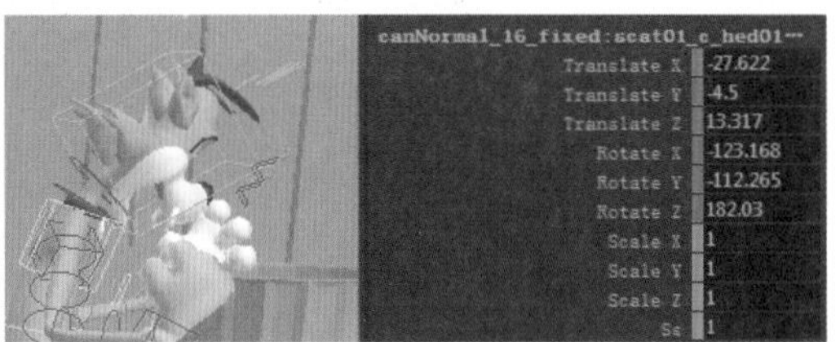

图6-66 第102帧头部控制器属性

03 角色scat01_c_cht01_gc01_ccc(肩部控制器)的Translate(位移)数值为(-25.153,-3.745,12.57), Rotate(旋转)数值为(17.486,-72.491,1.403), 如图6-67所示。

04 角色scat01_l_arm01_cv01_ccc(左肩部控制器)和scat01_r_arm01_cv01_ccc(右肩部控制器)的Rotate(旋转)数值分别为(3.139,-25,-4.17)和(1.62,21.629,29.453)，如图6-68所示。

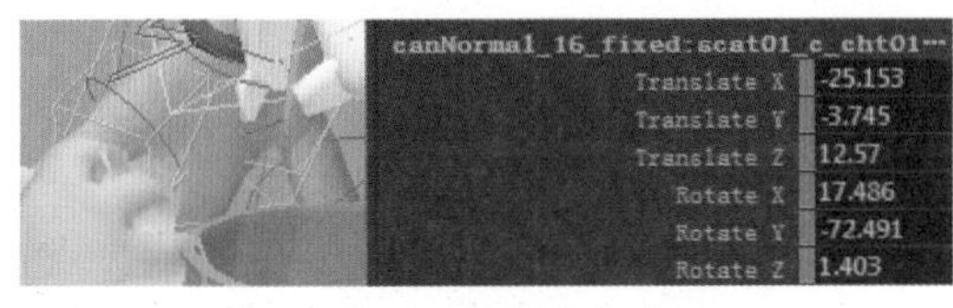

图6-67 第102帧肩部控制器属性

图6-68 第102帧左右肩部控制器属性

05 角色scat01_l_hnd01_gc01_ccc(左手控制器)的Translate(位移)数值为(-36.525,-6.09,17.935)，Rotate(旋转)数值为(-250.787,-15.379,125.027)，如图6-69所示。

06 角色scat01_r_hnd01_gc01_ccc(右手控制器)的Translate(位移)数值为(-20.564,-6.9,8.865), Rotate(旋转)数值为(244.04,9.399,-424.441), 如图6-70所示。

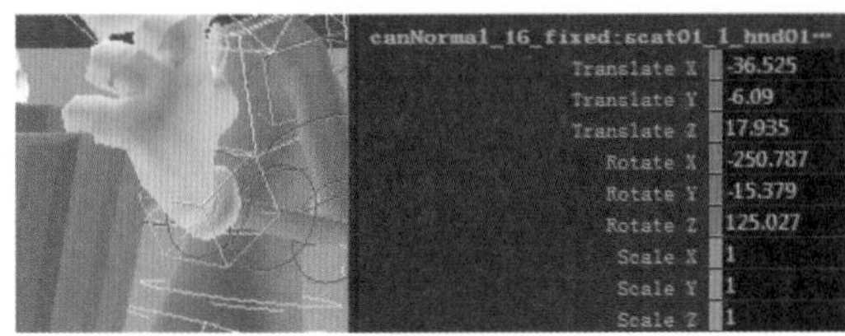

图6-69 第102帧左手控制器属性

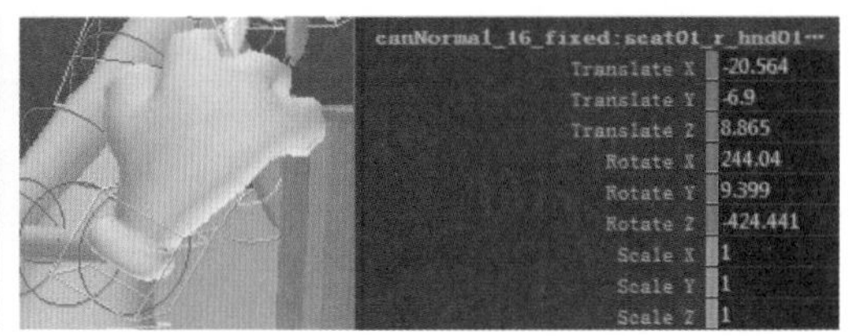

图6-70 第102帧右手控制器属性

07 角色scat01_l_fot01_gc01_ccc(左脚控制器)的Translate(位移)数值为(-25.451，0.001,14.376)，Rotate(旋转)数值为(-1.318,-38.082,0.922)，如图6-71所示。

08 角色scat01_r_fot01_gc01_ccc(右脚控制器)的Translate(位移)数值为(-24.159,0.098,10.877)，Rotate(旋转)数值为(-176.337,-72.217,182.712)，如图6-72所示。

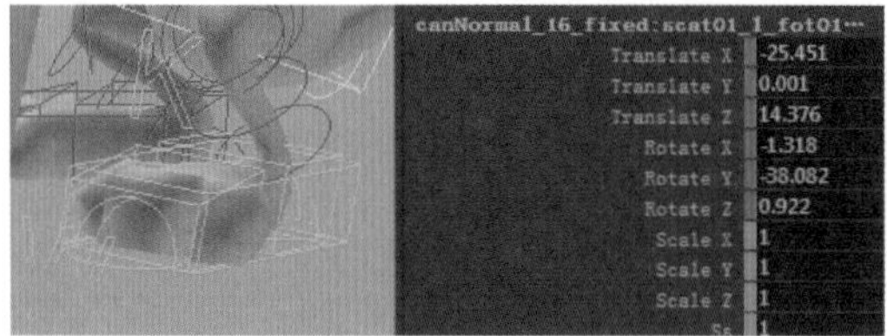

图6-71　第102帧左脚控制器属性

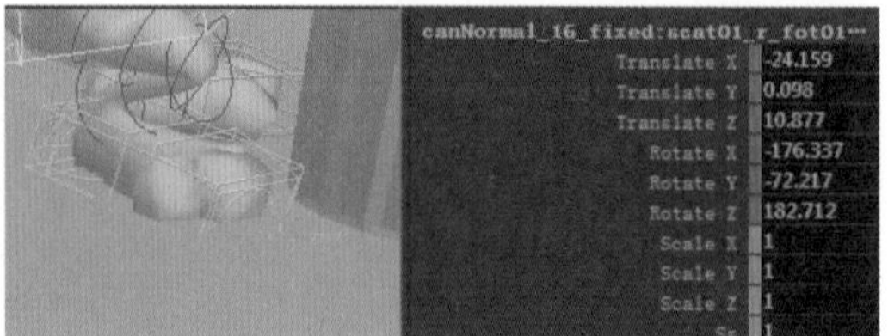

图6-72　第102帧右脚控制器属性

11. 第107帧关键动作

01 在第107帧时，角色双手合十，身体伸展，此时是离地前最后一帧。角色scat01_c_plv01_gc01_ccc(腰部控制器)的Translate(位移)数值为(-26.192,2.846,12.56)，Rotate(旋转)数值为(-169.418,-112.386,184.52)，如图6-73所示。

02 角色scat01_c_hed01_gc01_ccc(头部控制器)的Translate(位移)数值为(-28.134,0.838,13.086)，Rotate(旋转)数值为(-123.914，-122.828,186.351)，如图6-74所示。

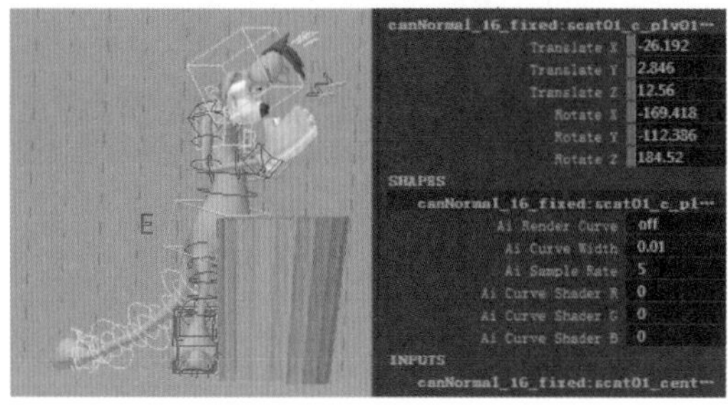

图6-73　第107帧关键动作

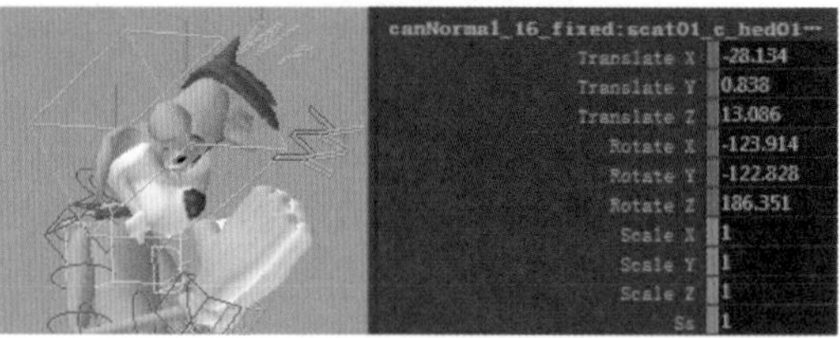

图6-74　第107帧头部控制器属性

03 角色scat01_c_cht01_gc01_ccc(肩部控制器)的Translate(位移)数值为(-26.671,1.747,12.388)，Rotate(旋转)数值为(-3.684,-72.491,1.403)，如图6-75所示。

04 角色scat01_l_arm01_cv01_ccc(左肩部控制器)和scat01_r_arm01_cv01_ccc(右肩部控制器)的Rotate(旋转)数值分别为(-5.854,14.636,41.582)和(-7.818,0.558,-46.244)，如图6-76所示。

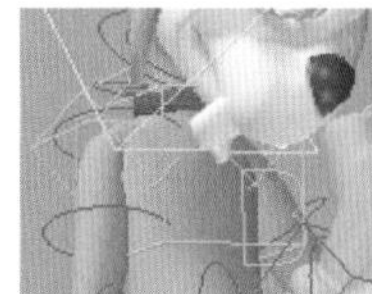

图6-75　第107帧肩部控制器属性

图6-76　第107帧左右肩部控制器属性

05 角色scat01_l_hnd01_gc01_ccc(左手控制器)的Translate(位移)数值为(-37.717,-0.757,15.259)，Rotate(旋转)数值为(-252.471,-18.908,133.442)，如图6-77所示。

06 角色scat01_r_hnd01_gc01_ccc(右手控制器)的Translate(位移)数值为(-21.096,-0.773,14.356)，Rotate(旋转)数值为(251.664,25.341,-415.491)，如图6-78所示。

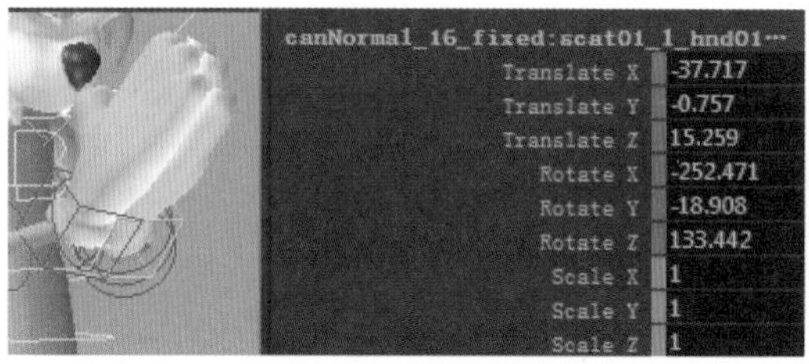

图6-77　第107帧左手控制器属性

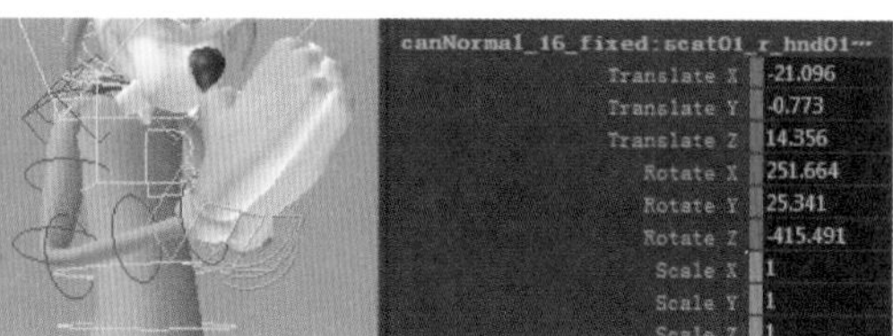

图6-78　第107帧右手控制器属性

07 角色scat01_l_fot01_gc01_ccc(左脚控制器)的Translate(位移)数值为(-27.059,2.958,14.638)，Rotate(旋转)数值为(79.23,-38.082,0.922)，如图6-79所示。

08 角色scat01_r_fot01_gc01_ccc(右脚控制器)的Translate(位移)数值为(-25.766,3.055,11.139)，Rotate(旋转)数值为(-103.866,-72.217,182.712)，如图6-80所示。

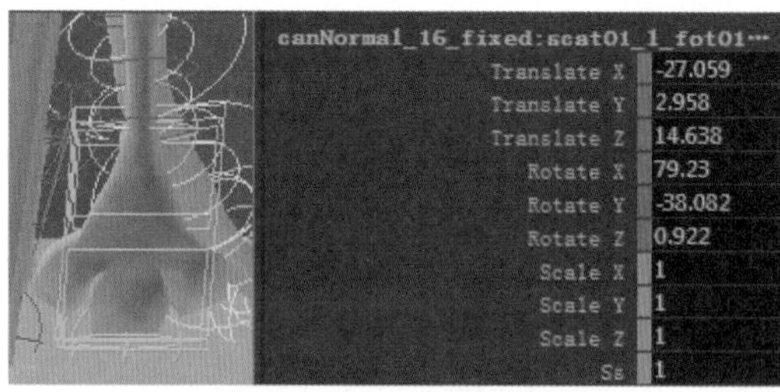

图6-79　第107帧左脚控制器属性

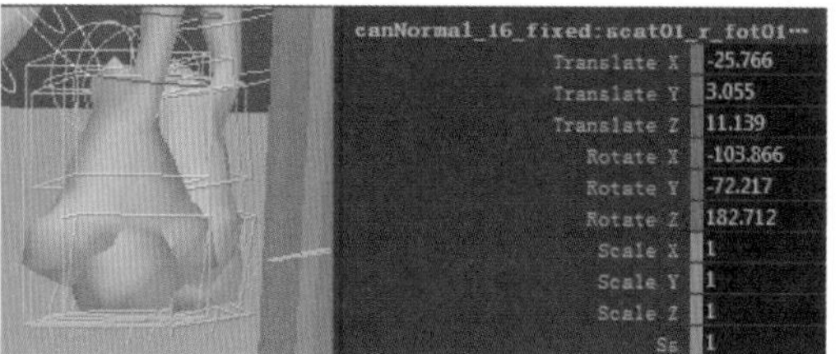

图6-80　第107帧右脚控制器属性

12. 第113帧关键动作

01 在第113帧时，角色双手合十，身体蜷缩，此时是角色腾空最高的一帧。角色scat01_c_plv01_gc01_ccc(腰部控制器)的Translate(位移)

数值为(-28.564,20.941,12.982)，Rotate(旋转)数值为(-137.015,-109.923,180.056)，如图6-81所示。

02 角色scat01_c_hed01_gc01_ccc(头部控制器)的Translate(位移)数值为(-34.568,4.902,15.133)，Rotate(旋转)数值为(-50.605,-103.961,173.234)，如图6-82所示。

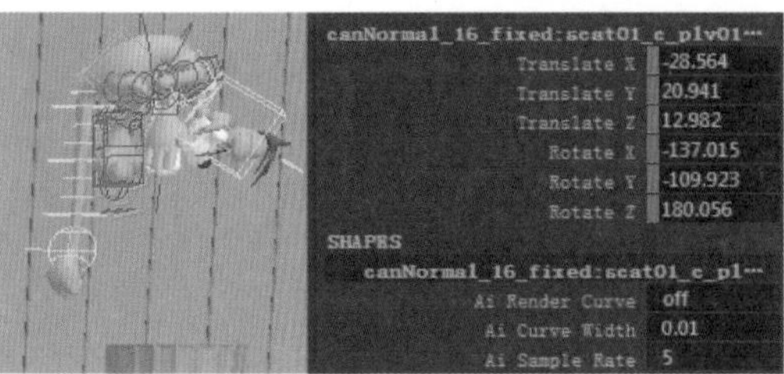

图6-81　第113帧关键动作

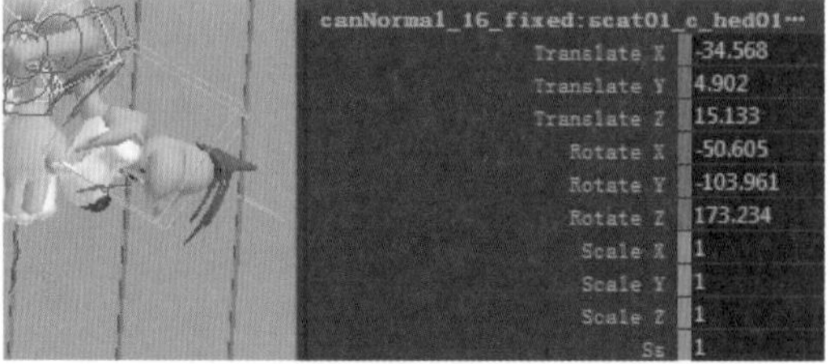

图6-82　第113帧头部控制器属性

03 角色scat01_c_cht01_gc01_ccc(肩部控制器)的Translate(位移)数值为(-31.779,12.428,14.355)，Rotate(旋转)数值为(150.296,-61.72,1.979)，如图6-83所示。

04 角色scat01_l_arm01_cv01_ccc(左肩部控制器)和scat01_r_arm01_cv01_ccc(右肩部控制器)的Rotate(旋转)数值分别为(-13.71,41.386,31.231)和(11.619,-19.669,0.748)，如图6-84所示。

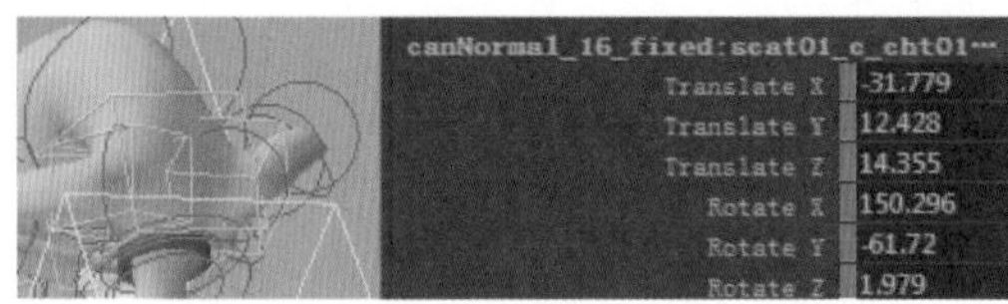

图6-83　第113帧肩部控制器属性

图6-84　第113帧左右肩部控制器属性

05 角色scat01_l_hnd01_gc01_ccc(左手控制器)的Translate(位移)数值为(-38.739,10.445,15.247)，Rotate(旋转)数值为(-280.347,4.074,260.106)，如图6-85所示。

06 角色scat01_r_hnd01_gc01_ccc(右手控制器)的Translate(位移)数值为(-22.236,10.706,14.409)，Rotate(旋转)数值为(285.373,0.906,-265.084)，如图6-86所示。

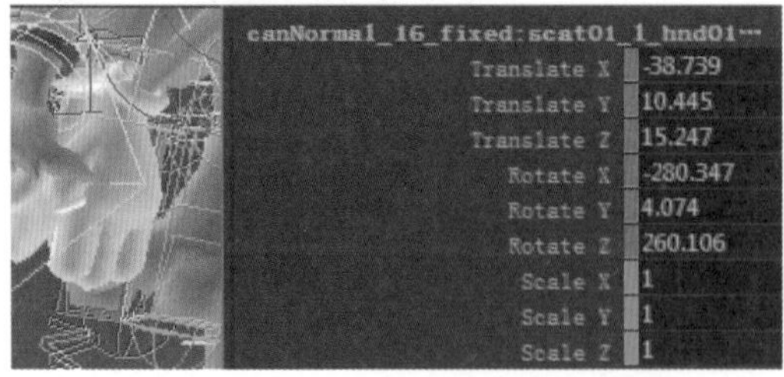

图6-85　第113帧左手控制器属性

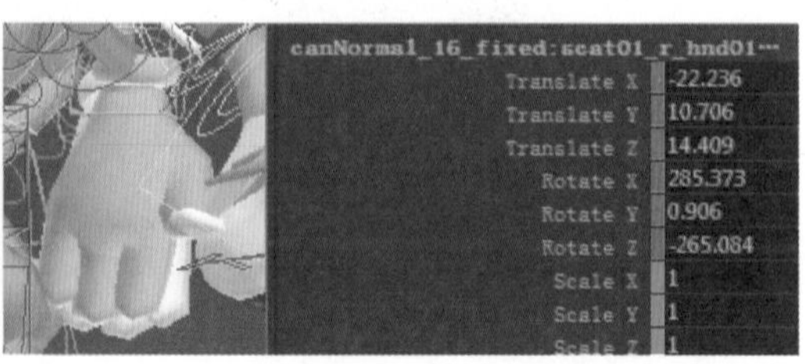

图6-86　第113帧右手控制器属性

07 角色scat01_l_fot01_gc01_ccc(左脚控制器)的Translate(位移)数值为(-28.849,23.521,14.659)，Rotate(旋转)数值为(81.782,-6.897,-10.87)，如图6-87所示。

08 角色scat01_r_fot01_gc01_ccc(右脚控制器)的Translate(位移)数值为(-27.829,23.772,11.322)，Rotate(旋转)数值为(-94.428,-48.872,178.059)，如图6-88所示。

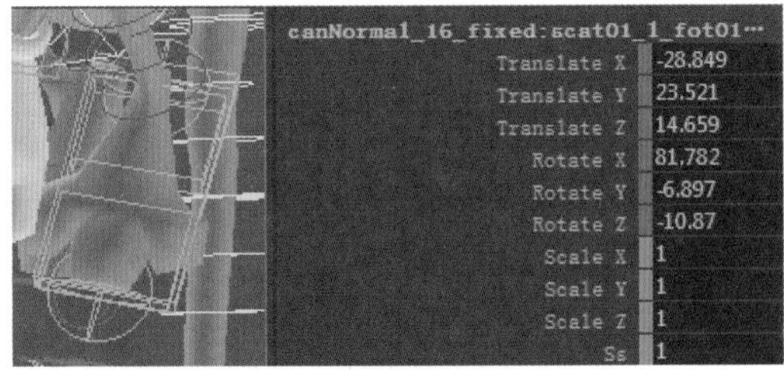

图6-87　第113帧左脚控制器属性

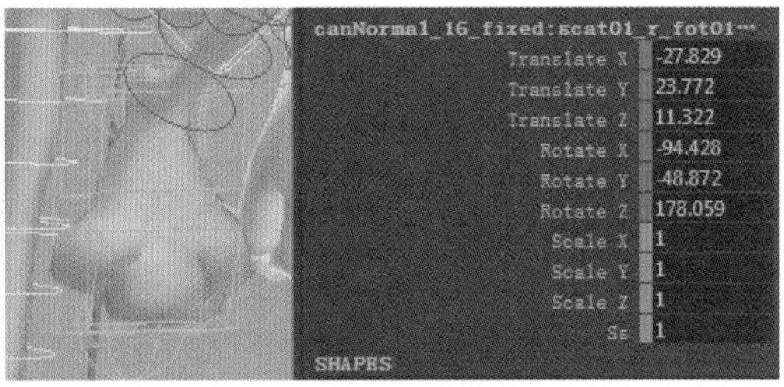

图6-88　第113帧右脚控制器属性

13. 第121帧关键动作

01 在第121帧时，角色双手合十，身体伸展拉直。角色scat01_c_plv01_gc01_ccc(腰部控制器)的Translate(位移)数值为(-31.753,24.666,14.427)，Rotate(旋转)数值为(13.709,-107.316,167.722)，如图6-89所示。

02 角色scat01_c_hed01_gc01_ccc(头部控制器)的Translate(位移)数值为(-33.878,1.304,15.227)，Rotate(旋转)数值为(-71.359,-118.694,169.507)，如图6-90所示。

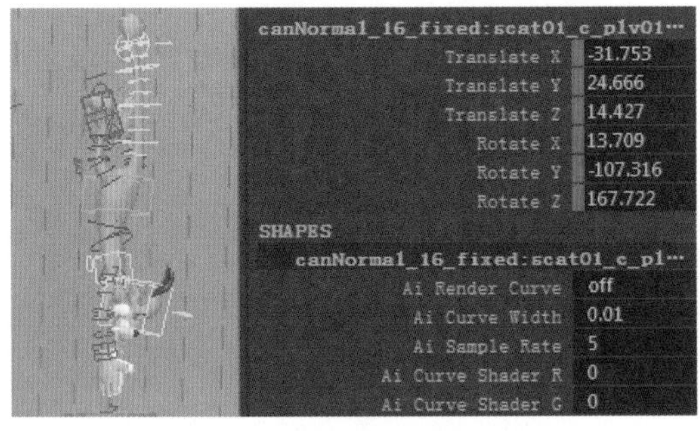

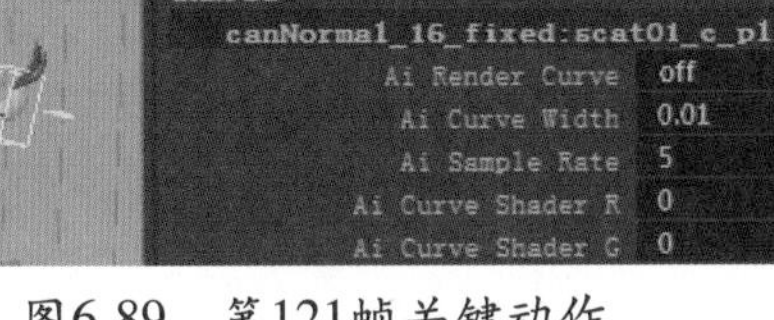

图6-89　第121帧关键动作

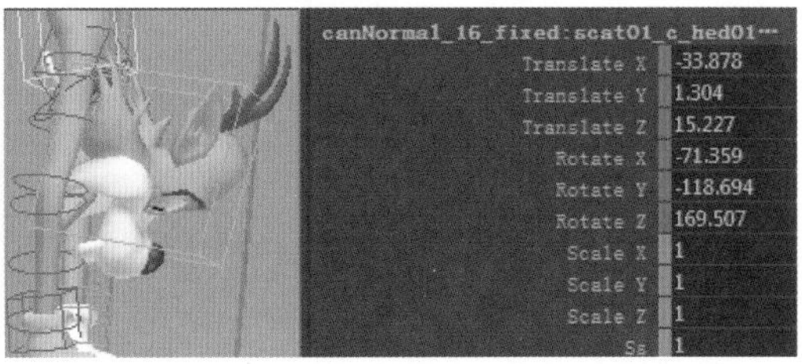

图6-90　第121帧头部控制器属性

03 角色scat01_c_cht01_gc01_ccc(肩部控制器)的Translate(位移)数值为(-32.125,9.413,13.928)，Rotate(旋转)数值为(179.015,-64.049,-9.995)，如图6-91所示。

04 角色scat01_l_arm01_cv01_ccc(左肩部控制器)和scat01_r_arm01_cv01_ccc(右肩部控制器)的Rotate(旋转)数值分别为(-3.303,-17.738,53.876)和(-6.483,20.795,-66.349)，如图6-92所示。

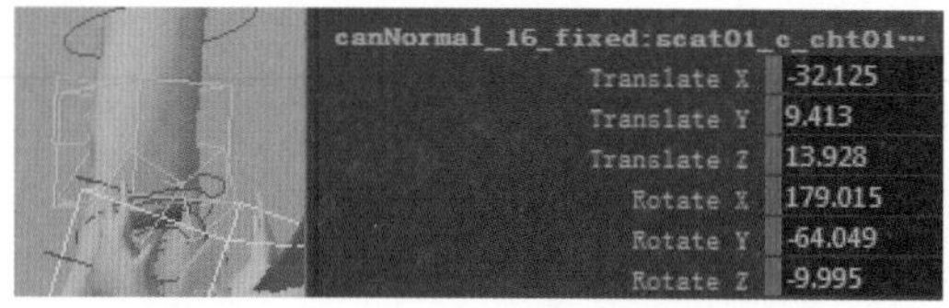

图6-91　第121帧肩部控制器属性

图6-92　第121帧左右肩部控制器属性

05 角色scat01_l_hnd01_gc01_ccc(左手控制器)的Translate(位移)数值为(-40.703,1.291,15.227)，Rotate(旋转)数值为(-288.795,7.144,265.95)，如图6-93所示。

06 角色scat01_r_hnd01_gc01_ccc(右手控制器)的Translate(位移)数值为(-23.65,1.253,13.747)，Rotate(旋转)数值为(292.609,7.887,-273.534)，如图6-94所示。

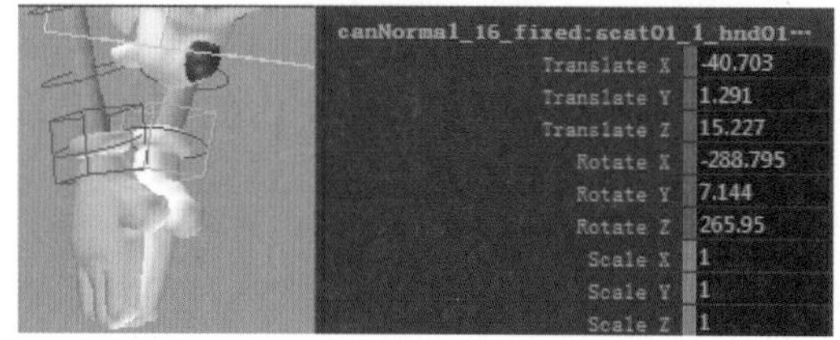

图6-93　第121帧左手控制器属性

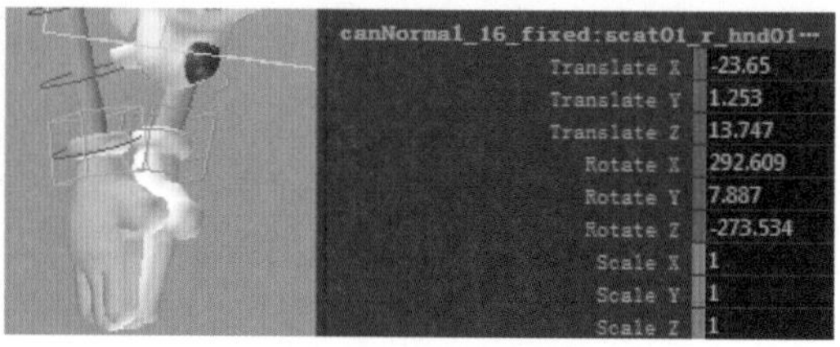

图6-94　第121帧右手控制器属性

07 角色scat01_l_fot01_gc01_ccc(左脚控制器)的Translate(位移)数值为(-32.373,36.064,16.035)，Rotate(旋转)数值为(69.694,-2.477,174.923)，如图6-95所示。

08 角色scat01_r_fot01_gc01_ccc(右脚控制器)的Translate(位移)数值为(-30.182,36.165,12.337)，Rotate(旋转)数值为(71.81,-182.255,174.457)，如图6-96所示。

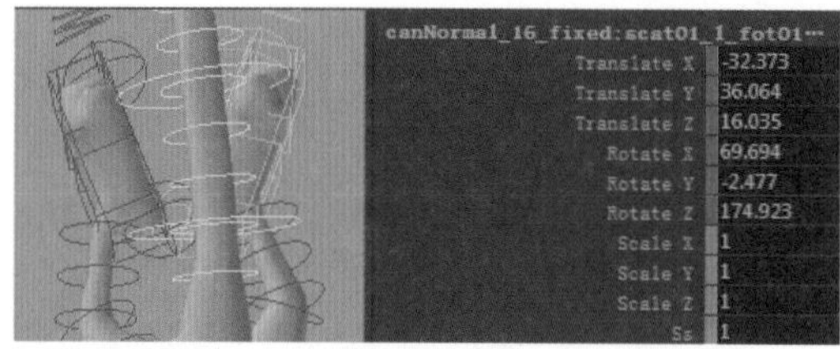

图6-95　第121帧左脚控制器属性

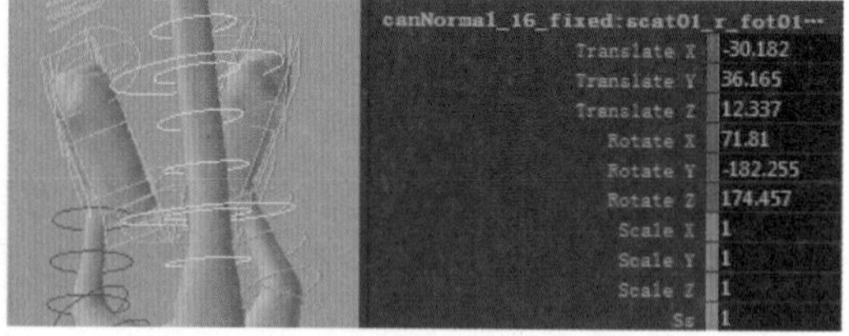

图6-96　第121帧右脚控制器属性

14. 第125帧关键动作

01 在第125帧时，角色全身扎进垃圾桶里。角色scat01_c_plv01_gc01_ccc(腰部控制器)的Translate(位移)数值为(-32.015,4.066,14.463)，Rotate(旋转)数值为(7.072,-107.316,167.722)，如图6-97所示。

02 角色scat01_l_fot01_gc01_ccc(左脚控制器)的Translate(位移)数值为(-30.787,15.034,16.164)，Rotate(旋转)数值为(66.608,-74.638,167.098)，如

图6-98所示。

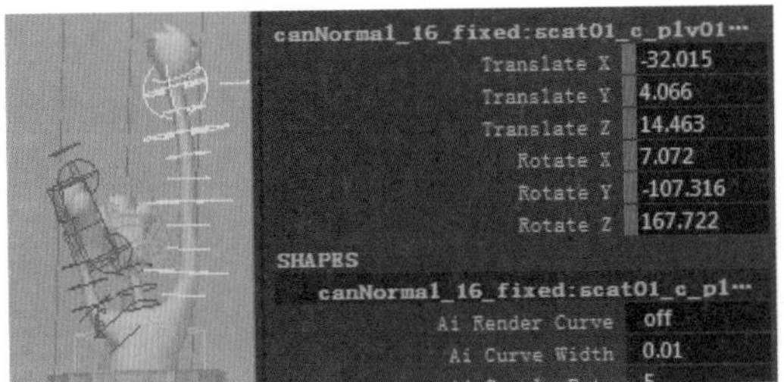

图6-97 第125帧关键动作

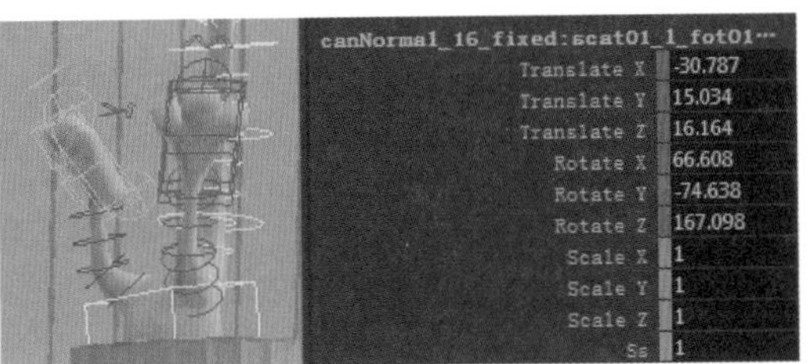

图6-98 第125帧左脚控制器属性

03 角色scat01_r_fot01_gc01_ccc(右脚控制器)的Translate(位移)数值为(-29.692,15.191,11.427)，Rotate(旋转)数值为(61.503,-149.778,185.868)，如图6-99所示。

15. 第129帧关键动作

01 在第129帧时，角色尾巴多节弯曲，双腿向下。角色scat01_c_plv01_gc01_ccc(腰部控制器)的Translate(位移)数值为(-32.015,4.066,14.463)，Rotate(旋转)数值为(18.008,-107.316,167.722)，如图6-100所示。

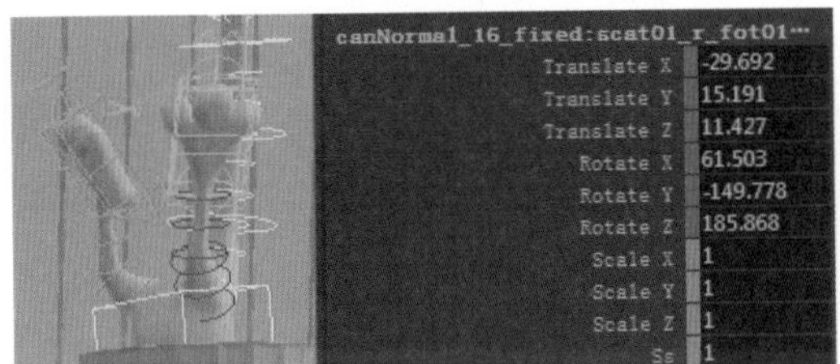

图6-99 第125帧右脚控制器属性

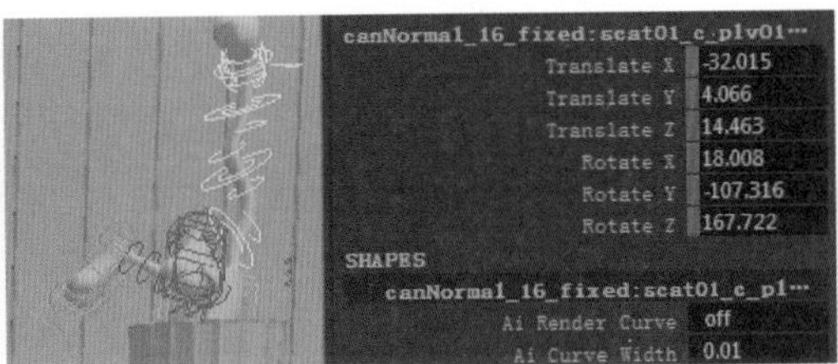

图6-100 第129帧关键动作

02 角色scat01_l_fot01_gc01_ccc(左脚控制器)的Translate(位移)数值为(-28.759,13.584,16.657)，Rotate(旋转)数值为(-88.83,-80.916,218.442)，如图6-101所示。

03 角色scat01_r_fot01_gc01_ccc(右脚控制器)的Translate(位移)数值为(-30.611,13.522,9.225)，Rotate(旋转)数值为(-48.027,-207.058,198.196)，如图6-102所示。

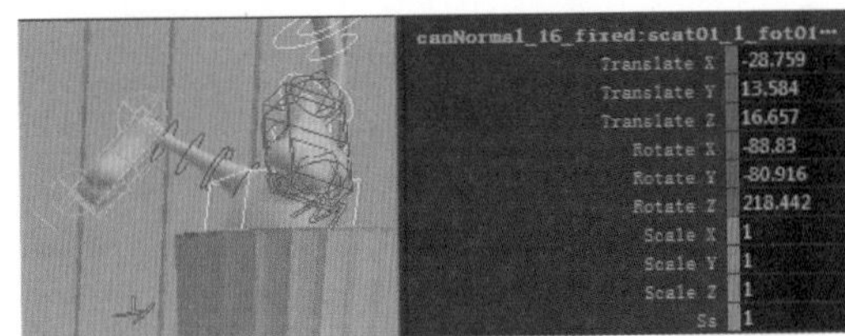

图6-101 第129帧左脚控制器属性

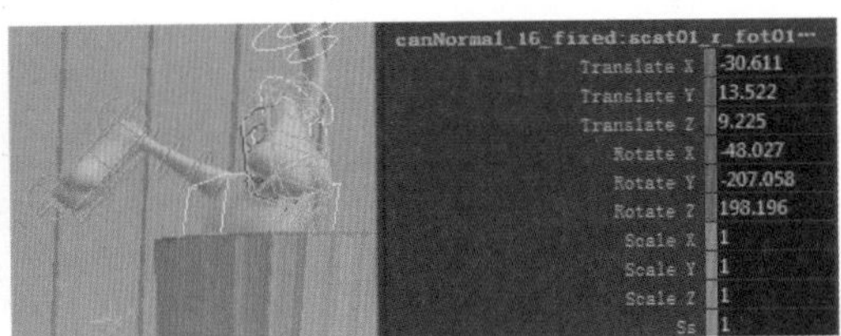

图6-102 第129帧右脚控制器属性

16. 第150帧关键动作

01 在第150帧时，角色尾巴多节弯曲，双腿向下。角色scat01_c_plv01_gc01_ccc(腰部控制器)的Translate(位移)数值为(-32.015,2.673,14.463)，Rotate(旋转)数值为(18.008,-107.316,167.722)，如图6-103所示。

02 角色scat01_l_fot01_gc01_ccc(左脚控制器)的Translate(位移)数值为(-28.6,10.108,16.502)，Rotate(旋转)数值为(-102.544,-61.813,189.306)，如图6-104所示。

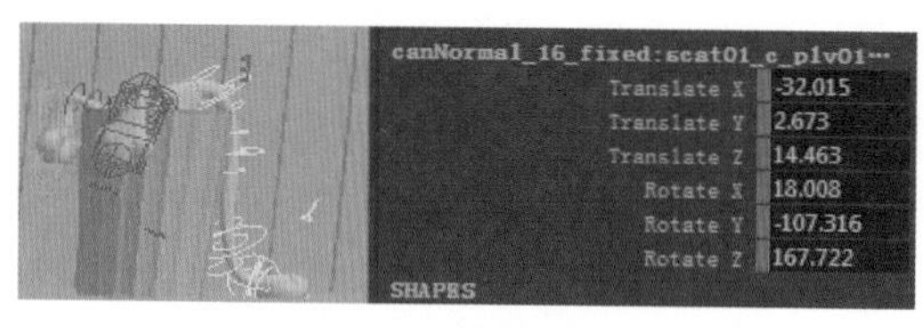

图6-103 第150帧关键动作

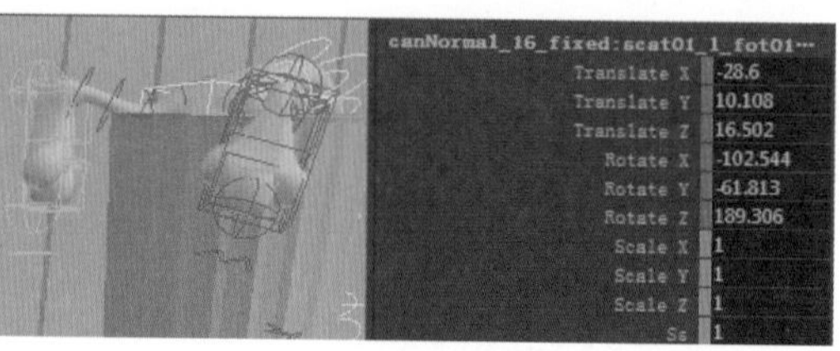

图6-104 第150帧左脚控制器属性

03 角色scat01_r_fot01_gc01_ccc(右脚控制器)的Translate(位移)数值为(-30.682,9.874,8.774)，Rotate(旋转)数值为(-78.283,-174.164,195.088)，如图6-105所示。

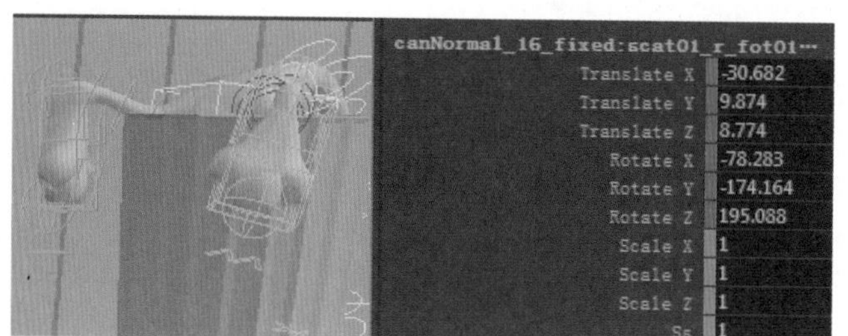

图6-105 第150帧右脚控制器属性

6.3.2 临摹动画

在掌握好先前的基础动画训练后，就要临摹一些高标准的动画片段，以助于自我动画技术的快速提升。这里我们以《玩具总动员》的一个镜头为例，利用手中的角色临摹安迪的动作，如图6-106所示。

图6-106 《玩具总动员》的片段

图6-106 《玩具总动员》的片段(续)

动画案例17：临摹影片片段

1. 设置起始动作

01 在第1帧时，角色站在门里，如图6-107所示。

02 在第10帧时，角色将门打开，双手上扬。角色root_CTRL(腰部控制器)的Translate(位移)数值为(-0.701,-0.192,-1.037)，Rotate(旋转)数值为(0,0,-4.904)，如图6-108所示。

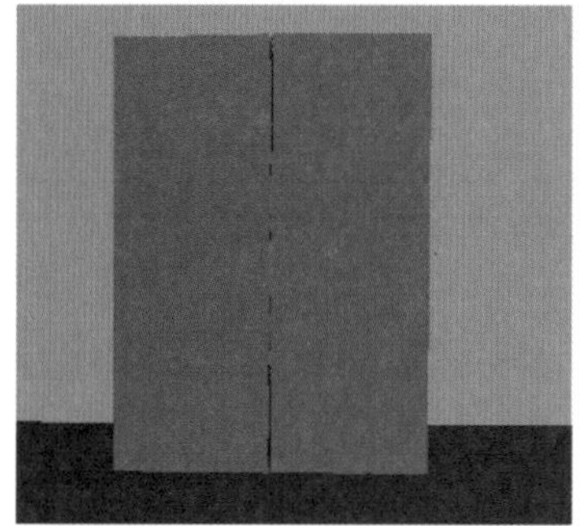

图6-107 第1帧关键动作

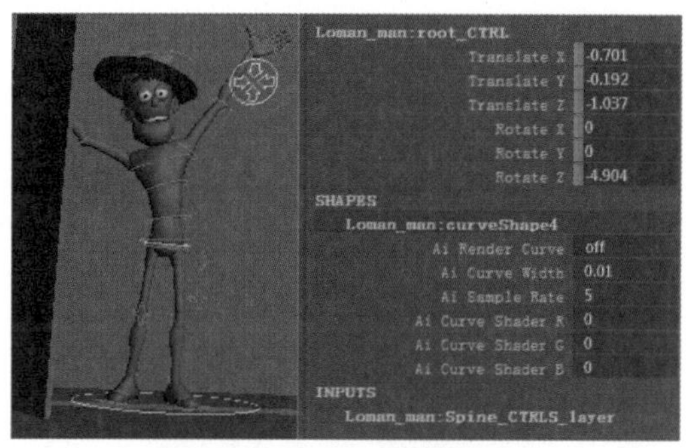

图6-108 第10帧关键动作

03 角色胸部控制器spineHigher_CTRL、spineMid_CTRL和spineLower_CTRL的Rotate(旋转)属性分别为(-4.049,-3.966,7.192)(-4.034,-4.239,6.93)(-3.977,-4.53,6.641)，如图6-109所示。

04 角色头部控制器Head_CTRL的Rotate(旋转)属性为(-1.715,25.387,-11.803)，如图6-110所示。

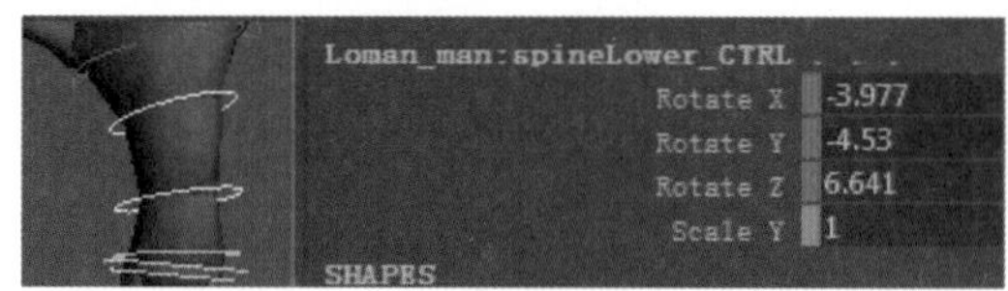

图6-109 第10帧胸部控制器属性

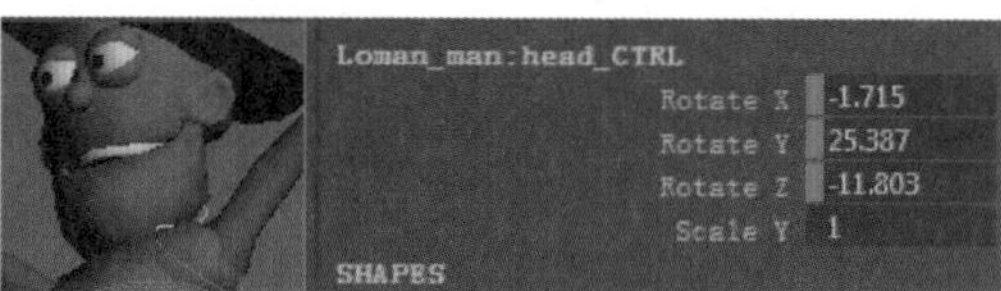

图6-110 第10帧头部控制器属性

05 角色肩部控制器Left_ArmFk_CTRL和Right_ArmFk_CTRL的Rotate(旋转)属性分别为(-85.642,-46.134,69.273)和(275.629,-53.136,-250.572)，如图6-111所示。

06 角色左右脚Left_LegIk_CTRL和Right_LegIk_CTRL的Translate(位移)数值分别为(-0.143,0.047,-0.029)和(-1.401,0,-1.732)，Rotate(旋转)数值分别为(0,19.938,0)和(-0.292,-23.985,0.036)，Heel(脚踝)数值分别为0和0，Lift Heel(提起脚踝)数值分别为0和0，如图6-112所示。

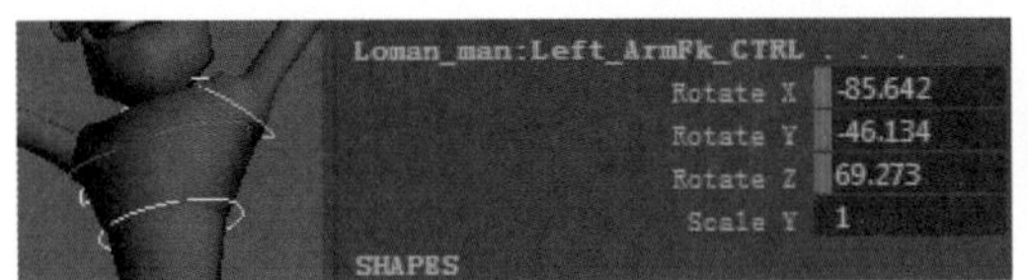

图6-111 第10帧肩部控制器属性

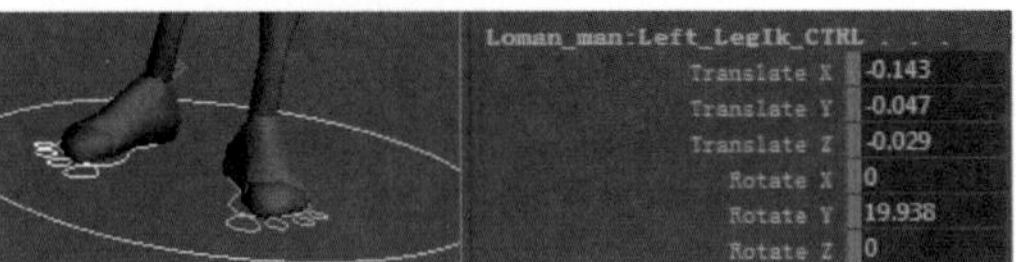

图6-112 第10帧脚部控制器属性

2. 第35帧关键动作

01 在第35帧时，角色将门全部打开，一只脚迈出，扭腰，头转向一侧。角色root_CTRL(腰部控制器)的Translate(位移)数值为(1.75,-0.945,3.683)，Rotate(旋转)数值为(7.835,-5.378,34.262)，如图6-113所示。

02 角色胸部控制器spineHigher_CTRL、spineMid_CTRL和spineLower_CTRL的Rotate(旋转)属性分别为(-13.683,-1.734,-15.095)(-11.769,-2.141,-12.625)(-9.694,-2.36,-13.654)，如图6-114所示。

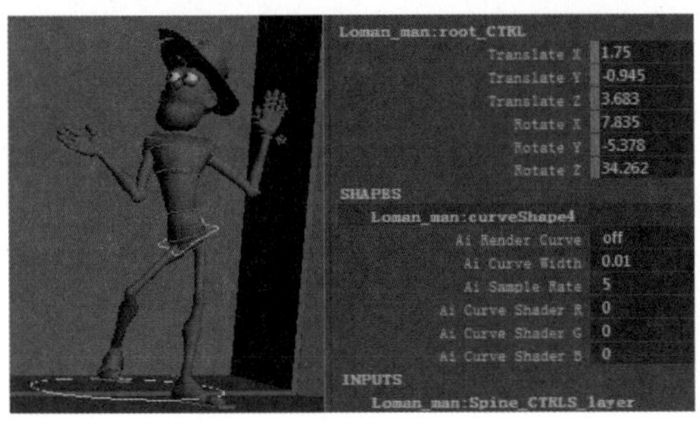

图6-113 第35帧关键动作

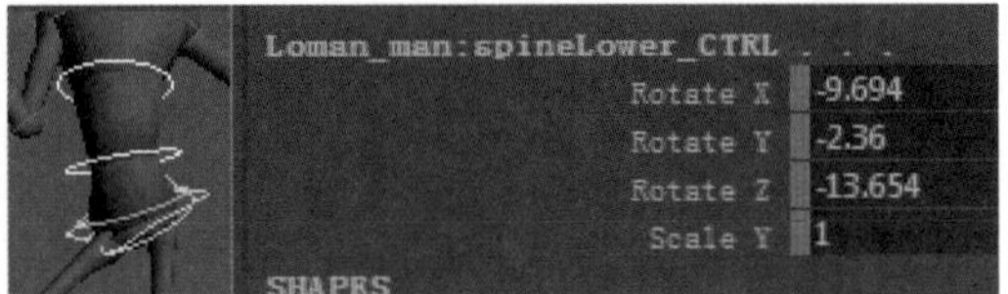

图6-114 第35帧胸部控制器属性

03 角色头部控制器Head_CTRL的Rotate(旋转)属性为(-4.946,-3.926,-15.546)，如图6-115所示。

04 角色肩部控制器Left_ArmFk_CTRL和Right_ArmFk_CTRL的Rotate(旋转)属性分别为(78.239,-56.157,-79.737)和(97.707,-12.374,-82.379)，如图6-116所示。

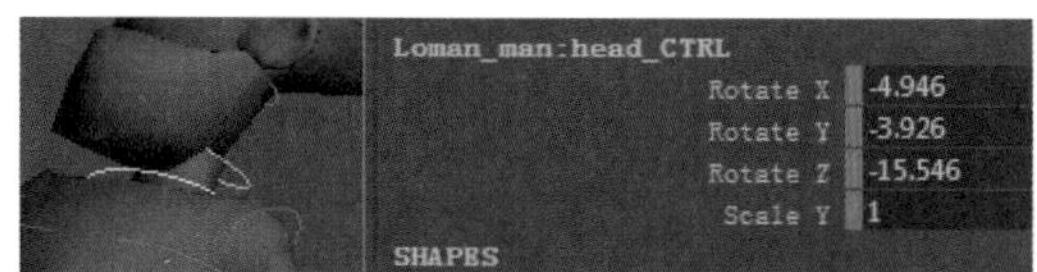

图6-115 第35帧头部控制器属性

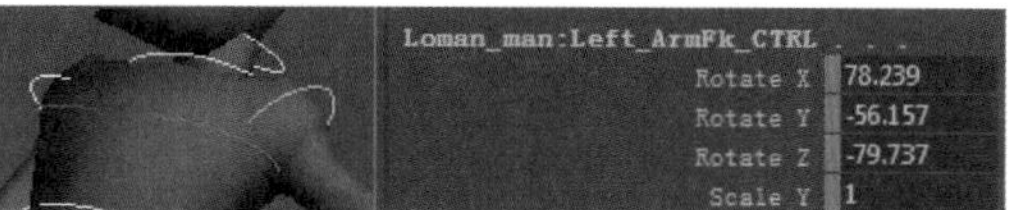

图6-116 第35帧肩部控制器属性

05 角色左右脚Left_LegIk_CTRL和Right_LegIk_CTRL的Translate(位移)数值分别为(1.409,-0.315,4.356)和(-0.654,1.048,1.56)，Rotate(旋转)数值分别为(0.197,30,-4.002)和(-0.292,-23.985,0.036)，Heel(脚踝)数值分别为0和0, Lift Heel(提起脚踝)数值分别为0和10.7，如图6-117所示。

3. 第60帧关键动作

01 在第60帧时，角色扭胯，重心偏向一侧，头转向另一侧，双手举起。角色root_CTRL(腰部控制器)的Translate(位移)数值为(-0.118,-0.855,8.193)，Rotate(旋转)数值为(7.18,-2.311,-22.241)，如图6-118所示。

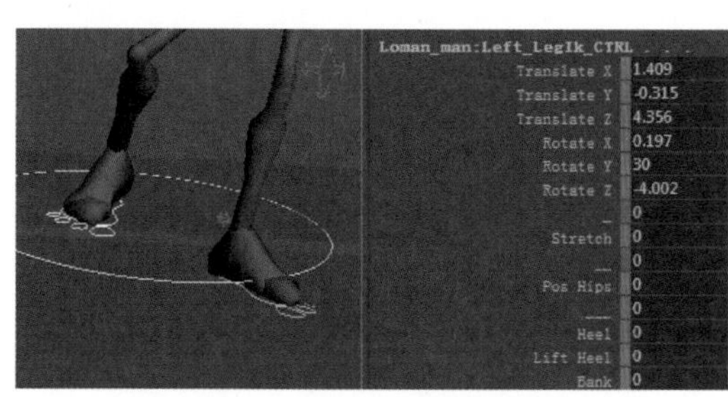

图6-117 第35帧脚部控制器属性

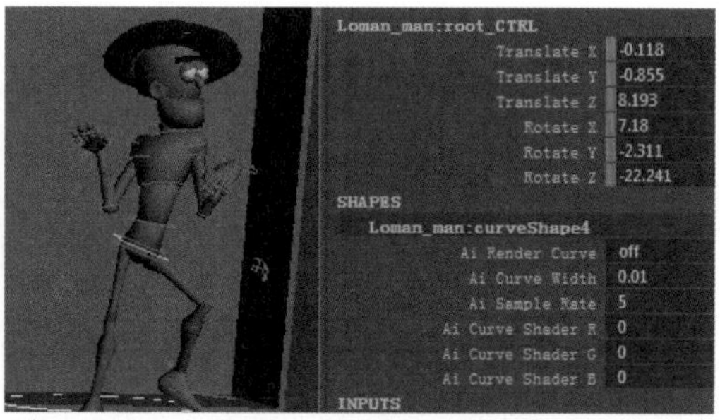

图6-118 第60帧关键动作

02 角色胸部控制器spineHigher_CTRL、spineMid_CTRL和spineLower_CTRL的Rotate(旋转)属性分别为(-4.643,-8.779,13.405)(3.499,-3.873,10.739)(-0.663,-22.845,1.381)，如图6-119所示。

03 角色头部控制器Head_CTRL的Rotate(旋转)属性为(2.997,93.519,-4.84)，如图6-120所示。

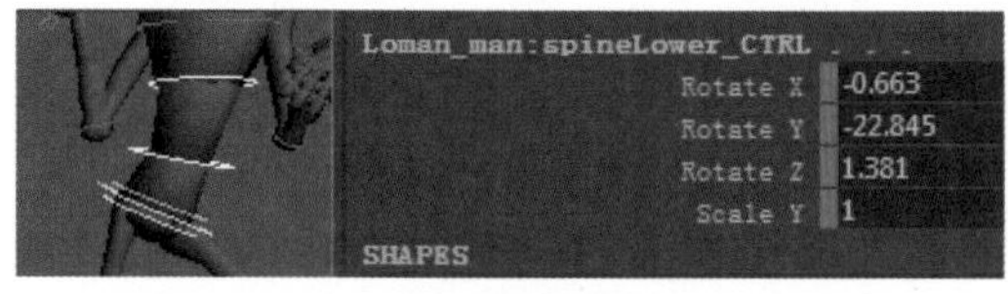

图6-119 第60帧胸部控制器属性

图6-120 第60帧头部控制器属性

04 角色肩部控制器Left_ArmFk_CTRL和Right_ArmFk_CTRL的Rotate(旋转)属性分别为(82.322,-8.889,-66.488)和(97.361,-26.236,-62.213)，如图6-121所示。

05 角色左右脚Left_LegIk_CTRL和Right_LegIk_CTRL的Translate(位移)数值分别为(1.72,1.6,7.578)和(-1.13,-0.486,7.581)，Rotate(旋转)数值分别为

(5.353,65.663,-6.351)和(-0.292,-23.985,0.036)，Heel(脚踝)数值分别为24.1和0， Lift Heel(提起脚踝)数值分别为0和10.7，如图6-122所示。

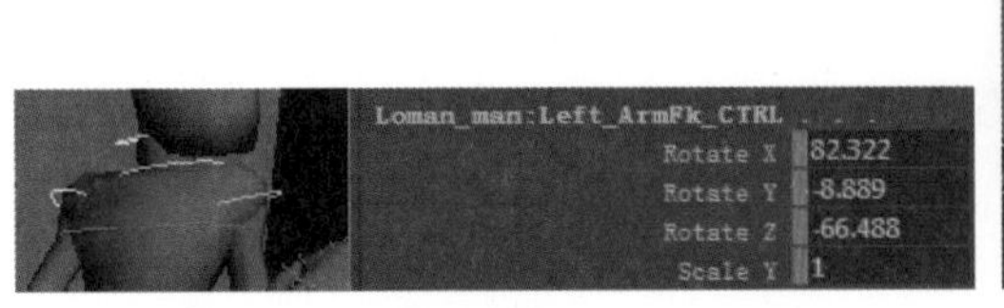

图6-121　第60帧肩部控制器属性

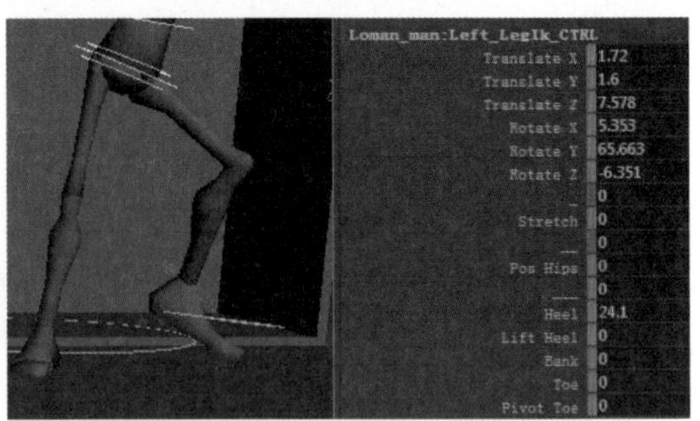

图6-122　第60帧脚部控制器属性

4. 第98帧关键动作

01 在第98帧时，角色将头和跨步转向同一侧，单手扶着帽檐。角色root_CTRL(腰部控制器)的Translate(位移)数值为(2.083,-0.945,8.568)，Rotate(旋转)数值为(2.882,-6.266,26.665)，如图6-123所示。

02 角色胸部控制器spineHigher_CTRL、spineMid_CTRL和spineLower_CTRL的Rotate(旋转)属性分别为(-17.623,15.147,-22.647)(-9.74,12.784,-25.788)(1.353,-6.561,-7.772)，如图6-124所示。

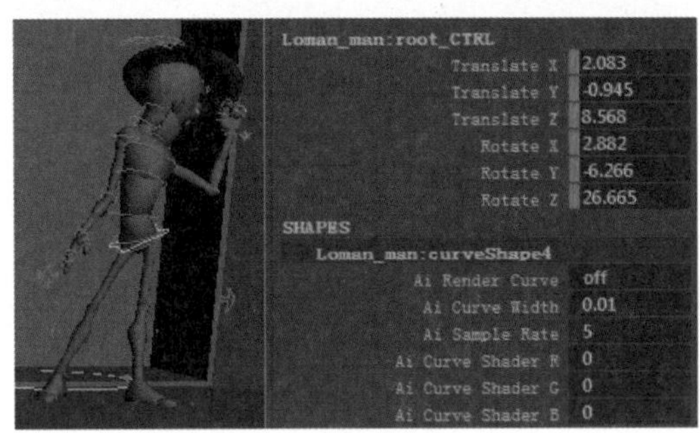

图6-123　第98帧关键动作

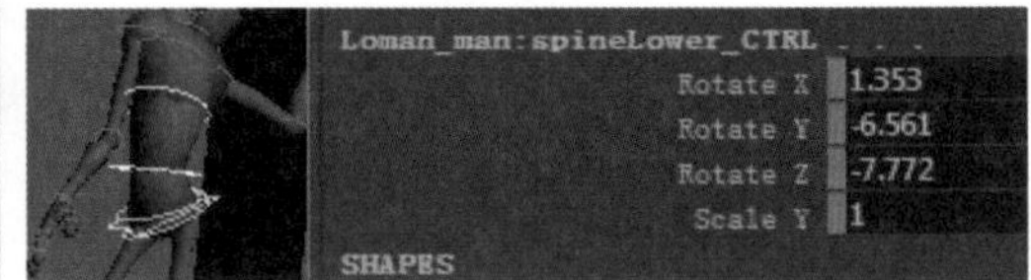

图6-124　第98帧胸部控制器属性

03 角色头部控制器Head_CTRL的Rotate(旋转)属性为(10.285,94.438,-23.004)，如图6-125所示。

04 角色肩部控制器Left_ArmFk_CTRL和Right_ArmFk_CTRL的Rotate(旋转)属性分别为(39.782,-77.506,-15.269)和(85.103,14.821,-64.422)，如图6-126所示。

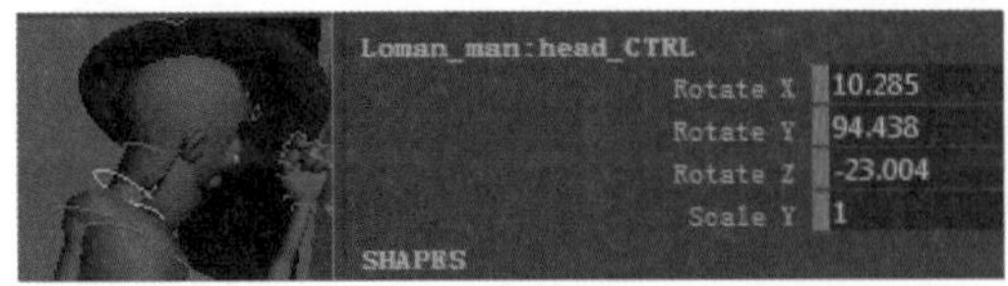

图6-125　第98帧头部控制器属性

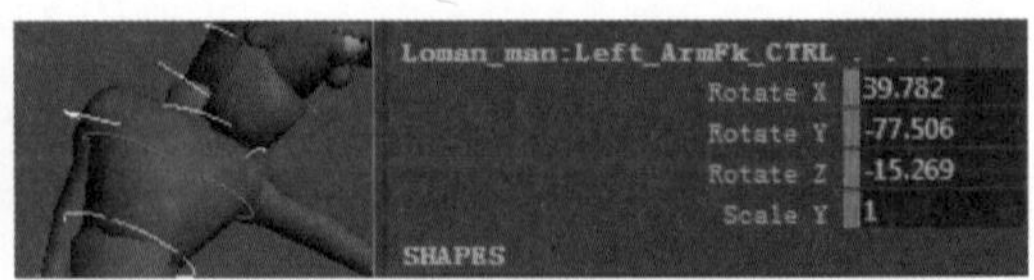

图6-126　第98帧肩部控制器属性

05 角色左右脚Left_LegIk_CTRL和Right_LegIk_CTRL的Translate(位移)数值分别为(1.533,-0.544,10.149)和(-1.13,-0.486,7.581)，Rotate(旋转)数值分别为(-0.961,30,-0.3)和(0,-34.488,0)，Heel(脚踝)数值分别为0和0, Lift Heel(提起脚踝)数值分别为0和10.7，如图6-127所示。

5. 第172帧关键动作

01 在第172帧时，角色转向画面左侧，开始向左侧走。角色root_CTRL(腰部控制器)的Translate(位移)数值为(-1.199,-0.66,8.568)，Rotate(旋转)数值为(2.786,-4.75,-7.763)，如图6-128所示。

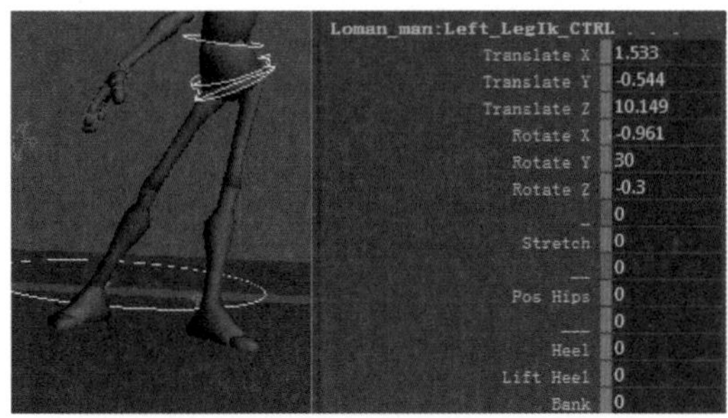
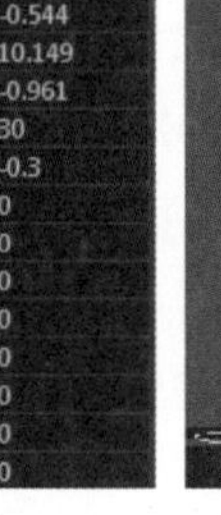

图6-127　第98帧脚部控制器属性

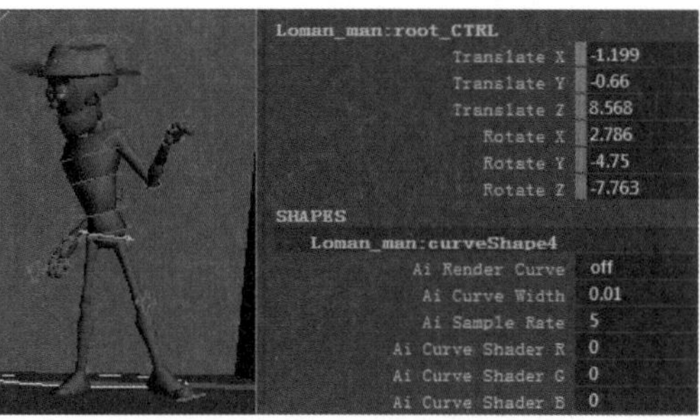

图6-128　第172帧关键动作

02 角色胸部控制器spineHigher_CTRL、spineMid_CTRL和spineLower_CTRL的Rotate(旋转)属性分别为(-5.795,-7.464,3.589)(1.41,-7.973,1.492)(0.691,-29.069,20.639)，如图6-129所示。

03 角色头部控制器Head_CTRL的Rotate(旋转)属性为(0.064,29.614,0.46)，如图6-130所示。

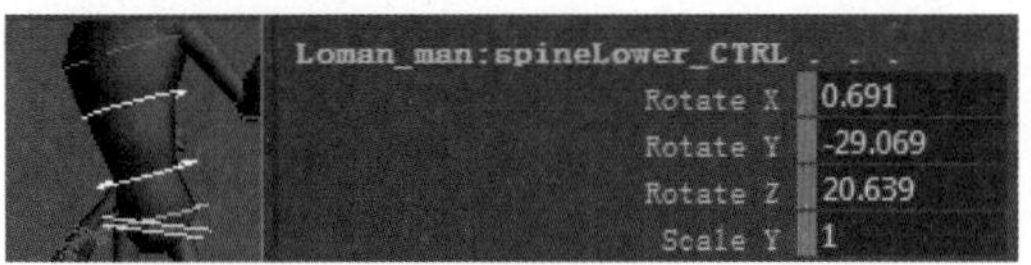

图6-129　第172帧胸部控制器属性

图6-130　第172帧头部控制器属性

04 角色肩部控制器Left_ArmFk_CTRL和Right_ArmFk_CTRL的Rotate(旋转)属性分别为(76.934,-27.618,-70.241)和(84.009,27.312,-48.363)，如图6-131所示。

05 角色左右脚Left_LegIk_CTRL和Right_LegIk_CTRL的Translate(位移)数值分别为(1.533,-0.544,10.149)和(-1.13,-0.486,7.581)，Rotate(旋转)数值分别为(-7.017,25.182,10.067)和(0,-34.488,0)，Heel(脚踝)数值分别为0和0, Lift Heel(提起脚踝)数值分别为18.5和0，如图6-132所示。

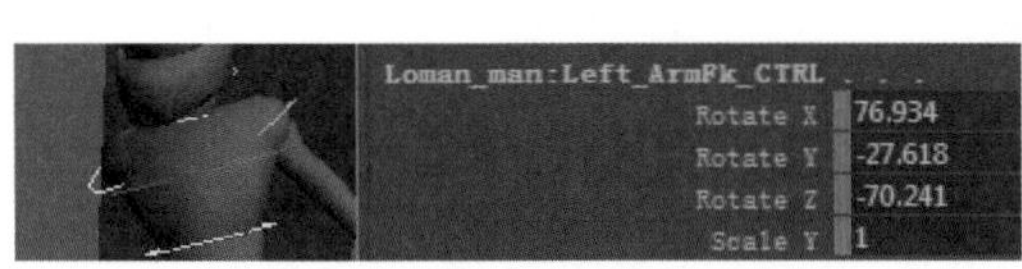

图6-131　第172帧肩部控制器属性

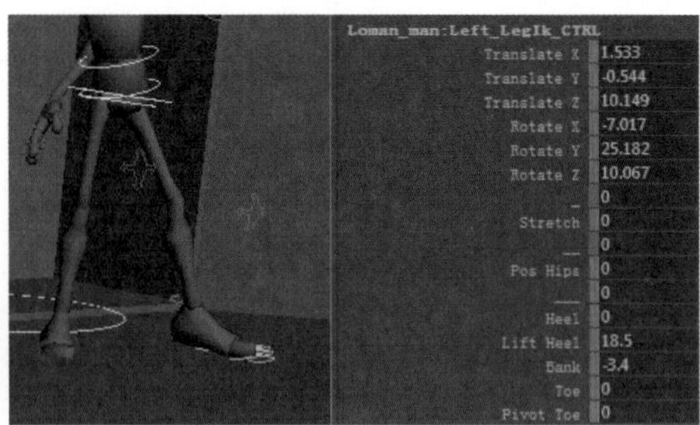

图6-132　第172帧脚部控制器属性

6. 第268帧关键动作

01 在第268帧时，角色走到画面左侧，然后摆个姿态，重心扭到身体一侧。角色root_CTRL(腰部控制器)的Translate(位移)数值为(-24.041,-0.666,8.688)，Rotate(旋转)数值为(117.127,78.98,104.053)，如图6-133所示。

02 角色胸部控制器spineHigher_CTRL、spineMid_CTRL和spineLower_CTRL的Rotate(旋转)属性分别为(2.245,-14.238,24.625)(-1.177,-43.883,7.523)(191.023,-126.218,-186.542)，如图6-134所示。

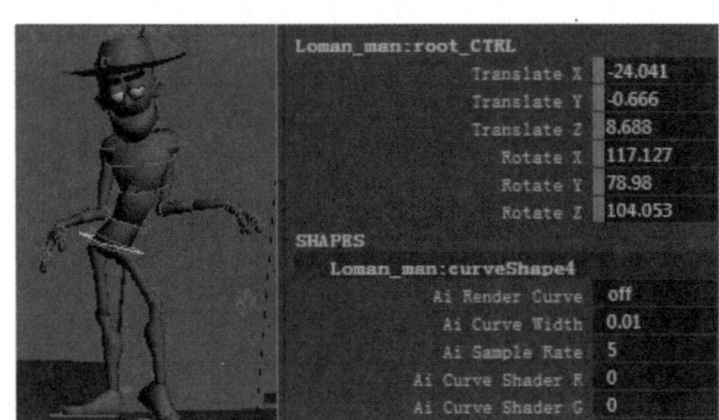

图6-133　第268帧关键动作

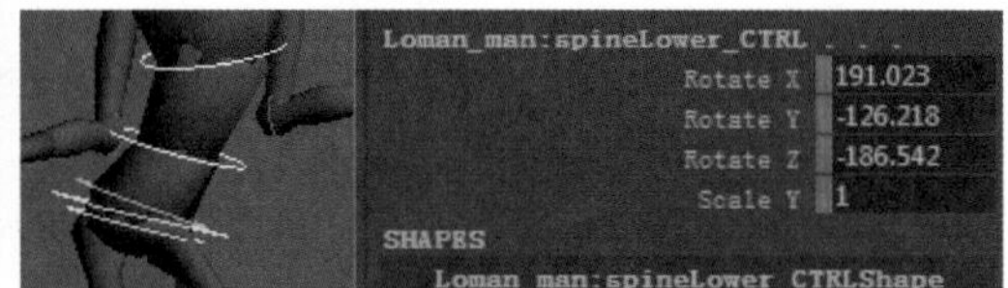

图6-134　第268帧胸部控制器属性

03 角色头部控制器Head_CTRL的Rotate(旋转)属性为(-19.443,15.935,-0.251)，如图6-135所示。

04 角色肩部控制器Left_ArmFk_CTRL和Right_ArmFk_CTRL的Rotate(旋转)属性分别为(101.536,1.688,-72.39)和(91.485,-19.752,-38.014)，如图6-136所示。

图6-135　第268帧头部控制器属性

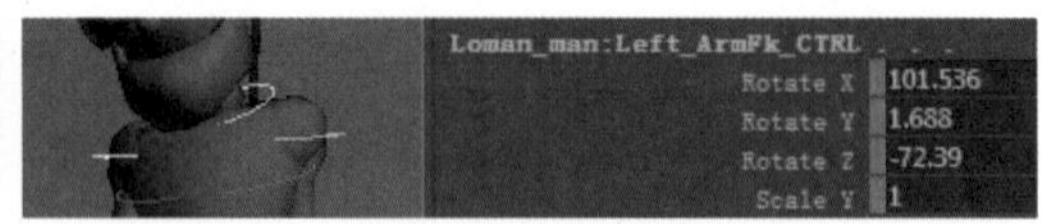

图6-136　第268帧肩部控制器属性

05 角色左右脚Left_LegIk_CTRL和Right_LegIk_CTRL的Translate(位移)数值分别

为(-22.716,-0.351,10.75)和(-22.078,-0.261,7.849)，Rotate(旋转)数值分别为(-1.192,19.105,0.227)和(0,-89.288,0)，Heel(脚踝)数值分别为0和0, Lift Heel(提起脚踝)数值分别为35.6和0，如图6-137所示。

7. 第295帧关键动作

01 在第295帧时，角色站在原地，将重心扭到身体另一侧。角色root_CTRL(腰部控制器)的Translate(位移)数值为(-21.392,-0.654,9.233)，Rotate(旋转)数值为(135.233,71.094,166.874)，如图6-138所示。

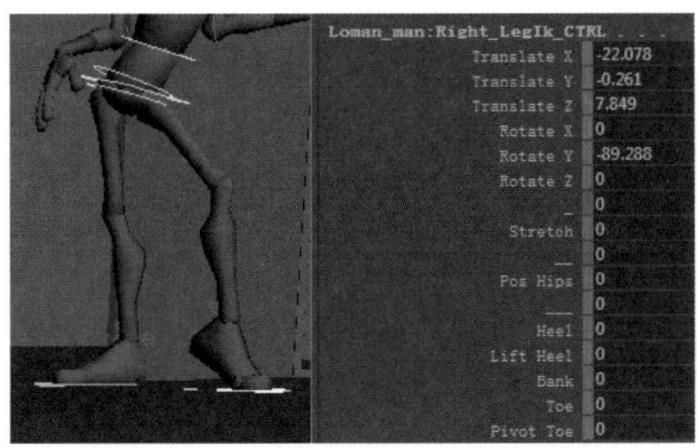

图6-137　第268帧脚部控制器属性

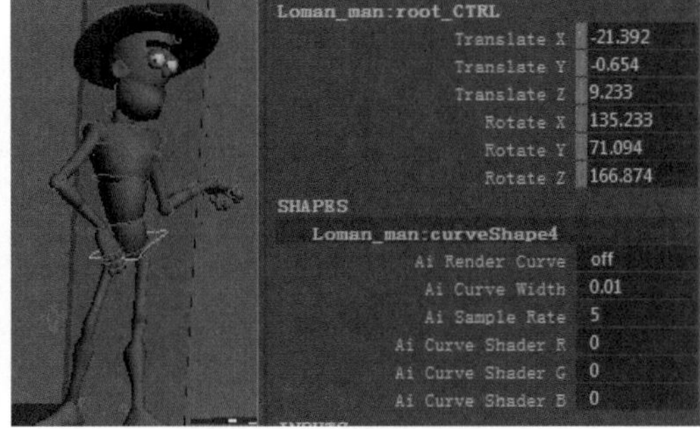

图6-138　第295帧关键动作

02 角色胸部控制器spineHigher_CTRL、spineMid_CTRL和spineLower_CTRL的Rotate(旋转)属性分别为(2.8,-21.359,-22.688)(11.797,-37.091,-29.631)(173.839,-129.489,-173.804)，如图6-139所示。

03 角色头部控制器Head_CTRL的Rotate(旋转)属性为(-19.711,17.077,-5.945)，如图6-140所示。

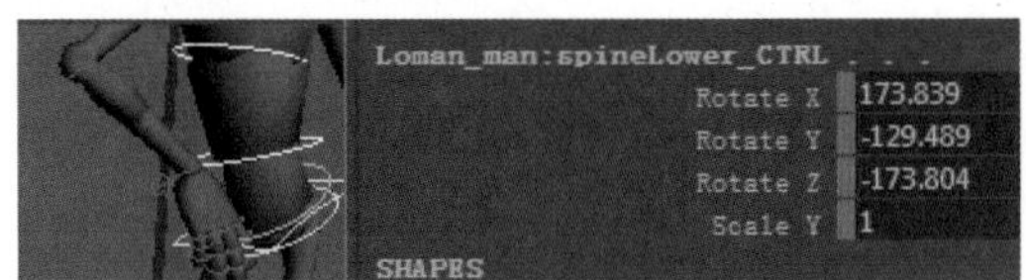

图6-139　第295帧胸部控制器属性

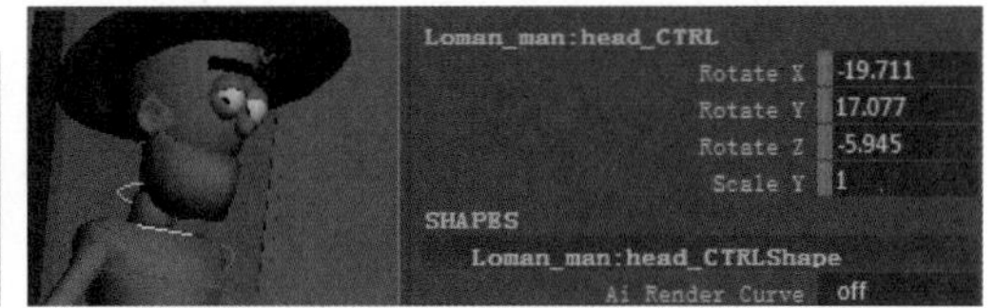

图6-140　第295帧头部控制器属性

04 角色肩部控制器Left_ArmFk_CTRL和Right_ArmFk_CTRL的Rotate(旋转)属性分别为(86.449,-39.119,-106.118)和(76.582,37.347,92.504)，如图6-141所示。

05 角色左右脚Left_LegIk_CTRL和Right_LegIk_CTRL的Translate(位移)数值分别为(-21.857,-0.351,10.75)和(-22.587,0.019,7.849)，Rotate(旋转)数值分别为(-1.192,40.553,0.227)和(0,-71.936,0)，Heel(脚踝)数值分别为0和0, Lift Heel(提起脚踝)数值分别为0和-0.3，如图6-142所示。

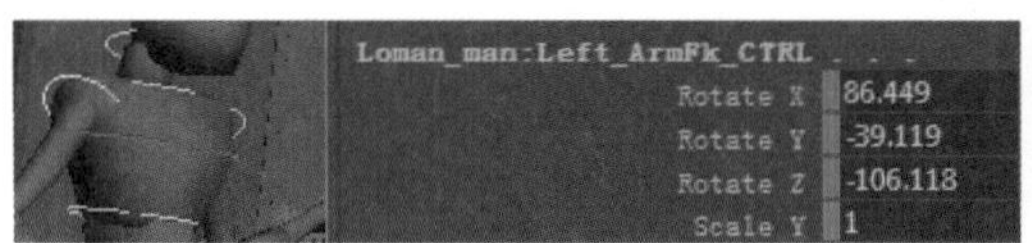

图6-141　第295帧肩部控制器属性

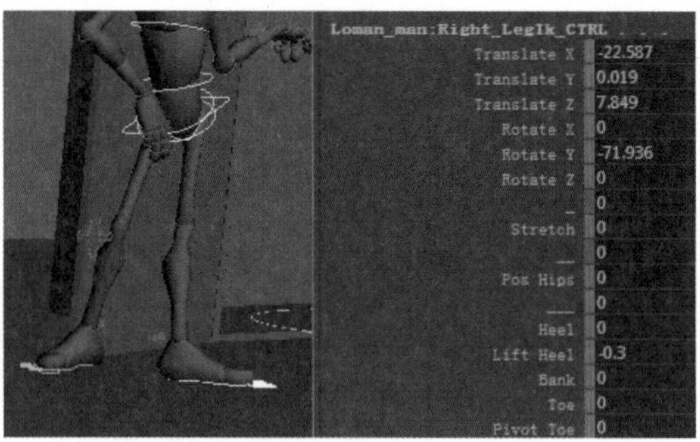

图6-142　第295帧脚部控制器属性

8. 第326帧关键动作

01 在第326帧时，角色摆个最终姿态。角色root_CTRL(腰部控制器)的Translate(位移)数值为(-23.492,-0.356,8.713)，Rotate(旋转)数值为(135.635,71.111,126.552)，如图6-143所示。

02 角色胸部控制器spineHigher_CTRL、spineMid_CTRL和spineLower_CTRL的Rotate(旋转)属性分别为(-7.584,-0.481,24.528)(-10.314,-55.798,5.057)(189.281,-116.801,-181.583)，如图6-144所示。

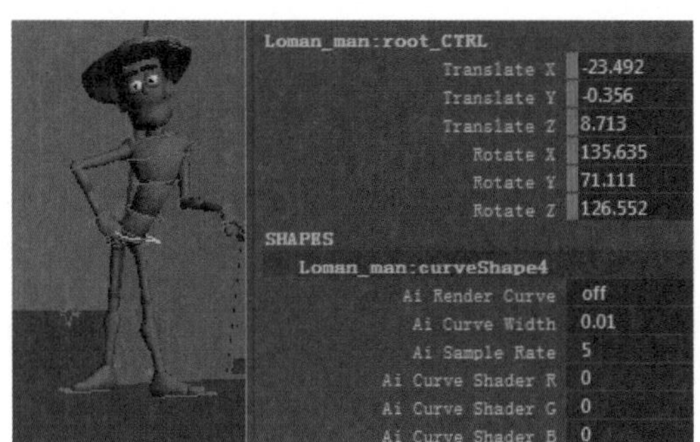

图6-143　第326帧关键动作

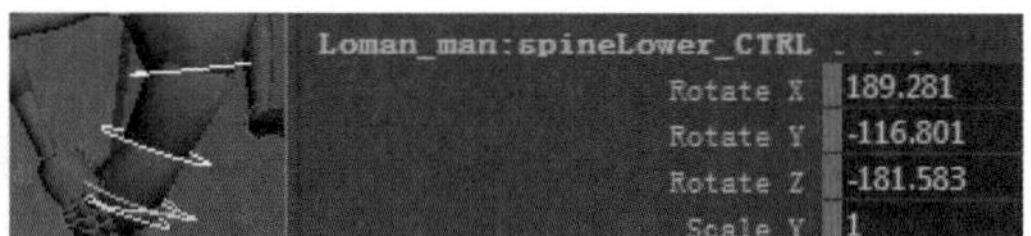

图6-144　第326帧胸部控制器属性

03 角色头部控制器Head_CTRL的Rotate(旋转)属性为(-17.996,13.433,14.524)，如图6-145所示。

04 角色肩部控制器Left_ArmFk_CTRL和Right_ArmFk_CTRL的Rotate(旋转)属性分别为(94.509,-11.138,-32.349)和(66.973,78.442,83.998)，如图6-146所示。

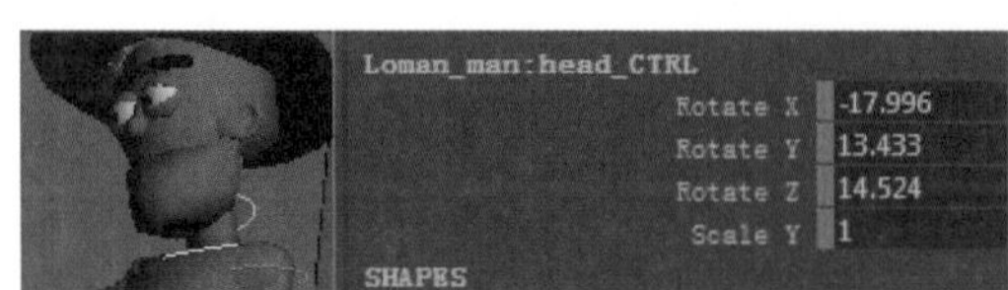

图6-145　第326帧头部控制器属性

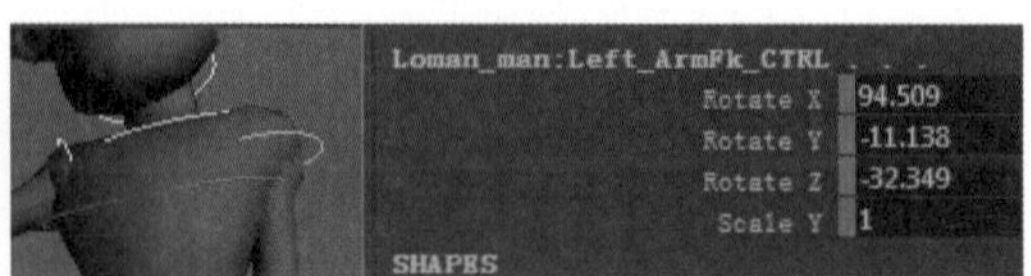

图6-146　第326帧肩部控制器属性

05 角色左右脚Left_Leglk_CTRL和Right_Leglk_CTRL的Translate(位移)数值分别为(-21.857,-0.351,10.75)和(-22.861,-0.152,8.179)，Rotate(旋转)数值分别为(-8.771,40.196,-0.405)和(0,-71.936,0)，Heel(脚踝)数值分别为0和0, Lift Heel(提起脚踝)数值分别为0和-0.3，如图6-147所示。

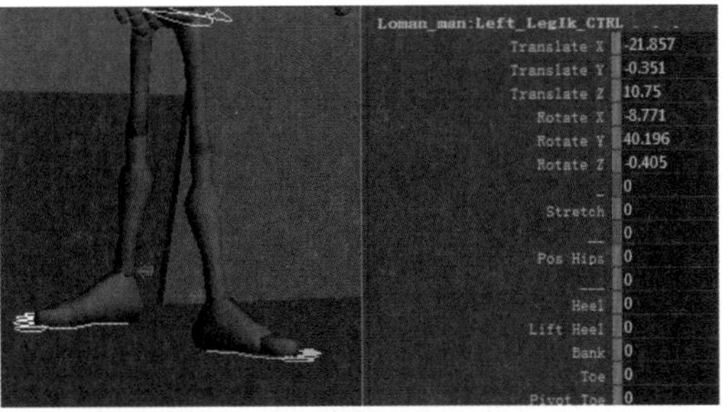

图6-147　第326帧脚部控制器属性

6.3.2 单人表演

通过先前的学习后，我们需要将所学的技能融会贯通，来完成导演所要求的表演性的角色动作，而搬重物的练习就是一个比较典型的体现力量的表演性动作，如图6-148所示。

图6-148　搬重物动作

动画案例18：单人表演

1. 设置起始动作

01 在第1帧时，角色自然站在重箱子旁边。角色root_CTRL(腰部控制器)的Translate(位移)数值为(0,-0.386,1.883)，Rotate(旋转)数值为(2.638,0,0)，如图6-149所示。

02 角色胸部控制器spineHigher_CTRL、spineMid_CTRL和spineLower_CTRL的Rotate X(X轴旋转)属性为2.879，如图6-150所示。

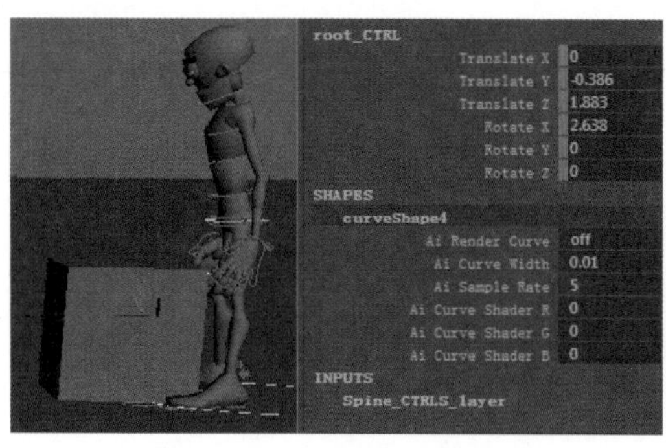

图6-149　第1帧关键动作

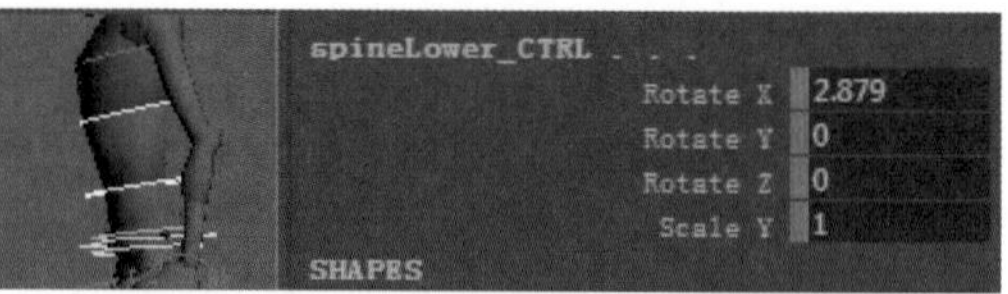

图6-150　第1帧胸部控制器属性

03 角色头部控制器Head_CTRL的Rotate(旋转)属性为(7.409,-7.383,0.965)，如图6-151所示。

04 角色手部控制器Left_ArmIk_CTRL和Right_ArmIk_CTRL的Translate(位移)数值分别为(-2.073,-5.227,7.342)和(2.379,6.089,-7.642)，Rotate(旋转)属性分别为(85.529,0,27.907)和(80.581,0,11.597)，如图6-152所示。

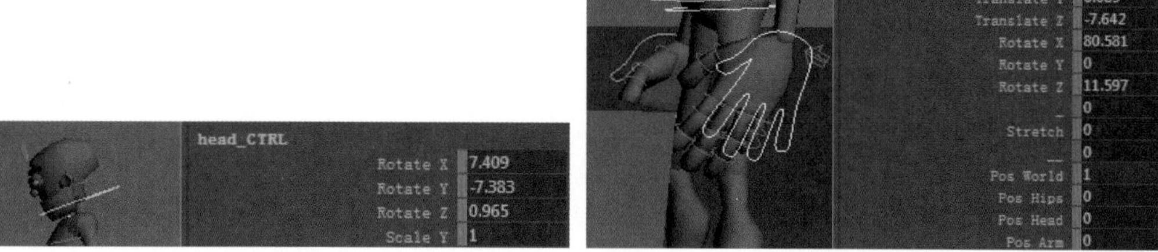

图6-151　第1帧头部控制器属性

图6-152　第1帧手部控制器属性

05 角色左右脚Left_LegIk_CTRL和Right_LegIk_CTRL的Translate(位移)数值分别为(2.985,0,2.64)和(-2.294,0,1.702)，Rotate(旋转)数值分别为(0,23.503,0)和(0,-31.685,0)，Heel(脚踝)数值分别为0和0, Lift Heel(提起脚踝)数值分别为0和0，如图6-153所示。

2. 第43帧关键动作

01 在第43帧时，角色扶着箱子，试试箱子的重量。角色root_CTRL(腰部控制器)的Translate(位移)数值为(0,-1.164,2.33)，Rotate(旋转)数值为(24.539,0,0)，如图6-154所示。

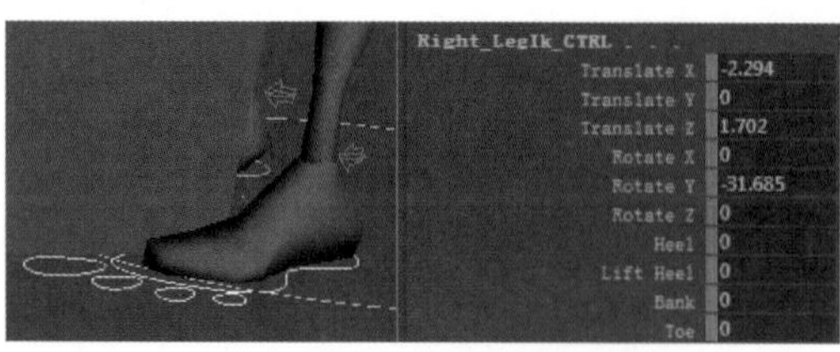

图6-153　第1帧脚部控制器属性

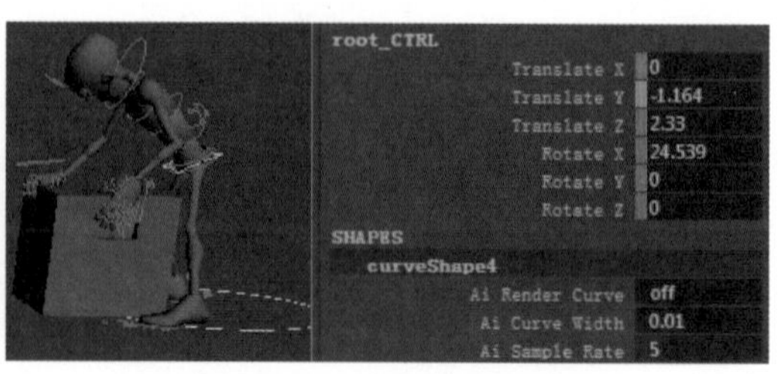

图6-154　第43帧关键动作

02 角色胸部控制器spineHigher_CTRL、spineMid_CTRL和spineLower_CTRL的Rotate X(X轴旋转)属性为19.218，如图6-155所示。

03 角色头部控制器Head_CTRL的Rotate(旋转)属性为(7.409,-7.383,0.965)，如图6-156所示。

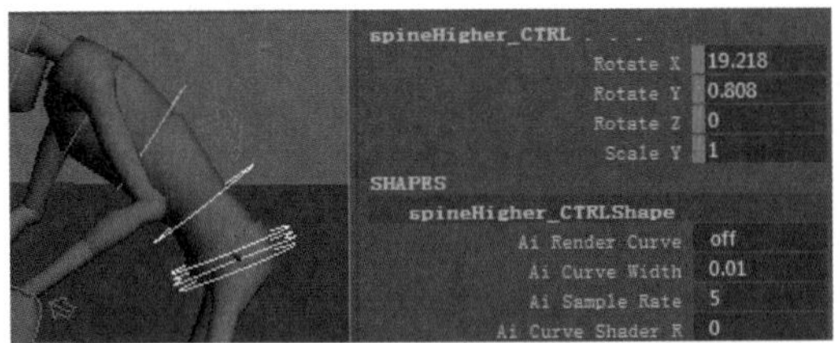

图6-155　第43帧胸部控制器属性

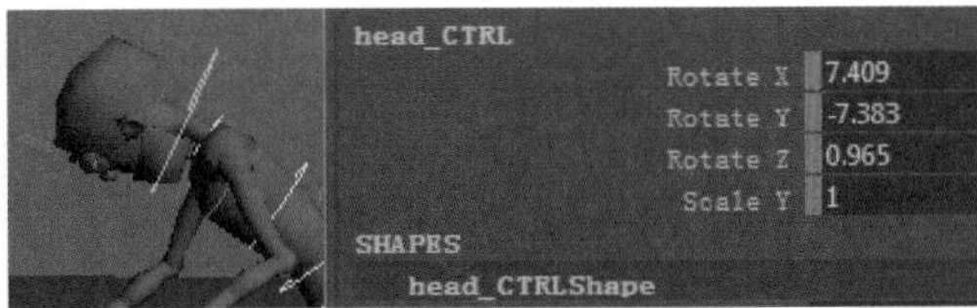

图6-156　第43帧头部控制器属性

04 角色手部控制器Left_ArmIk_CTRL和Right_ArmIk_CTRL的Translate(位移)数值分别为(-7.604,-4.92,7.881)和(10.554,7.371,-8.54)，Rotate(旋转)属性分别为(85.529,0,24.852)和(5.503,6.455,90.278)，如图6-157所示。

3. 第120帧关键动作

01 在第120帧时，角色蹲下准备搬箱子。角色root_CTRL(腰部控制器)的Translate(位移)数值为(0.348,-6.676,1.68)，Rotate(旋转)数值为(-4.977,0,0)，如图6-158所示。

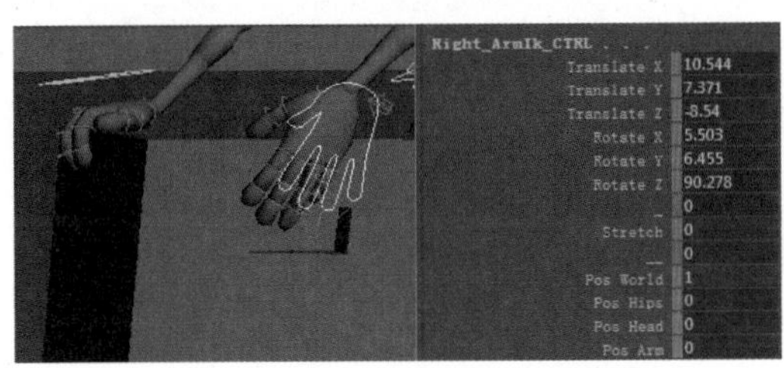

图6-157　第43帧手部控制器属性

图6-158　第120帧关键动作

02 角色胸部控制器spineHigher_CTRL、spineMid_CTRL和spineLower_CTRL的Rotate X(X轴旋转)属性为21.641，如图6-159所示。

03 角色头部控制器Head_CTRL的Rotate(旋转)属性为(15.261,-7.181,1.97)，如图6-160所示。

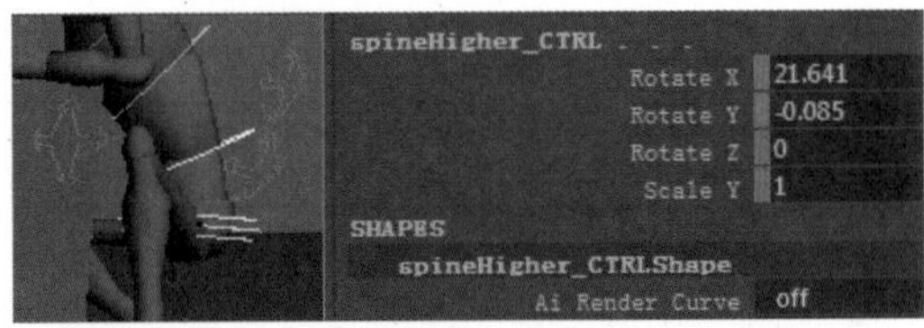

图6-159　第120帧胸部控制器属性

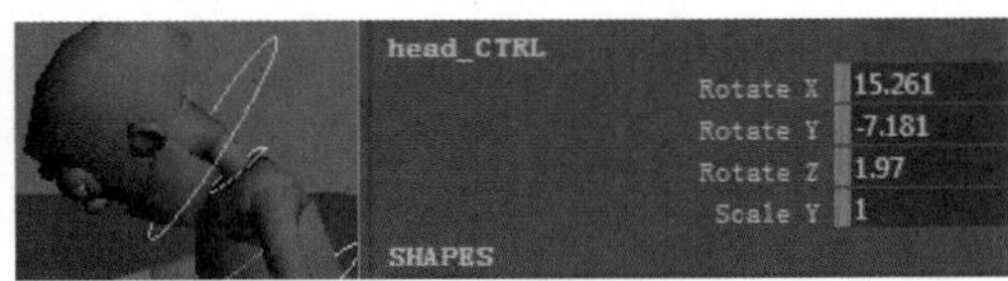

图6-160　第120帧头部控制器属性

04 角色手部控制器Left_ArmIk_CTRL和Right_ArmIk_CTRL的Translate(位移)数值

分别为(-7.562,-4.537,8.949)和(7.216,4.596,-9.416)，Rotate(旋转)属性分别为(90.967,1.432,15.998)和(85.325,-1.424,20.089)，如图6-161所示。

4. 第200帧关键动作

01 在第200帧时，角色自然站在重箱子旁边。角色root_CTRL(腰部控制器)的Translate(位移)数值为(2.03,-6.676,-3.698)，Rotate(旋转)数值为(-19.23,0,0)，如图6-162所示。

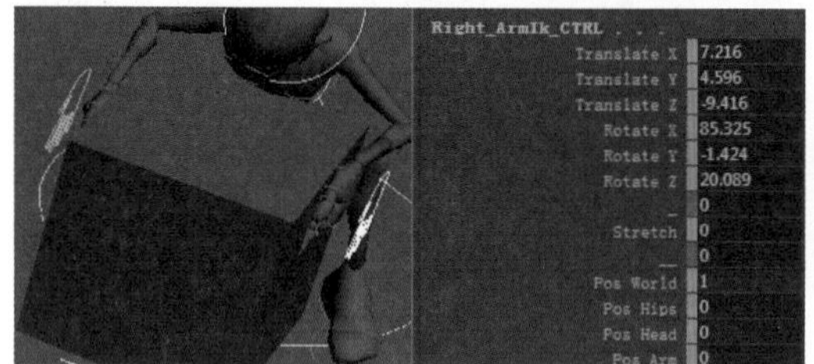

图6-161　第120帧手部控制器属性

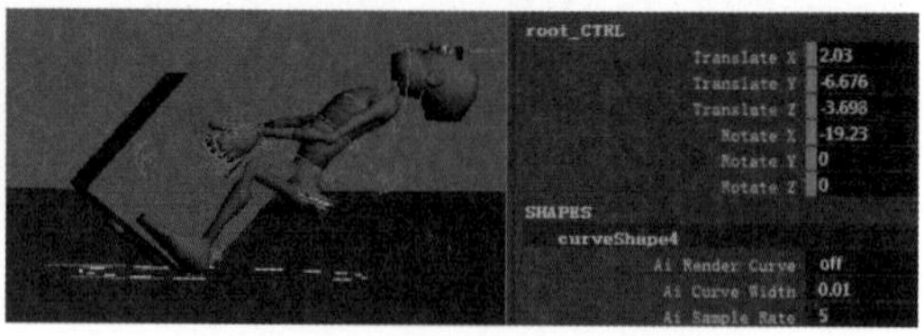

图6-162　第200帧关键动作

02 角色胸部控制器spineHigher_CTRL、spineMid_CTRL和spineLower_CTRL的Rotate X(X轴旋转)属性为-9.966，如图6-163所示。

03 角色头部控制器Head_CTRL的Rotate(旋转)属性为(-51.781,-1.804,-8.699)，如图6-164所示。

图6-163　第200帧胸部控制器属性

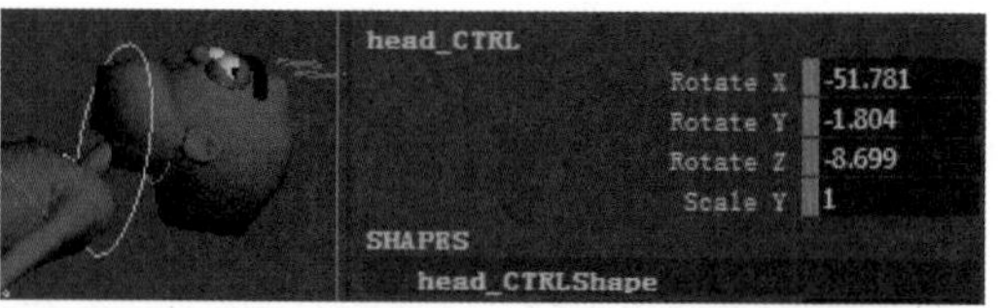

图6-164　第200帧头部控制器属性

04 角色手部控制器Left_ArmIk_CTRL和Right_ArmIk_CTRL的Translate(位移)数值分别为(0.402,-4.378,9.254)和(-0.1,4.786,-9.449)，Rotate(旋转)属性分别为(97.364,-1.544,56.678)和(85.325,-1.424,58.916)，如图6-165所示。

05 角色左右脚Left_LegIk_CTRL和Right_LegIk_CTRL的Translate(位移)数值分别为(4.181,0,2.968)和(-5.182,0,3.444)，Rotate(旋转)数值分别为(0,23.503,0)和(0,-31.685,0)，Heel(脚踝)数值分别为-40.8和-34.3，如图6-166所示。

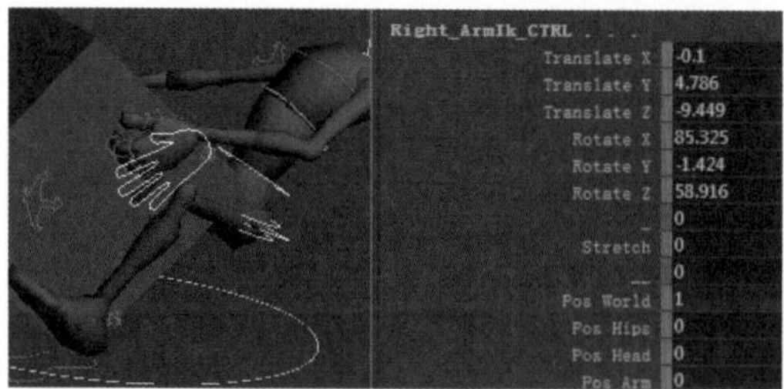

图6-165　第200帧手部控制器属性

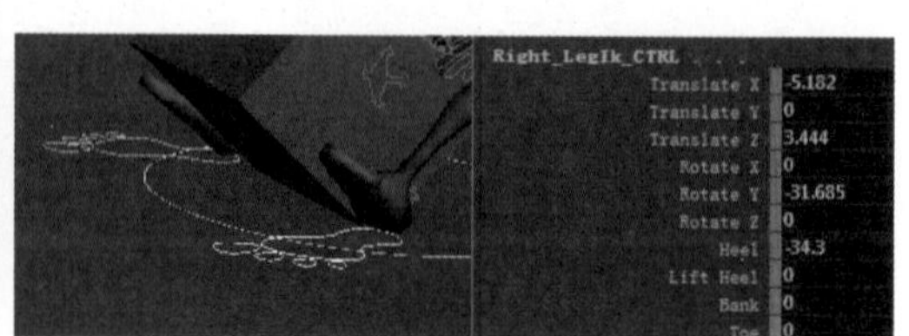

图6-166　第200帧脚部控制器属性

5. 第210帧关键动作

01 在第210帧时，角色没搬起箱子，做缓冲动作，整个身体摊在箱子上。角色root_CTRL(腰部控制器)的Translate(位移)数值为(2.03,-1.212,5.68)，Rotate(旋转)数值为(54.42,0,0)，如图6-167所示。

02 角色胸部控制器spineHigher_CTRL、spineMid_CTRL和spineLower_CTRL的Rotate X(X轴旋转)属性为28.969，如图6-168所示。

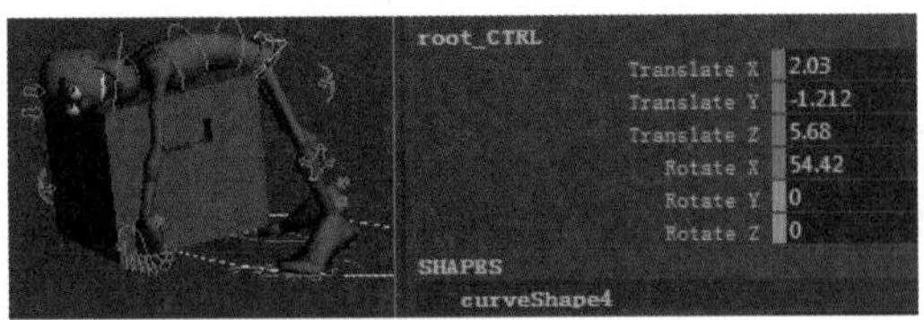

图6-167　第210帧关键动作

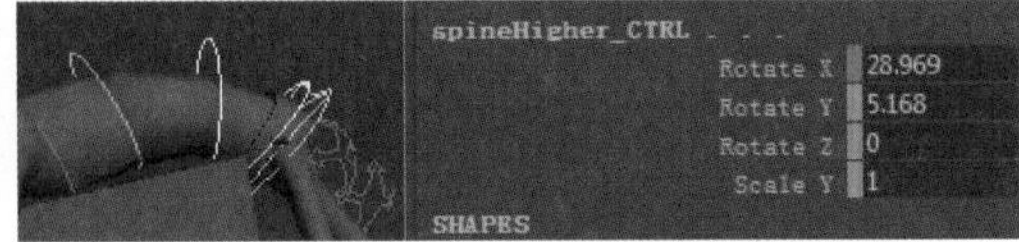

图6-168　第210帧胸部控制器属性

03 角色头部控制器Head_CTRL的Rotate(旋转)属性为(-35.535,56.831,26.364)，如图6-169所示。

04 角色左手控制器Left_ArmIk_CTRL的Translate(位移)数值为(-12.673,-3.131,14.302)，Rotate(旋转)属性为(138.823,59.23,-46.413)，如图6-170所示。

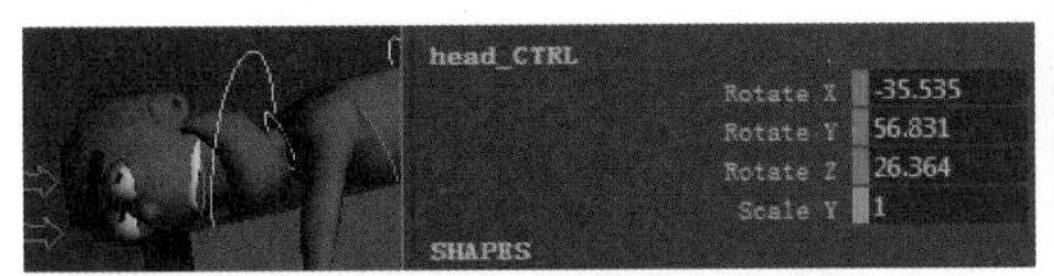

图6-169　第210帧头部控制器属性

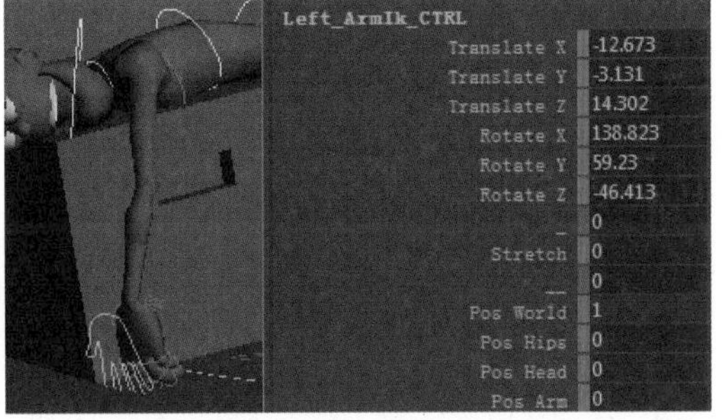

图6-170　第210帧手部控制器属性

05 角色左右脚Left_LegIk_CTRL和Right_LegIk_CTRL的Translate(位移)数值分别为(4.181,0,1.287)和(0.47,0,-1.253)，Rotate(旋转)数值分别为(0,23.503,0)和(0,-31.685,0)，Lift Heel(提起脚踝)数值分别为29.9和41.6，如图6-171所示。

6. 第287帧关键动作

01 在第287帧时，角色完全趴在箱子上，为下次搬动积蓄力量。角色root_CTRL(腰部控制器)的Translate(位移)数值为(2.03,-2.389,3.288)，Rotate(旋转)数值为(72.519,0,0)，如图6-172所示。

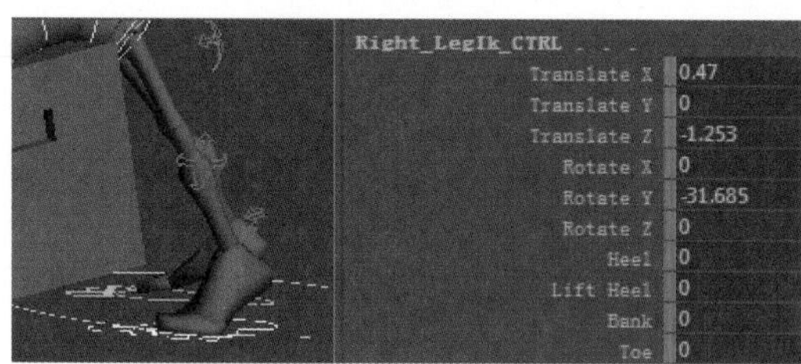

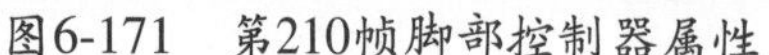
图6-171　第210帧脚部控制器属性

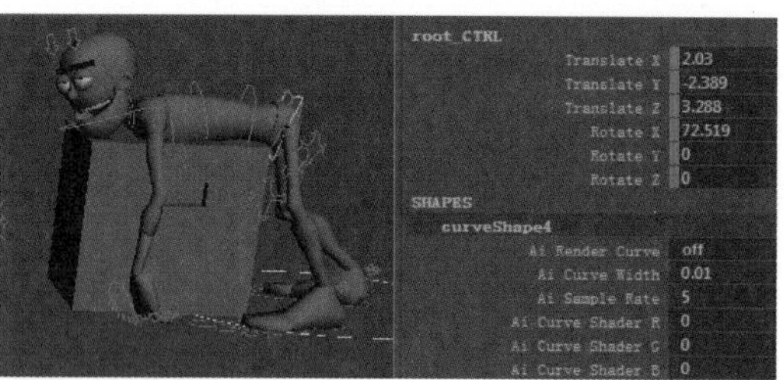

图6-172　第287帧关键动作

02 角色胸部控制器spineHigher_CTRL、spineMid_CTRL和spineLower_CTRL的Rotate X(X轴旋转)属性为15.911，如图6-173所示。

03 角色头部控制器Head_CTRL的Rotate(旋转)属性为(-88.518,38.409,1.333)，如图6-174所示。

图6-173　第287帧胸部控制器属性

图6-174　第287帧头部控制器属性

04 角色左手控制器Left_ArmIk_CTRL的Translate(位移)数值为(-10.168,-3.131,14.904)，Rotate(旋转)属性为(138.823,59.23,-46.413)，如图6-175所示。

05 角色左右脚Left_LegIk_CTRL和Right_LegIk_CTRL的Translate(位移)数值分别为(4.181,0,1.287)和(0.47,0,-1.253)，Rotate(旋转)数值分别为(0,23.503,0)和(0,-31.685,0)， Heel(脚踝)数值分别为0和0, Lift Heel(提起脚踝)数值分别为0和0，如图6-176所示。

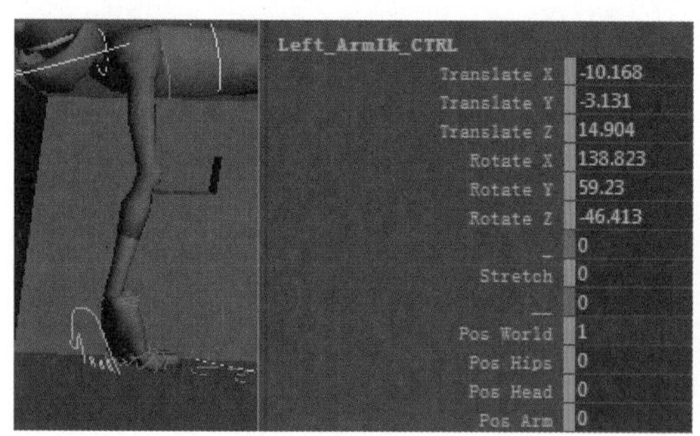

图6-175　第287帧手部控制器属性

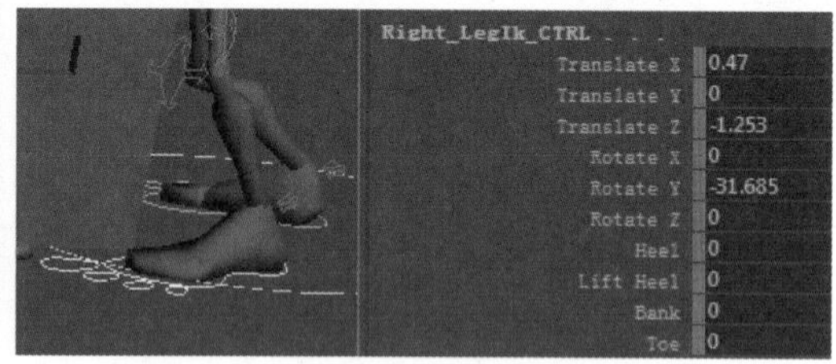

图6-176　第287帧脚部控制器属性

7. 第342帧关键动作

01 在第342帧时，角色起身做准备动作。角色root_CTRL(腰部控制器)的Translate(位移)数值为(0,-3.661,2.544)，Rotate(旋转)数值为(24.771,0,0)，如图6-177所示。

02 角色胸部控制器spineHigher_CTRL、spineMid_CTRL和spineLower_CTRL的

Rotate X(X轴旋转)属性为17.391，如图6-178所示。

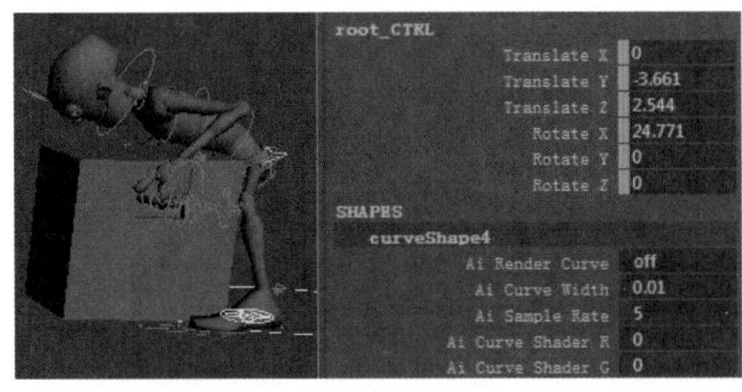

图6-177　第342帧关键动作

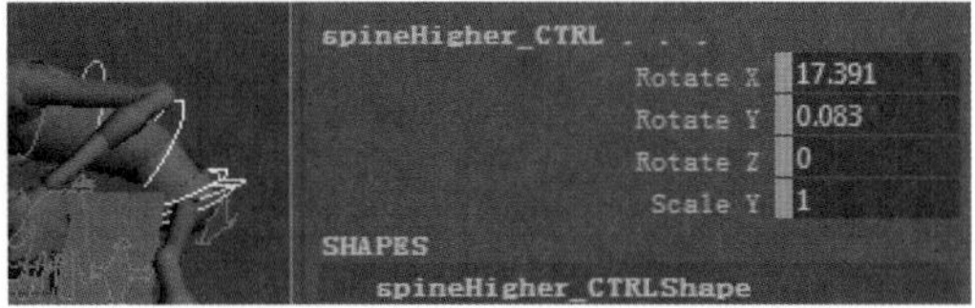

图6-178　第342帧胸部控制器属性

03 角色头部控制器Head_CTRL的Rotate(旋转)属性为(-20.723,0,0)，如图6-179所示。

04 角色左手控制器Left_ArmIk_CTRL的Translate(位移)数值为(-7.764,-4.352,8.903)，Rotate(旋转)属性为(93.86,-9.93,2.517)，如图6-180所示。

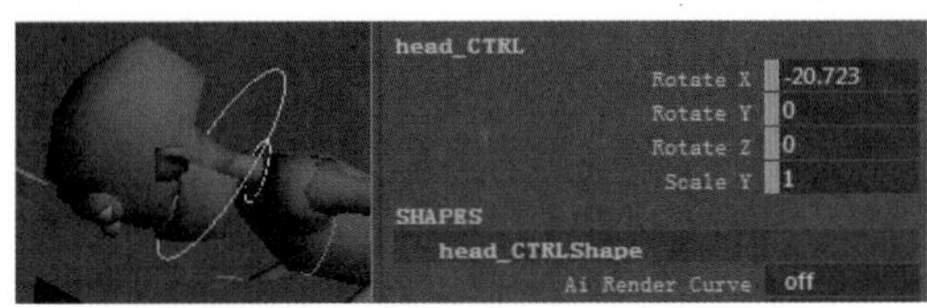

图6-179　第342帧头部控制器属性

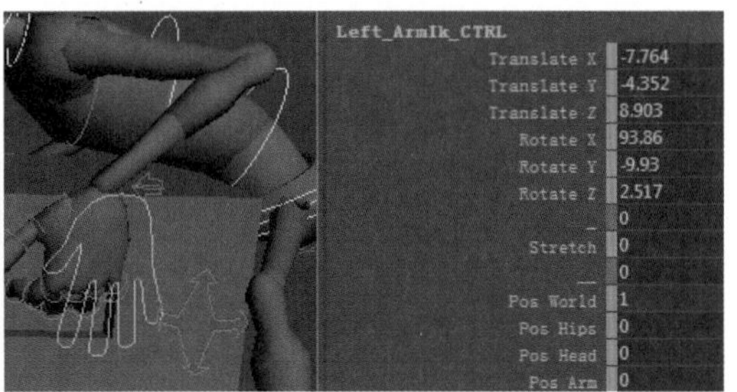

图6-180　第342帧手部控制器属性

8. 第445帧关键动作

01 在第445帧时，角色将箱子抬起。角色root_CTRL(腰部控制器)的Translate(位移)数值为(0,-1.373,2.604)，Rotate(旋转)数值为(-9.028,0.007,0)，如图6-181所示。

02 角色胸部控制器spineHigher_CTRL、spineMid_CTRL和spineLower_CTRL的Rotate X(X轴旋转)属性为-10.782，如图6-182所示。

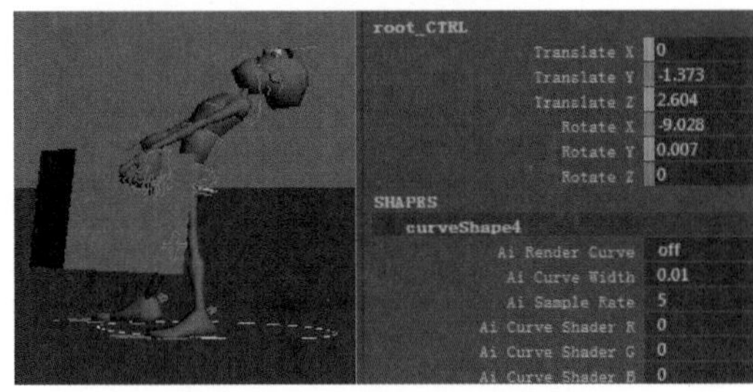

图6-181　第445帧关键动作

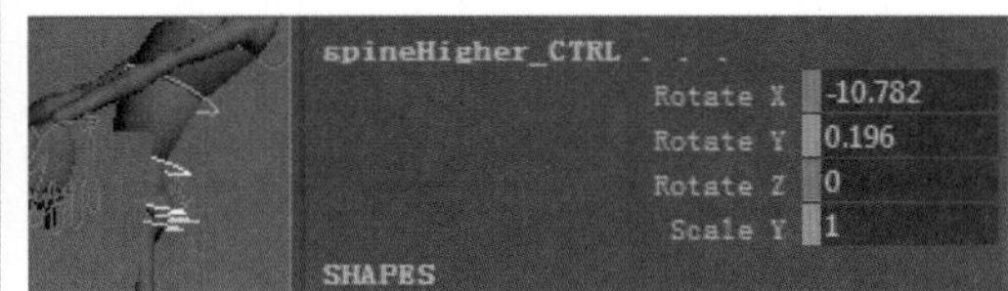

图6-182　第445帧胸部控制器属性

03 角色头部控制器Head_CTRL的Rotate(旋转)属性为(-52.479,0,0)，如图6-183所示。

04 角色左手控制器Left_ArmIk_CTRL的Translate(位移)数值为(-6.864,-4.488,4.689)，Rotate(旋转)属性为(93.86,-9.93,4.425)，如图6-184所示。

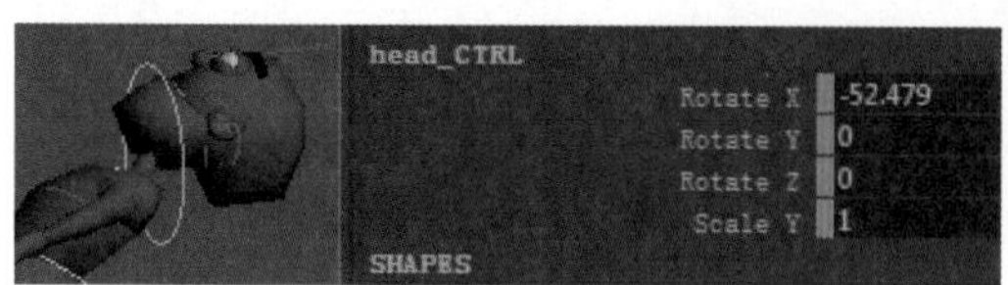

图6-183　第445帧头部控制器属性

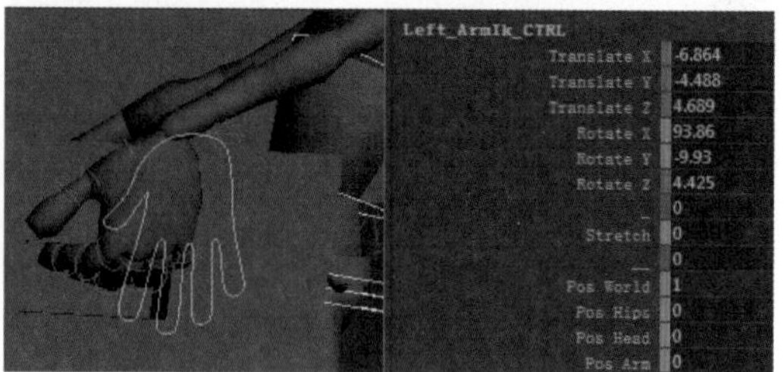

图6-184　第445帧手部控制器属性

考试题库

一、单项选择题：在每小题的备选答案中选出一个正确答案，并将正确答案的代码填在题干上的括号内。

1. 3D动画的意思是(　　)。

A. 电脑动画　　B. 计算机图形学

C. 三维动画　　D. 二维动画

2. CG动画的意思是(　　)。

A. 电脑动画　　B. 计算机图形学

C. 三维动画　　D. 二维动画

3. (　　)，皮克斯公司正式成立。

A. 1984年　　B. 1985年

C. 1986年　　D. 1987年

4. 皮克斯动画工作室曾是(　　)旗下的一个电脑图像工作室。

A. 工业光魔　　B. 迪士尼

C. 梦工厂　　D. 20世纪福克斯

5. 皮克斯被(　　)以1000万美元收购，正式成为独立的公司。

A. 乔治・卢卡斯　　B. 华特・迪士尼

C. 约翰・拉塞特　　D. 史蒂夫・乔布斯

6. 1991年5月，皮克斯与动画巨匠(　　)成为合作伙伴。

A. 工业光魔　　B. 梦工厂

C. 迪士尼　　D. 华纳兄弟

7. 1986年，(　　)执导了皮克斯动画电影制片厂的第一部动画短片《顽皮跳跳灯》。

A. 乔治・卢卡斯　　B. 华特・迪士尼

C. 约翰・拉塞特　　D. 史蒂夫・乔布斯

8. 三维动画长片《玩具总动员》的制作周期长达(　　)。

A. 3年　　B. 4年

C. 5年　　D. 6年

9. (　　)，由迪士尼资助皮克斯公司制作的历史上第一部全计算机制作的三维动画长片在全美上映。

A. 1994年　　B. 1995年

C. 1996年　　D. 1997年

10. (　　)，由迪士尼推出世界第一部有声动画片。

A. 1928年　　B. 1932年

C. 1935年　　D. 1941年

11. 《四眼天鸡》是(　　)公司的作品。

A. 迪士尼　　B. 梦工厂

C. 皮克斯　　D. 蓝天工作室

12. 《功夫熊猫》是(　　)公司的作品。

A. 皮克斯　　B. 梦工厂

C. 华纳　　D. 蓝天工作室

13. 《极地特快》是(　　)公司的作品。

A. 皮克斯　　B. 梦工厂

C. 华纳　　D. 蓝天工作室

14. 《冰河世纪》系列是(　　)公司的作品。

A. 皮克斯　　B. 梦工厂

C. 华纳　　D. 20世纪福克斯

15. 第一部全部使用数字捕捉技术的动画电影是(　　)。

A. 《极地特快》　　B. 《贝奥武夫》

C. 《料理鼠王》　　D. 《长发公主》

16. (　　)是以一个二维的动态形式将动画片的分镜故事板展现出来，以此来表现动画的风格和整体感觉，给导演和后续环节的制作人员提供参照。

A. 2D Layout　　B. 3D Layout

C. 脚本　　D. 分镜头

17. (　　)是以三维的形式展示分镜故事板，使人更直观、更全面地观看动画。

A. 2D Layout　　B. 3D Layout

C. 脚本　　D. 分镜头

18. (　　)就是将渲染出来的分层序列帧图片合成在一起，并进行校色、模糊等处理，根据要求添加一些特效。

A. 调节动画　　B. 灯光渲染

C. 后期合成　　D. 后期剪辑

19. 用图像来表现脚本的是(　　)。

A. 人物设定　　B. 剧本

C. 场景设定　　D. 分镜头

20. 要想弹出动画控制菜单需在时间滑块的任意位置上(　　)。

A. 单击鼠标左键　　B. 单击鼠标右键

C. 单击鼠标中键　　D. 双击鼠标左键

21. 向前播放，按Esc键则停止播放的按钮是(　　)。

A. ◀　　B. ▶

C. ▶|　　D. ▶|

22. 可以使相邻的两个关键帧之间的曲线产生光滑的过渡效果，使关键帧两边曲线的曲率进行光滑连接的工具是(　　)。

A. Flat Tangents(平坦切线)

B. Linear Tangents(线性切线)

C. Step Tangents(阶梯切线)

D. Spline Tangents(样条线切线)

23. 一个运动的物体碰到另一个物体而产生向回反弹运动的性质是(　　)。

A. 挤压　　B. 拉伸

C. 弹性　　D. 惯性

24. 当小球弹跳到最高点时，向上的运动趋于零，然后转化为向下的(　　)。

A. 匀速运动　　B. 变速运动

C. 加速运动　　D. 减速运动

25. 根据物体运动原理，小球弹跳后的最高点的连线应当呈(　　)。

A. 加速度曲线　　B. 减速度曲线

C. 匀速度曲线　　D. 变速度曲线

26. 正常走路一般在(　　)左右。

A. 18帧　　B. 28帧

C. 34帧　　D. 40帧

27. 角色在做走路动作时，一条腿站立，重心靠向直立的一侧，身体略有倾斜，躯体呈(　　)。

A. C字形　　B. 反C字形

C. M字形　　D. W字形

28. 做走路动画时，设置完第0、28和14帧后，将关键帧的曲线手柄调节为(　　)。

A. Flat Tangents(平坦切线)

B. Linear Tangents(线性切线)

C. Step Tangents(阶梯切线)

D. Spline Tangents(样条线切线)

29. (　　)通常表现为眼睛睁大、瞳孔收缩、眉毛上扬、嘴角下拉等。

A. 愤怒　　B. 恐惧

C. 厌恶　　D. 惊讶

30. (　　)是一种反感的情绪，通常眉毛紧皱，眼皮向下遮住部分瞳孔，上唇提升，嘴角向后咧，鼻翼两侧沟纹加深。

A. 愤怒　　B. 恐惧

C. 厌恶　　D. 惊讶

31. 角色放下水杯时的速度一般是(　　)。

A. 匀速运动　　B. 变速运动

C. 加速运动　　D. 减速运动

32. 一系列关节及连接在关节上的骨骼组合成的是(　　)。

A. 关节　　B. 骨头

C. 关节链　　D. 肢体链

33. 主要用于眼球定位器的约束是(　　)。

A. Aim(目标)约束　　B. Orient(方向)约束

C. Scale(缩放)约束　　D. Normal(法线)约束

34. (　　)就是使一个物体的运动追随另一个物体的运动。

A. Point(点)约束　　B. Orient(方向)约束

C. Scale(缩放)约束　　D. Normal(法线)约束

35. (　　)用于约束一个或多个对象的方向。

A. Point(点)约束　　B. Orient(方向)约束

C. Scale(缩放)约束　　D. Normal(法线)约束

36. (　　)可以使一个物体随着其他物体一起缩放。

A. Point(点)约束　　B. Orient(方向)约束

C. Scale(缩放)约束　　D. Normal(法线)约束

37. (　　)用于控制约束对象的方向。

A. Point(点)约束　　B. Orient(方向)约束

C. Scale(缩放)约束　　D. Normal(法线)约束

38. 2D Layout就是把故事板里的每个镜头图片转化成影片镜头，并按(　　)命名。

A. 顺序　　B. 大小

C. 规格　　D. 镜头号

39. 渲染分辨率数值将显示在(　　)之上。

A. 安全指示器　　B. 图像指示器

C. 分辨率指示器　　D. 标题安全区指示器

40. (　　)是先调节出整体动画中的几个关键帧，把整体动画中的几个关键动作摆好，可以忽略动作中的细节。

A. 一级动画　　B. 二级动画

C. 三级动画　　D. 表情动画

41. (　　)是在一级动画的基础上，调节细节，使整体动画感觉流畅，动作符合运动规律。

A. 一级动画　　B. 二级动画

C. 三级动画　　D. 表情动画

42. (　　)是在二级动画的基础上，调节人物的表情和一些随带运动，使动画的每一个细节部分都符合运动规律，动画感觉流畅。

A. 一级动画　　B. 二级动画

C. 三级动画　　D. 表情动画

二、多项选择题：在每小题的备选答案中选出二个或二个以上正确答案，并将正确答案的代码填在题干上的括号内。

1. 3D动画技术的特点有(　　)。

A. 降低制作成本　　B. 历史重现

C. 制约因素少　　D. 修改方便

E. 制作周期较长　　F. 技术含量高

2. 3D动画技术的应用领域有(　　)。

A. 影视动画领域　　B. 广告动画领域

C. 片头动画领域　　D. 建筑、规划动画领域

3. 皮克斯公司推出《怪物公司》和《海底总动员》的同时，梦工厂出品了(　　)。

A. 《怪物史莱克》　　B. 《蚁哥正传》

C. 《鲨鱼黑帮》　　D. 《虫虫特工队》

4. 皮克斯公司制作的动画有(　　)。

A. 《顽皮跳跳灯》　　B. 《安德列与威利的冒险》

C. 《怪物公司》　　D. 《虫虫特工队》

E. 《蚁哥正传》　　F. 《怪物史莱克》

G. 《海底总动员》　　H. 《鲨鱼黑帮》

I. 《玩具总动员》

5. 梦工厂出品的动画有(　　)。

A. 《马达加斯加》　　B. 《功夫熊猫》

C. 《怪物公司》　　D. 《虫虫特工队》

E. 《蚁哥正传》　　F. 《怪物史莱克》

G. 《冰河世纪》　　H. 《鲨鱼黑帮》

I. 《极地特快》

6. Maya的工作主界面由(　　)等部分组成。

A. 菜单栏　　B. 工具架

C. 状态行　　D. 工具盒

E. 通道盒　　F. 播放控制区　　G. 视图区

7. 菜单栏中的公共菜单有(　　)。

A. File(文件)
B. Edit(编辑)
C. Create(创建)
D. Select(选择)
E. Modify(修改)
F. Display(显示)
G. Windows(窗口)
H. Cache(缓存)
I. Arnold(阿诺德)
J. Help(帮助)

8. 模块选择区包括(　　)。

A. Modeling(建模)模块
B. Rigging(装备)模块
C. Animation(动画)模块
D. FX模块
E. Rendering(渲染)模块
F. Customize(自定义)模块

9. 工具盒位于Maya界面的左侧，提供的工具图标有(　　)。

A. Select Tool(选择工具)
B. Lasso Tool(套索工具)
C. Paint Selection Tool(绘制选择工具)
D. Move Tool(移动工具)
E. Rotate Tool(旋转工具)
F. Scale Tool(缩放工具)

10. 一般情况下，一套完整的动作分为(　　)阶段。

A. 动作过程阶段
B. 动作准备阶段
C. 动作实施阶段
D. 动作跟随阶段

三、填空题

1. 3D是________的英文简称。

2. CG即________的英文缩写。

3. 第一部有声动画片是________。

4. 2007年，迪士尼与皮克斯两大公司联手打造的三维动画影片是__________。

5. 皮克斯公司推出的第四部全计算机动画长片是________。

6. 1987年，皮克斯公司凭借________获得奥斯卡最佳动画短片提名。

7. 由迪士尼资助皮克斯制作的历史上第一部全计算机制作的三维动画长片________在全美上映。

8. 《怪物史莱克》系列和《功夫熊猫》系列，是________工作室的作品。

9. 第一部全部使用数字捕捉技术的动画电影是________，其导演是被称为“技术狂人”的________。

10. ________是要以旁观者的身份详细叙述角色的性格、动作、情感、心理活动等。

11. 模型制作人员根据______和________用三维软件将角色和场景制作成三维模型。

12. ________是一道非常重要的工序，直接贯彻了导演对镜头运用的理解，决定了动画作品整体的美感。

13. ________是以一个二维的动态形式将动画片的分镜故事板展现出来，以此来表现

动画的风格和整体感觉，给导演和后续环节的制作人员提供参照，并做出及时的修改。

14. 启动Maya后，进入工作主界面，该界面由菜单栏、________、状态行、______、________、播放控制区、视图区等组成。

15. 菜单栏中的公共菜单有File(文件)、________、________、________、Modify(修改)、Display(显示)、________、Cache(缓存)、Arnold(阿诺德)和Help(帮助)等。

16. 模块选择区包括________、Rigging(装备)模块、________、FX模块、________和Customize(自定义)模块。

17. 工具盒位于Maya界面的左侧，提供的工具图标有__________、Lasso Tool(套索工具)、Paint Selection Tool(绘制选择工具)、________、________和Scale Tool(缩放工具)。

18. 缓冲的表现由于受到外力作用的不同，分为主动缓冲和________。主动缓冲的主体是________。

19. 小球弹跳的过程就是一个________和________相互转化的过程。

20. 捶打动作也是曲线运动，整体动作过程可以分为初始动作、________、实施动作和________4个部分。

21. 设置动画关键帧的快捷键是________。

22. 按住________和________键，同时单击Graph Editor(曲线编辑器)命令。此时，工具架上就会创建出Graph Editor(曲线编辑器)命令按钮图标。

23. 快节奏地走路和婴儿学走路时，一般用时____帧左右。悠闲地走路和表演性走路，一般用时______帧左右。缓慢地走路，还有老态龙钟地走路，一般用时______帧左右。

24. 脚在走路过程中要形成踩踏动作，抬脚时________先抬起，然后逐渐向前运动，形成脚面上翘的状态。脚在落地时，脚后跟先着地，____________后着地。

25. 一个循环步包含______________单步，其各自属性在一个循环步中，正好相同或________，形成________效果。

26. 走路时身体的上下起伏主要是由____________控制器完成的。

27. 一般情况下，一套完整的动作分为三个阶段，分别是__________、__________和________。

28. ________是骨骼中骨头与骨头之间的连接点，转动关节可以使骨头的位置也跟着发生变化。

29. 一个IK手柄贯穿所有受影响的关节，这些受影响的关节就叫作____________。

30. ____________就是使一个物体的运动追随另一个物体的运动。

31. 制作2D Layout的目的一是检查和修正__________的时间是否合理；二是为后续的________提供最直观的表达意图。

32. 标题安全区指示器标识区域的大小等于渲染分辨率的__________。如果最后渲染的影像是在电视上播放，则可以使用标题安全区指示器来限制场景中的所有________都保持在安全区域中。

33. 与摄像机距离小于________或者________远剪切平面的物体都是不可见的。

34. 摄像机都有一个距离范围，在此范围内的物体都是__________的。这个范围称为摄像机的__________。

35. __________就是先调节出整体动画中的几个关键帧，把整体动画中的关键动作摆好，可以忽略动作中的细节。此刻，重要的是整体动画的________和感觉。

四、看图填空题

1. 给动画时间控制器填写相应名称的字母。

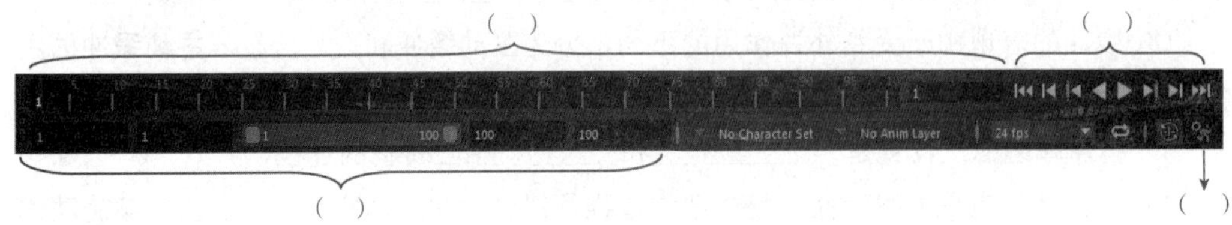

图1 动画时间控制器

A. 范围滑块　　　　B. 时间滑块

C. 播放控制器　　　D. 动画参数

2. 给范围滑块填写相应名称的字母。

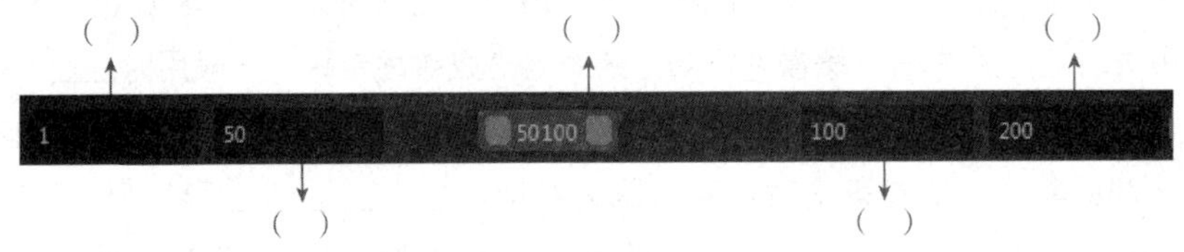

图2 时间范围

A. 范围滑块条

B. 动画开始时间

C. 动画结束时间

D. 播放开始时间

E. 播放结束时间

3. 给时间滑块填写相应名称的字母。

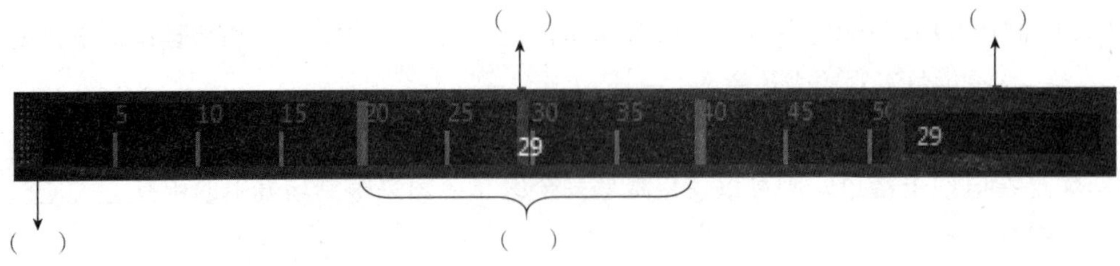

图3 时间滑块

A. 关键帧标记

B. 当前时间栏

C. 当前时间指示器

D. 范围滑块显示开关

4. 给动画曲线填写相应名称的字母。

图4　三个小球的动画曲线

A. 加速曲线　　　　B. 减速曲线　　　　C. 匀速曲线

5. 给摄像机显示属性填写相应名称的字母。

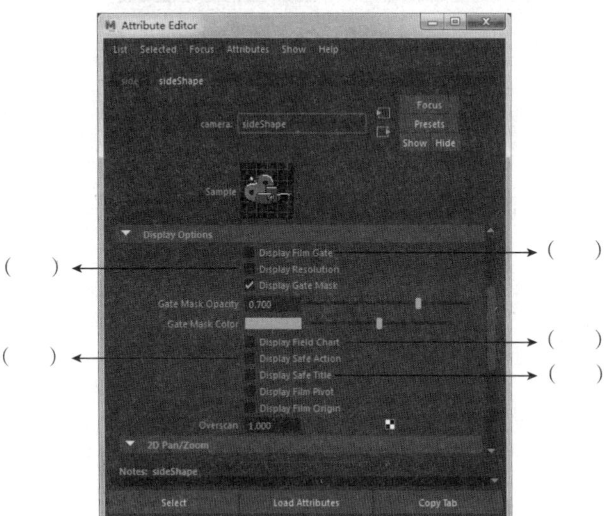

图5　摄像机属性

A. 动作安全框

B. 标题安全框

C. 胶片指示器

D. 区域图指示器

E. 分辨率指示器

6. 给摄像机景深属性填写相应名称的字母。

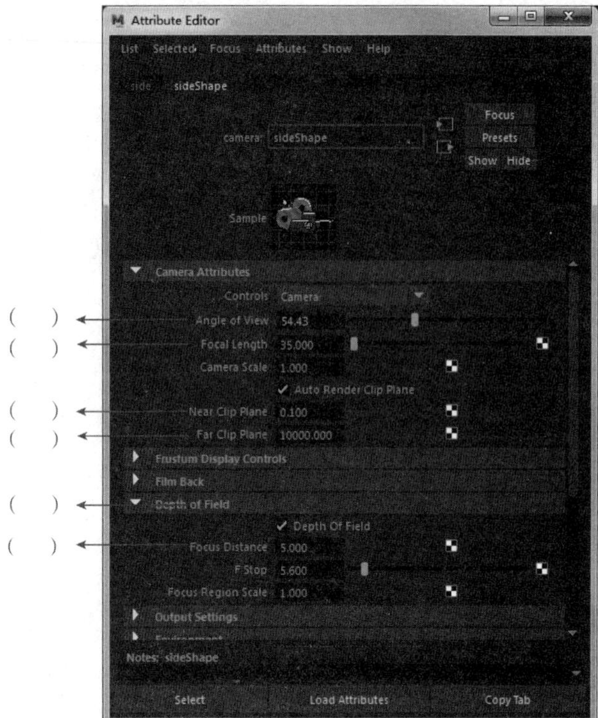

图6　景深属性

五、简答题

1. 简述曲线编辑器中曲线斜率如何影响物体的运动速度。

2. 简述小球弹跳的运动特点。

3. 简述跳跃动作的运动特点。

4. 简述摔倒动作的运动特点。

5. 简述鸟类飞行动作的运动特点。

6. 简述随带运动和叹气动作的运动特点。

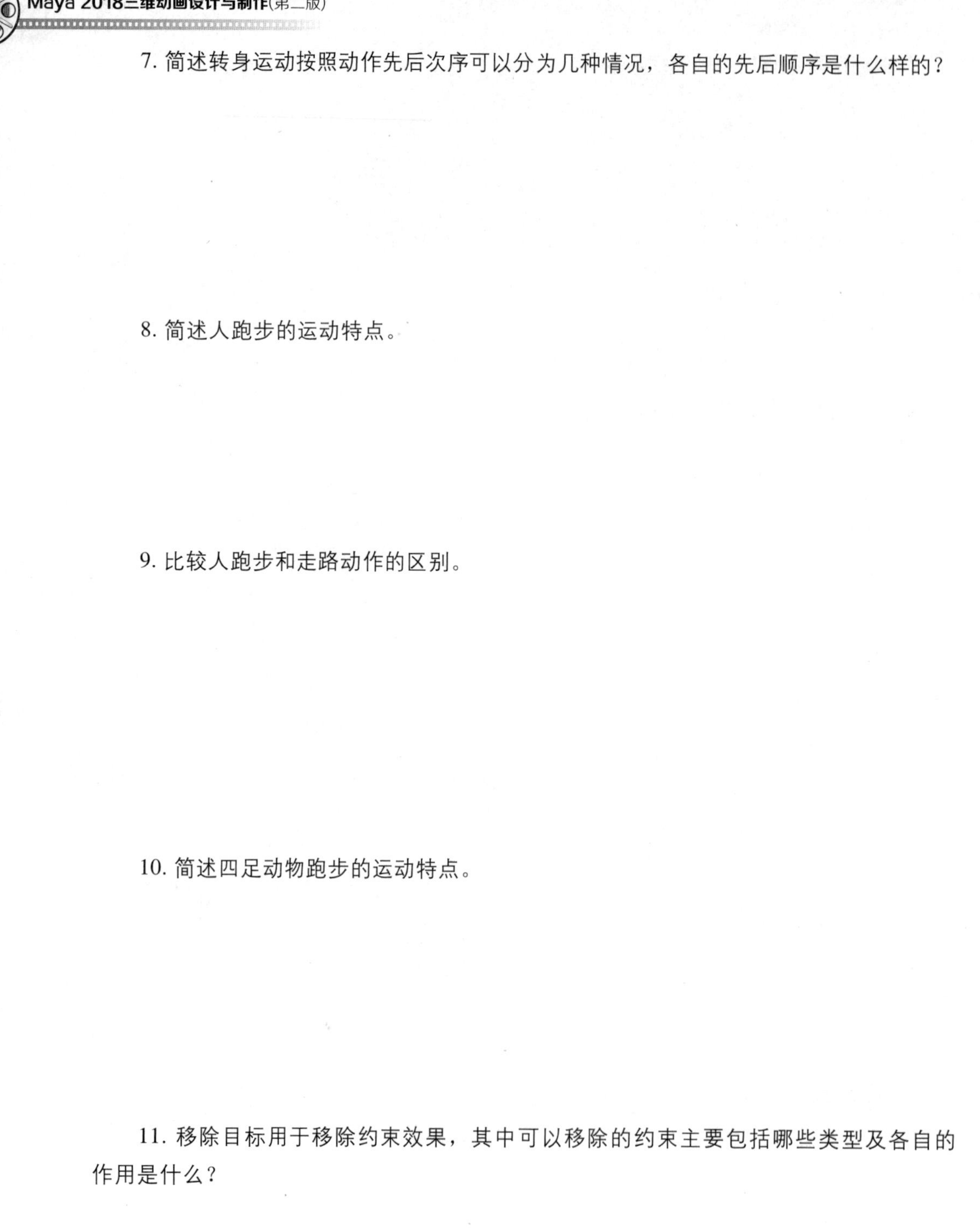

7. 简述转身运动按照动作先后次序可以分为几种情况，各自的先后顺序是什么样的？

8. 简述人跑步的运动特点。

9. 比较人跑步和走路动作的区别。

10. 简述四足动物跑步的运动特点。

11. 移除目标用于移除约束效果，其中可以移除的约束主要包括哪些类型及各自的作用是什么？

12. 简述2D Layout的制作流程。

13. 简述摄像机的类型及区别。

六、论述题

1. 简述3D动画技术的特点，并举例说明。

2. 简述3D动画技术的应用领域，并举例说明。

3. 简述三维动画的发展阶段。

4. 简述三维动画的制作流程。

5. 简述不同材质小球弹跳的运动特点。

6. 简述卡通动画的风格。

7. 简述3D Layout的作用。

8. 简述3D Layout的制作及要点。

9. 简述动画调节的步骤。

七、操作题

1. 弹性小球

要求：根据提供的素材和视频范例，调节符合运动规律的动画。提交制作好的Maya源文件和拍屏AVI文件。

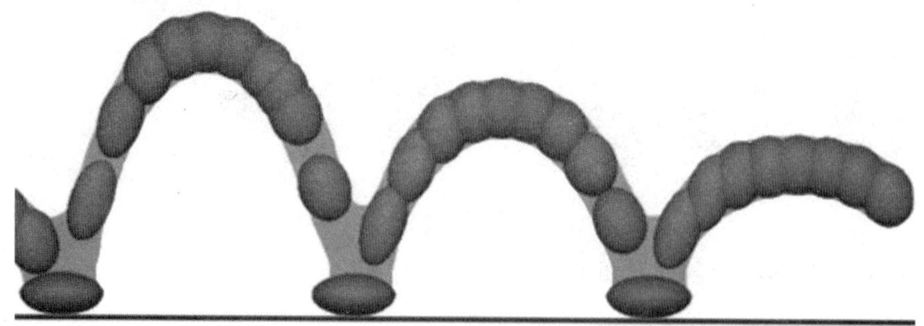

图7　素材1

2. 表情动画

要求：根据提供的素材和视频范例，调节符合运动规律的动画。提交制作好的Maya源文件和拍屏AVI文件。

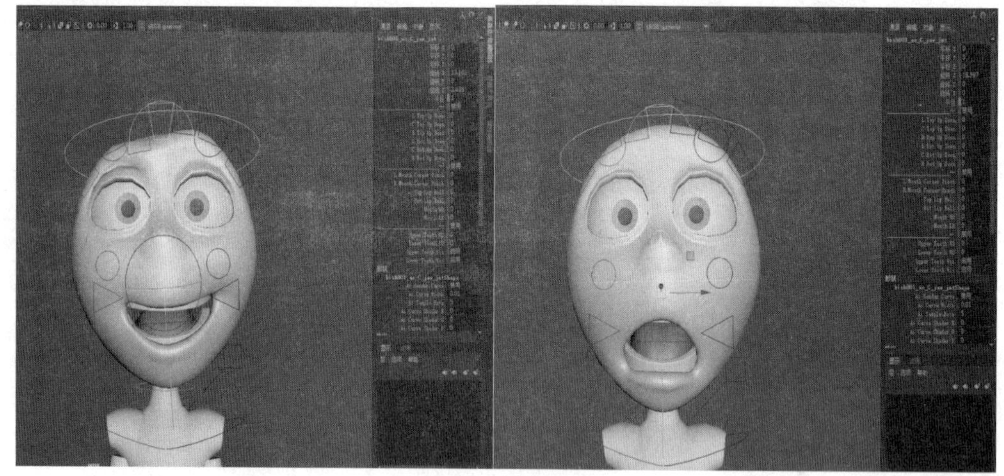

图8　素材2